──── 4판 ────

가족
관계학

— 4판 —

가족
관계학

유영주, 김순옥, 김경신 지음

FAMILY RELATIONSHIPS

교문사

가족은 오랜 세월 동안 인간과 동반하여 온 제도의 하나이므로, 마치 인간의 피부와 같아서 객관적으로 이를 직시하고 분석할 능력이 부재하는지도 모른다. 비관론적 가족학자들은 가족이 인간의 본질보다는 문화와 사회적 전통 또는 도덕적 강압에 의해 정서적으로 지탱되어 왔으므로, 현대의 급변하는 사회구조 속에서 생존하기 어렵게 되리라고 하였다.

이처럼 가족의 미래는 불확실하지만, 인간존재의 궁극적인 의미를 부여해 줄 수 있는 기능을 하는 한 가족은 존속할 것이며 또한 존속되어야 할 것이다. 헤겔(Hegel)이 가족을 공동=자유라는 인륜적 원리의 자연적, 직접적 첫 단계를 이루는 실체로 파악하였듯이, 가족을 통하여 인륜적 이념의 두 계기, 즉 개별성과 보편성이 각기 독립된 실체를 획득하면서 궁극적으로는 우리 모두 성숙한 시민사회로 나아갈 수 있으리라 본다.

이 책은 가족에 관련된 개론서로서, 가족의 개념에서부터 가족문제에 이르기까지 포괄적인 내용을 다룸으로써 가족을 이해하고자 하는 학습자에게 도움을 줌과 아울러 다양한 전문 영역, 자격증 영역에서의 기초 지식을 제공하려는 목적으로 집필되었다. 1996년 7월 초판이 출간된 이래, 가족의 변화에 직면하여 가족의 의미와 방향성을 어떻게 제시할 것인가는 집필진 모두에게 늘 과제이고 고민이었다. 하지만 가족이 이제 선택적이라 할지라도 가족을 학습하고 연구하는 이들의 가족에 대한 기대와 애정은 사라지지 않으리라 본다. 이러한 애정으로 집필진도 개정 작업을 이어갈 수 있었다. 이번 4차 개정 작업에서는 주로 2021년 9월에 발표된 2020 인구센서스 자료를 업데이트하였고 부분적인 내용들을 수정하였다.

오랜 시간 동안 이 책에 깊은 애정을 가지시고 거듭된 개정 작업을 가능하게 해주신 교문사의 류원식 대표님을 비롯한 진경민 과장님과 권혜지님께 감사드린다.

2022년 1월
저자 일동

3판을 내면서 p·r·e·f·a·c·e

고전적인 형태의 가족이 감소하면서 성급하게는 가족의 존폐에 대한 논의까지 대두되고 있다. 그러나 Elisabeth Beck-Gernsheim은 그녀의 저서 『Was kommt nach der Familie?』(가족 이후에 무엇이 오는가?)에서 가족 이후에 오는 것은 역시 가족이라고 하였다. 다만, 전통적인 가족에서 다양한 형태의 가족으로 변할 뿐이라는 것이다. 벡-게른스하임뿐만 아니라 다른 많은 학자들도 가족은 인류 역사와 함께 형성되어 지속적으로 존재해 왔고, 이후로도 존재할 것이라고 전망한다.

가족이 존재하는 한, 가족원 간의 관계에 대한 연구 또한 필요하다. 개인의 성장과 사회의 안정을 뒷받침하고 함양하는 것이 가족관계임을 감안하면 가족관계학의 중요성은 더욱 강조되어진다.

이 책은 가족관계학 개론서의 성격을 지니고 있다. 가족관계학은 가족학 전공 및 가족 관련 전공이나 가정교육학과의 기본적인 교과목이며, 가족생활교육사, 가족상담사, 가정과교사, 건강가정사, 유아보육교사 등의 자격 취득을 위한 교과목이기도 하다. 또한 사회복지 분야에서도 필요한 교과목이다. 이 책으로 공부하는 학생들이나 일반인들이 가족의 중요성을 한층 더 깊이 있게 인식하고 건강한 가족관계를 형성하고 향상시키는 데에 조금이라도 도움이 되기를 바란다.

이 책의 시초는 1974년에 간행된 유영주 저 『가족관계학』이다. 그 후 계속적인 개정을 거듭해 오다가 1996년에 학문적인 인연으로 인하여 유영주, 김순옥, 김경신이 공동으로 새롭게 집필하게 되었다. 2000년에 1차 개정을, 2008년에 2차 개정을 하였으며, 2013년 현재에 이르러 또다시 3차 개정을 하게 되었다. 3차 개정에서는 개정2판과 전체적인 틀은 같으며, 부분적으로 수정 보완하였다.

이 책의 출간을 시작한 이래 다시 개정3판을 출간할 수 있도록 도움을 주신 (주)교문사 류제동 사장님과 양계성 전무님, 그리고 편집부 여러분께 깊은 감사를 드린다.

2013년 8월
저자 일동

개정2판을 내면서

가족관계, 그것은 누구나 경험하는 일이기 때문에 너무나 잘 알고 있는 것 같지만 실제로는 오히려 잘못 아는 경우가 많으며, 가족마다 특성도 다르다. 그러므로 가족관계는 개인의 경험을 넘어서 객관적으로, 논리적으로, 학문적으로 접근해야 하는 연구대상이다. 뿐만 아니라 가족은 사회와 개방적인 관계를 갖는 체계이기 때문에 사회의 다양한 특성을 반영하며, 사회의 변화에 따라 가족도 변화하고 가족관계의 특성도 달라진다. 따라서 가족관계에 대한 연구는 다학제적으로 접근할 필요가 있으며, 시대의 변화를 반영하는 연구도 필요하다.

이 책의 시초는 1974년에 간행된 유영주 저 『가족관계학』이다. 그 후 계속적인 개정을 거듭해오다가 1996년에 학문적인 인연으로 인하여 유영주, 김순옥, 김경신이 뜻을 같이 하여 가족관계학을 새롭게 집필하였다. 2000년에 1차 개정하였으며, 금년에 이르러 개정2판을 출간하게 되었다.

이 책은 가족관계학 개론서 성격을 지니고 있다. 가족관계학은 가정교육학과나 가족관련전공의 기본적인 교과목이며, 가정과교사나 유아보육사 자격 취득을 위한 과목이기도 하고, 가족상담사와 가족생활교육사 취득을 위한 지정 교과목이기도 하다. 따라서 어느 한 영역을 깊이있게 치중하지 않고 가족에 관한 모든 영역을 포괄하여 개정 증보하였다.

이 책은 이전의 『개정판 가족관계학』에 비하여 전체적인 틀은 유사하지만, 그 내용에 있어서는 2005년 인구조사통계를 인용 해석하였으며, 다양하고 융통성 있는 가족 개념을 차용하였고, 현대사회에서 이슈가 되고 있는 주제를 추가하였다.

지식기반 사회, 정보화 사회에서 살아가는 우리 모두는 인간적인 성숙, 개인의 정체성 발달 및 성취가 더욱 중요함을 인식한다. 그리고 이러한 개인의 성장을 뒷받침하고 배양하는 것이 가족관계임을 감안할 때 가족관계학의 중요성이 더욱 강조되는 것이다. 이 책을 통하여 공부하게 되는 학생들이나 일반인들이 가족의 중요성을 한층 깊이 있게 인식하고, 건강한 가족관계를 형성하고 향상시키는 데에 조금이라도 도움

되기를 바란다.

개정2판을 위한 자료수집을 도와준 한국건강가족연구소 박지현 연구원의 노고에 감사하며, 다시 개정판을 출간하기 까지 많은 도움을 주신 (주)교문사 류제동 사장님과 양계성 상무님, 그리고 편집부 여러분에게 깊은 감사를 드린다.

2008년 2월
저자 일동

개정판을 내면서

학문의 길은 멀고도 먼 여정임을 실감한다. 가족관계학이라는 학문과 인연을 맺은 지 어느덧 25년이 되었다. 가정학을 전공하면서 가정학의 여러 분야가 모두 중요하지만 그 중에서도 가족관계가 가정의 핵심이라는 중요성을 인식하면서부터 가족 연구에 심취하게 되었다.

이 책은 1974년에 간행된 『가족관계학』이 그 시초이다. 이것을 저자가 서울대학교에 취임하면서 서울대학교 가정학총서를 발간하고 있던 교문사와 새로 인연을 맺어 『가족관계학―발달적 접근―』(1980)으로 개정하였고, 1984년 『신가족관계학』으로 내용의 폭을 넓혔다. 세월이 지나 1996년 후배인 김순옥 교수, 제자인 김경신 교수와 함께 개정판을 내었으며, 4년이 지난 오늘 다시 개정판을 내게 되었다.

가족학 연구방법은 그 학자수만큼이나 많다는 지적이 있듯이 가족학, 가족관계학 연구에는 다양한 접근 방법이 존재한다. 가족학, 가족관계학 분야는 인간생활 전체의 축소판이라고 할 만큼 여러 가지 접근이 내포되어 있기 때문이다. 사회학자들은 사회학적 접근으로, 심리학자들은 심리학적 접근으로, 역사 · 인류학자들은 인류학적 접근으로 연구하며, 최근에는 사회복지적 접근으로 현장의 사회조사 및 치료적 접근이 활발히 이루어지고 있다. 이 책에서는 사회 · 심리학적 접근을 시도하면서 가족문제를 예방하고 건전하고 건강한 가족을 이룩한다는 건강가족적 관점에서 엮어 나가고자 노력하였다.

이 책은 가족관계학 개론서의 성격을 가지고 있다. 가족관계학은 가정교육학과나 전문대학 여성교양학과의 필수과목이고, 아동보육과 · 유아교육학과에서는 영유아 보육사, 유치원교사 자격 취득을 위한 기본 교과목이며, 가족상담사, 가족생활교육사 자격 취득을 위한 지정 교과목이기도 하다.

새천년을 맞이하여 지식기반 사회, 정보화 사회에서 살아가는 우리 모두는 인간적인 성숙, 인간적인 자아발달 · 성취가 더욱 중요함을 인식한다. 그리고 이러한 것을 뒷받침하고 배양하는 것이 가족관계임을 감안할 때 가족관계학의 중요성이 더욱 강조되는 것이다. 이 책을 통하여 공부하게 되는 모든 학생들이나 일반인들이 가족에 대한 중요성을 한층 심도 있게 인식하고 건전하고 건강한 가족을 만드는 데 조금이라도 보탬이 되는 길잡이가 되기를 바란다.

개정판이 나오기까지 뒤에서 끝까지 도와준 한국가족상담교육연구소의 송현애 선임연구원과 박정희 책임연구원 그리고 조교들의 노고에 깊이 감사하며, 어려운 여건에서 다시 개정판을 출판해 주신 교문사의 류제동 사장님과 편집부 여러분에게도 깊은 감사를 드린다.

2000년 2월
유 영 주

가족의 행복과 인류의 복지를 위하여 연구·봉사하는 것을 목적으로 하는 가정학은 그 내용에 인간발달과 자원 활용의 양면을 포함하고 있는 것입니다.

따라서 가정학의 영역은 사회과학·자연과학·기술·예능까지 포함되며, 이것을 다시 대별하면 의·식·주·가정경제·가족관계·인간발달 등으로 나누어지고, 각 분야마다 과학적인 근거를 바탕으로 하여 연구되는 것입니다.

이상과 같이 가정학이라는 것은 인간과 그의 환경에서 일어나는 여러 문제를 보다 효과적으로 해결할 수 있도록 연구하는 종합적인 학문이며 또한 어떤 분야에서도 공헌할 수 없는 가정학의 독자적인 영역입니다.

이상과 같은 영역이기 때문에 시대의 변천과 함께 항상 발전하기 위하여 연구를 거듭해야 하는 것입니다.

해방 전까지는 일본의 교육제도에 따라 가정학이 가사과로서 기술적인 면에 많이 치중했지만, 해방 후에는 미국의 발전된 가정학의 영향을 받아서 현금(現今) 크게 변하고 있습니다. 이제까지의 기술치중의 가정학의 탈을 벗고 어디까지나 과학적인 바탕 위에서 구명되는 학문적인 체계가 세워졌습니다.

이러한 가정학은 인간과 가정생활의 발전을 위하여 많은 공헌이 있으리라고 믿으며, 따라서 서울대학교 가정대학 도서간행위원회에서는 가정학의 발전에 조금이라도 공헌하고자 각 전문영역의 책을 발간하기로 하였습니다.

이 책들은 해방 후 가정학계에 종사하면서 장구한 기간 동안 연구하고 수집한 것들을 정성들여 수록한 것입니다. 가정학도들에게 조금이라도 도움이 된다면 다행으로 생각하며 감사드리겠습니다.

끝으로 이 책을 발간하기까지 노력을 아끼지 않으신 교문사의 류제동 사장님의 이해와 성의에 감사드립니다.

1975년 2월
서울대학교 가정대학 가정학강좌 간행위원회

차 례
c·o·n·t·e·n·t·s

PART 1 가족관계학의 기초론

PART 2 가족의 형성

PART 4 가족의 변화와 적응

PART 1
가족관계학의 기초론

가족을 이해하고 가족관계를 연구하기 위해서는 그 기초과정으로 가족의 기본적 개념과 특성을 파악해야 하며, 아울러 가족관계의 진정한 의미를 이해하고 가족관계학이라는 학문의 정체성을 인식해야 한다.

가족의 본질을 좀더 파악하기 위해서는 가족이 가지고 있는 일련의 속성들, 즉 가족은 어떠한 다양한 형태를 보여주고 있으며, 그것이 행하는 기능은 무엇인가, 또 시간에 따라 가족단위가 어떻게 변하고 있으며, 계층과 같은 집단 특성에 따라 어떠한 차이를 나타내고 있는가 등을 학습할 필요가 있다.

이처럼 가족관계학의 기초적인 내용들을 학습하는 것은, 가족의 변화를 예견하고 적응의 방향을 제시하는 데 밑거름이 되어 줌으로써, 가족문제를 해결하려는 가족 연구의 궁극적인 목적에 접근할 수 있도록 해줄 것이며, 가족에 관한 포괄적이고 구체적인 이론의 형성과 적용이라는 학문적 과제의 달성을 위해서도 필요한 과정이다.

아울러 우리 사회의 현실에 가족관계의 이론을 실천하고 적용해야 한다는 측면에서 우리나라 가족을 이해할 수 있는 기회를 갖고자, 제3장에서는 한국 가족의 특성을 요약·제시하고 있다.

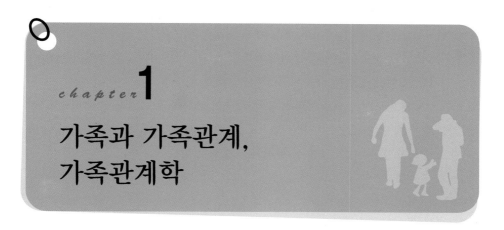

가족과 가족관계, 가족관계학

chapter **1**

가족(family)이란 일반적으로 동일한 가옥에 공동으로 거주하면서 소비생활을 영위하는 친족 공동체로서, 전체사회 속에서 하나의 통합된 부분적 사회집단, 사회체계를 이룬다.

특히, 가족은 가족구성원 개개인이 모여 물리적·정신적 공간을 함께 공유하는 단순한 집합이 아니고, 세대를 거듭함에 따라 그들 고유의 가족문화를 소유하여 가족의 규범, 역할, 권위구조, 대화형태, 가족구성원의 협동과정, 문제해결 방법 등 여러 과업들을 효율적으로 수행해 나가는 자연스러운 사회체계이다.

가족은 개인과 사회의 중간에 위치하면서 사회에 대해서는 하나의 기본적 사회단위(social unit) 및 사회집단이며, 개인에 대해서는 인간의 생활환경 중 근접환경으로서 개인의 성장·발달에 영향을 미치는 일차적 집단체계이다.

현대사회로 진행하면서 가정에서 담당하였던 가사노동이 사회화·기계화되어 주부의 가정에서의 노동은 현저히 경감되었으며, 가족계획의 보급에 따라 주부의 출산·육아의 부담도 크게 감소되었다. 현대가족의 일반적 특성은 핵가족의 증대, 가족형태의 다양화, 가족구성의 단순화, 가족기능의 축소, 권위구조의 평등화, 역할구조 대체 가능성의 증대, 가족주기에서의 후기 단계의 연장, 가족 가치체계의 다양화·이질화, 가족문제의 심각화 등으로 집약할 수 있다.

또한 자본주의 경제가 고도로 발달되고 정보사회가 되면서, 모든 산업부문이 기계화·분업화·전문화되고 사회제도는 관료제화됨으로써, 인간성의 육성과 회복이라는 과제가 절실히 강조되고 있다. 이러한 인간성 회복, 애정적 인간관계, 따뜻한 보금자리로서의 안식처의 기능을 가족이 담당하게 되었고, 가족만이 그러한 기능을 수행할 수 있는 유일한 집단이 되었다. 따라서, 가족은 현대인의 구원의 장소가 되고 있으며, 그 중요성이 점차 강조되고 있다.

1. 가족의 개념

1) 가족의 정의

가족은 인간이 가진 제도 중에서 가장 오래된 것으로, 사회변화에 따라 다양하게 영향을 받으며 꾸준히 지속되어 온 기본적인 사회제도이다. 개인이 경험하는 가족은 역사와 민족, 시대적 변천에 따라 다종다양하므로 한마디로 정의하기는 어려운 일이다. 뿐만 아니라 표 1-1에 나타난 바와 같이, 어떤 시각에서 가족을 바라보느냐에 따라 학자들마다의 정의 또한 다양할 수밖에 없다. 그러나 가족에 대한 보편적인 정의를 내려보면 다음과 같다.

(1) 고전적 정의

가족을 생각할 때 우선 머리에 떠오르는 것은 가족을 구성하는 것이 누구인가 하는 것이다. 가족은 결혼관계로 맺어진 남녀, 즉 부부와 그들의 자녀로 구성되는 혈연집단이다. 인간은 태어나면서부터 가족의 일원이 되며, 그 안에서 보호받고 최초의 인간관계를 맺으며 성장하게 된다. 이때 부부간의 관계나 부모자녀간의 관계는 어떤 이익을 추구하기 위한 것이 아니라, 애정을 기초로 하는 것이다.

또한 가족은 일정한 장소에서 일상생활을 같이 하고 공동의 취사를 하게 되는데, 이러한 공동생활을 통하여 가족 공통의 이념이나 가치관 및 목표를 갖게 되며, 이 공통의 목표를 향해 생활하면서 서로 이해하고 협력하게 된다. 이러한 협력 가운데 가장 두드러지는 것은 경제적인 협력이다. 즉, 부부가 하나의 경제단위를 이루고 이것을 분담하여 협력함으로써 가족은 경제적 협력체로서 수입과 지출

표 1-1 가족에 대한 다양한 정의

구 분	출처/학자명	내 용
사전적 정의	American Heritage Dictionary (1982)	① 부부와 그들의 자녀로 구성된 사회의 기본적 집단 ② 공동의 조상을 갖는 사람들의 집단 ③ 출계집단(lineage) ④ 한 지붕밑에 가구를 형성하고 있는 집단
	Random Sample of 1,200 People ; Associated Press (1989)	가족은 서로 사랑하고 보호하는 사람들로 이루어진 집단
	U. S Bureau of the Census (1992)	가족이란 한 집에 거주하는 서로 관련된 두 명 이상의 사람들
학자별 정의	G. P. Murdock (1949)	공동의 거주, 경제적 협력, 생식(生殖)의 특성을 갖는 사회집단으로, 부부와 그들의 자녀(양자)로 구성된 집단(기능론적 입장)
	C. Lévistrauss (1966)	법적 유대, 경제적 · 종교적 권리와 의무, 성적 권리와 규제 등 심리적 · 경제적 · 법적 관계로 이루어진 집단(관계론적 · 공동체적 입장)
	E. Burgess (1978)	상호작용하는 인격체들의 통일체 (상호작용론적 입장)
	김 두 헌 (1949)	영속적인 통합에 의한 부부와 그 사이에서 출생한 자녀로 이룩된 생활공동체
	최 재 석 (1960)	가계를 공동으로 하는 친족집단
	이 효 재 (1968)	사회조직의 원초적 집단으로서, 개인이 나서 자라며, 그의 인격이 형성되는 보금자리. 자아중심적 어린이가 사회적 인간으로 만들어지는 훈련장
	이 광 규 (1974)	동거동재 집단이며, 가옥(家屋), 가격(家格), 가풍(家風)을 포함하는 폭넓은 개념으로서의 문화집단
	유 영 주 (1975)	인간의 인성을 형성시키는 인간발달의 근원적 집단(인간형성의 기능)

을 하나로 하는 동재(同財)집단을 이룬다.

이와 같이 한 가족이 공동의 목표를 가지고 모여 살면서 서로 협력하는 가운데 그들 가족만이 갖는 고유한 생활습관이나 풍습이 생기게 된다. 이것을 가족문화 또는 가풍이라 하며, 이는 그 가족이 속해 있는 전체 사회의 문화와 서로 영향을 주고받으면서 밀접한 상호관계를 맺게 된다. 이러한 면에서 볼 때 가족은 그 가족만의 특유한 가족의식 또는 가풍을 갖는 문화집단이라 할 수 있다.

또한 가족은 개인이 나서 자라며 그의 인격을 형성하는 보금자리인 동시에, 가족 속에서 사회의 성원이 되기 위한 사회화 과정을 통하여 개인의 한계를 초월하는 사회적 인간으로 만들어지는 훈련장이기도 하다. 그러한 의미에서 가족은 인간양육 및 교육을 담당하는 가장 강력한 제도체인 것이다.

이상에서 살펴 본 내용을 정리해 보면, 가족이란 부부와 그들의 자녀로 구성되는 기본적인 사회집단으로서, 이들은 이익관계를 떠난 애정적인 혈연집단이며, 같은 장소에서 생활하는 동거동재(同居同財) 집단이고, 그 가족만의 고유한 가풍을 갖는 문화집단이며, 양육과 사회화를 통하여 인격형성이 이루어지는 인간발달의 근원적 집단이기도 하다.

가족의 형태와 기능상의 변화에도 불구하고, 가족은 개인의 발달을 돕고 사회적 기능을 수행한다는 측면에서 우리 삶의 중요한 부분으로 유지·존속되어 오고 있다. 인간은 가족 속에서 태어나 일생의 대부분을 가정에서 생활하고 지내면서 사회화 과정을 밟게 된다. 즉, 가족은 인간형성 및 인간발달의 근원적 터전이 된다. 마가렛 미드(Margaret Mead) 여사도 가족은 인간양육과 육성의 끈질긴 제도체(toughest institution)라 정의한 바 있다. 가족은 인간의 본질인 독립성, 개체화의 욕구와 반개체화, 사회성의 욕구를 동시에 지니고 있는데, 이 두 가지의 욕구를 충족시키는 집단이 가족인 것이다.

(2) 현대적 정의

슐츠(Schulz, 1977)는 『변화하는 가족(The Changing Family)』이라는 저서를 통해, "가족이란 한 복잡한 변수로서, 생물학적 요구에 기인하는 보편적 구조도 아니며, 종교적 또는 문화적 신조에 기반한 보편적 규범의 이념일 수도 없다. 가족이 사회적 필요성에 기인하는 정도만큼, 이것은 우리들을 기성문화에 적응시키는 한편, 무엇이 바람직한 가족인가에 대해 우리에게 변화하는 개념을 부여한다"라고 지적한 바 있다(이효재, 1978. 재인용).

그러므로 현대사회에서는 앞서 언급한 바와 같은 개념으로 가족을 한정하기에는 무리가 있을 것이다. 즉, 가족원이 한 가구에서 생활하는 형태에 변화가 나타나고 있으며, 가족적 유대를 형성하는 데에도 혈연관계의 범위가 변화하고 있기 때문이다. 따라서, 앞으로 가족을 정의하는 것과 관련하여 '가족(the family)'이라는 획일적 형태보다는 가족의 다양성을 인정하는 '가족들(families)'이라는 것—생물학적 재생산 및 혈연관계, 또는 입양가족과 같은 의사(擬似) 혈연관계를 포괄하는—에 기초한 사회적 단위를 의미하는 것으로 개념화해야 할 것이다.

올슨과 드프레인(Olson & DeFrain)은 "가족이란 둘 또는 그 이상의 가족원들이 서로 돕고 몰입되어 있으며, 애정과 친밀감, 가치관과 의사결정 그리고 자원을 서로 나누는 집단"으로 정의하고 있으며, 미국 Heritage 사전(1982)에서는 "한지붕 밑에 가구를 형성하고 있는 집단"으로 정의하여 혈연관계를 전혀 고려하지 않는 경향까지 나타내고 있다.

인간은 일생을 통하여 두 번의 가족을 경험하게 된다. 출생하여 부모 밑에서 형제자매와 같이 자라며 생활하는 가족과, 성장 후 결혼과 더불어 새로이 형성하여 부부가 되고 자녀를 낳아 기르며 생활하는 가족이 있다. 물론 특수하게 독신으로 생활하는 사람의 경우는 예외이다. 전자, 즉 자기가 자라온 가족을 방위가족(family of orientation)이라 하고 후자, 즉 자기가 새로 형성하는 가족을 생식가족(family of procreation)이라 하며, 방위가족을 원가족(family of origin), 생식가족을 형성가족(family formation)이라고도 한다(그림 1−1).

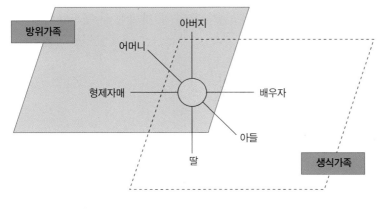

그림 1—1 가족의 두 가지 형태

(3) 관계에 근거한 가족의 정의

플로이드(Floyd) 등은 역할 관점, 사회법적 관점, 생물유전적 관점에서 가족의 개념을 정의하였는데, 가족구성원이 될 수 있는 사람들의 관계 특성을 고려하여 정의한 것이다(Floyd, Mikkelson & Judd, 2006).

역할(role) 관점에서는 정서적 애착을 가지고 가족처럼 상호작용하면 가족이라고 본다. 이 관점에서의 가족 개념은 포괄적이어서 비전통적인 형태(예를 들면 동성커플, 동거커플, 이혼 후 관계가 지속되는 전배우자)를 포함하는 강점이 있는 반면, 정의가 모호하고 집단원들 간에 가족에 대한 동의의 불일치, 즉 A는 B를 가족이라고 생각하는데 B는 A를 가족이라고 생각하지 않는 불일치가 있을 수 있으며, 한 사람이 여러 가족에 속할 수 있어 오히려 소속이 불명확한 약점이 있다.

사회법적(sociolegal) 관점에서는 법률적으로 인정을 받은 사람만이 가족이 될 수 있다고 본다. 따라서 사회법적 관점에서의 가족에 대한 개념은 객관적이면서 그 기준이 명확하기 때문에 가족구성원을 분명하게 알 수 있는 장점이 있다. 그러나 생활상으로는 가족이지만 법률적으로는 가족이 아닌 경우(예를 들면 이복형제자매, 재혼한 배우자가 데리고 혼인한 새 자녀와 새 부모의 관계), 법률적으로는 가족이지만 별거나 유기 등으로 가족원 역할을 못하는 경우 등에는 법적 가족과 현실적 가족의 괴리가 있는 약점이 있다.

생물유전적(biogenetic) 관점에서는 유전인자를 공유하는 사람을 가족이라고 본다. 즉 친생친자의 부모자녀관계, 부모를 같이하는 형제자매 등이 가족인 것이다. 이 관점에서의 가족 정의 기준은 비교적 단순하고, 혈연이라는 이유로 인하여 가족으로서의 유대감이 강할 수 있는 장점이 있다. 그러나 현대 사회에서 증가되고 있는 다양한 형태의 가족관계, 예를 들면 새 자녀와 새 부모와의 관계, 동성애 커플에 있어서 한쪽 파트너만의 자녀, 입양자녀와 양부모와의 관계 등은 가족에 포함되지 않는 약점이 있다.

2) 가족의 특성

가족은 사회적 집단이다. 이는 가족이 한 사람으로 형성되는 것이 아니고 적어도 두 사람 이상이 모여서 생활하는 것이기 때문이다. 물론, 현대사회에 들어와서 1인 가족이 점차 증가하고 있지만, 엄밀한 의미에서 가족이라 칭할 수는 없다. 사회집단이라 할 때 가족만이 있는 것은 아니므로 다른 사회집단과 어떤 점이 다르고 어떤 특색이 있는가 하는 집단적 특성을 살펴보면 다음과 같다.

1 가족은 일차적 집단(primary group)이다

일차적 집단이란 말은 쿨리(Cooley)에 의하여 명명되었다. 일차적 집단은 성원 상호간의 친밀한 관계로서 그 내부에 개인성(personality)이나 태도(attitude)가 형성되는 기본적인 역할을 수행한다. 또한 이들은 대면적 결합관계(face-to-face association)에 있는 것이 특징이다. 그 결과 이들 성원 상호간에는 '우리의 감정(we-feeling)'이 발생하여 강한 일체감을 유지하고 있다. 가족은 이러한 특성을 지닌 일차적 집단이다. 여기에 대하여 이차적 집단(secondary group)이란, 간접적인 거리를 가지고 접촉하는 결합관계를 갖는 것으로 사회, 조합, 국가 등을 들 수 있다. 이차적 집단은 구조가 비교적 크고 제도화되어 있다.

2 가족은 공동사회집단(gemeinschaft)이다

게마인샤프트(gemeinschaft)는 퇴니스(Tönnis)가 사용한 개념으로, 공동사회 또는 희생사회라고도 불린다. 이러한 집단은 성원 상호간의 애정과 이해로 결합되어 외부적인 어떤 장애나 분리에도 결코 분열되지 않는 본질적인 결합관계를 갖는다.

대립개념으로서의 게젤샤프트(gesellschaft)는 어떠한 결합에도 불구하고 본질적으로 분리되어 있는 사회라고 정의되는 것으로, 이익사회라고 한다. 이러한 사회는 특정한 이익이나 목적을 달성하기 위하여 수단을 사용하며, 타산적으로 대등하게 주고받는 이해관계가 개입된 집단이다. 편의적이고 기계적인 결합이므로, 인간관계는 냉정하고 표면적이다. 즉, 정당, 사회, 조합 등의 집단이 이러한 사회집단이다.

3 가족은 폐쇄적 집단(closed group)이다

폐쇄적 집단이란 성원이 되기 위한 자격의 획득이나 포기가 용이하지 않은 집단을 의미한다. 즉, 가족의 일원이 되기 위해서는 근친자이어야 하고, 또 이것을 거부하고자 해도 혈연으로 맺어진 이상 가족관계를 포기할 수 없으므로 폐쇄적 집단이다. 이에 반하여 개방적 집단이란 집단의 소속성이 자유로워 원하는 대로 그 집단 구성원의 자격을 획득하거나 포기할 수 있는 집단을 말한다. 그러나 현대 사회에 와서는 그 경계가 점차 모호해지고 있다.

4 가족은 형식적 집단(formal group)이나, 가족관계는 비형식적 · 비제도적 (informal)이다

　형식적 집단이란 객관적 조직과 특정의 습관적 절차 체계를 갖고 이것에 의하여 행동이 통제되는 집단이다. 즉, 집단 내에서 어떤 지위에 있느냐에 따라서 개인의 특성과는 관계없이 그 지위에 대한 역할행동이 요구된다. 대표적인 것으로 관료기구나 대기업의 사무조직을 들 수 있다. 가족은 결혼의 법적 절차에 의하여 부부관계가 성립되므로 이러한 면에서는 형식적이고 제도적인 집단이다.

　그러나 가족 상호간의 관계에 있어서는 가족구성원 모두가 각각 인간적인 감정으로 연결되어 대인관계에서 어느 사회보다도 자유롭고, 솔직하며, 순수하여, 형식이나 예의에 얽매이지 않는 비형식적이고 자유로운 사회집단이다.

3) 가족과 유사한 용어의 개념

(1) 세대 · 가구(世帶 · 家口)

　가족은 가계를 공동으로 하는 친족집단이므로, 가족을 전국 규모의 대량적 통계조사에 의하여 연구할 경우 정확한 가족집단을 조사하기는 매우 어려운 일이다. 그리하여 가족집단의 대량적 연구는 주로 주거단위에 의해서 실시된 국세조사 등 여러 행정조사의 결과를 이용하지 않을 수 없는데, 이때 가족이라 함은 일반적으로 '가구(household)'를 의미하는 것이다.

　가구란 거주와 가계를 같이하는 자 또는 독신으로 거주를 가지고 단독생활을 하는 자를 지칭하는 것으로서, 결혼관계나 혈연관계 등을 전혀 고려하지 않고 주거하는 공간과 가계라는 경제적 협력만을 기준으로 한 집단을 말한다. 예를 들어 고용인 등의 비가족구성원은 가구원에 속하지만, 출타하여 단독 거주하는 가족구성원은 가구원이 아니다.

　이와 같이 주거단위를 근거로 하여 이루어지는 가구와 가족과의 차이에 유의하면서 가구를 그 구성원에 따라 분류하면 다음과 같다.

① 가구원이 전부 가족구성원으로 이루어진 경우 : 가구원 중에 비가족구성원이 없고 출타 가족구성원도 없는 가구로서, 이 경우의 가구는 가족과 일치한다.

② 가족구성원과 고용인, 동거인으로 이루어진 경우 : 이 경우의 가구는 가족구성원이 아닌 사람들을 포함하게 되므로 규모가 가족보다 크다.

③ 가구 내에 비가족구성원은 존재하지 않으나, 가족구성원 일부가 출타한 경우 : 이 경우의 가구는 가족보다 규모가 작다.

④ 비가족구성원이 가구에 포함되고 또한 가족구성원의 일부도 출타한 경우 : 이때에 포함된 비가족구성원 수와 기타 가족구성원 수의 차이에 따라서 가구가 가족보다 클 수도, 작을 수도 있다.

(2) 친족(親族)

사회구조의 기본 단위인 가족은 고립된 상태로 존재하는 것이 아니라, 결혼과 혈연을 기초로 하여 그 범위를 넓혀가게 된다. 즉, 한 가족의 중심이 되는 부부는 제각기 그들이 태어난 부모들의 가족과 상호접촉을 계속하며, 또 그들의 자녀들이 성혼을 하면서 다른 가족들과의 관계가 더욱 넓게 확대되어 가게 된다. 이러한 경로를 통하여 친족(kinship)이라는 관계가 성립되며, 여러 가족간의 유대와 상호 관련성이 생기게 된다. 그러므로 친족이란 시간의 경과에 따라 가족이 확대되고 누적되어서 생기는 혈연집단이다.

친족집단은 부부와 자녀로 이루어진 가족보다 범위가 넓은 것이 일반적이므로 가족을 포함하게 된다. 가족이 포함된다 함은 가족의 구속을 뜻하는 것으로, 친족 집단은 가족의 서열을 정하며, 가족구성원의 권리·의무를 정하기도 한다. 가족이 부계냐 모계냐, 결혼한 부부가 거주지를 어디에 정하느냐, 가족을 지배하는 권리가 누구에게 있느냐 하는 등의 가족제도는 친족체계와 불가분의 관계에 있다. 다시 말하면, 친족체계는 바로 가족제도를 반영하는 것이다.

우리나라 민법에서는 친족의 종류로서 혈족, 인척, 배우자를 규정하고 있는데, 친족의 범위로는 부계, 모계 차별 없이 8촌 이내의 혈족, 4촌 이내의 인척, 배우자를 포함한다. 이처럼 친족 조직은 가옥의 울타리와 지역을 초월하여 광범위하게 산재해 있는 개인과 가족을 포함한다. 친척간에는 서로 기대할 수 있는 쌍방적 권리와 의무가 주어지며, 이에 의하여 친척간과 비친척간에 느끼고 행동하는 데 있어서 구별과 차이가 생긴다. 또 법률상 인정되는 친족관계에 대해서는 친족이란 신분에 의해서 부양관계, 상속관계 등 여러 가족법상의 권리와 의무를 가지게 된다.

친족과 유사한 개념으로 동족(clan)과 종족(lineage)이 있는데, 이들을 살펴보면 다음과 같다.

동족은 그 구분기준이 뚜렷하지 않을 뿐 아니라 범위도 확실하지 않다. 이것은 역사의 발전과 함께 인구의 산포가 심해져서 자손의 발달과정을 혈족별로 파악할 수 없기 때문이다. 동족의식은 대체로 양반계급에 속한 부류들 사이에서 조상숭배의 관습과 함께 고조된 것에 불과한 것으로 보인다. 그러므로 동족은 실제적인 집단이라기보다는 한 민족의 단결이나 한 씨족의 의식을 강화하기 위하여 사용된 개념적 집단이다.

한편 종족은 과거에 생존하였던 구체적인 사적 인물을 같은 조상으로 삼는 자손들의 집단으로서, 혈연관계의 원근을 촌수, 세대 또는 세대수로서 명시할 수 있다. 종족은 종중 또는 문중이라고 하는데, 이것은 동시조로부터 각 당내(黨內)에 5세대 이상으로 천이(遷移)된 모든 조상들의 제사를 거행하기 위한 조직이다. 여기서 '중'이라는 말을 쓴 것은 대소종의 차이를 초월한 종족집단의 중화(中和)를 의미하고 동종의 집중적 친화성을 표시한 것으로 해석된다.

종족은 크게 대종과 소종으로 구분할 수 있다. 대종은 그 성씨의 제일 첫 시조라고 생각되는 인물에서 비롯된 조직으로서 세대나 연령의 원리가 집단 내부의 서열을 강하게 규정하게 된다. 즉, 대종은 ① 성(姓)을 표식으로 하는 집단이며, ② 족외혼의 단위가 되는 혈연의식의 가장 넓은 단위이다. 소종은 흔히 당내라고도 하는데, 당내에 포함되는 친족을 당내친이라 한다. 당내친은 동고조 8촌의 부계친까지를 그 범위로 하는데, 상례(喪禮)에서 보는 유복친(有福親)이 바로 그것이다. 따라서, 소종의 구성원은 4대마다 바뀌게 되며, 대종 속에 포함될 수 있는 소단위적 집단이라고 할 수 있다.

종족은 또 부당(父黨), 모당, 처당의 3족으로 구분되기도 하는데, 부당은 부친을 매개로 하는 친족이며, 모당은 모친을, 처당은 처를 매개로 하는 친족이다. 이 3족에 부의 모족인 진외척을 더하면 4족이 된다.

(3) 집

우리나라에서 가족이란 말은 하나의 학술용어이고, 일반적으로 광범위하게 사용되는 것은 가족보다는 '집'이란 용어이다. '집'은 우리나라의 일상용어이면서 복잡한 의미를 가지고 있다. 즉, '집'이란 개념에는 가족구성원, 가족구성원이 생활하는 거주지나 건물, 생활공동체로서의 가족이나 기타 동족, 친척까지 포함되는 경우가 있다. 집이 뜻하는 바를 크게 물량적인 것과 구성원을 나타내는 것으로 나누어 보면, 물량적으로서의 '집'은 한 가족이 생활을 영위하는 데 필요한 모든 물질, 즉 건물과 경작지, 기타의 것들이 포함되며, 그 집의 소유로 된 것을 총칭하는 것이다. 또 구성원으로서의 집은 조상을 포함한 가족구성원 전원을 하나의 집단적 존재 내에 포함시키는 개념이다.

집에는 각 구성원의 사회적 활동을 통해서 번영하고 또 구성원의 실패로 쇠퇴하는 것이지만, 이것을 장기적인 시야에서, 그리고 집이라는 차원에서 볼 때 집은 구성원을 매개로 하여 현실세계에 살아 존재하고 자체의 생성과 소멸과정을 갖는 관념적인 존재물이라고 할 수 있다.

이러한 관념적인 존재로서의 집은 조상숭배와 표리의 관계를 갖는다. 조상은 집이란 개념에 의해서 유지되고 제사에 의해서 매개되는 것으로, 집의 제사는 과거의 집의 구성원에 대한 기억을 현존하는 구성원의 기억 속에 보존 · 유지시키는 관념적 매개체로, 이러한 과정은 집이 존재함으로서 가능하기 때문이다.

이처럼 집의 개념은 과거에서 현재로 연결될 뿐 아니라 미래까지를 포함하게 된다. 즉, 집은 과거에서 현재 그리고 현재에서 미래로 연결되는 개념이며, 일단 성립된 집은 끝없이 존속해야 한다는 영속지향성을 가진다. 집의 존속은 단적으로 볼 때 친자관계의 연결을 의미한다. 따라서, 부부관계보다는 친자관계, 즉 부자관계를 중요시하게 된다.

현존하는 집이 과거에서 미래로 존속되는 것이고 집이 개인에 의해 존재하는 것이라면 집에 속하는 개인의 행동은 개인의 행동에 그치는 것이 아니라 주체인 집의 행위로 인정되고 기억된다. 이러한 기억의 누적이 집의 역사이고 집의 역사는 그 집의 가풍과 가격(家格)을 형성한다. 개인의 행동이나 집의 역사가 이처럼 가격으로 표시되기 때문에 개인은 집의 존속을 위해 노력할 뿐만 아니라 가격의 유지 또는 상승을 위해 노력한다. 바꾸어 말하면, 집의 가격(家格)을 유지하고 상승시키는 것이 집의 논리로서, 가족구성원 개개인의 행동을 규제하게 된다(이광규, 1975 : 291~294).

이와 같이 집은 존속성을 목표로 하여 가족구성원 모두를 지배하는 초인간적 · 초시간적 개념체계로서, 모든 가족행동에 큰 영향력을 행사한다.

(4) 가정(家庭)

가정이라는 말이 가지고 있는 사전적 의미는 '한 개인이나 가족이 생활하는 장소(거주지)'로 되어 있다. 그러나 이것만으로 '가정'이라는 뜻을 규정짓기에는 미흡하다. 왜냐하면 가정은 가족의 공동생활이 이루어지는 장소를 뜻할 뿐 아니라, 가족구성원의 몸과 마음이 쉴 수 있는 안식처의 개념을 포함하기 때문이다. 즉, 가정은 물질적인 환경(place)만을 의미하는 것이 아니라, 심신의 긴장을 풀고 휴식과 안정을 얻을 수 있으며, 사랑이 있는 따뜻한 보금자리를 뜻한다.

　가정은 인간이 태어나고 자라면서 접하는 최초의 사회적 환경이며, 가족이라는 친밀한 인간관계를 통해서 서로 애정적 신뢰, 위안과 존경 등 심리적이고 정서적인 만족을 얻을 수 있는 곳이다. 그러므로 가정이란, 공간적 장소라는 의미와 함께 그 속에서 가족들이 그들의 신념이나 애정을 주고받으며 정서적 만족을 얻는 심리적인 분위기를 포함하는 개념이다.

　일반적으로 가족은 인간들의 집단(group)이고, 가정은 인간이 생활을 영위하는 장소(place)라고 구분되지만, 가족과 가정은 밀접한 관계가 있다.[1] 즉, 가족은 그들이 안주할 수 있는 가정이 없을 때 건전하게 성장·발달하지 못하며, 가정은 그 안에서 가족구성원들이 긴밀한 유대관계를 맺지 못할 때 진정한 의미의 가정이 될 수 없다.

　인간관계가 자칫 냉정하고 기계적으로 되기 쉬운 현대사회에서 인간에게 심신의 안정을 줄 수 있는 보금자리로서의 '가정'이 지니는 의의는 참으로 큰 것이며, 과거 어느 때보다도 강조되어야 한다.

■ ■ ■ ■ ■

1) Webster's 사전에 의한 가정·가족의 정의(유영주(1980), 『가족관계학』, pp. 13~16).
　※ 가정 : ① 한 개인이나 가족이 생활하는 장소(거주지를 의미)
　　　　　② 인간이 태어났거나 양육된 장소(고향·본국)
　　　　　③ 집(가정)으로 생각되는 장소
　　　　　④ 하나의 단위로서의 가족구성원과 그 내부에서 발생하는 사건(이혼으로 파괴된 가정)
　　　　　⑤ 고아나 늙고 무력한 사람을 보호하는 기관인 고아원·양로원·수용소
　　　　　⑥ 원산지 또는 발상지
　　　　　⑦ 많은 게임에서 골, 결승점을 의미(특히 야구에서 본루로 사용함).
　※ 가족 : ① 어떠한 신념, 종교, 철학 등으로 연결된 사람들
　　　　　② 동일한 집에서 생활하는 사람들
　　　　　③ 부모와 그들이 양육하는 자녀로 구성되는 하나의 사회적 단위
　　　　　④ 조상이나 결혼에 의해 관계를 갖게 되는 사람들의 집단(친족)
　　　　　⑤ 동일한 조상으로부터의 출계율을 주장하는 모든 사람들(친족이나 동족)
　　　　　⑥ 동일한 근원과 유사한 특성을 갖는 사물의 집단(생물, 생태학, 언어학, 수학 등)

2. 가족관계의 개념

가족관계란 가족구성원 상호간의 인간관계를 의미한다.

인간은 출생과 더불어 하나의 가족에 속하게 되며 부모와의 관계로부터 시작하여 인간관계를 맺게 된다. 더욱이 인간의 기본적 인성이 유년기에 형성되며, 이 유년기의 생활이 주로 가족 안에서 이루어짐을 생각해 볼 때, 가족은 실로 인간생활의 기초 중의 기초가 되는 사회집단이라 하겠다. 심지어는 '가족 없이는 인간이 존재할 수 없다'고까지 말할 수 있다.

또한 사회집단으로서의 가족이 없다면 사회 자체도 존재할 수 없다. 왜냐하면한 인간이 사회의 구성원이 되려면 그 사회가 필요로 하는 문화 유형을 습득하게되는데, 이러한 사회화(socialization)의 과정을 가족이 담당하기 때문이다. 그러므로 가족 없이는 사회가 존속할 수 없다.

가족은 사회를 형성하고 존속하게 하는 필수 불가결의 기본 단위일 뿐 아니라개인에게도 필요한 사회집단이다. 가족은 생산과 소비의 단위를 이루고 가족구성원의 신진대사, 수면 등 일차적 욕구를 만족시켜 줄 뿐 아니라 가족구성원이 안심하고 휴식을 취하는 곳으로서 정서적·심리적 욕구를 충족시켜 준다.

그러므로 가족은 사회의 기본적 집단으로서의 사회적 측면과 가족 개개인의 신체적·물질적·심리적 욕구를 충족시켜 주는 개인적 측면을 동시에 가지게 된다.

가족관계의 개념에 대하여 슈(Hsu, 1959)는 가족관계는 가족의 구조라 지적하고, 가족에 있어서의 구조란 가족구성원들간의 권리와 의무, 행하여야 할 행동과행하여서는 안 될 행동을 포괄하는, 그리고 실제 행하여지는, 또한 기대되는 관계를 의미한다고 설명하고 있다. 즉, 가족관계란 가족이라는 집단 내에서 일정한 지위를 점유한 자가 분담하는 분업관계, 권리·의무관계 그리고 일상생활에 수반되는 모든 행위유형을 포함한다(이광규, 1974).

가족간의 상호작용에서 나타나는 인간의 반응행태 특성(interpersonal response traits)은 집단 내에 주어진 사회적 역할뿐 아니라 개인적 역할에 따라서도 달라지며, 개인적 역할은 개인의 인간성, 성격 등에 기인하는 바가 크다. 또한인간간의 상호작용에 있어 개인적 특성은 유전적 형질이나 신체적 조건, 심리내적 체계에 이르기까지 다양한 측면에서 서로 영향을 주고받게 되며 시간에 따라변화하는 역동적 특성을 갖고 있다(McClintock, 1983).

따라서, 가족관계란 가족간의 인간관계에서 나타나는 권력구조, 역할구조 등과 같은 사회적 관계와, 개인간의 심리적 · 정서적 구조인 개인적 · 심리적 관계를 포괄하게 된다. 즉, 가족관계란 넓은 의미로 가족행동의 총체이며, 가족 상호작용의 역동과정이다.

가족관계를 더욱 구체적으로 설명하면 결혼으로 결합된 부부관계와, 혈연관계로 연결된 부모자녀관계, 혈연을 공유하는 형제자매관계로 구성된다. 이러한 각각의 관계에도 우리 사회에서 제도적, 규범적으로 허용하는 사회적 관계와 각 개인간의 심리적 관계가 포함된다.

3. 가족관계학의 학문적 특성

1) 학문적 개념

가족에 대한 관점은 사회적 측면에서 보는 거시적(macro) 입장과 개인 인간발달의 측면에서 보는 미시적(micro) 입장이 있다. 전자는 주로 인류학, 사회학, 역사학자들의 주된 관심이 되며, 후자는 사회심리학, 인간발달학, 가정학자들의 주된 관심이 된다(그림 1-2).

또한 가족관계학은 가족구성원 상호간의 인간관계를 연구하는 과학으로, 가족 내에 포함된 가족구성원 수는 10명 이내의 소수이지만, 가족관계는 그리 단순한 것이 아니다. 사회집단에서 구성원간에 일정한 지위와 질서가 있고 그 지위에 주어진 역할이 있듯이, 가족 내에서도 지위와 역할이 부여된다. 즉, 한 남자는 부인으로부터 남편이라는 지위를 가져 남편으로서의 역할이 주어지게 되며, 자녀의 아버지라는 지위와 역할을 행하여야 한다. 부인의 경우도 마찬가지이며, 자녀는 부모에 대하여, 형제자매들은 각각의 지위에 따라 각기 다른 역할을 수행하여야 한다.

따라서, 가족구성원간의 인간관계에 있어서 사회적 관계를 보다 과학적 · 실증적으로 연구하는 과학이 가족사회학이라 하겠다. 한편 가족구성원 상호간의 심리적 만족 · 갈등 등을 심리학적으로 분석 · 실험 · 연구하는 과학은 가족심리학이라 한다. 가족관계학은 가족사회학적인 성격과 가족심리학적인 성격을 포괄하는 가족사회 · 심리학적 특성을 갖게 된다.

가족관계에서 화목하지 못한 부부관계를 진단하는 경우 심리학의 입장에서는

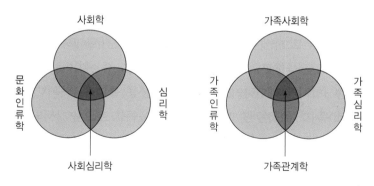

그림 1-2 가족관계학의 성격

남편과 아내의 개성과 욕구의 부조화를 강조할 것이며, 사회학자들은 그들이 자라온 환경이나 생활조건의 차이에서 오는 부적응을, 문화 인류학자들은 급속히 들어온 구미의 풍조와 우리나라 고유의 전통적인 관념에서 생기는 행위와 문화의 갈등을 이유로 삼을 것이다. 물론 이러한 사실 규명이 각자의 학문적 바탕에서 그들의 정당성을 지니고 있기는 하지만 그 해답이 보편성을 지닌 것이라고는 할 수 없으며, 때로는 편견을 면치 못할 것이다.

그러므로 가족관계학을 과학적으로 연구하기 위해서는 몇 가지 인접과학의 연구성과를 종합하는 사회심리학적 의의를 갖게 된다. 또한 가족관계학은 가족구성원간의 인간관계가 구체적으로 어떻게 존재하느냐, 또 어떤 것들이 있느냐 하는 가족관계의 본질과 상황을 분석하는 이론적 · 기술적 입장과, 가족의 인간관계가 어떤 관계에 있는 것이 좋겠는가 하는 응용과학적 · 실천적 입장을 갖는다.

현대사회는 인간성의 양성과 회복이라는 과제가 강조되고 있고 이러한 안식처의 기능을 가족이 담당하므로, 현대가족의 연구는 가족의 기원, 제도, 형태적 측면보다는 그 구조, 기능, 가족구성원간의 인간관계, 상호작용 등에 중점을 두어야 한다.

2) 가족관계학 연구의 접근 방법

가족관계학을 연구하는 데 있어서 이론의 정립은 다른 학문에서와 마찬가지로 매우 중요한 과제가 되고 있다. 가족구성원의 행태를 지속적인 논리성과 규칙성으로 설명하기 위하여 가족과 연관된 광범위한 요인들이 실험적으로 탐구되어 왔으나, 아직은 이러한 탐구의 역사가 짧은 관계로 이론 정립의 과정상에 있다. 1950년 대 이후 이론화의 본격적인 작업이 시작되면서 최근에 이르기까지 가족관계의 연구에 대표적으로 응용되고 있는 일반적인 개념들과 그 적용방법은 다음과 같다.

(1) 교환론적 접근(Exchange Approach)

사회를 거시적 차원에서 분석하려는 기능주의에 대한 대안이론으로 제기되었으며, 보다 미시적인 차원에서 개인, 집단 및 사회현상을 분석하고자 하였다. 인간은 자신의 이익이 극대화될 수 있게 하기 위해 손실이 큰 행동을 피하고 투자한 이상의 보상을 얻을 수 있는 방향으로 타인과 상호작용하며, 따라서 타인과 비교하여 비용, 보수 등의 관계가 유리하면 이제까지 취한 행동을 지속하고, 불리하면 그 관계를 개선하거나 중지하여 새로운 비율관계를 지향한다. 이것은 개인이나 집단, 혹은 사회조직도 마찬가지이다.

교환이론은 이러한 일반명제를 시작으로 전개되어 개인간 상호작용과 그를 둘러싼 광역집단에서의 교환작용을 다루고 있으며, 가족구성원간의 교환뿐만 아니라 광역사회와의 관계를 통하여 보상적 자원과 권력창출 과정 및 갈등 상황에서의 해결방법 등을 제시하였다.

특히, 교환이론은 2인 혹은 소집단에서의 상호작용 과정을 설명하는 주된 이론적 틀로 부상되어 왔으며, 주로 배우자 선택과정, 가족권력과 의사결정, 맞벌이 가족, 세대간의 동일시, 가정폭력, 노인문제, 가족정책 등의 연구에서 다양하게 응용되고 있다. 대표적인 교환이론가로는 호만스(Homans), 블라우(Blau), 에머슨(Emerson) 등이 있으며, 스캔조니(Scanzoni), 나이(Nye), 버어(Burr), 맥도널드(McDonald) 등의 공헌으로 1970년대를 통하여 가족학 연구의 중요한 이론적 틀로 자리잡게 되었다.

(2) 상징적 상호작용론적 접근(Symbolic Interaction Approach)

가족분석을 위한 개념틀로서 가장 많이 쓰인 이론으로, 개인이 선택적으로 반응하는 주관적 입장에서 사회현상을 파악하며 사회현상을 하나의 과정으로 이해하므로 행위자의 정신적 능력, 행위 및 인간들간의 상호작용에 초점을 둔다. 따라서, 사람들이 독특한 상황에 따라 만드는 정신적인 정의가 인간과 사회를 이해하는 데 가장 중요하다고 본다. 또 상호작용 과정에 있는 행위자들은 의미있는 상징을 사용하며, 이 상징들은 그 의미에 근거한 반응을 불러일으킨다.

그러므로 개인은 사회환경과의 상호작용을 통하여 가치를 파악하고 지위와 역할개념을 획득한다. 따라서, 인간은 사회적 상황의 정의에 따라 대상들을 상징적으로 지시하고 반응하며, 사회구조 역시 이러한 상징적 상호작용에 의해 창조, 유지, 변동된다. 그러므로 사회조직의 유형을 알기 위해서는 이러한 개인의 상징적 과정의 이해가 선행되어야 한다.

심리학·사회학을 기초로 하여 가족현상의 내면적인 과정, 즉 전달, 갈등, 의사결정, 문제해결, 위기에 대한 반응과 역할이행, 지위관계 등을 연구하며, 가족의 문화적·제도적인 면보다 가족구성원에 초점을 맞추는 경향이 있다. 특히, 가족 내에서의 권력구조 형성, 배우자 선택과정, 부모-자녀관계, 세대간의 가치전달, 역할과 지위관계, 가족 스트레스, 결혼의 질과 의사소통 등 여러 분야에 적용되고 있다. 대표적인 상징적 상호작용론자로는 제임스(James), 쿨리(Cooley), 미드(Mead), 블루머(Blumer) 등이 있으며, 힐(Hill), 한센(Hansen), 버제스(Burgess), 왈러(Waller), 쿤(Kuhn) 등에 의해 가족행동 분석틀로서 적용되어 왔다.

(3) 갈등론적 접근(Conflict Approach)

마르크스의 변증법적 유물론에 근거하여, 생활의 문제와 세상의 본질뿐만 아니라 역사발전의 본질도 모두 관념이 아닌 물질적 토대에 그 근원이 있는 것으로 파악한다. 따라서, 지배하고 지배받는 집단, 많이 갖고 적게 가진 집단간의 갈등에 관심을 갖고 있다. 갈등은 각각의 어떤 정서나 동기가 서로 대조되어 일어나는 적대적인 상호작용을 일컫는 것으로, 그 단위는 개인으로부터 거대집단까지 다양하다. 갈등의 궁극적인 원인은 불평등이며, 사회체계는 재조직을 통해 순환적인 갈등 생성을 겪고 있고 이것이 또다른 사회변동을 일으킨다고 본다.

짐멜과 코저에 이르러 갈등이론은 미시적 문제에 접하게 되었으며, 가족 내에서 가족구성원의 갈등에 관한 메커니즘을 연구하는 데 적절하게 이용되었다. 즉, 갈등론적 관점에 의하면, 권력이나 권위 같은 희소자원을 통하여 가족구성원들 사이에 의식적, 무의식적 갈등이 상존하므로, 갈등의 특성을 가족의 유지와 적응을 위해 응용하여야 한다고 본다. 가족 내의 이해관계나 권력, 또는 자원의 불평등에 초점을 두고 갈등을 분석하며, 가족갈등이 처리되는 과정을 중시한다. 대표적인 갈등이론가로는 마르크스(Marx), 베버(Weber), 짐멜(Simmel), 다렌도르프

(Dahrendorf), 코저(Coser) 등이 있으며, 갈등이론을 가족연구에 적용시킨 대표적인 학자로는 스프레이(Sprey), 콜린스(Collins) 등이 있다.

(4) 현상학적 접근(Phenomenological Approach)

사회현실을 개인 외부에 존재하는 그 무엇으로 규정하지 않고, 행위자의 주관적 세계 그 자체를 하나의 현실로 규정한다. 즉, 사회현실은 행위자에 의해 주관적·사회적으로 구성되는 것으로 인식되며, 따라서 현상학의 중심적 관심은 의식의 과정, 즉 인간의 경험이 외재적 실재에 대해 어떻게 감각을 형성시켜 나가는가의 과정에 두고 있다. 그러므로 현상학은 사람들이 사회적 실재에 대한 주관적 상태나 감각을 어떻게, 그리고 어떤 방법으로 구성하고 유지·변경시켜 나가는가를 탐구한다.

현상학적 관점에서는 가족을 개인의 의도적인 의식 안에 나타나는 바가 지속적으로 경험되는 장(場)으로 보고, 가족구성원들의 공유된 문화적 유형화를 추적하여 상이한 개체 사이의 갈등과 긴장을 해석하려는 것을 목적으로 한다. 그러므로 결혼관계에서 이들의 상이한 경험의 세계가 미치는 영향을 분석하며, 부모자녀간의 사회화 과정에 미치는 영향을 탐색하기도 한다. 또한 가족구성원의 일탈이나 폭력 등 부정적 행위에 대한 해석적 준거로도 사용되고 있다. 대표적인 학자로는 후설(Husserl), 슈츠(Schütz), 가핑클(Garfinkel) 등이 있으며, 현상학적 가정들을 결혼과 가족에 연결시켜 이상적-유형적 분석을 시도한 학자로는 버거와 켈너(Berger & Kellner), 덴진(Densin) 등이 있다.

(5) 가족발달적 접근·라이프 코스(life course)적 접근(Family Development Approach)

가족의 시간에 따른 변화과정을 설명하고 기술하는 데 선구적 역할을 담당한 가족발달적 접근법의 주요 관심사는 가족의 단순한 변화가 아닌 발달을 설명하기 위해, 가족체계의 종단적인 경로에 초점을 맞춘 가족생활주기(family life cycle)와 가족이 각 단계에서 직면하게 되는 역할인 발달과업(developmental task)이다. 특히, 이 관점에서는 가족을 상호작용하는 개인들의 집합체로 보기 때문에, 가장 중요한 연구문제는 가족의 시간(family time)에 대한 분석이다. 이 가족의 시간은 내적으로는 가족 구성원의 생리적, 심리적, 혹은 사회적 욕구에 의해 예견되며,

외적으로는 사회적 기대나 생태학적인 제재 등 사회적인 영향에 의해 이미 예견된 일련의 단계로 규정된다.

이런 측면에서 가족발달적 접근법이 다른 가족연구의 접근법과 구별되어, 개인의 생활주기를 분석하는 라이프 코스(life course)적 접근법과 유사하다고 인식되고 있다. 라이프 코스적 접근은 최근 가족의 형태가 다양해짐에 따라 개인을 중심으로 한 생의 사건들이 가족에게 어떠한 영향을 미치는지를 분석하는 이론틀로서 대두되고 있다.

이와 같이, 가족발달적 접근은 가족생활주기의 각 단계별로 가족의 다양한 역할과 발달과업이 어떻게 수행되는지, 무엇이 문제인지를 분석함으로써 전 가족생활주기에서 나타나는 문제점을 예측하고 가족문제 발생을 예방할 수 있는 가족생활교육의 지침을 제공할 수 있다. 대표적 학자는 로저스(Rodgers), 해비거스트(Havighurst) 그리고 두볼(Duvall) 등이 있고, 라이프 코스(life course)적 접근의 대표적 학자는 엘더(Elder)이다.

(6) 체계론적 접근(Systems Approach)

과학이 발달하고 문화가 발전할수록 학문간 교류가 더욱 활발해져야 할 필요성이 증가하면서, 여러 학문분야를 통합할 수 있는 공통적 사고와 연구의 틀을 찾으려는 노력 끝에 체계화된 이론이다. 체계란 하나의 통일적 전체를 구성하는 상호 관련된 부분들의 집합으로서, 체계의 한 요인이 변화하면 다른 요인들도 그에 의해 변화하며 그 변화가 다시 처음의 변화요인에 영향을 준다는 것이다.

특히, 가족체계는 개방체계로서 끊임없이 내적 접합이 추구되는 동시에 외부로 향하여 열려 있다. 즉, 가족을 외부의 요소로부터 구분되는 경계를 가진 하나의 체계로 보고 가족구성원의 행동을 상호의존적 관계의 유형을 바탕으로 전체적인 체계의 입장에서 파악하며, 가족 내부의 하위체계인 부부, 부모자녀, 형제 등의 관계를 중심으로 체계의 특성과 권력구조, 역할, 의사소통, 가족폭력, 가족치료 등의 관계를 분석하고 광역환경 변수의 영향을 탐색한다.

버탈란피(Bertalanffy)에 의해 체계론적 접근방식이 명시된 이래 위너(Wiener), 섀넌(Shannon), 노이만(Neumann), 캐넌(Cannon), 볼딩(Boulding) 등으로 이어졌고, 보웬(Bowen)과 미누친(Minuchin), 켄터와 레어(Kantor & Lehr), 올슨(Olson), 콘스탄틴(Constantine) 등이 체계론적 접근을 통해 가족현상을 탐구·분석하였다.

(7) 여권론적 접근(Feminism Approach)

여권론의 주요 명제는 여성이 억압받고, 착취당하고, 평가절하되고 있다는 것이다. 따라서, 사회에서 여성에게 권력을 부여하고 억압상황을 변화시켜야 한다는 것이다. 여권운동의 기원은 오래 되었으나, 그 운동이 활발히 전개된 것은 프리단(Friedan, B.)의 "The Feminine Mystique" 출간과 맥을 같이 한다. 그녀는 여성이 자신과 사회에 영향을 미치는 관건을 결정하는 데 참여해야 하며, 직장생활로 인해 가정생활에 충실하지 못함에 따른 죄책감에서도 벗어나야 한다고 했다.

각 여권론자들이 강조하고 지향하는 바는 각기 다르지만, 이들은 공통적으로 주부로서의 역할강요에 따른 여성노동의 규제, 여성의 성과 출산에 대한 남성의 통제 그리고 전통적인 성역할의 구조화라는 세 가지 측면이 여성을 억압해 왔다고 주장한다. 즉, 여성은 가부장적인 이데올로기에 의해 억압받고 있는데, 이는 남편과 아내를 상이한 계급에 놓이게 함으로써 권력의 불평등을 야기한다는 것이다. 따라서, 여성해방을 위해서는 구체적으로 여성과 남성이 평등해지는 범위 내에서 가족구조를 수정해 나가야 한다는 온건한 입장과, 전통적인 가족의 질서와 구조를 전복시키고 다양한 형태의 결혼양식을 제시하며, 자녀출산 및 양육과정까지 사회기관으로 이전시켜야 한다는 급진적인 입장이 제시되고 있어 결혼과 가족분야에서 중요한 관점으로 대두되고 있다.

그러나 여권주의 저서는 가족학의 주류이론가들의 도전을 받아 왔다. 가족에 대한 여권론자들이 직면하는 가장 큰 도전은 젠더에 대한 쟁점과 젠더와 권력을 연계하는 것이다. 여권론자들은 계속해서 남성지배의 문제를 강조하며, 남성과 여성의 이해관계가 갈등적이라는 것을 강조한다. 그러나 많은 여성들은 남성의 지배로부터 억압되기는 하지만, 인종이나 계급에 의해 억압받는 현실을 완화시켜주며, 빈곤문제를 완화하는 중요한 지지자원으로서 가족을 꼽는다. 그러므로 여권론자들은 갈등과 억압의 원천이 되는 가족과, 협동과 유대의 원천이 되는 가족이라는 대립적인 이미지를 이론화하는 작업을 할 필요가 있다. 대표적인 여권론자로는 프리단(Friedan, B.), 파이어스톤(Firestone, S.) 그리고 미첼(Mitchell, J.) 등이 있다.

3) 가족관계학 연구의 목적

인간이 누구나 접하고 생활하고 있는 가족생활은 보편적이어서 경험을 통하여 많은 지식들을 얻게 되는데, 이렇듯 보편적인 가족생활에 대하여 연구할 필요성이 있느냐 하는 문제가 제기된다. 그렇다면 가족생활에 대한 연구, 특히 가족관계의 연구는 어떠한 목적을 두고 하는가 살펴보도록 하겠다.

첫째, 가족생활에 대한 연구는 과학적 방법을 통하여 특정집단의 표본을 대상으로 하는 보고서를 작성해야 한다. 개인의 경험이나 신념 또는 그가 개인적으로 알고 있는 사람을 관찰한 것을 근거로 해서는 안 되며, 일단 집단적인 연구를 행한 후에는 그 결과가 자신의 감정이나 경험과는 무관하게 객관성 있게 기술되어야 한다.

둘째, 가족생활에 대한 연구는 가족구성원들의 특정한 행동이 왜, 어떻게 형성되는가에 대한 원인에 관심을 둔다. 이때에도 개인적인 편견을 개입시켜서는 안 된다.

셋째, 가족생활에 대한 일련의 개념을 발달시킨다. 물론 연구결과에서 얻어진 일반론과 개인적 상황과는 차이점이 많을 수 있다. 예를 들면, 20대 이전에 결혼한 부부일수록 이혼율이 높다는 일반론에도 예외가 있으며, 취업주부가 결혼에 더 많은 갈등이 있다는 일반론은 주부의 능력, 동기 등의 차이에 따라 다를 수 있다.

한편, 과학적인 방법과 절차를 거쳐서 수행된 연구결과는 개인의 의사결정 및 정부나 단체의 의사결정에 이용될 수 있다. 즉, 가족관계에 대한 연구결과는 개인의 행동에 지표가 될 수 있으며, 정책수립이나 법률제정의 기초가 된다. 가족생활에 관하여 우리가 너무나 잘 알고 있다는 사실은 상식이며 가족생활에 대한 연구는 과학인 것이다.

여기 두볼(Duvall, 1977 : 125)이 제시한 가족관계 연구의 필요성을 열거해 보면 다음과 같다.

① 자기가 자라온 가정에서 얻은 경험으로 알게 된 지식보다 더 광범위한 가족생활 전반을 알기 위함이다.

② 개인과 가족에 관련된 문제 중에서 보편적으로 사회에서 인식되고 있는 왜곡되어 있는 사상이나 신념을 시정하기 위함이다.

③ 보다 빈번히 보고되고 있는 비정상적인 가족생활보다 가족의 정상적인 측면을 강조하기 위함이다.

④ 모든 사람들이 알고 있으나 사실이 아닐 수도 있는 내용들을 객관적으로 검증하기 위함이다.

⑤ 문화적·역사적으로 모든 제도나 집단의 중추는 가족임을 인식하기 위함이다.

⑥ 인간발달 과정에서 가족생활의 중요성을 더욱 확실히 알기 위함이다.

⑦ 사회적 조건의 변화에 따라 발생하는 가족의 다양한 변화에 부응해 나갈 수 있는 능력을 키우기 위함이다.

⑧ 가족의 형태나 기능, 가족관계의 변화를 예견하고 앞으로 닥칠 변화에 대처할 수 있는 잠재력을 키우기 위함이다.

⑨ 인간의 생활주기를 통하여 발생되는 다양한 사건들에 대해 개인적 또는 가족적인 차원에서 의사결정을 할 수 있는 기초적 능력을 수립하기 위함이다.

⑩ 주어진 가정, 사회, 국가 안에서 미래의 가족 상황에 대비할 견고한 계획과 정책을 수립하기 위함이다.

연구문제

1. 가족에 대한 보편적인 정의를 내리고, 이러한 가족 개념의 변화 양상에 대해 토론하시오.
2. 현대사회에서 가족이 왜 필요한지 그 이유를 설명하고, 가족집단과 타집단과의 차이점을 지적하시오.
3. 역할이나 권력과 같은 상호작용의 속성을 포함시켜 가족관계의 개념을 정의하시오.
4. 가족관계학의 학문적 성격을 분석하시오.
5. 가족관계학 연구의 사례들을 이론적 접근과 연관하여 설명해 보시오.

chapter 2

가족의 이해

우리는 제1장에서 가족과 가족관계의 개념에 대하여 학습하였다. 그러나 좀더 가족의 본질을 명확히 이해하기 위해서는 앞에서 배운 가족의 개념을 기본으로, 가족은 어떠한 사람들이 어떠한 형태로 모여서 살고 있으며, 그들이 가족을 이루며 사는 것은 무엇 때문인지, 또한 가족은 어떠한 과정을 거쳐서 완성되거나 소멸되어 가고 있는지, 그리고 이러한 가족들은 어떻게 구분된 범주 속에서 어떤 특성을 가지고 살아가고 있는지 등을 이해하여야 한다.

즉, 하나의 가족을 이해하기 위해서는 우선 그 집에 누가 살고 있는지를 알아야 한다. 그것은 누구의 문제(who)인데, 비단 식구수만이 아니라 구성원간의 혈연관계와 관계형태를 알아야 하므로 가족의 형태에 대하여 살펴보도록 하겠다. 다음으로 그들이 무엇을 하느냐의 문제(what)는 가족의 행동인데, 그러한 행동이 가족 개개인과 사회에 대하여 어떠한 역할을 하느냐 하는 것이 가족의 기능(function)이다.

가족의 형태, 기능뿐만 아니라 그들이 시간적으로 가족생활주기의 어느 단계에 있느냐(where) 하는 것인데, 가족원의 연령과 결혼지속년수 등도 가족 이해의 기초가 된다. 다음으로 그 가족들이 어떻게 사느냐의 문제(how)인데, 어떻게 사느냐의 문제는 가족의 계층(class)·지위(status) 및 가치관(value)과 관련이 있는데 각 가족이 처한 사회경제적 지위와 가치관에 따라 그들의 삶의 유형, 생활 스타일이 달라질 수 있기 때문이다.

따라서, 본 장에서는 하나의 가족을 이해하기 위한 가족의 형태, 기능, 주기, 계층 그리고 가치관에 대하여 알아보도록 하겠다.

1. 가족의 형태

가족을 이해하기 위해서는 우선적으로 인류사회에 존속하여 온 수많은 가족들이 어떠한 모습으로 모여 살고 있는가를 알아볼 필요가 있다. 이러한 가족의 구성형태와 생활모습은 가족의 외형뿐만 아니라, 그들의 문화와 정신구조를 나타내주기 때문에 가족을 이해하는 데 필수적인 부분이다.

인류사회에 나타난 많은 종류의 가족은 다음과 같이 가족의 크기, 가족구성의 범위, 가족 내에서의 권위의 소재, 부부의 결합형태 등 구분요인에 따라서 다양하게 분류할 수 있다.

1) 가족구성원 수와 혈연관계의 범위에 따른 분류

가족의 형태를 분류하는 가장 기본적이고 손쉬운 방법은 가족구성원의 범위를 따져보는 것이다. 이 범위는 대체로 소가족과 대가족 또는 핵가족(nuclear family)과 확대가족(extended family)으로 구분된다. 먼저 소가족과 대가족의 개념을 살펴보면, 대소의 구별이 단순히 식구의 수가 많고 적음을 의미하기도 하고, 때로는 혈연관계의 범위와 관련지어 사용되기도 한다. 식구의 수와 혈연관계의 범위가 반드시 일치하는 것은 아니므로 가족의 형태를 대소의 개념으로 구분할 때는 식구의 수와 혈연관계의 범위를 모두 명시하여야 한다. 예를 들면 부부중심의 가족일 경우에는 식구의 수가 적어서 소가족의 형태일 가능성이 크지만, 자녀를 여러 명 낳는 경향이 있는 사회에서는 핵가족일지라도 대가족이 되는 경우가 흔히 있다. 반대로 가계가 부계를 따라 계승되는 부계 확대가족의 경우 아들이 없거나 하나일 때는 아무리 가족이 확대되어도 가족구성원에 있어서는 대가족이 되지 못하므로 모든 확대가족이 전부 대가족이 되는 것은 아니다. 김두헌(1969 :

374)은 가족구성원수를 기준으로 5인 이하를 소가족, 6인 이상을 대가족이라고
하였다.

```
┌ 소가족 ─ 원칙적으로 소인수 가족(5인 이하)
└ 대가족 ─ 원칙적으로 다인수 가족(6인 이상)
┌ 핵가족(nuclear family) · 요소가족(elementary family) · 부부가족(conjugal
│   family)
│                            ┌ 직계가족(stem family)
└ 확대가족(extended family) ─┼ 방계가족(collateral family)
                             └ 복합가족(joint family)
```

혈연관계에 따라 가족을 분류할 때 널리 쓰이는 것은 핵가족과 확대가족의 개
념이다(그림 2-1). 핵가족은 부부와 그들의 미혼 직계자녀로 구성된 가족으로
서, 자녀들은 혼인하는 대로 부모의 집을 떠나 새살림을 시작하는 것이 원칙이다.
그러므로 가족구성은 부모와 자녀의 2세대로 한정된다. 이런 의미에서 핵가족을
요소가족(elementary family) 또는 부부가족(conjugal family)이라고도 한다.

확대가족은 핵가족이 종적 또는 횡적으로 연결되어 형성되는 것으로서, 자녀가
결혼 후에도 그들의 부모와 동거하는 가족형을 말한다. 가족이 종적으로 확대된
가족을 직계가족(stem family)이라고도 하는데, 이때에는 원칙적으로 맏아들만이
본가에 남아서 부모를 모시고 가계를 계승하며 그 이외의 아들들은 분가하게 된
다. 한편 가족이 횡적으로 확대되어서 다른 세대뿐만 아니라 세대의 형제들이 결
혼한 후에도 그들의 부모와 동거하는 가족을 방계가족(collateral family)이라고
한다. 우리나라와 일본의 가족이 직계가족에 속하고, 중국의 전통가족과 인도의
힌두족, 발칸반도의 자두르가(zadruga)라고 불리는 가족이 방계가족에 속한다.

출가한 딸을 제외하고 아들들이 전부 결혼한 뒤에도 부모와 동거하는 부계 확
대가족을 흔히 대가족(large family)이라고 하는데, 이 부계 확대가족은 인도, 중
국, 발칸반도의 인구(印歐 : Indo-Europe)어를 사용하는 여러 민족, 중앙아시아
등 이른바 구대륙에 가장 널리 분포되어 있는 가족형태이다. 그 대표적인 예가 중
국의 대가족인데, 전통적으로 조상숭배와 함께 효에 입각한 부모자녀간의 관계와
대가족의 동거를 이상화한 중국에서는 한 가구 속에 여러 세대의 가족이 20~30

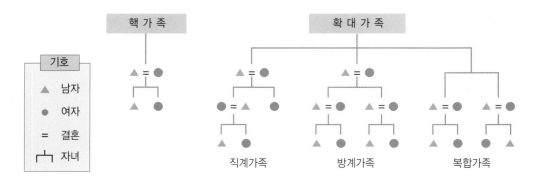

그림 2-1 가족의 여러 형태

명씩 함께 살고 있는 것을 이상적으로 생각하였다. 그러나 대가족을 거느리기에는 경제적인 뒷받침이 필요하며, 따라서 이상적인 대가족을 유지할 수 있는 가족은 극히 소수층에 한정되지 않을 수 없다.

확대가족의 한 변형으로서 확대가족의 제일 윗세대가 사망하여도 그의 아들들이 계속하여 한 가족을 이루고 사는 경우가 있는데, 이를 복합가족(joint family)이라고 한다. 이러한 예는 인도 북방 히말라야 산맥지대의 칼라퍼(Khalapur) 촌락에서 볼 수 있으며, 이때 형제들은 한 울타리 안에서 또는 이웃에 모여 살되 살림살이, 즉 경제적 단위는 제각기 분리된 단위로 영위된다. 그러나 형제들 사이에 비록 경제적으로 독립을 하였으되 한집으로서의 가족적 의식은 그대로 강하게 남아 있어 연중행사를 공동으로 지내는 일이 많다.

2) 가장권과 권위의 소재에 따른 분류

가장권은 가족의 대외적 관계에서의 대표권과 대내적 관계에서의 가독권(家督權) 및 가사관리권으로 이루어지는데, 이것이 부부 중 어느 한편에 속하느냐에 따라서 가족을 분류한다.

이러한 가장의 권위가 부계에 속하면 부권제 또는 가부장제(patriarchalism)라 하고, 모계에 속하면 모권제(matriarchalism), 양계에 공동으로 속하면 동권제(equalitarianism)라고 한다. 가부장제는 역사적으로 가장 발달해 온 제도로서, 가장권이란 용어와 동일시되는 경우가 많다. 가부장권은 대부분 가명(家名) 및 가산(家産)의 장남상속권과 함께 계승되었는데, 부자의 혈통을 따라 가명이 전해지고, 장남이나 아들 한 사람에게만 가산이 상속되는 단일 상속권 등이 동반되었다. 그러나 이러한 권리들이 본질적으로 불가분의 상관성을 지닌 것은 아니다. 여러 사회에서 가명의 계승은 부자의 계열을 따르지만, 가산의 상속권은 자녀들에게 균배되며, 가족 내의 지배권과 결정권은 부모에게 공동으로 있는 경우를 볼 수 있다. 이처럼 여러 권리가 분산되는 현상은 남녀평등을 인정하는 현대사회에서 더욱 특징적으로 나타난다.

한편, 부계가족과 대비되는 모계가족에서는 부계가족의 남자처럼 여자가 절대적인 가장권을 가지는 것으로 생각하기 쉬우나 사실은 그렇지 않다. 즉, 모계가족의 가장권은 부계가족의 가장권과는 내용이 다르다. 모계사회에서는 가족의 혈통 계승과 가산의 상속이 모계가족을 중심으로 이루어지고, 여자들이 가족의 통솔권을 대체적으로 장악하고 있으나 대외권은 갖지 않는다. 부계가족에서는 재산권을 가진 아버지가 대외권도 함께 갖는 것에 비하여, 모계사회에서는 어머니의 남자 형제나 다른 남자가 대외권을 가지고 집밖의 일을 처리한다. 모계사회에서 또 하나의 특징은 숙부권이 분립되어 있다는 점이다. 이것은 자녀의 교육이라는 점에서 두드러지게 나타나는데, 모계가족에서는 남자아이의 교육을 아버지가 맡는 것이 아니라, 어머니의 남자형제, 즉 외삼촌이 맡는다. 외삼촌은 집안에서 조카들(누이의 아들)의 훈육을 담당할 뿐만 아니라, 사회적으로 후견인이 되고 조카들의 사회적 행동에 책임을 지며, 자신의 사회적 지위와 소유물도 조카들에게 상속한다. 한편 부자관계는 정(情)적이며 사적인 성질을 띠고 있을 뿐 실질적인 권리와 권위를 갖고 있지 않다. 부계가족에서 아버지인 가장이 갖는 권한을 모계가족에서는 어머니, 외삼촌, 아버지 세 사람이 나누어 가지는 셈이 되는 것이다(이광규, 1992 : 56).

3) 부부의 결합형태에 따른 분류

가족의 유형을 특징짓는 데에는 가족의 구성범위 및 가장권의 소재와 함께 결혼형태도 중요한 요인으로 작용하게 된다. 결혼형태는 다시 사회적으로 용인되는 배우자의 수, 결혼 후의 거주형태, 가계의 계승방법에 따라서 여러 가지 양상을 보이게 되는데, 이것을 항목별로 살펴보면 다음과 같다.

(1) 배우자의 수

부부의 결합은 1남 1녀로 이루어지는 것이지만 사회에 따라서는 부부 중 어느 한쪽이 단수이고 상대방이 복수로 되어 있는 경우가 있다. 부부가 각기 1인으로 결합되어 있는 형태를 단혼제 또는 일부일처제(monogamy)라 하고, 남편이나 아내가 동시에 한 사람 이상의 배우자와 결혼생활을 할 수 있는 제도를 복혼제(polygamy)라고 한다. 복혼제는 다시 남자가 1인이고 여자가 다수인 일부다처제(polygyny)와 여자가 1인이고 남자가 다수인 일처다부제(polyandry)로 나눈다.

전세계적으로 정확한 수는 알 수 없으나 일부일처제 가족, 즉 단혼제 가족이 대부분인데 일부일처제 가족이 가장 보편적인 가족형태인 이유는 대체로 다음 네 가지로 볼 수 있다.

① 부부는 애정을 기초로 하여 결합되는 것으로 1남 1녀가 가족을 이루는 것이 가장 바람직하다.

② 사회적으로 남녀의 성비가 대부분 균형을 이루고 있으므로 성비의 유지상 일부일처제가 이상적이다.

③ 부부는 경제적으로 협력하는 관계에 있기 때문에 1남 1녀가 협동하는 것이 경제적으로 유리하다.

④ 종교적으로 1남 1녀의 결합이 이상적이라고 여기는 곳에서는 복혼제를 허용하지 않기 때문이다.

```
┌─ 단혼제 · 일부일처제(monogamy)
│
│                       ┌─ 일부다처제(polygyny)
└─ 복혼제(polygamy) ─┤
                        └─ 일처다부제(polyandry)
```

일부일처제 사회에서도 요즈음과 같은 현대사회에서는 이혼이 성행함으로써 한 사람이 일생을 통하여 여러 배우자를 만나는 경우가 있다. 그러나 이것은 동시에 한 사람 이상의 배우자와 결혼할 수 있는 것과는 엄격히 구별되는 것으로서 연속적 단혼제(serial monogamy)라고 한다.

일부다처제 가족은 일부일처제 가족만큼 많지는 않으나, 다른 형태에 비하여 상당히 많은 수에 달한다. 세계적으로 부부형태를 집계한 미국의 인류학자 머독(Murdock, 1957)에 의하면 554개의 사회 중 일부다처제가 있는 사회가 415개, 일부일처제만 허용하는 사회가 135개, 일처다부제가 있는 사회가 4개로 나타났다. 즉, 머독이 조사한 자료에 의하면, 일부다처제가 있다고 하여 그 사회의 모든 가족이 일부다처제 가족이라는 뜻은 아니라는 것이다. 일부다처제 가족이 분포되어 있는 지역은 중앙아시아, 아랍, 아프리카, 북아시아, 그리고 미국 원주민 사회이다. 이러한 분포로 보아 일부다처제 가족은 부계사회에 분포되어 있음을 알 수 있다. 일부다처제에는 여러 부인의 지위를 동등하게 인정하는 아랍식 다처제와 한 부인을 정실로 인정하고 나머지 부인을 소실로서 하위에 두는 동양식 축첩제도(concubinage)가 있다.

일부다처제와 대조되는 것으로 일처다부제를 들 수 있는데, 이것은 극히 소수 사회에 한정된 현상으로, 가장 많이 알려진 곳은 티벳의 하층인, 인도의 토다(Toda)족 그리고 태평양의 마키저스(Marquesas)도민이다. 일처다부제를 취하는 이유는 다음과 같다.

① 사회에 따라서 여유아살해(female infanticide)라는 특별한 풍습이 있어서 출생한 여아를 살해하는데, 이런 사회에서는 자연히 여아의 성비가 맞지 않으므로 일처다부제가 발생하게 된다.

② 티벳의 하층민에서 볼 수 있는 것과 같이 경제적인 이유에서 형제들이 동거하여 재산을 공유하듯 여아를 공유하는 경우도 있다.

이상과 같이 일처다부제는 주로 사회적 이유와 경제적 이유에서 계기가 되어 나타난 것으로, 반드시 모계사회와 관련되는 것은 아니며 부계사회에도 일처다부제가 있을 수 있다.

(2) 가계의 계승

가명과 친족의 계보가 부의 혈통에 따라서 계승될 때 이를 부계제(patrilineal system)라 하고, 이와 반대로 모의 혈통을 따를 때에는 모계제(matrilineal system)라 한다. 또 어느 한 혈통에만 치우치지 않고 가보(家譜)에서 차지하는 친척의 범위와 비중이 양계 동격이거나, 가명이나 가산의 상속이 혈통보다 개인 위주여서 형편에 따라 양계 어느 쪽에서나 계승자를 택할 수 있는 경우 이것을 양계제(bilineal system)라 한다. 단일계 계승제 중에서도 부계 또는 모계의 어느 한 쪽만을 자녀들이 계승하지 않고 자녀 중 어떤 자는 부계를, 어떤 자는 모계를 계승하는 이중적인 계승제도를 소수사회에서 볼 수 있다. 예를 들면 문두가머

(Mundugamor) 사회에서는 아들은 모계를, 딸은 부계를 따르며, 브라질의 아피나예(Apinaye)족은 그와 정반대로 아들이 부계를, 딸이 모계를 각각 따르도록 하고 있다. 또 셀레베스(Celebes)의 부기니스(Buginese)와 마카사르(Macassar)족들은 홀수순번 자녀는 모계를, 짝수순번 자녀는 부계를 계승한다고 한다(Stephens, 1963 : 103).

(3) 거주제

결혼 후 부부가 어디서 새살림을 시작하느냐는 가족제도에 따라 다르게 나타난다. 거주제는 주로 시가살이 또는 부거제(patrilocal)와 처가살이 또는 모거제(matrilocal) 및 단가살이 또는 신거제(neolocal) 등 세 가지로 구분한다.

시가살이 또는 부거제는 자녀가 혼인 후 그의 친정집을 떠나서 남편의 집으로 입주하여 시가 식구들과 동거하는 제도이다. 반드시 시부모와 한 집에서 동거하지 않더라도 시가의 근처에 살면서 시부모의 지배와 간섭을 받는 것도 이에 속한다.

처가살이 또는 모거제는 결혼 후 남편이 아내의 집으로 입주하여 처가 식구들과 동거하거나 처가의 근처에 살면서 처부모의 지배와 간섭을 받는 것으로서 주로 모계가족에서 볼 수 있는 형태이다. 이렇게 결혼한 부부가 여자의 집에서 살게 될 경우 처음부터 끝까지 사는 경우도 있으나 일정한 기간을 정하여 그때까지만 살다가 기간이 지나면 부부가 독립된 거처를 갖는 것이 있다. 이것을 모거 신거라 하고, 거주를 한 형태에서 다른 형태로 옮기는 것을 양거제 거주라고 한다.

우리나라에서도 모거제와 비슷한 것이 있었는데, 고구려 시대의 서옥제가 바로 그것이다. 서옥제란 여자의 집에 서옥을 지어 놓고 신랑을 데려다가 살게 한 후 그 사이에 자식이 생기면 여자를 데려가게 하는 것이었다. 이것은 시가살이와 처가살이의 혼합체라고 볼 수 있는데, 머독은 이와 같은 형태를 모부거제(matri-patrilocal system)라고 하였다.

모계사회에 특이한 거주규정은 이른바 외숙거제(avunculocal)라는 것인데, 이것은 결혼한 부부가 외삼촌의 집이나 그의 영향 밑에서 사는 것이다. 모계사회에서는 외삼촌이 부계사회의 아버지와 같은 역할을 하는 경우가 있으므로 외숙거제 거주 규정은 전형적인 모계사회에서 볼 수 있다.

단가살이나 신거제는 결혼한 부부가 새살림을 차려서 독립적으로 살아가는 것인데, 시가나 처가의 어느 쪽에 의존하거나 지배를 받지 않고 단독으로 한 가정을 꾸려 나가는 경우가 이에 해당된다. 때로는 부모들의 경제적 도움을 받을 수도 있으나 그것은 일시적인 것이며, 그로 인하여 지배를 당하거나 부모를 부양해야 할 책임을 지지는 않는다. 이러한 신거제의 예로는 미국의 전형적인 신혼가족을 들 수 있다. 우리나라에서는 아들이 혼인하면 다른 살림을 차려서 부모와 따로 살게 하는 경향이 점차 증가하고 있지만, 서구에서처럼 완전히 독립된 관계라고는 할 수 없다.

이 밖에 시가나 처가 어느 쪽이든 자유로이 선택하여 동거하는 것을 용납하는 양거제(bilocal system)가 있는데, 이것은 제도상으로 양자택일을 허용하는 것이다.

2. 가족의 기능

가족의 기능은 문화나 시대의 변천, 사회체제의 변화에 따라서 다르므로, 이것을 동일하게 정의 내리기는 매우 어려운 일이다. 여기에서는 가족기능에 관한 개념과 다양한 유형 그리고 현대사회에서 강조되고 있는 가족기능에 대해 살펴보기로 하겠다.

1) 가족기능의 개념

가족기능이란 가족이 수행하는 역할, 행위를 뜻한다. 김주수는 "가족의 기능이란 하나의 소집단으로서의 가족의 역할이 무엇이냐"를 뜻하는 것(김주수, 1982 : 39)이라고 정의하고 있다. 또한 오명근 · 이종수는 "사회를 존속시키고 가족성원의 욕구를 충족시켜 주기 위하여 가족이 수행하는 활동이나 서비스"(오명근 · 이종수, 1989 : 216)라고 한다.

가족이란 개인과 사회의 중간에 위치한 체계로서 전체 사회에 대하여는 하위체계로, 개인에 대하여는 상위체계로서의 양면성을 가지고 있다. 즉, 가족기능은 사회지향적인 면과 개인지향적인 면을 모두 가진 야누스(Janus)인 셈이다(한남제, 1984 : 70 ; Winch, 1968 : 33). 그러므로 가족을 어떠한 체계로 보느냐에 따라 가족기능의 내용이 대사회적 기능과 대내적인, 즉 가족 내적인 기능으로 분류된다.

그러므로 가족을 사회의 하위체계로 볼 때, 집단 · 체계로서의 가족은 사회의 유지·존속에 어떤 역할을 하며, 사회변동에 따라 그 내용이 어떻게 달라지며, 현재까지 유지·존속되어 실제로 행해지고 있는 것은 무엇인가라는 문제에 초점을 두어야 할 것이다. 반면, 가족을 가족원이 구성하고 있는 상위체계로 볼 때, 개인의 발전, 욕구충족, 자아개념, 자아정체감 형성에 어떠한 역할을 하느냐에 대한 문제와 직결된다. 즉, 가족은 외형적으로는 다른 사회체계와 같은 특성을 갖추면서도 그 목표, 기능, 감정상의 분위기 등에 있어서는 다른 사회체계와 구별되는 특성을 갖는다.

이상의 것을 종합하면 가족기능이란 가족이 수행하는 역할, 행위로서의 가족행동을 의미한다. 즉, 그 행동의 결과가 사회의 유지·존속이나 가족성원의 욕구충족에 어떠한 영향을 주느냐 하는 문제와 관련된 개념이다.

2) 가족기능의 유형

가족의 기능을 연구하기 위해서는 그 유형과 상호 관련성 및 전근대 가족으로부터 현대가족으로의 변화과정을 명확히 해야 한다. 위에서 언급한 바와 같이 가족의 기능을 고유기능, 기초기능, 부차적 기능(파생기능)으로 나누어 보고 또 이들을 각각 대내적인 기능(개별적인 기능)과 대외적인 기능(사회적 기능)으로 나누어 볼 수 있는데, 그 구체적인 관계는 다음 표 2-1과 같다.

(1) 고유기능

고유기능(proper function)에는 가족구성원에 대한 대내적인 기능으로서 성·애정의 기능과 생식·양육의 기능을 들 수 있으며, 사회 전체에 대한 대외적인 기능으로는 성적인 통제와 종족보존(자손의 재생산)의 기능이 대응한다.

가족은 남녀의 사랑을 기초로 한 결혼을 통하여 이룩된 만큼, 대내적으로는 가족구성원의 중심이 되는 부부가 성생활을 영위함으로써 성적 욕구를 충족시키는 기능이 있고, 대외적으로는 사회 내에서의 성적 통제라는 의미를 갖는다. 일반적으로 결혼은 개인들에게 성욕을 충족시켜 주는 기회를 마련해 주는 것이기는 하나, 성관계의 해방을 의미하는 것이 아니라 성관계를 규제·통제하는 공인된 사회적 방법이다.

부부간의 성생활의 필연적인 결과로 부인은 자녀를 출산한다. 자녀를 출산하는

표 2-1 가족기능의 유형과 상호관계

성 격	(가족구성원 개개인에 대한) 대내적인 기능		(사회전체에 대한) 대외적인 기능
고유기능	애정 · 성		성적인 통제
	생식 · 양육		종족보호(자손의 재생산) 사회구성원 충족
기초기능	생산(고용충족 · 수입획득)		노동력 제공 · 분업에 참여
	소비(기본적 · 문화적 욕구충족 · 부양)		생활보장 · 경제질서의 유지
부차적 기능 (파생기능)	교육(개인의 사회화)		문화발달
	보호 휴식		┐ 심리적 · 신체적 ┐
	오락 종교		┘ 문화적 · 정신적 ┘ 사회의 안정화

* 자료 : 김주수 · 이희배(1986). 『가족관계학』, p. 43.

생식의 기능은 가족이 갖는 유일하고도 중요한 기능이다. 사회의 다른 기능집단들이 가족의 여러 기능을 축소 · 약화시켰다 하더라도 생식의 기능을 대신하거나 위임할 수는 없다. 가족이 갖는 생식의 기능은 국가의 인구를 형성하고 사회구성원을 충족시키고 있어 사회의 보존 · 발전에 크게 기여하고 있으며 인류의 존속을 유지하고 있다.

(2) 기초기능

기초기능(basic function)은 경제적 기능으로, 대내적으로는 생산 · 소비의 기능을 들 수 있으며, 대외적으로는 노동력의 제공과 생활보장의 기능이 대응한다.

생산기능은 생활필수품을 가족 내에서 만드는 기능을 말하는데, 오늘날 사회분화가 진행되고 가족 이외에 이차적 집단이 발달하여 사회적인 분업이 증대함에 따라, 농촌 · 어촌의 일부를 제외하고는 우리의 경제생활은 가족생산과 가사종사의 형태로부터 고용노동과 임금획득의 형태로 크게 변화하였다. 이 변화는 생산이라는 관점에서 확실히 가족의 생산기능이 감소된 것을 의미하지만, 임금획득에 의하여 그것으로 생활필수품을 구입한다는 의미에서는 역시 형태를 바꾼 생산기능이라고 할 수 있다.

한편 소비기능은 가족 내에서 생활물자를 소비하는 기능을 말하는데, 근대가족 특히 도시가족은 단순한 소비공동체라고 불릴 만큼 소비기능의 비중이 높다. 그러나 생활문화나 생활양식의 근대화 또는 도시화의 진전에 따라 가족의 소비기능이 경감된 면도 적지 않다. 예컨데 외식의 습관이나 인스턴트 식품의 발달 및 가정의 전기화 그리고 가족규모의 축소 등에 의한 경우가 그것이다. 이러한 소비기능의 내용은 의·식·주가 중심이지만 이것은 바로 대외적으로 생활보장의 기능을 하며 종래의 가족기능론에서 가장 중요시되어 왔다.

(3) 부차적 기능(파생기능)

부차적 기능은 고유기능과 기초기능으로부터 나온 것으로 파생기능(derivative function)이라고도 한다. 이 부차적 기능의 대내적 기능으로는 교육·보호·휴식·오락·종교 등의 기능을 들 수 있으며, 대외적 기능으로서 교육에는 문화전달기능이, 보호 등 그 밖의 기능에는 사회안정화의 기능이 각각 대응한다.

교육의 기능(educative function)은 양육의 기능과 관련된다. 전자는 자녀에게 사회생활에 적응해 나가는 데 필요한 지식, 기술과 도덕 등을 가르쳐 주는 것인데 반하여, 후자는 위에서 지적한 바와 같이 자녀를 기초적으로 사회화시키는 것이다. 예전에는 사회생활의 지식과 기술이 단순하고 소박하였으며, 가족 이외에는 그것을 수행할 집단이 거의 없었기 때문에 이 기능은 대부분 가족 안에서 수행되었다. 그러나 오늘날 이러한 지식과 기술이 고도로 복잡해졌을 뿐만 아니라 가족 외에 학교를 비롯하여 이차적인 교육집단이 가족이 갖는 교육기능을 확장·정비하고 있으므로, 교육의 기능은 가족 안에서보다 가족 외에서 수행되는 비율이 많아지게 되었다. 그러나 이처럼 학교교육과 사회교육의 보급이 지적되고 있지만, 가족의 기능이 없어진 것이 아니고 지식이나 기술의 고도화·복잡화에 따라서 오히려 가족에 의한 적절한 교육의 필요성이 증대되고 있다.

보호적 기능(protective function)은 질병·상해와 같은 외적 위험으로부터 가족 구성원과 그 재산을 보호하는 것이다. 예전에는 질병도 단순하였고 외적으로부터의 위해도 적었기 때문에, 보호기능은 대부분 가족이나 기타의 일차집단에 의해 수행되었다. 그러나 오늘날에는 질병이 다종다양할 뿐 아니라, 그 위해도 증가일로에 있다. 그리고 익명적·대중적인 사회생활 속에서 정신적 질병의 침해가 심각하므로 가족의 보호적 기능 역시 중시되고 있다.

휴식의 기능(repose function)은 가족구성원이 심신의 긴장이나 노동의 회복을 꾀하는 기능을 말한다. 따라서, 이 기능을 내일의 노동력 재생산 기능이라고 말할 수 있다. 이 점에서 휴식의 기능은 오늘날 가장 특징적인 파생적 기능이라고 할 수 있다. 전에는 가정과 직장이 거의 일치되어 지역적인 이동도 적고, 사람들이 인격적 · 대면적인 접촉관계도 거의 없이 생활을 해 왔기 때문에 심신의 긴장이나 피로도 적었다. 다만, 과중한 노동으로부터 오는 육체적인 피로가 많았던 반면, 오늘날은 고도로 도시화 · 산업화 · 대중화된 상황에서 생활하기 때문에 심신의 긴장이나 피로가 눈에 띄게 늘어나서 이것을 치료해야 할 장소가 필요하게 되었다. 이러한 심신의 긴장과 피로를 치료하기 위해서는 단순한 주거만으로는 불충분하고 따뜻한 가족적인 분위기가 더욱 필요하다.

오락의 기능(recreational function)은 가족구성원의 오락적인 욕구를 충족시키는 기능이다. 오늘날 오락적인 욕구의 내용이 질적 · 양적으로 복잡 · 다양해졌다. 최근에는 가족단위의 여가생활이나 오락활동이 증가한 경향도 있으나 텔레비전 등의 영향력 증가가 가족의 오락기능을 위협하는 요인이 되기도 한다.

종교적 기능(religious function)은 가족의 신앙적 욕구를 충족시키는 기능이다. 예전의 가족은 종교 공동체적인 성격을 지녔으나, 오늘날은 현저히 감퇴하고 있다.

이상과 같은 보호 · 휴식 · 오락 · 종교의 기능은 대외적으로는 사회안정화에 기여한다. 그 중에서 보호와 휴식의 기능은 심리적 · 신체적인 면에서, 오락과 종교의 기능은 정신적 · 문화적인 면에서 각각 사회의 안정화를 위하여 작용한다. 오늘날과 같은 대중사회의 상황하에서는 인간의 자기소외 현상이 생겨 많은 사회병리현상이 일어나고 있는데, 이와 같은 조건 속에서 가족이 수행하는 사회안정화의 기능은 대단히 중요한 역할을 담당한다(김주수 · 이희배, 1986 : 41~48).

3) 가족기능에 대한 학자들의 견해

가족기능에 대하여 구체적으로 언급한 이론이나 관점이 독립적으로 존재하는 것은 아니다. 그러나 가족을 바라보는 시각이 다양한 만큼 가족의 기능유형에 대한 분류 역시 다양할 수밖에 없다. 이는 가족의 기능을 연구한 많은 학자들의 견해를 정리한 표 2-2를 통해서도 잘 알 수 있다.

4) 현대가족의 기능

두볼(Duvall)은 서구사회의 현대가족이 이제까지의 전통과 달리 오늘날 수행하고 있는 중요한 기능을 다음과 같이 설명하고 있다. 앞으로 예견되는 우리 사회의 변화에 대비하기 위하여 이에 대한 이해가 중요할 것이다.

1 가족원간의 애정 도모

애정은 가족생활의 중요한 소산이다. 남녀의 결혼도 애정을 위한 것이며, 또한 자녀는 그들 애정의 표현이기도 하다. 자녀들은 생동하는 정서적 분위기에서 사랑을 받고 자라야 하는데, 가족이 함께 사는 것은 의무에서가 아니라 서로간의 영속적인 애정 때문이다.

가족원이 얼마나 행복한가로 그들 애정의 강도를 가늠해 볼 수 있다. 대부분의 부인들은 자신의 가족이 남들보다 더욱 긴밀하게 결합되었다고 느끼며, 바로 이 점이 그녀 자신 가족에게 애정을 느끼고 있고 애정을 더욱 도모하고자 애쓴다는 증거이다. 부부와 자녀가 건강하게 발달하기 위해서는 서로간의 애정적인 분위기가 되도록 노력해야 한다.

2 안정감 부여와 수용

인간은 누구나 존엄성과 가치있는 삶을 살기 위해 가족이 안정감을 주고 수용해 줄 것을 기대한다. 인간은 가족 안에서는 마음놓고 실수를 저지를 수도 있고, 안정감을 보장받는 분위기에서 학습하기도 한다. 가족은 경쟁적 관계가 아닌 상호보충적 관계를 증진시키고 또한 누릴 수 있는 희소한 장소 중 하나이다. 즉, 가족이 가정적인 바탕을 제공하여 각자 자신의 방법으로 자기 능력에 맞게 가족원들의 안정감과 지속성을 발달시킨다.

3 만족감과 목적의식 부여

이것 역시 산업사회의 필수적 요건이다. 미숙한 사람은 직업에 불만이 많을 것이며, 유망한 직업을 가진 자 역시 나름대로 걱정거리나 갈등 그리고 다툴 일이 많다. 이와 같이 가족은 산업사회에서 결핍된 기본적 만족감과 보람을 개인에게 충족시켜 준다. 성인과 자녀가 함께 삶을 즐기는 것도 가족 안에서인데, 생일에 식탁에 둘러앉거나 가족끼리 여행을 떠나는 등 가족원들이 만족해하는 활동을 통

표 2-2 가족기능에 대한 학자들의 분류

학 자	연 도	기능내용
W. F. Ogburn	1933	- 경제적 기능, 사회적 지위 부여, 교육적 기능, 보호의 기능, 종교적 기능, 오락의 기능, 애정적 기능
G. P. Murdock	1949	- 성적 기능, 경제적 기능, 재생산 기능, 교육(사회화) 기능
T. Parsons	1955	- 자녀의 사회화, 성인의 인성 안정
MacIver	1962	- 본질적(가정 유지, 자녀출산 및 양육, 성적 욕구) - 비본질적(오락, 건강, 경제, 교육, 종교, 정부)
L. Broom & P. Selznick	1963	- 개인적 만족 기능(애정과 영속성 있는 상호 인간관계의 기능, 성적 기능) - 사회유지 기능(개인 보존, 사회의 성원 충족, 미성년자의 보호, 사회화, 지위 부여, 사회통제)
W. J. Goode	1963	- 생리적 출산 및 유지, 사회적 지위, 사회화
I. Nye	1976	- 자녀의 사회화, 친척관계, 성관계, 치료적, 오락적, 가족부양 및 가정관리
E. M. Duvall	1977	- 가족원간의 애정도모, 안정감 부여와 수용, 만족감과 목적의식 부여, 지속적인 동료감
B. N. Adams	1980	- 애정적, 경제적 소비자, 무보수노동, 사회화
M. Mitterauer & R. Sieder	1984	- 경제적(소비자), 사회화(도덕교육), 문화적 기능(여가 · 소비)
大橋薰	1969	- 고유 기능(성 · 애정 · 생식 · 양육) - 기초 기능(생산 · 소비) - 파생 기능(교육 · 보호 · 휴식 · 오락 · 신앙)
山根常男	1987	- 개인에 대한 기능(성적 충족, 자녀출산, 고용의 충족, 수입의 획득, 기본적 · 문화적 욕구의 충족, 의존자의 부양, 사회화, 정서적 안정) - 사회에 대한 기능(성적 통제, 사회성원의 보충, 사회적 분업에 참가, 경제적 질서의 유지, 문화의 전달, 사회의 안정화)
최 재 석	1969 1970	- 성 및 애정 기능, 생식의 기능, 양육의 기능 - 경제적 기능, 교육의 기능, 보호의 기능, 휴식 및 오락의 기능, 종교적 기능
한 남 제	1976	- 자녀출산 및 양육 기능, 경제적 기능, 우애적 기능
유 영 주	1989	- 성 및 애정적 기능, 친척관계 유지 기능, 자녀의 사회화 및 교육 기능, 정서적 지지 및 안식처 기능, 경제적 협력 기능, 종교 · 도덕적 기능

* 자료 : 유영주(1989). 『한국가족의 기능연구』, pp. 16~18.

해서 이루어진다. 부모들은 부부 서로를 위해, 그리고 함께 책임지고 있는 자신의 자녀를 위해 보람있게 살고 있다고 여긴다.

④ 지속적인 동료감

오늘날은 아마도 오직 가족집단 안에서만 지속적인 동료감의 욕구가 충족될 수 있을 것이다. 영속에 대한 욕구가 현대인에게 뜻하는 바는 각별한 것인데, 친구, 이웃, 동료, 교사, 성직자 그리고 기타 여러 사람들과의 친밀한 관계는 몇 년 이상 지속될 수 없다. 직업이 달라지고, 이사를 하고, 자녀들은 학교를 옮기고 졸업하게 되기 때문에 오직 가족이라는 집단만이 오래 지속될 수 있는 유일한 것으로 기대된다. 가족원은 일상생활의 실망과 기쁨을 함께 나누며 공감해 주는 동료인데, 이것은 결코 가족 밖에서는 기대할 수 없는 방법으로 서로를 격려해 준다. 자기 가족만큼 성공을 함께 기뻐해 주고 실패한 경우 힘든 짐을 함께 나누어 줄 자가 어디에 있겠는가. 평생 지속되는 동료감이야말로 가족의 기능에서 중요한 자리를 차지하는 것이다.

⑤ 사회적 지위 부여와 사회화

이 항목은 어떤 사회에서나 가족의 기능 중에서 필수적인 것인데, 현대생활이 복잡해지므로 인하여 더욱 불가피해지는 경향이 있다. 출생시 자녀는 자동적으로 그의 부모가 지닌 가족의 지위, 즉 사회계층에 속하게 되는데, 이것은 그들 부모의 유전적 · 신체적 요인과 윤리 · 종교 · 문화 · 정치 · 경제, 그리고 교육적 유산 등에 의해 결정된다.

⑥ 통제력과 정의감의 확립

가족 안에서 개인은 사회생활에 필요한 규칙 · 권리 · 의무 · 책임감을 가장 잘 배울 수 있다. 가족원들은 다른 곳에서는 생각조차 할 수 없는 방법으로 서로가 자유로이 비판하고 잘못을 지적하고 명령하고, 칭찬하거나 비난하기도 하고 상을 주거나 벌을 주기도 하고 달래거나 위협하기도 한다. 이런 식으로 가족은 보다 큰 사회의 도구적이고 대행적인 역할을 수행하는 데, 가족이 이 기능을 수행하지 못한다면 보다 큰 사회의 목표는 효과적으로 달성될 수 없을 것이라고 구드(Goode)는 설명하였다. 자녀가 초기에 경험한 칭찬과 벌은 그의 선악에 대한 분별력이 되어 성인기의 도덕관과 선, 정의, 가치에 대한 개념을 형성시켜 준다. 선택하는 가치관의 원천으로서 사회에 전반적으로 영향을 미친다.

가족은 이제까지 알려진 어떤 다른 집단보다도 개인의 기본적 욕구를 잘 충족시켜 주기 때문에 반드시 필요하다. 자녀를 출산하여, 복잡한 현대사회의 책임을 수행할 수 있는 훌륭한 시민으로 양육시켜 주는 일은 오직 가족에게만 기대된다. 노부모들의 특질이나 성인들의 정서적 욕구, 자녀들의 불안감을 감당해 주는 가족이라는 단위가 없다면 아마도 산업사회는 적재적소에서 기능할 수 있는 인간을 충분히 공급받을 수 없을 것이다. 즉, 가족은 사회와 가족구성원에게 정신적·정서적 건강의 중요한 근원이 된다.

3. 가족의 주기

1) 가족주기의 뜻

가족주기(family cycle, family life cycle)란 사람이 가족생활에서 경험하는 미혼·결혼·출산·육아·노후의 각 단계에 걸친 시간적 연속을 말한다. 가족은 결혼으로 '형성'되고, 자녀의 출산으로 '발전·확대'되었다가 자녀의 결혼·분가로서 '축소'되면서 사망으로 그 종말을 맞이한다.

이러한 가족주기는 가족생활에 관한 장기적인 안목을 취하는 방법이다. 이는 가족생활이 지속되고 연속된다는 인식을 기초로 하고 있다. 생활주기의 관점은 한 가족의 주기상에 나타나는 각 국면의 문제와 잠재적인 문제, 취약점과 강점을 시간적 차원과 계속적인 발달의 과정으로 연구하는 데 도움을 준다.

이러한 가족주기도 시대의 흐름에 따라 변화되고 있는데, 특히 최근에는 점점 출산율이 낮아지고 단산연령이 낮아져서 그만큼 마지막 자녀의 독립이 빨라지고 있으며, 사람들의 수명이 증가하고 있다. 따라서, 가족주기에서는 부부만이 남게 되는 시기부터 은퇴 후 부부 모두 사망하기 전까지의 기간이 전보다 훨씬 길어지게 되었다. 즉, 가족주기의 후기 부분이 연장되고 있어 이에 대한 중요성과 관심이 증가되고 있다.

2) 가족주기의 단계

개인의 발달과 마찬가지로 가족에도 주기가 있다는 사실을 19세기 말 영국의 경제학자 라운트리(Rowntree, 1906)가 주장한 이래로 가족생활주기의 단계를 구분하는 관점은 학자에 따라서 다양하게 나타나고 있다. 가족생활주기라는 개념이 정식화된 것은 1930년대 미국의 농촌사회학자들, 즉 소로킨, 짐머만, 갤핀(Sorokin, Zimmerman, Galpin, 1931)에 의해서이고, 이후 많은 학자들에 의해 단계 제시가 이루어졌지만, 단계구분의 다양성에 따라 몇 가지를 제시하면 다음과 같다.

첫째, 가장 간단한 단계분류는 2단계 분류로, 너무 광범위한 것이 단점이다.
① 확대기-가족의 확립으로부터 자녀의 성장까지
② 축소기-자녀들이 가족을 떠나 자녀들 자신의 가족을 갖게 되며, 그 후 부모 세대의 배우자 중 하나 또는 양쪽이 사망하여 가족이 축소되는 시기

둘째, 가족구성원 수의 변천에 따라 구분한 소로킨(Sorokin, 1931)의 4단계 분류이다.
① 자립적인 경제생활을 시작한 신혼부부 단계
② 하나 또는 그 이상의 자녀를 낳아 기르는 단계
③ 1~2명의 자녀가 자립하여 부모를 떠나는 단계
④ 노인부부만 살아가는 단계

셋째, 교육제도를 기준으로 자녀의 위치에 따라 구분한 커크패트릭 등(Kirkpatrick et al., 1934)의 분류이다.
① 학동전기 가족(preschool family)
② 학동기 가족(grade school family)
③ 고등교육기 가족(high school family)
④ 성인 가족(all adult family)

넷째, 비젤로(Bigelow, 1936)에 의한 7단계 분류로, 가족주기를 통해서 일어나는 수입과 지출의 재정적 유형의 변화를 계획하면서 자녀들의 교육상황에 따라 생활주기를 구분하였다.
① 가족형성기(establishment)
② 자녀출산 및 미취학 아동기(child bearing and preschool period)

③ 초등교육기(elementary school period)

④ 고등교육기(high school period)

⑤ 대학교육기(college period)

⑥ 회복기(period of recovery)

⑦ 은퇴기(period of retirement)

다섯째, 두볼(Duvall, 1957)이 사용한 8단계 분류는 다음과 같다.

① 신혼부부 가족(부부확립기, 무자녀)

② 자녀출산 및 영아기 가족(첫아이 출산~30개월)

③ 유아기 가족(첫아이 2.5세~6세)

④ 아동기 가족(첫아이 6세~13세)

⑤ 청년기 가족(첫아이 13세~20세)

⑥ 독립기 가족(첫아이가 독립할 때부터 마지막 아이가 독립할 때까지)

⑦ 중년기 가족(부부만이 남은 가족~은퇴기까지)

⑧ 노년기 가족(은퇴 후~사망)

위의 8단계 분류에서 6단계까지는 첫아이의 연령과 학력에 따라 가족생활주기를 구분한 것이다. 이처럼 자녀의 위치를 중심으로 한 단계구분은 첫아이를 기준으로 하는 경우가 많은데, 로저스(Rodgers, 1964)는 첫아이의 성장에 따른 가족발달뿐만 아니라 마지막 아이의 성장에 따른 것도 포함시켜서 24단계로 분류하였다.

한편, 유영주(1984)는 우리나라 도시가족의 생활실태를 근거로 하여 가족생활주기 모형을 다음과 같이 6단계로 설정한 바 있으며, 이를 그림으로 나타낸 것이 그림 2-2에 제시되어 있다.

① 형성기 : 결혼으로부터 첫자녀 출산 전까지 약 1년 간(23~24세)

② 자녀출산 및 양육기 : 첫자녀 출산으로부터 자녀가 초등학교에 입학할 때까지(24~30세)

③ 자녀교육기 : 첫자녀의 초등학교, 중학교, 고등학교 교육기(30~42세)

④ 자녀성년기 : 첫자녀가 대학에 다니거나 취업, 군복무중이며, 가사를 협조하는 시기(42~48세)

⑤ 자녀결혼기 : 첫자녀의 결혼으로부터 막내자녀 결혼까지(48~57세)

⑥ 노년기 : 막내자녀 결혼으로부터 배우자가 사망하고 본인이 사망할 때까지(57세 이후)

I. 형성기
II. 자녀출산 및 양육기
III. 자녀교육기
IV. 자녀성년기
V. 자녀결혼기
VI. 노년기

① 24.2세 - 초혼 연령
② 24.8세 - 첫자녀 출산연령
③ 26.6세 - 막내자녀 출산연령
④ 30.8세 - 첫자녀 초등학교 입학연령
⑤ 42세 - 첫자녀 고등학교 졸업연령
⑥ 47세 - 첫자녀 결혼연령
⑦ 57세 - 막내자녀 결혼연령
⑧ 62세 - 남편 사망 추정연령
⑨ 69세 - 본인 사망 추정연령

그림 2-2 유영주(1984)의 한국 도시가족의 가족생활주기 모형

이와 비슷한 시기에 연구된 박혜인(1985)의 농촌가족의 가족생활주기 모형 역시 6단계, 즉 ① 형성기(21~23세), ② 자녀출산기(23~33세), ③ 자녀양육 및 교육기(33~42세), ④ 자녀진수기(42~46세), ⑤ 자녀결혼기(46~57세), ⑥ 노년기(58세 이후)로 구성되어 있다. 이 주기모형을 유영주의 도시가족주기와 비교해 볼 때, 농촌보다는 도시에서 초혼연령이 조금 더 높게 나타났고, 따라서 첫 자녀 출산연령도 농촌보다 도시가 더 높았다. 한편, 유영주는 자녀의 출산과 양육의 시기를 한데 묶어 2단계로 설정하였으나, 박혜인은 첫자녀의 출산에서부터 막내자녀의 출산까지를 2단계로 설정하고 자녀양육 및 교육의 시기를 3단계로 설정하였다. 이러한 점을 제외하고는 거의 비슷한 결과를 나타냈다.

지난 수십년 간 가족생활주기에 있어서도 많은 변화가 일어났다. 표 2-3에서 보는 바와 같이, 가족형성기(결혼~첫자녀 출산)와 가족확대기(첫자녀 출산~막내자녀 출산)는 상당히 단축된 반면, 확대 완료기(막내 출산~첫자녀 결혼)와 축소 완료기(막내 결혼~남편 사망)는 상당히 길어졌다. 이러한 변화는 평균수명의 연장과 함께 적은 수의 자녀를 원하고 노후에 자녀와 동거하기를 원치 않는 경향에서 비롯된다. 따라서, 한국의 가족은 지난 반세기 동안 가족생활의 주된 역할이 자녀의 출산이나 양육 중심에서 자녀의 교육과 부부중심으로 바뀌었다고 볼 수 있다(공세권, 1993). 그러므로 전통적 직계가족이 부부중심의 핵가족으로 변모하면서, 모든 자녀를 출가시킨 후 부부만의 중·노년기를 어떻게 보내느냐 하는 문제와 배우자의 사망 후 혼자서의 삶을 어떻게 영위해 나가느냐 하는 문제가 가족

표 2-3 기혼여성의 결혼 코호트별 가족생활주기

(단위 : 세)

주기별 기간	부인의 결혼 코호트				
	1935~44	1945~54	1955~64	1965~74	1975~85
가족형성기 (결혼 시기~첫자녀 출산)	4.1	3.2	1.9	1.5	1.2
가족확대기 (첫자녀 출산~막내 출산)	15.5	12.6	9.1	5.0	2.2
확대완료기 (막내 출산~첫자녀 결혼)	9.3	12.9	17.1	21.2	24.0
가족축소기 (첫자녀 결혼~막내 결혼)	15.5	12.6	9.1	5.0	2.2
축소완료기 (막내 결혼~남편 사망)	-5.8	-2.6	1.4	10.2	15.0
가족해체기 (남편 사망~본인 사망)	5.9	7.0	7.6	7.6	7.2
전체 기간 (결혼 시기~사망 시기)	44.5	45.7	46.2	50.5	51.8

* 자료 : 공세권 외(1989). 『한국 가족구조의 변화』, 한국인구보건연구원.

생활주기의 변화와 관련된 중요한 관심사가 되었다.

3) 핵가족의 주기와 확대가족의 주기

핵가족의 가족주기는 비교적 발전해 가는 상황을 구분짓기에 용이하다. 그러나 같은 핵가족이라 하더라도 개인에 따라 결혼연령, 자녀의 수, 자녀간의 연령차이(터울), 은퇴연령 등이 각기 다르므로 가족주기를 일반화시킬 수는 없다. 그러나 결혼 후 부부만의 신혼기, 자녀를 낳아서 기르는 자녀양육기, 자녀들을 교육시키는 자녀교육기, 그들이 성장하여 독립하고 결혼하는 시기, 그리고 노부부만의 시기로 구분지을 수 있다.

이러한 핵가족은 1세대에 그치고 그 기간이 확대가족에 비하여 짧으므로, 가정 경영상의 계획에 신중을 기해야 한다. 그리고 노후의 생활보장이 문제되므로 가족의 핵가족화 현상이 증가된다면 여기에 따른 국가의 사회보장제도 실현이 시급

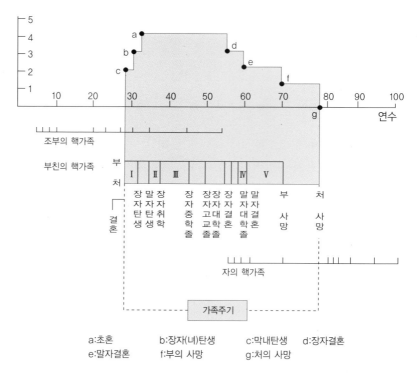

a:초혼   b:장자(녀)탄생   c:막내탄생   d:장자결혼

e:말자결혼   f:부의 사망   g:처의 사망

그림 2-3 핵가족의 주기와 확대가족의 주기

한 문제가 된다.

확대가족의 가족주기는 장자가 성장하여 결혼하게 되더라도 부모와 같이 살게 되어 가족의 주기가 연속적으로 중첩되므로 주기상의 단계가 분명하지 않다. 즉, 핵가족의 경우에는 한 가족이 신혼부부로 시작되고 그들의 사망으로 해체된다고 하겠으나, 확대가족은 연속되는 가족 속에서 세대의 교체가 이루어지는 격이 된다. 그러므로 가족의 시작과 형성기를 구체적으로 어떻게 규정지을 것인가가 문제가 된다. 따라서, 확대가족의 경우 부모의 가족주기와 자녀의 결혼과 더불어 시작되는 그들의 새로운 가족주기가 중첩되어 이루어진다고 볼 수 있다.

우리나라의 가족주기를 이광규(1975 : 266)는 다음과 같이 8단계로 구분하였는데, 3단계 이후에는 자녀의 수나 결혼 여부 또는 분가 여부 등에 따라 8단계까지 차례로 성장하기도 하고, 도중에 1세대 부부의 사망 등으로 앞의 단계로 되돌아가기도 한다. 또 본가에서 분리된 분가는 1단계로 돌아가 다시 같은 유형의 성장을 하게 된다.

1단계 - 부부의 결혼 ┐
2단계 - 자녀의 출산 ┘ ─ 부부가족

3단계 - 자녀가 결혼하여 처자를 갖는 단계(미혼자녀 동반 직계가족)

4단계 - 차남이 결혼하여 분가하기까지 부모와 동거하는 단계
       (기혼 중(衆)자녀 동반 직계가족)

5단계 - 완형(完型) 직계가족

6단계 - 3세대 자녀가 결혼(미혼자녀 동반 4대 직계가족)

7단계 - 기혼 중자녀 동반 4대 직계가족

8단계 - 기혼 중자녀가 분가(완형 4대 직계가족)

우리나라에서는 맏아들인 경우 분가하여 핵가족을 이루고 있어도 부모의 노후에는 부모를 모시고 부양하는 미풍이 아직도 많이 남아 있다. 따라서, 핵가족화된다 하더라도 맏아들인 경우에는 외형적으로 핵가족이지만 내용적으로는 가계계승의 직계가족 의식이 아직 남아 있다.

4. 가족의 계층

1) 계층과 계급의 뜻

사회에서 사람들이 바람직하다고 여기며 얻고자 하는 가치의 대상이 있다. 예를 들면 권력, 재산 또는 사회적 지위나 위신, 심리적 만족 등으로, 대부분 이런 것들은 원하는 사람들의 수에 비하여 충분히 존재하지 않기 때문에 나누어 갖는 데 있어서 불균등한 결과가 나오게 되고 따라서 여러 가지 문제가 대두된다.

이러한 불균등은 고대로부터 존재하여 과거의 모든 사회화에서 큰 논의의 대상이 되어 왔다. 즉, 고대 사회철학자인 플라톤으로부터 아리스토텔레스, 아우구스티누스, 마키아벨리, 홉스에 이르기까지 그 논의가 계속되어 왔는데, 19세기 이후 마르크스(Marx)와 베버(Weber)의 체계적 이론에 의해 크게 발전하였다. 이 문제는 오늘날에도 여전히 사회학자들 특히 사회계층 연구자들의 주된 관심이 되고 있다.

사회적 불평등을 표현하는 용어로는 계층(strata), 계급(class), 신분(estate), 서열

(rank), 위계(hierarchy), 카스트(caste), 지위(status) 및 반상(班常) 등이 있는데, 오늘날에도 대표적인 이론적 체계를 이루고 있는 것이 계층과 계급의 개념이다.

사회계급(social class)은 사회성원 이해관계의 차이에 의해 서로 대립되는 사회 집단으로 이질적·비연속적 집합체를 말한다. 마르크스가 경제적인 생산수단의 사유제도에 착안하여 그것을 가진 유산계급과 소유하지 못한 무산계급으로 나누어 계급을 파악하였듯이 오늘날 계급이론은 주로 사유재산설에서 비롯되고 있다.

사회계층(social stratification)은 사회분화에 대한 사회적 평가의 산물로서, 이는 분화된 역할, 즉 직업에 대한 사회적 인정에서 생겨난 것을 뜻한다.

앞에서 말한 가치있고 좋은 것들은 대부분 사람들이 성인이 되었을 때 차지하게 되는 사회적 지위나 위치에 따라 분배된다. 현대 산업사회에서 지위를 결정하는 가장 중요한 것은 직업이다. 지위가 달라짐에 따라 상이한 권력, 재산, 위신 등을 향유할 수 있기 때문에 그런 것들을 비슷한 정도로 소유하고 있는지를 하나의 층(stratum)으로 묶을 수 있으며, 그러한 층들이 서로 구별될 수 있도록 일렬로 배열시켜 볼 수가 있다.

계층과 계급은 경계선이 조작적인 것이냐, 실체적인 것이냐에 따라서 그 개념이 구별된다고 하는 학자들이 많다. 즉, 계층이란 사회를 식별하기 위한 조작적·분류적 개념이고, 계급이란 사회에 실재하는 실체적 개념이라는 것이다. 그러므로 수입, 교육정도와 같은 객관적 속성에 의해서 구분된 사회적 범주를 계층, 주관적·심리적 요인, 또는 이른바 귀속의식에 의한 사회적 범주를 계급이라고 부르고 있다. 즉, 객관적 계층의 성원들이 그들의 사회적 위치를 의식하고 그들의 공동 이해관계를 인식할 때 그 사회적 범주가 계급이라 불린다.

이러한 계층과 계급은 그 차이에 따라 생활기회나 생활패턴에 중요한 영향력을 미치고 있기 때문에 대부분의 사회현상을 연구함에 있어서 이와 관련지어 분석함이 불가결한 것이 되고 있고, 가족에 관한 연구에서도 역시 사회경제적 요인이 갖는 영향력에 관한 분석이 일반적인 절차로 되고 있어 계층은 큰 중요성을 지닌다.

2) 사회계층의 측정

사회계층은 실제로 어떻게 측정할 수 있는가? 계층변수는 각 이론가에 따라 다른데, 베버(Weber, 1968)는 경제적 자원이 중요하긴 하나 부의 변화에 쉽게 순응하지 않는 정치적 권력, 사회적 지위 등의 요인도 중시되어야 한다고 하였고, 콜린스(Collins, 1975) 등의 상호작용론적 입장에서는 '계급문화'라하여 특정규범, 가치, 역할, 상호작용유형 등의 요인을 중시하였다. 전자가 사회적 불평등이 생기는 근거로 작용하는 요인들이라면, 후자는 계층화의 결과로 나타나는 현상들이다. 계층의 측정에는 이 계층변수의 개념이 도움이 된다.

오늘날 사회계층의 측정방법은 ① 주관적 접근법, ② 평판적 접근법, ③ 객관적 접근법이 사용되고 있다.

주관적 접근법(subjective approach)은 글자 그대로 사람들이 스스로 어떤 계층에 속한다고 생각하는지 자기 평가를 알아보는 것과, 또 한편으로는 특정계급에 대한 소속감 또는 계급의식을 알아보는 방법을 뜻한다. 이 방법은 사람들이 자기 평가를 할 때 과장하거나 지나치게 낮게 평가하는 경향이 있어서 신뢰도가 낮은 것이 약점이다. 특히, 흥미있는 일은 상층으로 갈수록 자기 평가는 낮게 하고 아래로 내려갈수록 자기 지위를 높여 평가한다는 점이다.

평판적 접근법(reputational approach)은 일종의 주관적 평가방법이기는 하지만, 그 평가의 대상이 자기자신이 아니라 주위(특히 지역공동체 내의) 사람들인 것이 특징이다. 즉, 사회성원들로 하여금 서로간에 평가하도록 하는 것으로 인간관계가 밀접한 소지역 사회에서 적용함이 적절하다. 이 방법은 개인들이 그 지역이나 사회의 성원들에 대해 정확한 객관적 평가를 할 수 없을 때 신빙성이 낮아질 수 있다.

객관적 접근법(objective approach)은 객관적 기준에 의하여 측정하는 것으로 그 변수들은 우선 일차적으로 직업이고, 그 직업에 필요한 교육수준 그리고 직업에서 얻는 수입이나 소득 등 세 가지가 핵심이다. 그 다음에는 가족이 소유하는 각종 재산과 자산, 거주하는 주택지, 가족의 소유 여부와 조건 등 물질적·경제적인 변수를 포함할 수 있고, 그 밖에도 누구와 사교하고 접촉하는가, 어떤 클럽에 속하는가, 어떤 가문과 혼인하는가 등 사회적 상호작용망도 알아볼 수 있다.

그러나 실제로 조사과정에서는 주로 직업, 학력, 소득의 세 변수를 많이 쓰고 때로는 재산과 가구용품 소유도 고려한다. 가령 직업·학력·소득 등은 그 정도에 따라서 일정한 점수를 주고 그 점수를 합쳐서 사회경제적 지위(socio-economic status, S.E.S.로 약칭함.)의 지표로 삼는데, 그 점수의 많고 적음에 따라 한 사회 또는 지역공동체의 계층을 필요에 따라 3개의 범주(상·중·하), 5개의 범주(상, 중의 상, 중의 하, 하의 상, 하의 하) 또는 7개의 범주(상의 상, upper-upper ; 상의 하, lower-upper ; 중의 상, upper-middle ; 중의 중, middle-middle ; 중의 하, lower-middle ; 하의 상, upper-lower ; 하의 하, lower-lower) 등으로 나눈다.

유명한 계층론자 워너(Warner, 1949)는 교육, 주거형태, 수입 그리고 가족적 배경을 기초로 한 지위특성지표(I.S.C. : Index of Status Characteristics) 표준을 고찰하여 미국 사회를 상-상, 상-하, 중-상, 중-하, 하-상, 하-하의 6계층으로 나누었다. 이 조사방법은 직업의 종류, 수입원천, 주거형태, 거주지역의 내용에 따라서 각각 평가점을 매겨 그 합계점수로 계층을 결정짓는다.

3) 계층구조와 가족생활

사람은 태어난 가족의 계층이 무엇인가에 따라 대부분 삶의 기회가 결정된다. 기대수명(life expectancy), 개인의 지능발달, 신체적 발달조건, 교육의 기회 등이 계층과 정비례한다. 또 계층에 따라 서로 다른 계층임을 나타내 줄 수 있는 특징으로서의 생활양식을 갖게 된다.

그러나 일반적으로 사람들의 사회적 지위는 각자가 속해 있는 가구의 대표자, 즉 가구주의 지위와 일치한다는 것이 통설이다. 즉, 미성년자 또는 여성의 사회적 지위는 아버지 또는 남편의 지위와 동일한 사회적 평가를 받는다. 바꾸어 말하면 사회계층의 최소단위는 개인이 아니라 가족인 것이다. 따라서, 한 가족구성원은 계층 또는 계급에서 동일한 위치를 차지하게 된다.

랭만(Langman, 1987)은 가족을 6개의 계층으로 나누고 그들의 생활양식을 직업유형, 가치규범, 부부관계특성, 성역할 및 부모자녀관계, 친족관계 및 사회접촉 등으로 나누어 다음과 같이 특성화하였다.

① 하류계층(lower class)

농촌에서 이주해 온 가족들이 광범위하게 하류계층을 구성하며, 학력이 낮고 직업기술이 제한되어 있어 단순 노동, 임시직 등에 종사하며 이들의 제한된 자원은 범죄나 비행의 발생을 조장하는 요인이 된다. 이들은 미래에 대한 기대가 희박하여 쾌락주의적 소비형태를 보이고, 거칠거나 대담하며 권위에 대한 거부감을 나타낸다.

하류계층의 가족생활은 한정된 자원에 적응하기 위해 확대가족 집단이 모계를 중심으로 연결되어 성역할의 분리가 뚜렷하나, 남성의 직업이 유동적이거나 가족을 유기하는 경우가 많으므로 가족 내에서의 권위가 상실되면서 여가장 중심으로 되어 있으며, 여성 친족들 사이의 관계가 부부관계보다 더 긴밀하다. 결혼 역시 개인의 선택보다는 여성에게는 친족집단의 수용이, 남성에게는 친구집단의 평가가 중요한 영향을 미치므로 부부관계가 중심이 될 수 없다. 이들의 주거공간은 사생활을 보장받지 못하는 경향이 있고, 성관계가 개방적이어서 부부관계 역시 불안정하며, 빈곤이 갈등의 주요 원인이 되어서 이혼이 빈번하게 발생한다.

전통적인 성역할 규범에 따라 육아는 여성의 영역으로 한정되어 있고, 부의 위치가 불안정함에 따라 모자녀관계가 부자녀관계보다 더 중요시되며, 특히 모녀관계가 밀접하게 형성된다. 또한 이들은 제한된 자원으로 인하여 친족들끼리 전반적인 가정일에 관여하여 가사와 경제적 자원을 공유하며, 혈연이나 결혼에 의해서가 아닌 '결연'에 의한 친족관계 역시 많이 형성된다. 이들의 모든 사회활동과 친구관계는 동성 위주로 형성되며, 공식적인 사회활동에 참여하는 비율은 매우 저조하다.

② 노동자 계층(working class)

건설노동자, 공장노동자, 정비사 등의 노동자들로 구성되며, 안전성과 복종성의 두 가지 가치를 추구하는 경향이 있어 권위주의적이 되기 쉽다. 가부장적 태도나 남성적 가치 등을 존중하며 보수주의, 민족주의 경향을 띠고 있어 동성끼리의 사회적 관계는 활발하지만 희망이 없는 생활로 인해 쾌락주의적이 되기 쉽고 장기계획이 부재하다.

부부관계는 전통적 성역할 태도를 고수하며 대부분의 남편은 가사에 무관심하고 부인의 권위나 훈육만을 강조한다. 부부의 공동활동이 적고 부모자녀 관계보다 성인들끼리의 관계를 중시하며 자녀가 방임되기도 한다. 아버지는 남아에게 남성적 가치를 주입시키지만, 여아에게는 교육 등에 무관심하여 결혼이 부모의 집을 떠나는 수단이 되기도 한다.

부인의 50% 이상이 취업을 하고 있으며, 매스컴 등을 통하여 중류 이상의 가치를 접하게 되므로 남편의 태도에 좌절하기도 하여 정서적으로 상대적 결핍에 시달려서 때로는 이혼의 원인이 되기도 한다. 전업주부들은 친족, 친구 집단들을 통하여 정서적 친밀감을 얻고 사회적 지지감을 획득한다. 그러므로 조직화된 지역 사회 활동보다는 친척, 친구, 이웃관계를 중시하고 몰두하는 경향이 있다.

③ 중하류 계층(lower-middle class)

소규모 자영업자, 공무원, 중소기업 사무원, 영업사원, 점원 등이 이 계층에 속하게 되며, 평판과 성취가 이들의 주요 가치를 이룬다. 그러므로 근면, 정직 등의 도덕적 자질을 중시하고 전통적인 성관념이나 애국심, 청교도적 종교의식 등의 보수적 가치를 존중한다. 독립과 성취를 존중하여 교육, 직업적 한계에도 불구하고 자녀에 대한 기대가 크고 교육에도 투자한다.

가족구조는 핵가족 중심으로 이루어지며, 권위주의적 성향에 따른 성역할 분담이 뚜렷하고 자녀 중심의 가족 분위기 속에서 자녀의 교육적 목적에 입각한 가족 활동이 이루어진다. 또 친족구조 속에서 여가나 사회활동 또는 종교활동 등이 비형식적으로 다양하게 이루어지고 이들끼리 육아협조나 재정보조, 조언 등을 행하면서 꾸준한 방문이나 협조체제를 유지해 나간다.

④ 중상류 계층(upper-middle class)

법률·회계·의약 계통의 전문가, 사업가, 중견간부, 교수, 공공단체나 정부기구의 경영관리직 등이 이에 속하며, 이들의 자원은 대부분 대학 또는 대학원 교육으로부터 습득한 직업적 기술이다. 이들의 중심가치는 직업적 성공이 나타내 주는 바와 같이 합리주의와 개인주의이다.

부부간에는 평등한 관계를 유지하며 정서적으로는 친밀감을 유지시킨다. 부인의 사회활동이 남편 경력의 일부분이 되기도 하고, 성역할에서 평등하며, 상호교환적이다. 대부분 결혼연령이 늦고, 가족계획이 강조되며, 이성적 행동을 통하여 자녀의 역할모델이 되어 주고, 자녀 역시 성취압력을 받게 된다. 저축, 투자 등에 미래지향적이며, 장기적인 계획을 추진하고, 개인보다는 가족 지위 향상을 위해 소비한다. 직업에서는 소득보다는 자아실현, 창조력을 강조한다.

가족은 핵가족 중심으로 구성되어 정서적인 의무로 결합되고 직업을 따라 이동하지만 성인 부모자녀간의 교류나 협조, 부모의 재정적인 보조 등이 이루어진다. 직업적 관계로 만나는 사회활동이 부부생활의 주요 부분이 되며, 전문단체나 지역사회, 종교, 정치, 여가단체 등의 참여가 활발하고, 상호 긴밀한 친교를 맺는다.

⑤ 상하류 계층(lower-upper class)

전문가, 경영자, 기업가로서의 경제적 기술이 이 계층의 주요 자원이며, 이를 통해서 부와 지위의 급격한 상승을 이룬 계층이다. 이들의 전형적인 가치는 과시소비이며, 이를 통해 자신들을 하류계층과 차별하고 상류계층으로 확고하게 인정받으려 한다. 따라서, 상류계층보다 오히려 화려하고 가식적이며, 상류층이 전통적인 것을 선호하는 데 비해 최신유행을 추구한다. 정치적으로는 보수적이고 개인주의를 옹호하며, 자신의 성공을 개인의 노력 결과로 생각함으로써 자존감이 높다.

이전의 친지관계로부터 벗어나려 하지만 새로운 계층으로는 완전히 수용되지 못하므로 부부관계를 통해서 서로를 지지해 주고 친밀감을 유지한다. 부부역할은 전통적인 경우가 많은데 남편이 일이나 직업에 몰두함으로써 기타의 일은 모두 부인이 감당하며, 부인은 사회문화 활동에도 적극 참여하여 기존의 사람들로부터 인정을 받으려고 한다. 이러한 상승욕구로 인하여 대부분의 친족관계는 미약한 것으로 나타나고 있다.

⑥ 상류계층(upper class)

상류계층의 주된 자원은 조상으로부터의 유산 상속이며, 이러한 부는 가족생활이나 확대 친족체계에 영향을 미칠 뿐만 아니라 정치 엘리트들과의 연계를 통해 중요한 자원을 확보할 수 있게 한다. 이 집단의 최고 가치는 사회적 지배력이나 부 그리고 혈통을 유지하는 것이며, 평등사회에서 이러한 지위를 지속하기 위해 자선사업 등을 통하여 지도력을 유지한다. 특히, 이러한 일은 상류계층 여성의 주요 역할이다.

결혼은 단순한 법적, 정서적 유대보다는 집단 내의 결속을 유지하고 재산을 축적하기 위한 수단이다. 결혼 선택은 자유이나 확대친족 집단으로부터 지도, 감독을 받는다. 다른 계층과의 접촉이 제한되므로 사촌끼리의 결혼도 종종 권장된다.

전통적 성역할 개념이 뚜렷하여 여성은 가사나 자선, 문화활동 등에만 활동영역이 한정되며, 이것이 이들 여성의 사회적 경력이 되기도 한다. 어릴 때부터 주위 사람들에 대한 명령과 그들의 복종을 통해 자만감, 침착함 등이 깔린 자신감을 형성해 나간다. 가족형태는 핵가족이 기본이나 유산관리를 위해서 친족간의 유대를 유지하며, 가족 내에서의 권위는 연령, 재산, 친족 통솔력, 재정적 영향력 등으로 결정된다.

5. 가족가치관과 가족의 가치관

가치라는 용어는 가족학과 다른 많은 사회과학에서 사용되는 주요 개념 중 하나이다. 가치는 자유, 평등, 미, 존엄성과 같은 추상적, 일반적, 광범위한 사고에 관한 기본적인 신념이다. 그것은 부분적으로 지적인 동시에 감정도 포함하는 정신적인 구성개념이며, 태도, 행동, 선택의 기초가 되는 근본적인 신념이다(최연실 외, 1995). 표준 국어사전에 의하면 가치란 값, 사람이나 물건의 자체 안에 지니고 있는 중요성, 어떤 대상에 대한 인간 주체의 이론적 또는 실천적 관계에서 사물이 갖는 의의와 구실, 인간의 정신적 노력의 목표로 간주되는 객관적 당위로 표현하고 있다.

어떤 가치는 가족 내에서 만들어지고, 가족의 구성원에 의해 공유되며, 가족체계의 중심적인 부분이 된다. 이런 친숙한 가치는 가족 패러다임의 한 측면으로 조망되어야 한다. 가족 패러다임을 형성하는 신념은 많은 기능을 가지고 있고, 그 중 한 가지는 가족이 인생에서 무엇이 의미있고, 가치있는지를 정의하는 데 도움을 주는 것이다. 예를 들어, 데이비드 레이스는 가족 패러다임은 "설명과 의미를 제공해 주는 능력"을 가지고 있다고 하였다(1981 : 186). 또한 와츠라윅(Watzlawick, 1967 : 96)은 준거틀의 구성개념이 제공하는 "현실"의 두 가지 중요한 부분은 바로 "의미와 가치"라고 지적하였다.

가족 패러다임의 일부인 가족가치는 더 광범위한 문화의 일부인 가치와는 구별되어야 하는데, 광범위한 문화의 가치는 어떤 특정한 가족 속에 내면화될 수도 있고 그렇지 않을 수도 있기 때문이다. 레이스와 그의 동료는 각각의 가족은 특정한 패러다임을 만들고, 발견하고, 구성하며, 또 그것은 가족의 고유성이 된다고 설명하였다. 이러한 구성과정의 일부는 매우 의도적인 것이다.

사실 의도성은 레이스 집단의 이후 연구에 중요한 개념이 되었다(Bennett et al., 1987). 그들은 젊은 부부가 가족체계 "형성기"에 있을 때 그들이 이루려고 하는 가족의 "정체성"이 남편의 가족, 부인의 가족, 또는 다른 사람의 가족과 얼마나 비슷할 것인지에 관하여 이야기한다. 이러한 선택과 구성의 과정 속에서 각각의 부부는 말 그대로 자신의 가족 정체감과 패러다임을 만드는 것이다. 이러한 과정에서 만들어지는 가치는 문화의 부분으로 지속되고 있는 가치와는 다른 것이다.

가치의 또 다른 측면은 개인의 가치와 가족의 가치간에 차이가 있을 수 있다는 것이다. 가족의 가치는 가족 내 개인에 의해서 공유되고 유지되는 것이며, 가족체계의 중심적인 부분이다. 이것들이 가족 내 제1수준의 체계적 변형과정과 관리과정을 지침하기 때문에 이러한 가치가 가족 패러다임의 일부가 된다(최연실 외, 1995).

한편, 가치관은 여러 가지 인간문제에 관하여 바람직한 것과 해야 할 것에 관한 일반적인 생각 또는 개념이라고 할 수 있다. 다시 말하면 가치관은 인간 행동의 이면에 작용하는 철학이다.

산다는 것은 활동을 포함하는 과정이다. 그리고 이 활동의 원동력이 되는 것은 매우 넓은 의미로 '욕구'라고 부를 수 있는 일종의 자연적 경향이다. 이러한 욕구를 채우기 위해 무엇이 효과적인지를 깨닫게 되었을 때 우리에게는 행동의 목표가 뚜렷하게 된다.

그런데 이러한 한정된 욕구를 채우는 데 효과적인 목표는 한 가지뿐이 아니고 여러 가지가 있다. 또한 이러한 목표를 달성하는 방법도 여러 가지의 길이 있다. 그러나 이러한 여러 가지 수단을 동시에 적용할 수는 없으므로 오직 하나만을 선택해야 한다. 그러나 이 선택은 제비를 뽑듯 맹목적으로는 될 수 없으며, 반드시 어느 수단이 더 낫고 어느 수단이 그만 못하다는 차별감을 갖게 된다. 다시 말해서 우리는 수단에 관한 적부의 가치의식을 필연적으로 갖게 된다. 이것이 바로 "가치의식의 필요성"이다(김태길, 1965 : 267).

이렇게 볼 때 가치의식이 가치에 대한 느낌, 생각, 또는 가치현상과 같은 심리적인 대상에 대해 방향이 결정되는 감정적인 태도라 한다면, 가치관은 이러한 가치의식이 한 개인이나 집단에 내재하여 일률적이고 체계적인 개념 체계를 형성하고 있는 것이라고 할 수 있다.

1) 가족가치관

가족가치관이란 가족에 대한 혹은 가족생활에 대하여 우리들이 일반적으로 가지고 있는 가치의식을 말한다. 홍승직(1971)은 한국인의 가족가치관에 대한 고찰을 통해, 이는 유교적 전통과 분리해서 생각할 수 없음을 지적한 바 있다. 유교적 가치관이란 부모에 대한 효와 조상숭배라는 이념이 지배하는 가부장적 성격을 가진 것인데, 이런 전통적·유교적 가족에는 자녀의 결혼문제도 가문을 중심으로 하여 고려되며, 배우자의 선택도 자녀 당사자보다는 부모, 특히 아버지가 결정적 발언권을 갖는다. 따라서, 가족가치관을 고찰하기 위해서는 결혼관, 가문관, 자부관(子婦觀), 궁합관, 자녀교육관, 효도관, 제사관, 형제관 등을 분석해야 한다고 보았다.

그러나, 본 서에서는 효 사상, 조선후기의 가부장제, 집의 관념 등과 같은 한국 사회의 대표적인 가족가치관에 대해 살펴보고자 한다.

① '효' 사상

우리의 전통적인 가족의식은 자식이 부모를 섬기는 일을 골자로 하는 효사상으로 대표된다. 효는 한국인의 생활지도 원리이며, 모든 인간관계에 우선하는 절대적 가치이다. 자식은 자기의 주장이 정당하다 해도 부모의 뜻을 거역해서는 안 되고, 부모가 부모로서의 구실을 다하지 못한다 하더라도 극진히 섬겨야 한다. 효의 구체적인 내용은 부모에 대한 존경과 시중 그리고 부양으로 나누어 생각할 수 있다. 또한 효는 부모가 생존해 있을 때뿐만 아니라 부모가 돌아가신 후에도 지속되어 마치 살아 있는 부모를 섬기듯 정중하게 제사를 지내야 한다.

② 조선후기의 가부장제

가부장제란 사회제도와 문화적 차원의 기제를 매개로 하여 나타나는 남성에 의한 여성지배를 뜻한다. 17, 8세기는 임진왜란, 병자호란 등으로 대외관계의 어려움을 겪었으며, 대내적으로 봉건질서의 혼란을 안정시켜야 하는 시기였다. 이에 여성에 대한 지배, 억압, 불평등, 즉 가부장제의 확고한 질서 위에 기존의 신분체계와 정치·경제의 지배구조를 유지 내지 강화시키고자 하였다. 그리하여 그것은 가족주의로 미화되기도 하면서 보편적인 이데올로기로 내면화되어 왔다(신영숙, 1991 : 56).

③ '집'의 관념

전통적인 관점에서 '집'은 과거의 조상으로부터 미래의 후손에까지 연결되는 영속적인 집단이다(최재석, 1966). 따라서, 가족의 최대의 관심은 조상의 유업을 어떻게 유지, 발전시켜 자손에게 물려주는가에 있다. 이것은 제사에 의한 조상숭배 관념의 계승과 가산(家産)의 유지와 확대 그리고 이를 계승할 아들의 출산이라는 세 가지 측면에서 나타난다.

집의 존속은 조상에서 후손에 이르는 무한한 친자관계의 연속을 뜻한다. 그러므로 아들을 출산하지 못하는 것은 곧 집의 단절을 의미하게 된다. 이에 따라 아들을 우대하는 의식이 생겨나고 부자관계가 부부관계보다 우위에 서게 되는 것이다. 또한 조상으로부터 물려받은 집을 더욱 발전시켜 자손에게 물려주려면 통솔자인 가장이 필요하게 된다. 가장은 가족의 대표자인 동시에 역대 조상의 대리자이다. 가족원은 이 가장을 중심으로 남녀, 장유(長幼)의 서열에 따라 각자의 지위와 역할이 결정된다.

집은 장남에 의하여 계승되지만 차남 이하는 결혼을 하면 별개의 집을 마련한다. 이것이 분가인 바 장남이 계승한 집을 '큰집', 차남 이하가 새로 만든 집을 '작은집'이라 부른다. 이와 같이 공동의 조상에 의하여 맺어진 큰집, 작은집의 집단이 동족(씨족)인데, 이들은 가까운 지역에 거주하면서 서로 친밀감을 가지고 한 '집안(一家)'으로서 협조해야 한다. 다시 말하면 씨족은 하나의 커다란 가족으로서, 가족원간의 생활양식은 친족관계에까지 확대 적용되는 것이다.

④ 가족가치관의 변화

개항 이후 우리나라의 전통적인 가족의식은 급격히 변화하기 시작하여 서구적인 가족원리가 우리들의 일상생활에 많은 영향을 미치게 되었다. 이러한 가족의 변화는 크게 두 가지 측면에서 나타났다. 하나는 서구세계와의 접촉을 통해 우리의 사회구조가 변동함으로써 야기된 제도적 측면의 근대화이고, 다른 하나는 서구의 근대사조에 직접적인 영향을 받아 일어난 의식 근대화이다. 전자는 우리나라가 과거의 자급자족적인 농경사회로부터 근대적인 산업국가로 변모하면서, 가족집단이 사회변화에 대처하기 위한 제도적·법제적 변화이다. 반면에 후자는 주로 매스 커뮤니케이션 및 학교교육을 통하여 서구의 남녀평등관, 개인주의 사상 등이 전파되면서 일어난 가족의식의 변화이다. 이러한 일련의 변화는, 특히 국권상실로 인한 일제의 강점시기와 광복 이후에 더욱 가속화되었다.

그러나 오늘날 가족이 전통사회에 비하여 현저하게 변모되었다고는 하지만, 아직도 우리의 가족생활 속에는 전통적인 요소가 온존하여 서구적인 가족원리와 공존하고 있다(최재석, 1965 ; 김태길, 1986). 이 양자는 조화를 이루는 경우도 있지만, 때로는 크게 갈등하면서 사회문제를 야기하기도 한다. 의식은 서구적인 가족원리에 접근하면서도 제도는 여전히 전통적인 틀을 벗어나지 못하는 경우가 많으며, 그 반대인 경우도 존재한다.

혼인양식에서도 엄밀히 말하면 중매혼도 자유혼도 아닌 중간형이 오늘날의 지배적인 혼인방식이 되고 있다. 또한 증가하고 있는 부부가족도 외형상으로는 서구의 핵가족과 동일하지만, 구체적인 내용에 있어서는 뚜렷이 구분되는 특징을 갖고 있다. 분가한 자녀들이 별도의 가족을 형성하지만 집단의 경조사나 제사가 있을 때는 따로 살던 가족들이 한데 모여 가족유대를 공고히 한다. 뿐만 아니라 이들 가족은 중요한 일이 있을 때마다 상호의존의 관계를 형성하여 정신적으로 결합되는 것이다.

그리고 현행 가족법으로 규정된 상속제도에는 호주상속과 재산상속이 있다. 전통사회에서 가장은 가족원의 전생활영역을 지배하였으나 오늘날의 호주는 단지 가계계승의 상징적 의미만을 갖는다. 재산상속에는 법적으로는 남녀의 차별과 장남, 차남의 차별이 철폐되었으나 실제로는 여전히 장남과 아들 중심으로 상속관행이 이루어지고 있다. 그러나 조상제사 의례는 오늘날에도 중요한 의미를 지닌 채 장남에 의해 지속되고 있다. 다만 4대 봉사에서 오늘날은 대체로 조부모, 즉 2대조까지만 모시는 것이 일반적이며, 제사의 절차도 간소화되는 경향이다. 그런데 이러한 변화는 가족생활의 모든 분야에서 일률적으로 동일한 속도로 나타나지 않으며 도시·농촌별 거주지역과 직업·계층·연령에 따라 변화정도에 적지 않은 차이가 있다.

한국 가족은 가족가치관의 측면에서도 다양성을 획득하는 방향으로 변화할 것으로 보인다. 따라서 다양한 가족가치관을 가진 가족들이 공존하는 현상이 예견되는데, 이를 위해 한국 가족이 지향해야 할 발전적 방향은, 첫째 가부장제의 극복, 둘째 편의주의적 가족가치관을 포함한 가치관 혼란현상의 극복, 셋째 다양한 가족가치관 수용의 세 단계로 요약될 수 있다. 다변화하는 현대사회에서 가족이 사회의 기본적 집단으로 잘 유지되기 위해서는 다양한 가족가치관을 지닌 사람들이 서로 갈등을 일으키지 않고 살 수 있는 바탕을 마련하는 것이 중요하다. 그러나 다양한 가족가치관이 존재한다 하여도 가족가치관 변화의 기본방향이 남녀평등을 포함한 가족원의 평등과 양계적인 방향인 것은 분명하다(한국가족관계학회 편, 1997).

2) 가족의 가치관

가족이란 사회와 개인을 연결하는 매개체라 할 수 있다. 즉, 가족은 사회의 급격한 충격을 가족이라는 중간과정을 거쳐 인간에게 전해 주며 인간은 가족을 통해 사회화되어 사회에 진출하게 된다. 따라서, 가족이 존재해야 하는 궁극적인 목적은 개인의 유지와 사회발전을 위해서이다. 아이들과 부모 사이의 일반적 가치는 다를 수 있지만, 가족의 존속을 위해서는 가족행동의 기초이며 이러한 행동을 규제하고 있는 기본적 가치에 대해서는 상호간에 일치해야 한다. 이 일치되는 가치를 가족의 가치관이라 부른다(Bell & Vogel, 1960 : 23~29). 그리고 이것이 가족원간에 일치되지 못할 때 그 가족은 갈등을 일으키게 된다. 따라서, 가족의 가치관이란 가족원들에 의해 공유되는, 가족원을 함께 묶는 이념·태도·신념에서 발견되는 바람직한 개념이며, 이것이 가족의 목표·야망·행동에 방향을 제시한다(Duvall, 1971 : 77~79).

가정생활이란 현재의 상황을 다루는 끊임없는 관리적인 결정과 선택을 내려야 하는 생활이기 때문에 이때 가족원들은 가족의 가치관의 영향으로 의사결정·선택·행동을 하게 된다. 따라서, 가족의 가치관은 그 가족만의 생활 스타일을 나타내 주고, 각 개인은 여기에서 그의 성격의 일부분으로 내면화되는 방향 지침과 표준을 이끌어 낸다. 이 가치가 일관성 있고 가족들이 긍정할 때 개인은 일관성 있는 초자아를 형성하며, 그렇지 못할 때 잘못된 초자아를 형성하는 것이다.

가족의 가치관 형성은 부부가 결혼에 의해 가져온, 그리고 함께 생활하면서 더 명백히 한 가족철학에서 유래하며 각 개인의 미래의 성격, 그들의 전 경험, 교육적 배경, 자연적·사회적 유산, 습관에 의해 결정되기 때문에(Dorsey, 1967 : 37) 생활철학이 생활주기에 따라, 또는 환경의 변화에 따라 바뀜으로써 가족의 가치가 수정되지만, 가족의 생활양식은 상대적으로 일정하기 때문에 가족의 가치는 일시적인 야망이나 단기적 목표보다는 영구적이며 상당한 부분이 무의식적으로 획득되어 세대 사이에 밀접한 연관성을 주고 있다. 그리고 이것이 사회의 가치관과 다른 점은 사회의 가치관이 더 일반적이고 모든 사회의 기초적 가치를 지배하는 반면, 가족의 가치관은 더 특이하고 가족 구성원 사이의 행동만을 지배하며, 가족의 대표자로서 그들이 어떻게 외부와 관계를 맺어야 하는가를 지배한다. 따라서, 사회는 지배적 가치와 변화하는 가치를 가질 수 있으나, 가족의 가치는 비교적 사회의 가치변화에만 영향을 받는 경향이 있다.

이상의 것을 종합하여 가족의 가치관의 개념과 중요성을 정리해 보면 다음과 같다. 가족의 가치관이란 가족의 두 설립자, 즉 부부를 중심으로 형성되며, 가족이 가족으로 존재하기 위해 가족원들에 의해 공유되어 행동·방향·목표의 결정과 선택에 영향을 주는 눈에 보이지 않는 힘이라고 할 수 있다. 이것은 한 가족의 생활 스타일을 결정하며, 가족의 행동에 대한 의미와 목표를 제공해 준다. 이것은 과거로부터 전해오는 가풍·가훈과도 연결되며, 현 사회의 분위기에 영향을 받고 미래의 생활철학과도 관련되어 가족을 통합하며, 가족원의 의식 등에 기여하고 다음 세대가 자신의 가족을 설립하는 기본적 태도를 형성해 주는 비교적 영구적인 개념이다.

가족의 가치관은 학자에 따라 몇 가지 유형으로 분류되기도 하는데, 파버(Farber, 1960)는 가족의 가치관을 아동중심적 가치관, 가정중심적 가치관 그리고 부모중심적 가치관으로 구분하였다. 우선 아동중심적 가치관(child-oriented value)이란 부모 모두가 자녀들의 요구를 중심으로 자신의 가족생활을 구조화시키는 것으로, 이들 가족은 부모의 역할이 매우 잘 정의되어 있고 경제적 안전에 높은 가치를 두며 지역사회에의 참여를 매우 중요하게 생각한다. 가정중심적 가치관(home-oriented value)이란 부모 모두가 가정 내에서의 대인관계를 매우 중요시하고, 부부의 역할이 중복되는 경향이 있으며, 지역사회 참여는 거의 중요하게 생각하지 않는다. 또한 부모중심적 가치관(parent-oriented value)이란 부부가 각기 자신들의 경력발달에 많은 관심을 가지며, 그들의 가족생활은 성취, 개인적 발달, 자녀와 그들 자신의 사회적 기술 습득에 우선하지 못한다.

한편, 헤스(Hess)와 한델(Handel, 1959)은 개별 가족원들간의 지배적인 관심사를 나타내는 다양한 가족 테마(family themes)가 있는데, 이것을 가족의 가치관으로 언급하기도 하였다. 이러한 가족 테마는 한 명 혹은 그 이상의 가족원이 그의 인생에서 중요한 문제로 인해 제기되기도 하며, 특정 가족 전체 성원들의 성격특성의 결과로서 나타나기도 한다. 예를 들면 부모가 아동기 때의 안정감 결여로 정서적·경제적 위기를 모면하는 데 치중한다든가, 부모로서의 무능력감을 회피하기 위해 가족 상호작용에 치중하는 등의 가족 테마가 있을 수 있다.

또 다른 가족의 가치관 유형으로서 구드프레이(Godfrey, 1951)는 과거지향적 가치관(past-oriented value)과 현재지향적 가치관(present-oriented value) 그리고 미래지향적 가치관(future-oriented value)의 세 가지를 기술하기도 하였다. 과거지향적인 가족은 자기 가족을 확대가족의 일부로 보고, 엄격한 전통적인 방식으로 자녀들을 훈육하며 여성들의 활동범위도 남성들의 활동범위에 종속된다. 현재지향적인 가족은 집단의 유지보다는 개인의 복지를 더 중요하게 생각하며, 평등주의적인 관점하에 자녀를 양육하고, 양성간의 역할분담이 뚜렷하지만 남성의 일과 여성의 일을 평등하게 고려한다. 그리고 미래지향적인 가족은 개인과 집단모두 중요하게 다루며, 현재가 중요하지만 과거와 미래세대에 대해서도 신중하게 고려한다. 뿐만 아니라 개인의 특성에 따라 자녀를 훈육하며, 집단합의에 의해 가족을 이끌어 나가고, 가사분담은 융통성이 있고 공동의 경제적 책임을 강조한다.

6. 가족의 건강성

메이스(Mace, 1985)는 건강한 가족의 수를 증가시키는 것보다 더 인간생활을 행복하게 하는 방법은 없다고 하였다. 가족의 건강성은 가족의 복지와 정서적 건강을 높여준다. 그러나 20세기이후 가족의 불안정성에 대하여 관심이 모아졌으며, 가족의 불안정성을 극복하기 위한 방안으로 성공적인 가족의 특성을 규명하는 데에 연구초점이 모아졌다.

많은 학자들과 임상가들은 가족건강성의 의미를 약간씩 다르게 정의하면서 건강한 가족을 나타내는 용어를 달리 사용하기도 한다. 즉 강한 가족(strong families), 정서적 건강 가족(emotionally healthy families), 행복한 가족(happy families), 성공적인 가족(successful families), 최적의 기능적 가족(optimally functioning families), 좋은 가족(good families), 회복력있는 가족(resilient families), 조화로운 가족(harmonious families) 등으로 다양하게 표현하고 있다. 그러나 용어는 다르게 사용한다하더라도 기본적인 의미는 대동소이한데, 그 의미는 가족이 함께 기능하고 가족원상호간의 관계에 만족한다는 것이다.

건강한 가족에 대한 의미를 좀 더 구체적으로 설명하면 건강한 가족이란 가족원간의 상호작용의 질(質)이 가족원 개개인의 심리적 안녕(psychological well-being)에 기여하는 가족이다. 가족원 개개인의 인격을 존중하고 이해하며, 어려운 상황에서 용기와 힘을 북돋아 주어 심리적 안정과 마음의 평안을 얻을 수 있도록 하는 그러한 가족이다. 그리하여 가족원 개개인의 잠재력을 개발하고 자아발달 및 자아성취를 이룰 수 있는 심리적 기초와 힘(strengths)을 갖도록 하는 가족이다. 건강가족은 가족의 외적 구조에 중점을 두는 것이 아니고, 가족원 상호간의 내적 과정에 중점을 둔다. 부부간의 관계에서 도저히 동반자로서의 긍정적 관계가 어려워 각 개인의 자아성장 및 발달에 저해가 된다고 판단하여 이혼한 가족, 불의의 사고를 당하여 아버지 혹은 어머니를 잃게 된 한부모가족, 자녀를 갖지 않기로 한 무자녀가족, 또는 재혼가족 등 외형적으로는 다양한 형태를 갖는다 해도 그들 가족원간의 관계가 긍정적이고 평안을 유지할 때 이들은 건강가족이다. 또한 어려운 난관을 극복하고 가족의 위기 - 심리적 관계만의 위기 뿐 아니라, 경제적 기초의 붕괴, 신체적 외상(外傷), 질병 등의 고통 - 를 기회로 재도약하는 가족도 건강가족이다. 이러한 가족을 회복력이 강한 가족(resilient family)이라고 한다.

드프레인과 스티넷(DeFrain & Stinnett, 2002)은 여러 학자들의 연구결과를 비교해보면 차이점보다는 유사점이 더 많음을 지적하면서, 건강한 가족의 특성을 다음과 같은 6가지로 제안하였다.

첫째, 감사와 애정이 있다. 건강한 가족의 사람들은 서로서로 보살피고, 보살핌을 받고 있다는 사실을 알고 있으며, 두려움 없이 애정을 표현한다.

둘째, 헌신하고 의무를 수행한다. 건강한 가족의 구성원들은 다른 가족원의 복지를 위하여 헌신하고, 가족활동을 위하여 시간과 에너지를 투자한다.

셋째, 긍정적인 의사소통을 한다. 건강한 가족에서는 문제를 정확하게 규명하고 그 문제를 함께 해결하기 위하여 논의하는 과업중심적인 의사소통을 자주 한다. 또한 서로의 이야기를 듣고 말하는 데에 많은 시간을 보낸다.

넷째, 함께 즐거운 시간을 보낸다. 1500명의 학생들을 대상으로 행복한 가족을 만드는 것은 무엇인가에 대하여 조사한 결과 극히 소수의 학생들만 돈, 차, 근사한 집 등이라고 대답하였고, 대부분은 가족원들이 같이 활동하고 즐거운 시간을 같이 보내는 것이라고 하였다.

다섯째, 정신적 안녕을 누린다. 정신적 안녕이라 함은 종교적 신앙, 영적인 평안, 윤리적 가치나 대의명분, 낙관적인 생활관 등을 포함하며, 가족원들을 성장하게 하고 사소한 일상적인 언쟁거리들을 초월하게 하는 힘을 의미한다.

여섯째, 스트레스와 위기를 성공적으로 관리한다. 건강한 가족은 스트레스와 위기에 의하여 영향을 받지 않고, 위기가 있다고 해서 문제가족으로 생각하지도 않는다. 오히려 일상적인 스트레스와 어려운 생활위기를 창조적이고 효과적인 방법으로 해결하는 능력을 지니고 있다. 문제를 예방하는 방법과 가족이 함께 대처하는 방법을 알고 있다.

표 2-4 건강한 가족의 특성을 의미하는 용어들

건강한 가족의 특성을 의미하는 용어들	
감사와 애정 • 서로를 돌봄 • 우정 • 개인성 존중 • 유머	헌신과 의무 수행 • 신뢰 • 정직 • 의존 • 믿음 • 나눔
긍정적 의사소통 • 감정 공유하기 • 칭찬하기 • 비난 피하기 • 타협할 수 있음 • 차이를 인정하기	시간공유 • 많은 시간을 잘 보내기 • 좋은 일로 시간 갖기 • 가족원들의 친구와 즐기기 • 단순하고 좋은 시간 • 같이 하는 즐거운 시간
정신적 안녕 • 희망 • 믿음 • 연민 • 하나 됨	스트레스와 위기관리 능력 • 적응력 • 위기를 도전과 기회로 생각하기 • 변화에 대해 개방적 • 회복력

* 자료 : DeFrain, J. & Stinnett, N.(2002).

연구문제

1. 하나의 가족을 이해하기 위한 요인을 들고 각각 설명하시오.
2. 비교문화적인 자료를 통하여 다양한 가족의 유형을 제시하고, 각 유형별 특성에 관해서도 토론하시오.
3. 가족기능의 변화양상에 대해 설명하고, 현대사회에서 더욱 강조되는 기능을 제시하시오.
4. 계층이 어떻게 가족생활에 영향을 주는지에 대해 설명하시오.
5. 가족가치관과 가족의 가치관의 개념 차이를 비교해 보시오. 가족생활에서 가치관이 왜 중요한지 설명하시오.

chapter 3
한국 가족의 특성

가족의 특성과 가족구성원의 행태를 이해하는 데 있어서 그 가족이 속해 있는 국가와 민족 및 시대적 배경은 중요한 변인이 된다. 따라서, 우리가 가족을 연구하는 데 있어서 한국 가족에 대한 이해는 선행되어야 할 조건이며, 특히 한국 가족은 전통적 상황과 근대적 상황의 과도기적 위치에 있으므로 올바른 방향설정이 무엇보다 중요하다는 의미에서 한국 가족의 특성과 변화과정을 분석하는 것은 매우 중요한 일이다. 그러므로 제3장에서는 한국 가족의 형태와 특성을 각종 문헌과 연구자료를 통해 분석해 보고, 변화양상을 시대적으로 고찰해 봄으로써 그 고유성을 파악해 보고자 한다.

1. 가족의 수량적 분석

1) 가족원수별 분석

가족의 구성 인원수별 분석은 가족의 양적 구성을 의미하는 것으로, 한 가족의 평균 인원수가 몇 명인지를 조사 규명하는 것이다. 여기에서 한 가지 구별해야 할 것은 가족과 가구의 의미상의 문제이다. 가족은 '가계를 공동으로 하는 친족집단'

이기 때문에 가족을 대량적 통계조사에 의해 연구하는 경우 주로 주거단위를 기준으로 실시되는 국세조사의 결과를 이용하지 않을 수 없으므로, 이때 가구는 가족의 의미로 대체되어 사용되고 있다. 즉, 가구란 주거와 가계를 같이 하는 집단이다.

따라서, 결혼관계, 출생관계, 혈연관계 등은 전혀 고려하지 않고 주거하는 공간과 가계라는 경제적인 협력만을 기준으로 한 집단을 말하며, 독신으로 독립된 주거를 가지고 단독생활을 하는 사람도 한 가구를 구성할 수 있다. 예를 들면 고용인 등의 비가족구성원은 가구원에 포함되고, 출타하여 단독생활을 하는 가족구성원은 비가구원이 되는 것이다. 그러므로 이러한 관점을 이해하고 통계자료를 분석해 보아야 한다.

표 3-1과 같이 우리나라의 가구당 평균 인원수는 점차 줄어들고 있으며, 농촌이 도시보다 더 큰 폭으로 변화하고 있다. 1970년대에는 5인 가족 수준을 유지하였으나, 1980년대에는 4인 가족 수준으로 줄어들었으며, 1990년대에는 3인 가족 시대로 접어들었고 2000년대 이후 이러한 추세가 더욱 가속화되면서 2020년 현재 평균 가구원수는 2.3인에 이르고 있어, 이러한 소인수 가족화는 더욱 가속화될 것임을 알 수 있다. 더욱이 1990년까지는 농촌의 평균 가구원수가 도시보다 많았으나, 1995년 통계에서는 이러한 추세가 역전되어 농촌의 평균 가구원수가 더 적은 결과를 보여주고 있다. 이로써 농촌인구의 감소 현상과 더불어 이농화(離農化) 현상에 따른 농촌가구의 축소, 젊은 가구원의 도시로의 이탈현상 등을 추정할 수 있다. 다만 광역 도시화, 행정적 조정 등에 따라 일부 농촌 지역이 도시 지역으로 확대되어 통계치에 반영된 점이 고려되어야 한다.

표 3-2는 우리나라의 가구 인원수별 가구수를 나타내고 있고, 이에 따른 평균 가구원수를 알려주고 있다. 우리나라 일반가구의 평균 가구원수는 점차 줄어들고 있으며, 2020년도에는 약 2.3인으로 집계되고 있다. 1970년의 최빈치는 5인으로서 그 최빈율은 17.71%이고, 1975년 최빈치 역시 5인으로서 그 최빈율은 18.32%를 나타내고 있다. 그러나 1980년에 처음으로 최빈치가 4인으로 감소되어 최빈율 20.33%로 나타난 이후, 1990년 역시 최빈치는 4인으로 최빈율은 상당히 증가하였고, 특히 1990년 통계에서는 이제까지 4인 다음으로 5인의 비율이 높았던 것에 비해 3인 가구의 비율이 더 크게 나타나고 있다. 2000년까지 4인가구의 최빈율은 31.07%로 최고조에 이르다가 1인가구나 2인가구가 급증함에 따라 2010년에는 2인가구의 최빈율이 가장 높게 나타났고, 2015년에는 1인가구가 27.23%로 2인 가구를 추월한 이래 2020년에는 1인 가구 비율이 31.75%로 더욱 증가하였다. 이로써 점차 우리나라 평균 가구원수는 감소하고 있음을 확실히 나타내 주고 있다.

표 3-1 가구수 및 평균 가구원수의 변화(일반가구)

(단위 : 명)

구분/지역	연도	1980	1990	2000	2005	2010	2015	2020
총인구수	전 국	36,230,762	42,101,544	46,136,101	47,278,951	48,580,293	51,069,375	51,829,136
	전국도시	20,652,868	31,431,791	36,755,144	38,514,753	39,822,647	41,677,695	42,065,303
	전국군부	15,577,894	10,669,753	9,380,957	8,764,198	8,757,646	9,391,680	9,763,833
가구수	전 국	7,969,201	11,357,160	14,311,807	15,887,128	17,339,422	19,560,603	20,926,710
	전국도시	4,669,976	8,465,826	11,229,476	12,744,940	14,031,069	15,842,155	16,896,701
	전국군부	3,229,225	2,891,334	3,082,331	3,142,188	3,308,353	3,718,448	4,030,009
가구당 인구수	전 국	4.62	3.78	3.1	2.9	2.7	2.5	2.3
	전국도시	4.49	3.77	3.2	2.9	2.7	2.6	2.4
	전국군부	4.81	3.79	2.9	2.7	2.5	2.4	2.2

＊ 인구 센서스 상의 가구란 1인 또는 2인 이상이 모여 취사, 취침 및 생계를 같이하는 단위를 말하며, 일반가구와 집단가구로 구분된다.
  이 중 일반가구는 혈연가구, 비혈연 5인 이하 가구, 단독가구를 포함하며, 집단가구는 혈연관계가 없는 2인 이상의 사람들이 모여 기
  숙사, 고아원 등에서 생활을 같이하는 집단시설 가구와 비혈연 6인 이상 가구를 포함한다.
＊ 가구당 인구수는 총인구수가 아닌 일반가구원 총수를 가구수로 나눈 수치임.
＊ 자료 : 1. 경제기획원 조사통계국(1980). 『인구 및 주택 센서스 보고』.
        2. 통계청(1990, 2000, 2005, 2010, 2015, 2020). 『인구주택 총조사』.

표 3-2 가구 인원수별 가구수 및 평균 가구원수(일반가구)

(단위 : 명, %)

가구원수	연도	1980		1990		2000		2005		2010		2015		2020	
1인		382,743	4.80	1,021,481	9.00	2,224,433	15.54	3,170,675	19.96	4,142,165	23.89	5,203,440	27.23	6,643,354	31.75
2인		839,839	10.54	1,565,713	13.79	2,730,548	19.08	3,520,545	22.16	4,205,052	24.25	4,993,818	26.13	5,864,525	28.02
3인		1,152,569	14.46	2,163,272	19.05	2,987,405	20.87	3,325,162	20.93	3,695,765	21.31	4,100,979	21.46	4,200,629	20.07
4인		1,619,742	20.33	3,350,728	29.51	4,447,170	31.07	4,289,035	26.99	3,898,039	22.48	3,588,931	18.78	3,271,315	15.63
5인		1,597,002	20.04	2,140,073	18.85	1,442,895	10.08	1,222,126	7.69	1,078,444	6.22	940,413	4.92	761,417	3.64
6인		1,167,500	14.05	671,062	5.91	344,992	2.41	266,930	1.68	241,063	1.39	217,474	1.14	147,172	0.70
7인		772,742	9.07	286,020	2.52	98,760	0.69	69,344	0.44						
8인		238,088	2.99	103,803	0.91	25,599	0.17								
9인		117,659	1.48	34,750	0.31	6,899	0.04	23,311	0.15	78,894	0.45	65,975	0.35	38,298	0.18
10인		49,062	0.62	13,948	0.12	2,264	0.01								
11인 이상		32,255	0.40	3,690	0.03	842	0.005								
계		7,969,201		11,354,540		14,311,807		15,887,128		17,339,422		19,111,030		20,926,710	
일반가구원 총수		36,230,762		42,101,544		44,711,584		45,737,011		46,650,668		48,339,559		49,028,727	
평균 가구원수		4.62		3.78		3.1		2.9		2.7		2.5		2.3	

＊ 자료: 1. 경제기획원 조사통계국(1980). 『인구 및 주택 센서스 보고』.
        2. 통계청(1990, 2000, 2005, 2010, 2015, 2020). 『인구주택 총조사』.

2) 가족 유형별 분석

가족의 유형별 분석은 가족구성원의 친족 구성이 어떻게 되어 있는지를 파악하기 위한 것이다. 그러므로 가족이 몇 세대의 구성원으로 되어 있는가 하는 질적 구성 내용을 살펴보고 이를 다시 가족의 유형 분류에 따라 분석해 보기로 한다.

표 3-3에서와 같이 가족의 세대 구성은 1세대에서 3세대까지 보편화되어 있고, 4세대 이상은 극히 드문 실정이다. 1세대 가족의 가장 전형적인 형태는 자녀가 없는 부부만으로 이루어진 가족이다. 여기에 이들의 방계인, 주로 형제자매 등이 동거하는 경우가 포함되었고, 형제자매 또는 남매만으로만 이루어지는 과도기적 가족도 1세대 가족에 포함되어 있다.

2세대 가족은 부부와 그의 미혼자녀로 이루어진다. 이 밖에 모자가족, 모녀가족, 부자가족, 부녀가족 등도 이에 포함되며, 양친자녀의 경우도 부부와 자녀, 편부모와 자녀, 부부와 양친, 부부와 편친, 부부의 형제자매가 함께 사는 경우 등으로 나눌 수 있다. 3세대 가족은 대부분 부모와 부부, 그들의 미혼자녀로 이루어지는 가족인데, 우리나라 직계가족의 전형적인 형식으로는 부모와 부부 각 세대별로 배우자를 상실하더라도 이 범주에 포함된다.

4세대 가족이나 5세대 가족 등은 3세대 가족이 직계방식으로 확대된 형태이다. 앞에서의 여러 통계치들은 일반가구를 대상으로 한 경우가 많았는데, 일반가구란 가구주를 중심으로 혈연관계가 있는 사람끼리 모여 살고 있는 가구로서 친족가구와 비친족가구 및 단독가구를 포함한다. 친족가구는 친족만으로 이루어지는 가구와 여기에 가사(家事) 사용인이 포함된 가구 또는 친족과 영업 사용인 가구, 친족과 동거인 가구 등이 모두 포함된다.

표 3-3에서와 같이 한국 가족은 1980년에서 2020년까지 세대 구성에 지속적인 변화를 가져왔다. 1990년까지는 2세대, 3세대, 1세대의 순으로 그 구성 비율이 이루어졌으나, 1995년 이후 2세대, 1세대, 3세대의 순이 되었고, 시간의 변화에 따라 1세대, 2세대 가족의 비율은 증가하나 3세대, 4세대 이상 가족의 비율은 감소하고 있다. 특히, 괄목할 만한 것은 1990년대부터 단독가구의 비율이 상당히 증가하고 있다는 점인데, 이는 젊은 성인들이 직장생활이나 학업 등의 이유로 도시지역에 독립 세대를 구성하거나 혹은 홀로된 노인들이 단독가구를 형성하는 비율이 증가된 때문으로 풀이된다.

표 3-3 가족의 연도별·지역별 세대 구성(일반가구)

(단위 : 명, %)

연도	세대 \ 지역	1세대 가구	2세대 가구	3세대 가구	4세대 가구 이상	비친족 가구	단독 가구	합 계
1980	전국	1,519,886 (4.20)	25,254,576 (69.70)	8,420,024 (23.34)	334,991 (0.92)	318,542 (0.88)	382,743 (1.06)	36,230,762 (100.0)
	전국도시	1,003,636 (4.86)	15,317,545 (74.17)	762,284 (18.22)	110,853 (0.54)	238,462 (1.15)	220,088 (1.07)	20,652,868 (100.0)
	전국군부	516,250 (3.31)	9,937,031 (63.79)	4,657,740 (29.90)	224,138 (1.44)	80,080 (0.51)	162,655 (1.04)	15,577,894 (100.0)
1990	전국	1,219,667 (10.74)	7,529,077 (66.31)	1,382,749 (12.18)	35,342 (0.31)	166,224 (1.46)	1,021,481 (9.00)	11,354,540 (100.0)
	전국도시	813,091 (9.61)	5,875,871 (69.43)	896,325 (10.59)	18,238 (0.22)	135,297 (1.60)	723,595 (8.55)	8,462,417 (100.0)
	전국군부	406,576 (14.06)	1,653,206 (57.16)	17,104 (0.59)	17,104 (0.59)	30,927 (1.07)	297,886 (10.30)	2,892,123 (100.0)
2000	전국	2,033,763 (14.21)	8,696,082 (60.76)	1,176,337 (8.22)	21,961 (0.16)	159,231 (1.11)	2,224,433 (15.54)	14,311,807 (100.0)
	전국도시	1,351,917 (12.04)	7,237,085 (64.45)	857,543 (7.63)	13,253 (0.12)	127,060 (1.13)	1,642,618 (14.63)	11,229,476 (100.0)
	전국군부	681,846 (22.12)	1,458,997 (47.34)	318,794 (10.34)	8,708 (0.28)	32,171 (1.04)	581,815 (18.88)	3,082,331 (100.0)
2005	전국	2,574,717 (16.20)	8,807,326 (55.44)	1,092,562 (6.88)	15,902 (0.10)	225,946 (1.42)	3,170,675 (19.96)	15,887,128 (100.0)
	전국도시	1,793,326 (14.07)	7,482,096 (58.71)	842,183 (6.61)	10,234 (0.08)	177,340 (1.39)	2,439,761 (17.14)	12,744,940 (100.0)
	전국군부	781,391 (24.87)	1,325,230 (42.17)	250,379 (7.97)	5,668 (0.18)	48,606 (1.55)	730,914 (23.26)	3,142,188 (100.0)
2010	전국	3,027,394 (17.46)	8,892,224 (51.28)	1,062,607 (6.13)	12,769 (0.07)	202,263 (1.17)	4,142,165 (23.89)	17,339,422 (100.0)
	전국도시	2,181,814 (15.55)	7,598,530 (54.16)	841,915 (6.00)	8,589 (0.06)	156,157 (1.11)	3,244,064 (23.12)	14,031,069 (100.0)
	전국군부	845,580 (25.56)	1,293,694 (39.10)	220,692 (6.67)	4,180 (0.13)	46,106 (1.39)	898,101 (27.15)	3,308,353 (100.0)
2015	전국	3,324,418 (17.40)	9,328,293 (48.81)	1,029,196 (5.39)	11,262 (0.06)	214,421 (1.12)	5,203,440 (27.23)	19,111,030 (100.0)
	전국도시	2,503,771 (16.17)	7,879,401 (50.87)	809,538 (5.23)	7,514 (0.05)	162,716 (1.05)	4,124,961 (26.63)	15,487,901 (100.0)
	전국군부	820,647 (22.65)	1,448,892 (39.99)	219,658 (6.06)	3,748 (0.10)	51,705 (1.43)	1,078,479 (29.77)	3,623,129 (100.0)
2020	전국	3,893,435 (18.61)	9,201,530 (43.97)	759,548 (3.63)	5,384 (0.03)	423,459 (2.02)	6,643,354 (31.75)	20,926,710 (100.0)
	전국도시	2,953,090 (17.48)	7,708,926 (45.62)	599,931 (3.55)	3,557 (0.02)	330,707 (1.96)	5,300,490 (31.37)	16,896,701 (100.0)
	전국군부	940,345 (23.33)	1,492,604 (37.04)	159,617 (3.96)	1,827 (0.05)	92,752 (2.30)	1,342,864 (33.32)	4,030,009 (100.0)

* 자료 : 1. 경제기획원 조사통계국(1980). 『인구 및 주택 센서스 보고』.
　　　　2. 통계청(1990, 2000, 2005, 2010, 2015, 2020). 『인구주택 총조사』.

표 3-4 친족가족의 가족형태 구성

지역	가족형태	1980	1990	2000	2005	2010	2015	2020
전국	핵가족	72.9	76.0	82.0	82.8	82.9	82.5	82.1
	직계가족	14.1	12.5	8.0	6.9	6.3	6.1	5.5
	기 타	13.0	11.5	10.1	10.4	10.8	11.4	12.4
시부	핵가족	74.7	77.5	83.1	83.5	83.5	83.6	83.9
	직계가족	11.6	11.1	6.9	6.2	5.8	5.8	5.1
	기 타	13.7	11.4	9.9	10.3	10.7	10.6	11.0
읍부	핵가족	74.6	74.3	77.6	79.5	80.3	77.5	72.8
	직계가족	13.9	13.7	11.7	9.9	8.6	8.0	7.6
	기 타	11.5	12.0	10.7	10.7	11.1	14.5	19.5
면부	핵가족	68.6	70.0					
	직계가족	19.0	18.3					
	기 타	12.4	11.7					

* 자료 : 1. 경제기획원 조사통계국(1980). 『인구 및 주택 센서스 보고』.
  2. 통계청(1990, 2000, 2005, 2010, 2015, 2020). 『인구주택 총조사』.

지역별로 살펴볼 때, 2세대 가구가 도시가구나 농촌가구 모두에서 가장 높은 비율을 차지하고 있으며, 3세대, 4세대 이상 가족의 비율도 도시가구에서 낮게 나타났다. 그러나 1990년 이후에는 농촌가구에서 1세대 가구나 단독가구의 비율이 도시가구보다 크게 높아지고 있어, 농촌지역에서 노인 단독 또는 노인부부 세대만의 거주 형태가 확대되고 있음을 추정할 수 있다.

이러한 가족의 유형적 구성 실태를 가구 단위가 아닌 가족형태에 따라 핵가족, 직계가족, 기타로 나누어 조사한 결과가 표 3-4에 제시되어 있다. 표 3-4에 나타난 바와 같이 한국 가족의 형태 분포는 핵가족이 가장 많은 비율을 차지하고 있으며, 그 비율도 꾸준히 증가하는 양상을 보이고 있다. 그 다음이 직계가족의 비율인데, 1980년에는 14.1%였으나 2020년에는 5.5%로 그 비율이 상당히 감소되는 경향을 나타냈다. 이와 같은 경향은 앞으로도 더욱 확대될 것으로 전망된다.

지역별로 살펴볼 때, 핵가족의 비율은 도시지역의 경우 조금씩 증가하는 경향을 보이고 있으나, 농촌지역의 경우에는 2000년 들어 증가하다가 최근 다시 감소하고 있다. 농촌 직계가족의 비율은 1970년에 19.86%였다가 2005년 이후 10% 이하로 떨어졌는데, 이는 점차 감소해가고 있는 도시지역에서의 변화양상과 동일하다. 다시 말해, 농촌지역의 가족형태는 1990년대까지는 어느 정도 일관된 패턴을 유지하고 있었으나, 최근 직계가족이 감소하고 핵가족이 증가하는 양상을 보여 장남의 분가 혹은 노인 단독가구 비율이 확산되고 있음을 추정할 수 있다.

3) 가족의 이상형과 현실 형태

한 지역 가족의 유형을 분석하는 데에는 그 사회집단이 추구하는 가족의 이상형과 현실형을 구별하여 고찰함이 필요하다. 가족의 이상형 또는 이념형이란 그 사회가 가장 바람직하다고 생각하고 궁극적으로 추구하며, 그 구조의 근간을 이루는 가족의 형태이다. 이에 반해 현실형은 그 사회에서 자의건 타의건 간에 실제로 존재하고 보편화되어 있는 가족 형태로, 표면적이고 통계적인 결과에서 그 사회의 가족 유형을 대표하고 있는 다수적 비율의 가족형이다.

한국의 가족 형태는 최근 들어 급격히 핵가족화되고 있는데, 이는 현대 사회의 특성으로 인해 가족 분화 현상이 증가하여 부부가 그들의 미혼자녀와만 동거하는 간편한 소수가족이 요청되기 때문인 것으로 본다. 인구의 집중화는 가족 구성원들이 본가를 떠나 자신만의 가족을 구성하여 도시에서 생활하는 핵가족화 경향을 증가시킨 것이다.

앞에서 제시된 우리나라의 평균 가족구성원수는 2.3인으로 이는 점차 더 감소하리라 예상되며, 가족유형에 있어서도 핵가족의 가장 보편적인 구성 형태인 2세대 가족이 가장 많은 비율을 차지하고 있다. 농촌 지역에서도 부부가족의 비율은 70%를 상회하고 있으므로, 한국 가족의 현실형은 부부가족임을 확신할 수 있다(표 3-5 참조).

그러면 가족의 이상형은 무엇인가? 이를 파악하기 위해서는 우리나라에서 전통적으로 고수해 오고 있고, 또 현재나 미래에도 가족의 구조에서 기본 이념을 형성하고 있는 형태가 무엇인지 고찰해야 한다. 한국의 가족은 전통적으로 장남이 결혼하여 분가하지 않고 부모를 모시고 사는 직계가족의 형태를 지향해 왔다. 부부가족도 시간이 경과하면 직계가족으로 확대되고 있고, 어떤 요인에 의하여 직계가족이 형성되지 못했다 하더라도 장남은 반드시 본가로 귀의하게 되고 호적도 옮길 수 없도록 되어 있다. 다시 말해서 부부가족이라 할지라도 부부가족을 전형으로 하는 서구사회의 독립된 부부가족과는 달리, 직계가족화할 잠재력을 가진 부부가족이라 할 수 있다. 따라서, 우리 사회의 이상적인 가족 형태는 직계가족이다.

이와 같이 가족의 이념형과 현실형은 서로 일치되지 못하고 있어 상충되는 여러 문제들을 야기하고 있으므로, 이에 대한 적절한 방향 모색이 필요하며 서로의 장단점 보완이 요구되고 있다.

2. 가족의 구조적 분석

가족은 그 나름대로의 구조원리가 있기 때문에 일정한 유형을 가지며, 거기에는 구조를 만든 보다 기층이 되는 어떤 개념이 있다. 따라서, 가족은 구조에 의하여 존재할 뿐만 아니라 구조적 특색에 의하여 가족이 갖는 어떤 속성이 있을 것이다. 여기에서는 한국 가족의 특성을 구조적 입장에서 논의해 보기로 한다.

가족의 수량적 분석에서 한국 가족의 이념형을 직계가족이라 하였다. 직계가족은 형태상 3세대 이상이 한 가족 내에서 같이 살되, 한 세대에 한 쌍의 부부만 있

표 3-5 전국 민속조사 대상지역의 가족유형별 통계

지역 \ 가족 유형	전 남 (1969)			경 남 (1972)				경 북 (1974)			
	구 례 위안리	여 천 덕촌리	강 진 송덕리	함 양 개평리	창 녕 죽사리	남 해 당저리	통 영 옥동리	성 주 안포동	월 성 양좌동	안 동 토계동	상 주 용유리
부부가족	17	27	29	62	74	44	39	57	123	34	62
직계가족	9	35	5	37	22	32	43	48	42	19	27
확대가족		8				2	1	1	1		2
	26	70	34	99	96	78	83	106	166	53	91

지역 \ 가족 유형	제 주 (1974)	충 남 (1976)		충 북 (1976)		경 기 (1978)			서 울 (1979)		계(%)
	북제주 상귀리	예 산 신평구	논 산 교촌리	단 양 용부원	영 동 호탄리	시 흥 포일리	화 성 발산리	양 평 성덕리	동작동	가회동 계 동	
부부가족	63	72	90	36	50	79	53	35	24	57	1,127(67.52)
직계가족	23	28	29	19	20	36	31	10	1	10	526(31.52)
확대가족		1					1				16(0.96)
계	86	101	119	55	70	115	84	45	25	67	1,669(100.00)

* 자료 : 문화공보부 문화재관리국, 『한국민속 종합조사보고서』, 각 호.

는 것이 특징이다.

우리나라의 전통사회는 아버지 중심의 부계사회로, 아버지가 가장이 되고 아들이 그 후계자가 되는 직계가족이다. 따라서, 가족구조는 아버지와 아들을 연결하는 수직선을 중심으로 상하 관계를 형성하고 있다. 상하관계란 하나가 다른 하나보다 높은 지위에 있는 것으로, 아버지가 연령으로나 출생의 순위 등에서 아들보다 높은 지위에 있게 된다. 특히 아들은 아버지로부터 출생하였다는 보은관계에 있기 때문에 이들은 절대적인 상하관계에 있게 된다. 상하 관계를 다른 말로 표현하면 수직의 관계로, 직계가족의 구조는 수직적 구조라 할 수 있다.

그러므로 한국의 가족 구조는 아버지와 아들을 중심으로 하는 혈연적 직계가족으로 혈연적 수직구조를 이루고 있다. 이러한 혈연적 수직구조 내에서는 부자관계가 가장 중요하고 기타 부부관계나 형제관계 등은 모두 부자관계에 종속되고 낮은 지위에 있게 된다. 이러한 한국의 가족구조를 중심으로 가족 내의 여러 관계를 살펴보면 다음과 같다.

1) 부부관계의 구조

우리나라의 전통적 부부관계는 직계가족을 이상형으로 하는 가족의 특성으로, 남편이 높은 지위의 가부장권을 가짐으로써 불평등한 지위관계를 형성하였다. 즉, 남편이 가족 내의 대부분의 권리를 장악하고 높은 지위에 있는 반면, 부인은 집의 계승에 필요한 자식의 출산과 양육에 대부분의 권리를 희생당하여 왔다. 또한 이러한 수직구조에서는 부자관계가 가장 막강한 권위를 가지기 때문에 부부관계 역시 부자관계에 종속된다. 그러므로 부인은 남편의 동등한 동반자가 아니라 집의 영속을 위한 수단과 도구로서 존재하였고 집안에서 노동력을 공급하는 역할을 감수하여야 했다.

우리나라의 전통적인 여성은 출생 때부터 남아와 차별적으로 양육되어 출가 후에도 시가와 남편으로부터 종속되어 주부로서의 권리, 아내로서의 권리를 제대로 행사하지 못하였다. 부인은 며느리로서 시작하여 시어머니로 끝나는 일생을 거치는 동안 가장 낮은 지위에서 점차 높은 지위로 올라가게 된다. 초기의 며느리 시기에 부인은 남편과 부부로서의 협력이나 애정 표현 등을 자유로이 할 수 없으며, 남아를 출산하고 가사에 익숙하게 되면 비로소 시어머니로부터 주부권을 인계받게 된다. 주부권은 가사의 운영권이며 물품의 소비권이다. 이러한 주부권을 가장 잘 상징하는 것이 열쇠로, 특히 뒤주와 찬광의 열쇠를 물려받게 된다. 부인이 주부권을 가지게 되면 부부는 각자의 역할과 지위에 충실하게 되며, 부인은 종속적이고 희생적인 지위에도 불구하고 그것을 행복으로 느끼며 긍지를 가지고 자신의 역할에 충실하였다.

부계사회에서 여자가 가지는 부권(婦權)은 남자의 부권(夫權)에 종속된 것으로, 남자의 부권은 가족을 배경으로 하기 때문에 여자의 부권에 비교할 수 없을 만큼 강하다. 이러한 부부권이 발생하는 계기가 되는 것은 결혼으로, 결혼은 집의 존속을 위한 수단이 되고 집을 계승할 아들의 출산에 그 목적을 둔다. 그러나 자녀를 출산하는 것은 여자이기 때문에 결혼은 남편에게는 권리이지만, 부인에게는 의무가 된다. 이처럼 결혼의 목적이 자녀를 얻는 데 있는 것은 우리나라를 비롯한 부계사회의 일반적인 특성이다. 이때의 결혼은 남녀간에 애정이 있느냐 없느냐, 또는 결혼 당사자들이 서로 아느냐 모르느냐 하는 것은 문제시되지 않기 때문에 중매혼을 원칙으로 한다. 이러한 결혼은 신랑, 신부의 개인 대 개인의 결합이 아니라 집안 대 집안, 가문 대 가문의 결합이므로, 따라서 의례가 성대하고 절차가 복잡하다.

부계가족의 수직구조는 부부관계를 보은관계, 상하관계로 만든다. 혼인하여 들어온 여자의 지위는 남편에 의해서 결정이 되고, 남편이 가장이 된 이후에는 부인을 보호해 주는 입장이 된다. 그러므로 여자에게 있어서 남편은 시가에서 자신의 지위를 획득할 수 있게 해 주는 은인이고 이 은혜에 보답하기 위해 부인은 아들을 출산하고 시가와 남편에게 봉사해야 한다. 부계사회에서 여자만의 정조를 강요하는 것도 이러한 보은관계 때문이며, 혈통의 순수성을 중요시한 혈연 중심의 부자 관계 때문이다.

2) 부모자녀 관계의 구조

부부가 결혼을 하고 동거생활을 영위하면 필연적인 결과로 자녀를 출산하게 된다. 자녀가 있음으로써 부부는 비로소 완전한 가족을 이루게 된다. 자녀는 가족을 완성시키는 데 필요할 뿐만 아니라 특히 중매혼을 행하는 부계사회에서는 결혼의 목적이 자녀를 출산하는 데 있으므로 결혼은 오히려 자녀를 위하여 존재하는 것이기도 하다. 이러한 부계사회에서 부모는 자녀의 출산을 기다리며 출산되는 자녀에게 남녀의 구별을 두어 아들과 딸에 대한 기대와 희망을 달리하게 된다. 아들 중에서도 장자와 차자, 적자와 서자 등을 구별하여 그들에게 각기 다른 권리와 의무를 부여한다.

부부와 자녀와의 관계를 보면 아버지를 중심으로 한 것을 권력구조, 어머니를 중심으로 한 것을 애정구조라 할 수 있다. 자녀는 가부장인 아버지에게서 사회적인 안정을 얻으며, 주부인 어머니에게서 정서적 안정을 얻는다. 이러한 삼각관계가 서로 보완적인 기능을 수행해 나감으로써 가족은 조화를 이루게 된다.

(1) 부자관계

우리나라와 같은 부계사회에서는 부자관계가 가족구성원간의 모든 대인관계의 중심에 있다. 형제관계는 물론 부부관계도 부자관계에 종속되어 있어, 부자관계는 수직구조의 근본을 이루고 있다. 부계사회에서의 집은 존속을 전제로 하기 때문에 가장의 후계자인 아들은 집의 존속을 위해 필수조건이 된다. 그러므로 부부의 결합은 아들을 출산하기 위한 수단이며, 부부관계 역시 세대를 계승하기 위한 수단이 된다. 또한 다남은 집안의 번영을 의미하는 것으로, 집안에서의 노동력을 증대시키고 가장의 후계자가 될 수 있는 후보자가 많아 심리적으로 보다 안전하다는 의미를 가지고 있다.

가부장제 가족 내에서 부는 아버지인 동시에 가장이기 때문에 이들은 아버지의 자식으로서, 그리고 가장의 후계자로서 가부장에 종속된다. 그러므로 이들은 부권에 복종하고 가부장에게 순종해야 한다. 아버지는 이들에 대해 윤리적, 경제적인 책임을 진다. 또한 재산 관리나 가족구성원 통솔 방법 등을 교육하기도 한다. 이러한 과정을 거치는 동안에 이들은 아버지를 자기를 낳아 준 생명의 은인이요, 교육자요, 생활의 근거를 마련해 주는 은인이라고 생각하게 된다. 이러한 은혜에 보답하는 방법이 바로 '효'이다. 효는 부모에 대한 완전한 예속성을 나타내 주는 윤리 기준이다. 아들은 아버지에게 언행에 있어서 최대의 존경을 표해야 하고, 부모 생전에 시중을 들며 부양해야 하고 안락하게 모셔야 하며, 부모 사후에는 상례와 제례를 잘 치러야 한다. 이와 같이 효도는 무한한 것으로 일생 동안 자식에게 의무감을 주게 된다.

부자관계는 보은의 인륜에 기초를 둔 효도를 통하여 굳건해지고 집안의 계승으로 존속되어 가족 내에서 어떤 관계보다도 상위에 서게 된다. 아버지는 아들이 있음으로써 가족에 대한 자신의 책임을 다하고 아들은 아버지로 인하여 자기가 존재할 수 있기 때문에 부자관계는 가족의 구조상 최고의 관계를 형성하고 있다. 직계가족에서는 특히 집을 계승할 장자에게 이런 기대와 의무가 집중되며 형과 동생의 관계도 상하관계를 갖게 된다.

(2) 부녀관계

아버지와 딸의 관계는 아들처럼 집을 계승할 후계자와 가장이라는 구조적 권리와 의무관계가 없기 때문에 순수한 어버이의 마음으로 딸을 사랑할 수 있게 된다. 아버지의 입장에서는 자기 몸의 일부요 자기 생명의 연장으로 보는 자식이 자기와 성이 다른 여자로 태어남에 신기함을 느끼고, 특히 혼인 후 타가에 가서 그 집 식구가 되어 고생한다는 생각에서 딸에게 큰 애착을 갖게 된다. 그러나 부자관계만큼 강한 결속은 갖지 못하며 다만 애정관계로 묶이게 된다.

(3) 모자관계

부자관계 다음으로 중요한 직계가족 내에서의 관계는 모자관계이다. 여성은 아들을 출산함으로써 시가에서 확고한 지위를 얻을 수 있기 때문에 아들을 낳은 후에는 집안에서의 발언권이 강해진다. 즉, 직계가족을 이상형으로 하는 사회에서 여자의 생명은 아들이라 할 수 있다. 그러므로 여성은 아들을 낳고 양육함을 결혼에서의 최대의 의무로 알고 행한다.

어머니와 자녀와의 관계는 애정구조로 이루어지므로 아들은 철이 들면서 어머니가 시집살이에서 고생한 것을 알게 되고 또 자식들을 위하여 희생하여 왔다는 것을 알게 됨으로써 아들의 어머니에 대한 애정에 동정이 더하여진다. 아들이 사춘기를 지나면 남자들 사이의 감정적인 것, 개인적 요구 등은 직접 말하지 않으려 하므로 아버지와의 대화도 줄어든다. 이때 아들은 이러한 내용의 대화를 어머니를 통해서 아버지에게 전하고 아버지도 부인을 통해서 이러한 내용을 아들에게 전하게 되므로 어머니는 부자간의 감정적 대화의 중개인이 된다.

이처럼 어머니와 아들이 애정적으로 결속되고 어머니가 아들에 의해 지위가 상승되는 만큼 아들에게 거는 기대가 크고 의지하는 마음도 깊게 된다. 여기에 아들이 적령기가 되어 혼인 후 며느리가 들어오면 이러한 모자관계는 필연적으로 변하게 되어 고부간의 갈등이 생기게 된다.

(4) 모녀관계

어머니와 딸의 관계는 아들과의 관계보다 더욱 내심적(內心的)이다. 어머니와 딸은 부계가족에서 낮은 위치에 있으므로 서로 동정하게 되고, 여자로서 생활영역이 같으며 관심이 같기 때문에 가족구성원 중에서 가장 가까운 관계에 있다. 특히, 딸은 부계가족에서 대우를 받지 못하지만 어머니의 입장에서는 아들과 똑같이 귀여운 자녀이다. 딸은 성장함에 따라 어머니를 크게 도우며 여자로서의 부도(婦道)를 배우고 가사를 익히다가 결혼을 하게 된다.

3) 고부관계의 구조

부계사회는 남자에게 가부장이란 지위를 주고 가부장에게 가독권(家督權), 재산권, 대외권 등 사회적인 여러 권한을 부여하여 이것을 가부장권이라 하였다. 그러므로 사회는 여성에게 권한을 주지 않기 때문에 여성은 불리한 입장에 서게 된다. 또한 부계가족에서의 집은 존속을 전제로 하므로 여자는 주변인일 뿐이고, 특히 혼인하여 들어온 여자는 더욱 불리한 조건을 가지게 된다.

여자가 결혼하여 시가에 들어오면 며느리로서의 지위를 받는다. 며느리의 지위는 가족 내에서는 최하의 지위로서, 며느리는 가족구성원 전원의 성격을 파악하고 그들에게 자신을 적용시키는 새로운 인간관계를 이룩해야 한다. 이 중에서 며느리의 가장 중요한 의무는 시부모를 모시고 봉사하는 것과 집을 계승할 아들을 출산하는 것이다. 아들을 출산하게 되면 집안에서 며느리의 입장이 달라지게 된다. 며느리는 부계가족의 정식 구성원이 되고 친족조직 내에서 확고한 지위를 갖게 된다.

이처럼 남편의 부계친족의 일원이 된다는 조건과 더불어 시부모나 남편은 집을 계승할 아들의 어머니로, 며느리 또는 부인을 아껴준다. 그러므로 여자는 아들을 통하여 시집식구들과의 감정충돌을 완화시킬 수 있으며, 이때 아들이 심리적 방패가 된다. 특히, 여성의 사회진출이 불가능한, 그리고 여성의 직접적인 의사표현이 금지된 전통사회에서 아들은 어머니의 사회적 자기표현의 욕구를 만족시켜 주는 매개체이고 부부간의 사랑을 굳건하게 해 주는 역할을 한다. 아들은 어머니의 심리적 위안이 되고 어머니의 지위를 정립시켜 줌으로써 어머니에게 생명과 같은 귀중한 존재가 된다.

이처럼 아들에 대한 어머니의 사랑과 기대가 크고, 집념이 강하기 때문에 아들이 결혼하여 며느리가 집안에 들어왔을 때 어머니는 자기가 이룩한 지위에 경쟁자가 생겼다고 느껴 공격적 감정과 태도를 가지며, 특히 사랑하는 아들, 자기의 생명인 아들을 빼앗겼다고 생각할 때 강한 증오심을 갖는다. 만일 아들이 부인과의 사랑이 없고 어머니에게만 효도한다 하여도 아들은 남편으로서, 나아가 자녀의 아버지로서의 역할을 감당해야 하기 때문에 어머니와 대화할 시간이 적어진다.

그러나 시어머니는 이러한 것들이 며느리가 집안에 들어왔기 때문에 생기는 것이라고 보고 며느리가 아무리 잘하여도 근본적인 거부반응을 보일 수밖에 없다. 일단 시어머니가 며느리를 불신하고 미워하는 마음을 갖게 되면 자기가 이룩한 가족구성원을 통하여 간접적으로 며느리를 괴롭히며 시어머니라는 지위에서 직접적으로 시집살이를 시키게 된다.

정도의 차이는 있다고 해도 이렇듯 시어머니와 며느리는 근본적으로 부정관계, 원천적인 대립관계에 있게 되는데, 이는 아들을 중요시하는 부계가족의 구조적 특성 때문에 생기는 것이다. 시집살이가 신체적·정신적으로 고통스러워도 며느리는 일단 호적이 옮겨온 것이므로 이혼하기 전에는 친정에 돌아가 살 수도 없고, 전통사회에서 이혼이란 여자 쪽에서 먼저 신청하여 이루어지는 일은 있을 수도 없고 불가능하였으므로, 여성은 참고 견딜 수밖에 없었고 최악의 경우 자살하는 것으로 항거하기도 하였다.

전통사회가 근대화되면서 부계가족의 제도도 많이 변하여 갔지만, 그 구조상에는 큰 변화가 없기 때문에 고부간의 문제는 여전히 큰 가족문제로 남아 있다. 오히려, 인종을 덕으로 삼던 유교이념의 약화로 여성들의 심리적 갈등을 억제하는 힘이 약해졌기 때문에 고부관계는 구조적 측면에서부터 그 해결의 실마리를 풀기 이전에는 부계사회 안에서의 큰 과제로 남게 되었다.

3. 가족제도의 변천

가족제도란 인류가 가족생활을 행하면서 지켜온 사회적 규범이며, 가족구성원의 행동을 규제하고 그 생활에 관해 규정하는 사회적 제약이며 법칙이다. 그러므로 가족제도는 법률적인 제도이며 동시에 관습적인 제도이기도 하다.

이러한 가족제도는 가족이 발전해 나가는 과정에서 만들어지고 적용된다. 가족이 존속되거나 소멸되는 과정에서 생긴 여러 제도 중에서 혼인제도, 이혼제도, 상속제도, 양자제도 등을 시대적 변천과정에 따라 살펴보면 다음과 같다.

1) 혼인제도

결혼은 가족이 형성되기 시작하는 첫걸음이며, 모든 사회에서 행해지는 가장 일반화된 제도 중의 하나이므로 이러한 혼인제도를 살펴보는 것은 그 시대나 사회의 의식구조를 알 수 있는 최선의 방법이다. 특히, 우리나라와 같이 직계가족을 이상형으로 하는 사회에서 결혼은 직계를 이루기 위한 필수 조건이고 3대를 형성하기 위한 계기가 되기 때문에 그 제도는 매우 중요하고 엄격하다.

(1) 혼인형태

우리나라는 역사적으로 삼국시대 이전부터 일부다처제가 있었고, 이것이 조선시대에까지 계속되다가 결국 합법적인 축첩제도로까지 발전하였다. 이러한 일부다처제는 남자가 대부분의 권리를 장악하는 가부장권 사회의 주요 특색이다. 일부다처제의 기본유형으로는, 첫째 여러 명의 부인들이 한 남편에 대해 평등한 지위를 갖는 형태와, 둘째 2~3명의 처가 특권을 가진 주처이고 다른 처들은 부처 또는 첩의 지위를 갖는 형태, 셋째 한 사람이 주처이고 다른 처들은 첩으로 간주되어 주처의 지배에 복종하는 형태가 있다. 우리나라의 일부다처제는 주로 세 번째의 유형에 해당된다.

삼국시대 이전의 문헌에도 일부다처제의 기록이 전해지고 있으며, 고구려 시대에는 일부 부유층에 국한된 것이기는 하지만 일부다처제가 행해졌고 이때 처의 지위는 노예와 동일한 취급을 받았다. 이 밖에 신라나 백제에서도 일부다처제의 기록이 전해지고 있어 삼국시대에는 일부 귀족이나 왕족들 사이에 다처 또는 축첩이 행해졌음을 알 수 있다.

고려시대에는 왕실과 귀족은 물론 부호계급에 축첩제도가 성행하였다. 왕비에 대해서도 적비를 왕후라 하였고, 첩비를 부인이라 하였다. 그 후 1391년(공양왕 3

년)에는 문무관의 정처·차처가 공인되었으며, 첩이라 할지라도 처와 같이 개가를 금지하였다. 고려 말기에는 하물며 축첩을 장려하는 정책까지 썼다. 즉, 충렬왕 때에는 관리들에게 다처를 취하게 하고 서민에게도 일부일첩을 허용하여 첩이 낳은 아들에게도 관리 등용을 개방하였다. 이처럼 고려시대에는 서처에게도 적처와 동등한 신분을 인정하는 일면이 있었다.

조선시대에는 1413년(태종 3년)에 중혼금지법이 발표되어 여러 명의 처를 두는 것이 금지되자 다처혼이 소멸되기 시작하였다. 이에 따라 가계존속이 어려워지자 다처 아닌 다첩제도를 인정하여 합법화하였다. 첩에는 양민 출신의 양첩과 천민 출신의 천첩 두 가지가 있었는데, 양첩을 취하는 경우에는 간략한 예식을 치렀으나 반드시 필요한 것은 아니었다. 그러나 천첩인 경우에는 전혀 예식이 없었다. 그리고 처와 첩의 한계가 뚜렷하여 첩은 집안에서 그 권리를 인정하지 않았고, 첩이 낳은 자녀에게도 그 차별은 심하였다.

일제시대에는 초기에 조선시대의 것을 그대로 인정하여 첩을 공인하고 남편의 호적에도 입적이 허용되었다. 이것이 1915년 첩의 입적신고를 금지함으로써 붕괴되고 비로소 일부일처제가 법률상 확립되었다. 그 후 1923년부터 혼인 신고를 해야만 그 효력을 인정함으로써 더욱 굳건하게 되었다. 그러나 일제시대에는 일부일처제를 이 정도로 원칙화하였을 뿐 남녀의 차등을 두어 실제적으로 처에게만 일부일처의 윤리를 강요하였고, 남편에 대해서는 일부다처나 축첩을 묵인하였다. 다만 점차적인 처의 지위 향상에 따라 축첩을 처에 대한 중대한 모욕이라 하여 이혼을 인정하였으나, 해방 전까지도 매우 소극적이어서 단순한 축첩만으로는 이혼 사유로 인정하지 않았다.

1948년 정부수립 후에는 비로소 헌법에 의해 혼인의 순결성과 남녀평등주의를 전제로 한 일부일처제가 선언되었고, 형법 역시 부부의 부정행위를 남녀평등하게 쌍벌제도로 규정하였으며, 민법에서도 이를 평등하게 이혼사유로 인정함으로써 일부일처제는 제도상으로 확립되었다.

(2) 혼인규정

혼인규정이란 혼인의 상대방이 어떤 일정한 자격을 갖추고 있어야 함을 규정한 것으로, 우리나라는 예로부터 같은 성끼리 혼인할 수 없다는 동성불혼 원칙과 반상을 가려서 혼인하는 계급별 혼인제도가 규정화되어 왔다.

1 동성불혼제

동성불혼의 풍습은 삼국 이전의 기록에서도 찾아볼 수 있으나, 이때에는 씨족제도가 확립되지 않았기 때문에 동성불혼이라기보다는 근친불혼이었다고 할 수 있다.

삼국시대로부터 점차 일부일처제를 기초로 한 가부장적 가족제도가 확립됨에 따라 성족(姓族)의 관념이 뚜렷해졌다. 따라서, 동성불혼은 중요한 혼인규정이 되었다. 다만 신라와 고려 왕가에는 혈족혼인이라는 특수한 형태가 있었는데, 이는 왕가의 혈통을 보존하기 위해 가까운 혈족끼리 혼인한 것이었으나 이것도 점차 금지되었고 고려의 중앙집권적 봉건사회가 정권의 확립기를 거쳐 발전기에 접어들자 동성혼, 근친혼 등에 대한 반란이 크게 대두되어 1081년 문종 때부터 여러 가지 금지 법령이 발표되었다. 이것이 유교를 건국이념으로 삼은 조선시대에 와서 동성동본 불혼의 원칙으로 확립되었다. 조선시대에는 동성혼을 철저히 금지하기 시작하여 1669년(현종 10년)에는 이 원칙을 더욱 철저히 하기 위해 동성이며 본이 다른 자의 혼인도 금지하였다. 그러나 이것은 엄격히 실행되지 못하였고, 1905년에 동성동본인 부계혈족 사이의 혼인만을 금지하였다.

일제시대의 동성불혼은 조선시대의 제도에 따라 초기에는 동성동본인 혈족 사이에는 혼인하지 못하도록 하였다. 그러나 점차 완화되어 근친 이외에는 동성동본의 혼인이라 할지라도 이를 보호하려는 경향이 나타났다.

8·15 해방 후 1960년 1월 1일 민법이 시행되기 전까지는 습관법에 따라 동성동본의 혈족은 촌수를 불문하고 혼인이 금지되었다. 그러나 실제의 관습은 촌수를 알 수 없는 정도의 동성동본 혈족 사이의 혼인은 인정하는 경향이 있었다. 이것이 민법 시행 후 엄격히 금지되었고, 다만 1978년과 1988년 그리고 1996년에 시행령상의 특별조치로 동성동본으로서 동거중인 부부의 혼인신고를 인정하였다. 그러나 이것은 임시조치로, 아직도 우리나라 법률은 동성동본 혼인을 엄격히 규제하고 있다.

2 계급적 내혼제

내혼이란 일정한 범위 안에서만 혼인이 성립되는 것으로, 이에 반대되는 개념으로 외혼이 있다. 내혼에는 계급적 내혼, 지역적 내혼, 종교적 내혼 등이 있는데 우리나라는 일찍이 계급적 내혼제가 있었다.

삼국시대 이전에는 족외혼이 보편적이었고, 신라시대에는 진골 또는 성골이라는 왕족의 특수계급 사이에서 그 종족의 순수성을 보존하기 위해 계급적 내혼을 하였으며, 이러한 왕족, 귀족들 사이의 동성혼, 근친혼은 일반 대중에게까지 유행하였다.

고려시대에는 왕족은 계급적 내혼제를 지켰고 일반인도 초기에는 신분에 의한 내혼제, 즉 근친혼이 널리 행해졌는데, 유교의 영향으로 1081년에는 민간의 근친혼 금지령이 내려지고 1310년 충선왕은 종친, 양반에 대해서도 동성혼 금지령을 내렸다. 그러나 민간사회는 물론 왕가의 근친혼도 근절되지 못하고 신라시대 이래 고려시대까지는 왕족 및 귀족계급 사이에 근친혼이 성행하였다.

조선시대에는 사회적인 계급이 뚜렷해져서 혼인의 범위는 왕실은 물론 일반인에게까지 같은 계급에 한한다는 양천불혼원칙의 계급적 내혼제가 성행하였다. 다만 첩을 얻는 경우만은 하층계급에서 구하는 것이 인정되었다.

이러한 계급적 내혼제는 일제시대부터 법률상 폐지되었으며, 1960년에 실시된 민법도 계급적 내혼에 관해서는 아무런 규정도 두지 않았다. 실제적으로도 계급적 내혼의 관습은 거의 폐지되고 있는 실정이다.

(3) 혼인조건

혼인조건이란 혼인의 당사자인 신랑과 신부가 혼인의 주체가 되느냐 객체가 되느냐 하는 것을 문제로 삼는다. 즉, 본인이 원해서 하는 혼인인가, 아닌가의 문제이다. 본인들이 원해서 하는 혼인의 대표적인 경우는 자유혼인데, 이것은 고려 때까지 계속되었으나 원나라에 공녀를 보내면서부터 중매혼의 일종인 조혼의 풍습이 시작되었다. 즉, 공녀에 뽑히지 않기 위해 부모들이 딸의 혼인을 서둘러 하게 된 것이다. 조선시대에는 세종 때 이러한 조혼을 강력히 금지하였으나 일반에서는 크게 성행하였다.

여서혼(女壻婚)이나 민며느리혼도 조혼의 한 형태로서, 나이 어린 남아나 여아를 약혼에 의해서 자기 집에 맞이하고 장차 사위나 며느리로 삼는 풍속이다. 10세 전후에 행하여진 여서혼 제도는 빈민계급에서 성행하였는데 삼국시대 이전부터 조선시대까지 전승되었다. 여서혼 제도는 기록상으로는 고려때 부터이지만 그 이전에도 존재하였고, 주로 상류 계급에서 행해져 조선시대까지 전승되었다. 오늘날은 당사자의 합의에 의해 혼인이 이루어지므로 이러한 조혼의 풍습은 인정될 수 없다.

데릴사위혼은 고구려 이후 고려, 조선 중엽까지의 보편적인 혼인양식이었다. 이는 신랑될 사람이 빈곤하여 혼인비용이나 신부의 대가를 치를 수 없는 경우에 자신이 신부집에 이주하여 종신적으로 노동력을 제공하고 그 대가로써 혼인하는 경우와, 어느 기간만 이주하여 봉사하는 경우가 있다. 우리나라는 주로 후자의 경우가 많았고 조선 후기로 내려올수록 이 제도는 1년 또는 2~3년으로 단축되었다. 1960년 1월 1일 민법제정과 더불어 양자제도가 확립됨에 따라 제도상으로는 소멸되었으나 그 풍습은 아직도 남아 있다.

이 밖에 남자의 의사만으로 성립되는 혼인으로 약탈혼이 있었는데, 이것은 한 종족이 부근의 다른 종족과 싸워서 남자들을 살해하고 여자를 약탈하여 처로 삼는 방식이다. 그러므로 여자 본인의 의사는 문제시되지 않았다. 발해족에는 이 약탈혼의 풍습이 있었는데, 이것은 단지 혼인과정에서 남자가 여자를 훔쳐가는 형식이었으므로 엄격한 의미의 약탈혼은 아니었다. 그 뒤 고려에서는 처첩의 약탈이 있었고, 조선시대에는 과부의 재가 금지법에 의해 과부를 약탈하는 풍습이 있었으나, 오늘날 이러한 풍습은 자취를 감추었고 오히려 결혼을 목적으로 사람을 약탈하는 것은 범죄에 해당한다.

조선시대의 혼인은 개인의 행복을 위한 것이 아니라 집안의 존속을 위한 목적으로 행하는 것이므로 당사자의 의견보다는 혼인을 주관하는 사람, 즉 부모의 의견이 중요시되었다. 이러한 관습은 일제시대에도 그대로 답습되었으나 점차 혼인 당사자의 의사와 부모 또는 호주의 의사를 동등한 위치에 두게 되었다. 1960년 민법의 제정으로 성년에 이른 사람은 자유로이 약혼할 수 있도록 규정하였고, 혼인은 당사자 본인들의 의견이 일치해야 이루어지도록 하였으며, 당사자 사이에 혼인의 합의가 없으면 그 혼인은 무효화하도록 규정하였다.

2) 이혼제도

삼국시대 이전의 이혼제도에 대해서는 분명하게 밝혀져 있지는 않으나, 부권이 확립되고 여자의 지위가 예속화됨에 따라 남자의 전권적인 이혼이 행해졌음을 짐작할 수 있다. 삼국시대에는 조강지처에 대한 도덕관념이 선비들 사이에 확립되어 있었으나 부의 권력이 강력해지자 큰 영향을 끼치지 못하였고, 다만 처를 축출하는 것은 당시의 다처제 관습 때문이라 보았을 뿐 법제도로는 확립되지 않았다.

고려시대 초기에는 이혼에 관한 법제도가 확립되어 있지 않았으나 삼국시대와 같이 이혼의 제한이 있었던 것은 사실이다. 그러나 그 제한은 그다지 엄중하지 않았고 남자의 일방적인 의사에 의한 강제적인 이혼이 가능하였다. 즉, 처가 간통했을 경우에는 강제이혼이 가능하였고, 부모의 승낙만 있으면 이유 없이 이혼하여도 아무런 제약을 받지 않았으며, 남편을 버리고 나간 여자는 형벌을 받아야 했다.

조선시대에는 고려말 이래로 융성해진 유교적 윤리의 보급에 따라 관혼상제의 예법이 정비되어 이혼제도도 대명률에 규정된 칠출삼불거(七出三不去) 제도가 그 지배의 원리로 되었다. 이때 칠출, 칠거지악(七去之惡)은 강제이혼이 가능한 일곱 가지 규정으로 아들을 낳지 못하는 것, 부정한 행위, 시부모를 잘 섬기지 못하는 것, 질투하는 것, 나병·간질병 등의 유전병이 있는 경우, 말이 많은 것, 남의 물건을 훔치는 것 등이 있었다. 그러나 이러한 사유가 있더라도 삼불거에 해당하면 이혼이 불가능하였는데 삼불거란, 첫째 시부모의 3년상을 지킨 처, 둘째 혼인당시 가난하다가 후에 부귀하게 된 경우, 셋째 처가 이혼 당한 후 돌아갈 부모나 집이 없어진 경우 등이다. 이 밖에 부부가 부득이한 사유로 서로 대면하여 부부생활을 계속할 수 없는 경우, 서로 이별 인사를 하고 이에 응락한 뒤에 이혼하는 제도인 '사정파의(事情罷議)'가 있었다. 그러나 그 당시 여자의 지위로 보아 합의는 명목상에 불과하고 실제로 남자의 일방적인 이혼의 성격이 강하였다.

일제시대 초기에는 우리나라에 합의이혼의 관습이 없었다는 견해를 취하였으나, 점차 변화하여 1923년에는 합의이혼을 인정하였다. 그러나 이때는 사실상 남자의 전권적인 이혼을 허용하는 결과가 되었고 이러한 합의이혼 제도는 민법에 계승되었다.

3) 상속제도

삼국시대 이전 부여의 상속제도는 원칙적으로 장자상속이었고, 제사상속과 재산상속은 밀접한 관계에 있었다. 삼국시대에 들어와 고구려에서의 왕위계승은 적자상속이 원칙이었고, 신라에도 장자상속이 가장 많았다.

고려시대의 왕위계승은 적장자를 원칙으로 하고 때때로 차남상속, 형제상속도 하였다. 이 시대의 일반 상속법은 당나라 율법에 의하지만 고려의 가계·제사의 상속원칙은 재산상속에도 적용되었다.

고려시대에는 자녀의 균분상속 원칙이 존재하였다. 상속의 제1순위는 자녀이며 남녀를 불문하고 모두 상속받았는데 첩자녀는 적자녀에 비해 일정율을 적게 받았고, 적장자 또는 호주상속자, 제사상속자는 일정율을 많이 받았다. 적장자와 다른 자녀의 비율은 6대 5이고 적자녀와 양첩자녀가 6대 1, 적자녀와 친첩자녀가 9대 1이었으며, 자녀가 없을 때는 배우자가 이를 상속하였다.

조선시대의 상속제도는 재산상속과 제사상속이 서로 분리되어 있었다. 제사상속은 적장자를 원칙으로 하고 적장자에 후계자가 없으면 차자나 삼자를 택하고 이도 없으면 양첩자, 천첩자의 순위로 상속하였다. 그리고 재산상속은 공동균분 분할방식을 원칙으로 하여 호주상속 또는 제사상속을 받은 사람도 재산을 단독 상속받지 못하였고, 부모의 유산을 자녀가 불균등하게 분배받았다.

이와 같은 상속제도는 점차 달라져 공동분할 상속제도는 사라지고 재산상속과 호주상속을 동시에 하는 경우가 생겨 호주상속을 하는 장남이 일단 유산을 독점 상속했다가 다른 아들들이 분가할 때 일정 비율로 나누어 주었다. 이 경우 여자는 상속에서 제외되었다. 이때의 비율도 장남은 다른 아들이 둘 이상일 경우 반을 가지고, 하나일 경우에는 3분의 2를 가졌다.

민법 시행 후에는 처나 딸의 권리가 신장되어 상속분이 장남이나 아들들과 평등하게 분배됨에 따라 상속제도는 본질적으로 공동상속 또는 균분상속의 형태를 취하게 되었다.

4) 양자제도

부계가족에서는 집의 대를 이을 아들을 출산하지 못하여 세대와 가문이 단절되는 것을 가장 큰 불효로 생각하여 슬하에 대를 이을 자식이 없는 경우에는 양자를 맞아 계승하게 된다.

우리나라의 양자제도를 보면 친부모가 아닌 사람을 부모로 하는 넓은 의미의 양자제도에 4가지가 있다. 첫째 개구멍받이라 부르는 수양자(收養子)가 있고, 둘째 장수를 위한 수양자가 있으며, 셋째 제사를 모시기 위한 시양자(侍養子)가 있고, 넷째 노후를 위한 서양자(壻養子)가 있다. 우리 나라의 양자제도는 중국의 절대적인 영향을 받아서 조상에게 제사를 지내고 가문의 계승을 위한 양자제도만이 강조되었다. 그러므로 세 번째의 시양자가 많았고, 친자식과 동일한 권리·의무를 가지고 있었으나, 생가와의 관계는 완전히 단절하지 않았다.

고려시대에는 양자제도가 특이하여 이성(異性)양자제도가 행하여졌으며, 외손봉사도 널리 행해졌다. 조선시대에 이르러서는 가족의 조직을 강화하고 유교의 원리가 적극화되면서 양자를 들이는 문제가 더욱 철저해졌다. 즉, 이성양자를 금하고 동성동본의 혈족 내에서 아들과 동일한 항렬인 근친의 아들을 양자로 하였다. 또 장자에게 아들이 없어 양자로 맞을 때는 차자의 장남을 양자로 하였고, 차자 이하의 아들이 양자를 맞을 때는 형제의 차자를 양자로 하였다. 그리고 만일 동생이 자기의 아들을 형에게 양자로 주어 아들이 없으면 자기도 양자를 맞았다.

오늘날의 양자제도는 개정 가족법에 의하면 상당부분 변화하였는데, 이러한 변화는 가문을 위한 양자보다는 부모자녀관계를 만들어 나가기 위한 목적으로 양자를 지향해 나가기 시작한 까닭이다. 따라서, 사후양자, 유언양자, 서양자 제도 등이 폐지되었고, 이성양자의 호주상속이 가능하며, 직계비속 장남자도 타가 입양이 가능하고, 양자가 호주가 된 후에도 파양이 가능하게 되었다.

연구문제 ●─────────────────────

1. 한국 가족의 수량적 변화 과정을 통계자료를 통해 조사해 보고, 미래의 한국 가족의 변화 가능성에 대해 토론하시오.
2. 한국 가족의 특성을 구조적 관점에서 분석하시오.
3. 가족제도 중에서 한 가지 측면을 선택하여, 전통적인 내용이 오늘날의 가족생활에 어떠한 영향을 끼치고 있으며, 또한 어떻게 변화되어 왔는지 설명하시오.

PART 2
가족의 형성

가족의 기본개념에 대한 전반적인 이해가 이루어졌다면, 실제적으로 가족을 어떻게 형성할 것인가를 알기 위하여 가족형성의 일반적 과정인 성과 사랑, 이성교제와 배우자 선택 그리고 약혼과 결혼 등의 단계를 학습하고 이해하여야 한다.

사회의 변화와 더불어 가족의 형성이나 결혼과정 역시 변하였고, 이혼 등 가족의 불안정성이 증가하면서 최초로 선택한 결혼에 대한 의미와 중요성이 상당 부분 희석되어 가고 있기는 하지만, 이혼율 못지 않게 재혼사례가 증가하고 있으므로 가족의 형성과정에 대한 이해의 중요성은 오히려 더욱 강조되고 있다고 해도 과언이 아니다.

그러나 보다 중요한 것은 결혼이 이루어지고 가족이 형성되어가는 과정에 대한 개인의 준비자세가 적당한 시점에서 반드시 이루어져야 한다는 것이고, 잘못된 지식습득과 이해의 결과로 결혼의 성공적인 성취의 가능성이 감소되어서는 안 된다는 것이다.

가족은 이제 그 형식이 어떻든 간에 두 사람이 결합하여 함께 살아간다는 공통점만으로도 어떤 유형, 어떤 기간, 어떤 방법으로든 지속될 것이므로, 가족의 형성에 필요한 제반과정을 충분히 이해하고 실천해 나가는 것은 매우 중요한 일이다.

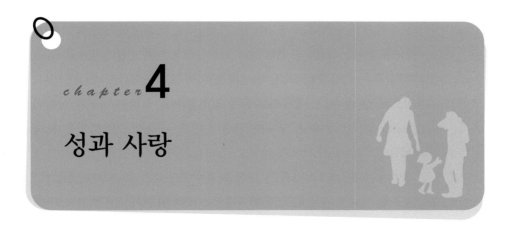

chapter 4

성과 사랑

성이란 성(性)의 구분, 즉 남성과 여성으로서 구분되는 인간의 특성을 총칭하는 개념으로, 가족이 일반적으로 남성과 여성으로 맺어져 시작되고, 아들과 딸 등의 자녀를 출산·양육하면서 살아가는 제도이기 때문에, 건강하고 행복한 가정을 이루기 위해서는 가족구성원들의 성에 대한 이해가 필수적으로 요구된다.

그러나 자칫 성을 성행동이나 성욕구와 연관시켜서 개념화하는 경우가 많기 때문에 성에 대한 올바른 논의가 이루어지지 못하고 있으며, 올바른 성개념과 가치관을 획득하지 못함에 따라 원활한 가족의 형성과 유지에 어려움을 겪기도 한다.

또한 성에 대한 이해를 출발점으로 이성간의 성숙한 사랑이 이루어질 때 결혼이 동기화 될 수 있으므로, 사랑에 대한 올바른 개념 획득 역시 가족의 형성과정에서 매우 중요하다.

1. 남성과 여성

1) 성의 개념

일반적으로 성(性)에 관련된 개념들은 명확하게 정의되지 않은 채 자주 혼용되고 있다. 성과 관련된 개념으로는 생물학적인 남녀구분을 의미하거나 성적인 행동을 언급하는 복합적인 의미의 섹스(sex)와, 사회문화적 · 심리적으로 남성(male)됨의 상태 혹은 여성(female)됨의 상태를 의미하는 젠더(gender)가 있다. 그리고 일반적으로 성(애) 또는 성욕으로 표현되고 있지만, 실상은 자신을 성적인 존재(sexual being)로서 정의하는 일련의 가치나 믿음, 행동들을 포함하는 보다 넓은 개념의 섹슈얼리티(sexuality)가 있다(Olson et al., 1994).

성관계를 의미하는 뜻으로 섹스라는 표현을 통속적으로 쓰기는 하나, 섹스는 단지 생물학적으로 남녀를 구분하는 용어이다. 즉, 태어나면서 선천적으로 구별된 남자, 여자를 말한다. 또한 심리적인 면에서 남녀를 구별하는 젠더라는 용어는 사람이 태어난 후 사회문화적으로, 심리적으로 환경에 의해 학습된 후천적인 성을 말한다. 예를 들어 신체적으로는 남성인데 그의 행동이 여자 같다면 우리는 그가 남성답지 못하다고 말한다. 일반적으로 누군가가 남성적이다, 여성적이다, 양성적이다 등으로 말해지는 심리-성적인(psycho-sexual) 주체성은 환경으로부터, 특히 부모와 사회적 태도로부터 형성되고 영향을 받는다(옥선화 · 정민자, 1993).

또한 한자로 성(性)은 마음(心)과 몸(生)의 양면을 의미하여 전체적인 인간 그 자체를 뜻하는 것이며, 성행위나 성적인 쾌락을 말할 때는 색(色)이라는 말을 사용한다. 또 성욕이나 성애라고 표현되는 성(sexuality)은 사실 욕망의 차원을 넘어 인간의 성행동뿐 아니라 인간이 성에 대해 갖고 있는 태도, 사고, 감정, 가치관, 이해심, 꿈, 행동, 환상, 성의 존재 의미 등의 모든 것을 포함한 전성(全性)적인 것이다(윤가현, 1990).

이러한 성에 관련된 믿음이나 가치 그리고 행동들이 각 개인에 따라 다르고 그 종류도 무수히 많을 뿐만 아니라, 성적인 존재로서의 자기 자신을 정의함에 있어서도 매우 다양한 특성을 보인다. 그런데 우리의 가치나 믿음이나 행동들은 타고난 것이라기보다는 어려서부터의 환경이나 부모의 양육방식 그리고 사회적 태도 등으로서 형성되는 것이기 때문에, 어릴 때부터 부모와 주위 환경의 바른 성교육이 요청될 뿐 아니라 성숙한 여성, 남성으로 완성되기 위한 성에 대한 총체적 성장과 학습이 절실하다 하겠다. 이러한 과정을 통해 성은 충동과 본능에 의한 동물적 행위가 아닌 이성과 감정, 정신의 종합적인 작용의 총체이며, 통제 및 조절이 가능하고, 타인과 인격적으로 만날 수 있도록 건전하게 길들여져야 할 것이다.

2) 일반적 성차

성이란 생물체에 있어서 기본적인 차이를 말하는 것으로 남성과 여성으로 구분되어 있다. 이러한 성구분은 염색체, 생식선, 내부 및 외부 생식조직, 호르몬 분비, 발육 그리고 성심리 등에 의해 결정된다. 그러나 이러한 모든 요인이 생리적인 측면에서만 결정되는 것이 아니라 몇 가지는 문화적인 영향도 받고 있다. 즉, 그 사회에서 남성과 여성을 어떻게 구분하여 보느냐에 따라 성별 특성이 달라진다.

가족은 남성과 여성으로 구성되고 이 양성간의 결합에 의해 유지·발전되므로, 성이란 가족생활에 있어서 빼놓을 수 없는 요소가 된다. 더구나 이러한 성차를 어떻게 받아들이고 조정하느냐에 따라 가족의 분위기가 결정되고 인간관계 역시 크게 좌우된다. 그러므로 남녀의 일반적 차이와 그 요인 그리고 이와 관련된 가족관계를 살펴봄으로써 성에 관한 개념을 터득해야 한다.

(1) 신체의 차이

남성과 여성의 대표적인 신체적 차이는 생식기관에서 나타나는데 이는 임신 3개월 말쯤 분별된다. 출생시 남아는 여아보다 크고 강하지만, 그 후 신체적 성장과 감정적 성숙의 속도에서 여아가 남아보다 빨라, 사춘기에 이르면 여성이 2년 정도 앞선다. 신생여아는 남아보다 말하고 걷는 것을 먼저 배우며 움직임이 세련되고 집중력이 있는 반면, 신생남아는 몸을 크게 움직이는 자발적 행동을 많이 보인다.

두뇌기관의 성차는 별로 크지 않으나, 남성은 공간지각력이 있는 오른쪽 두뇌를 많이 사용하고, 여성은 언어지각력이 있는 왼쪽 두뇌를 많이 사용한다. 그러므로 지능에 있어서도 여성은 남성보다 언어적 기능이 잘 발달되어 있다.

성인남성은 여성보다 키가 크고 체중이 무거우며, 어깨와 가슴이 넓고 근육도 크고 강하다. 반면 여성은 골반이 넓고 얇아, 임신하여 태아를 출산하기에 편리하도록 되어 있다.

체내 에너지 사용에 있어서는 신체질량 단위당 에너지 요구량에서 남녀의 차이가 없으나, 전체 에너지의 요구량은 남성의 몸무게가 무겁기 때문에 더 높다. 따라서, 칼로리 섭취량도 남성이 더 많다. 출생률은 남아가 여아보다 높고 사망률 역시 남아가 높다. 이 경향은 일생동안 계속되어 60~70세 정도에는 여성인구가 더 많아진다. 그러나 극빈한 환경에서는 여아의 사망률이 더 높다.

(2) 생식구조의 차이

남성의 생식기 계통은 고환, 부고환, 정관, 음경 및 세 개의 부속성선, 즉 전립선, 정낭, 카우퍼선(Cowper's gland)으로 이루어져 있다. 고환에서 생성된 정자와 부속성선의 분비액이 혼합된 정액이 배출되는 관들을 남성생식관 혹은 정관이라고 한다.

남성의 외생식기는 외부로 돌출되어 있어 여성보다 훨씬 더 눈에 띈다. 그림 4-1에서 보는 바와 같이, 남성의 외생식기는 흥분상태가 아닐 때는 늘어진 상태로 있는 음경과 고환이라는 발기조직이 있으며 음경 끝에는 표피가 있는데 이는 할례를 통해 외과적으로 제거되기도 하는 작은 피부조직이다. 음낭은 남성 호르몬인 테스토스테론을 저장하는 부위이며, 표피 아래로 작은 구멍이 있어 요도가 열리면서 소변과 정액이 나오게 된다. 음경은 소변의 통로이면서, 여성의 질 속에 정액을 배출하는 역할을 한다.

남성의 내생식기관 중 하나인 정관은 생산된 정자를 보관하였다가 사정과 함께 배출하는 역할을 하며, 정낭은 정관의 끝 부위에 위치하고 있으면서 정액을 만드는 곳이다. 사정액의 2/3는 정낭에서 나오는 분비액으로 구성되며, 분비액에 포함되어 있는 과당은 사정된 정자가 잘 움직이도록 활동에너지를 부여한다. 전립

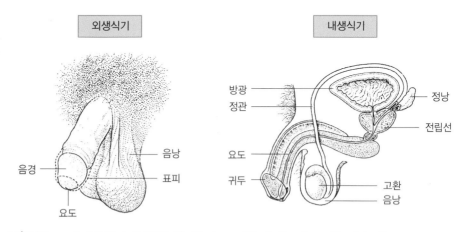

외생식기　　　　　　　　내생식기

음경　　　음낭
　　　　　표피
요도

방광　　　　　　　정낭
정관　　　　　　　전립선
요도
귀두　　　　　　　고환
　　　　　　　　　음낭

* 자료 : Strong, B. & DeVault, C. (1995). The Marriage and Family Experience. West Pub., Co.

그림 4-1　남성의 생식구조

선은 방광 바로 아래에 있으면서, 정낭과 마찬가지로 정액의 1/3을 만드는 역할을
한다.

그림 4-2에서 보는 바와 같이, 여성 생식기는 남성보다 훨씬 더 복잡한데, 이는
임신과도 관련이 있다. 눈으로 볼 수 있는 여성의 외음부 혹은 외생식기는 대음
순, 소음순, 음핵, 전정부, 질 등으로 이루어져 있으며, 성적인 자극에 대해 매우
민감하게 반응하는 부위이다. 몸 안에 위치한 질, 자궁, 난관(나팔관) 및 난소를
포함한 부분을 내생식기라고 한다.

내생식기관 중 하나인 대음순은 회음부에 길게 융기된 지방조직으로, 특이한
냄새를 분비하는 아포크린(apocrine) 선을 갖고 있어 남성을 성적으로 자극한다.
소음순은 피부에 윤활제 역할을 하는 분비물을 생산하는 피지선을 많이 가지고
있으며, 음핵은 수많은 감각 말단신경이 분포되어 있는 민감한 막으로 덮여 있어
외음부에서 성감도가 가장 높은 곳이다.

여성의 내생식기관인 질은 길이가 약 9~10cm 정도로 후상방을 향해 자궁경부
로 이어지는데, 성적으로 흥분하게 되면 질은 자연스럽게 늘어나고 자궁경관에서
점액이 분비된다. 자궁은 질과 직각으로 연결되어 있으며, 난자를 자궁으로 운반
하는 난관(나팔관)이 자궁에서 좌우로 뻗어 있다. 난소는 난자를 생산하는 곳으
로, 남성의 고환과 같은 역할을 한다. 난소는 수정에 필요한 성숙된 난자를 제공
할 뿐만 아니라, 수정과 착상이 이루어질 수 있도록 주위 조직의 환경을 적절하게

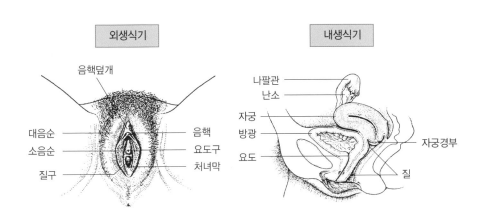

* 자료 : Strong, B. & DeVault, C.(1997). The Marriage and Family Experience. West Pub., Co.

그림 4-2 여성의 생식구조

조성하는 기능을 한다.

(3) 성욕 및 성반응의 차이

일반적으로 남성의 성욕은 여성보다 긴급하고 충동적이다. 남성의 성욕은 당연하고 필수적이며 성에 대한 흥미 역시 충동적이고 즉시적이다. 반면, 여성은 남성에 비해 억제적이고 주기적이며 성에 대한 흥미나 관심이 적거나 전혀 없기도 하다. 성반응에 있어서는 여성이 훨씬 폭넓은 반응을 보여 남성은 일시적이고 긴급한데 비해, 여성은 지속적이고 지연적이다. 이러한 차이점은 남녀의 성적 적응에 큰 어려움을 초래하기도 한다. 이 밖에 남성은 성과 사랑을 분리시킬 수 있는 생리적 특징을 지니고 있으나, 여성은 성과 사랑을 연결시키고 결합시킨다. 즉, 남성은 육체적 성만족과 정신적 사랑을 구별할 수 있는 데 반해, 여성은 정신적 사랑에 육체적 성을 결부시키는 경향이 있다.

마스터즈와 존슨(Masters & Johnson, 1966)은 성인남녀의 성행위에 관한 방대

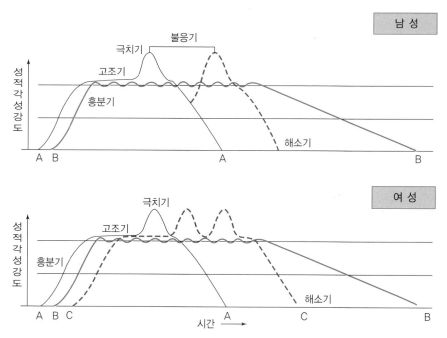

* 자료 : Olson, D. H. & DeFrain, J.(1994). Marriage and the Family : diversity and strengths. Mayfield Pub.,
　　　 Co., p. 411.

그림 4-3　남녀의 성반응 주기

한 연구결과를 통해, 남녀 모두에게 나타나는 뚜렷한 성반응의 단계를 제시하였다. 이러한 단계는 연속적으로 나타나는 현상이지만, 편의상 흥분기(excitement phase), 고조기(plateau phase), 극치기(orgasmic or climactic phase) 그리고 해소기(resolution phase)로 나누었다. 즉, 성적 자극을 통해 성적으로 흥분하게 되면 고조기를 거쳐 신경근육의 긴장이 최고조에 달하는 극치기에 이르면 다시 원상태로 복귀하는 해소기를 경험하게 된다(Cox, 1990).

여성은 남성보다 성적 자극에 대한 반응에서 훨씬 큰 다양성을 보이는데, 예를 들면 원상복귀 후에 즉시 다시 위의 4단계를 반복할 능력이 있고 자극이 계속된다면 여러번 오르가슴을 가지는 다중의 오르가슴을 경험할 수 있다. 그러나 어떤 여성은 빈번히 여러번의 오르가슴을 경험하는 데 반해 또다른 여성을 결코 오르가슴을 경험하지 못하거나 30~40세에 가서야 경험하기도 한다. 여성의 성욕은 생리주기와 관련하여 생리직전이나 혹은 직후에 더 증가하는 경향을 보인다고 하는데, 이에는 개인차가 있으며 심리적인 요인이 더 크게 작용한다.

남성도 역시 여성과 같은 성반응의 4단계를 가지며, 성관계시 대부분의 남성은 오르가슴을 경험하고 일단 오르가슴을 통하여 정액이 방출되면 즉시 해소단계에 들어간다. 그러나 여성처럼 곧바로 다시 성적으로 흥분하기 어렵고 오랜 회복기간을 지나야 다시 흥분이 가능한데, 이러한 현상을 마스터즈와 존슨은 불응기(refractory period)라고 표현하였다. 십대의 남성들에게는 이러한 불응기가 수 분(分) 정도이기도 하지만, 나이가 들수록 불응기가 길어진다. 결과적으로 남성들은 한 번 이상의 극치감을 느낄 수 없다.

성충동의 강도는 남녀간 연령에서 차이가 있는데, 남성의 성적 충동이 15세에서 25세 사이에 최고점에 달하는 데 반해 여성은 30세에서 40세에 절정에 달하므로, 30세경 이후부터 인생의 후반부에는 대체로 여성이 남성보다 더욱 강한 성충동을 느끼는 것으로 보고되고 있다. 그림 4-4에 나타난 바와 같이, 빗금친 부분이 여성의 성충동이 남성보다 더 강해지는 부분을 나타낸 것이다.

(4) 성격 및 행동의 차이

성격 및 행동의 남녀 차이는 일부 해부학적 차이에서 연유한 경우를 제외하고는 명확하게 검증된 것이 아닌 경우가 많다. 인간의 유전적 차이를 검증하는 것은 매우 어려운 일로서, 태내에서부터 이미 후천적인 영향이 주어지기 때문에 결국 출생 후 남녀의 차이는 유전적이며 후천적인 영향이 복합적으로 영향을 주며 만들어진다.

　성격에 있어서 남성은 여성보다 도전적이고 호전적이어서 싸우기를 좋아하고 이를 즐겨 행한다. 이러한 사실은 권투나 레슬링 같은 남성 위주의 운동경기나 전쟁·사업 등 여러 면에서 잘 나타난다. 이에 비해 여성은 남성보다 가정적이며 평화적이다.

　남성이나 여성 모두가 자아에 대해서 민감하나 그 표현방법에 있어서 남성은 외향적이고 여성은 내향적이다. 여성은 대중의 의견에 민감하며 목적달성에 간접적이나 노련하다. 또한 남성은 보다 이론적이고 논리적인 반면 여성은 감정적이다. 즉, 남성은 추리하고 판단하지만 여성은 느낀다. 그러나 이러한 경향은 단지 일상생활의 감정처리면에서 나타나며, 여성은 감정표현에서 남성보다 자유롭고 희로애락의 감정을 행동으로 마음껏 표현한다. 이는 사회적 풍습이나 기대가 이를 허용해 주고 있기 때문이며, 만약 남성이 이러한 감정적 표현을 강하게 나타내서 쉽게 눈물을 흘린다든지 하면 사회적인 풍조가 이를 억제시킨다.

　구애방법에 있어서는 남성이 직접적이고 능동적이며 확실한 반면, 여성은 간접적이며 수동적이다. 즉, 구애자는 항상 남성이고 여성은 구애를 받는 편이며, 또 그러기를 원하고 있다. 그러나 현대의 개방된 풍조에서는 여성들이 전통적인 행

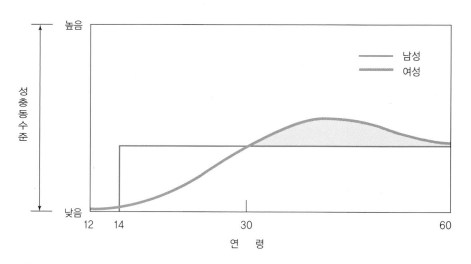

* 자료 : Cox, F. D.(1990). Human Intimacy : marriage, the family and its meaning. West Pub., Co., p. 363.

그림 4-4　남성과 여성의 성충동 수준

동방식을 깨뜨리고 남성보다 더 적극적이고 열애적인 경향을 보이고 있다.

남성다운 남성이란 경제적 능력이 많은가 적은가에 따라 평가받게 되고, 가족부양자로서의 자격도 이에 따라 결정된다. 반면, 여성들은 남성에 비해 직업선택에 있어서 많은 제약을 받는다. 가족과 직업을 결부시킬 수 있는지의 여부가 중요하고, 직업에 따라서는 결혼을 포기해야 하는 경우도 있다. 그러나 여성의 사회진출과 사회적 지위향상이 점차 가능해짐에 따라 여성의 직업선택도 예전과 달리 많이 변화하고 확대되어 가고 있다.

남성과 여성의 또 다른 큰 차이점은 관심사에 대한 문제이다. 남성은 단지 사실에 대해서만 관심과 흥미를 가지므로 인간적 관계를 개입시키지 않고 어떠한 상태를 그대로 단순하게 받아들인다. 여기에 비해, 여성은 모든 것을 인간관계와 결부시켜 생각하고 감정을 개입시켜 생각한다. 그러므로 남녀가 적응하며 살아가는 데 이러한 문제점도 큰 장애가 된다.

이상으로 남녀에 대한 기본적인 차이점을 살펴보았는데, 그것이 선천적이건 또는 사회의 전통적 풍습이나 인습으로 인한 것이건 간에 남성과 여성은 확실한 차이점을 가지고 있다. 그러므로 이러한 남녀의 차이를 미리 알고, 적응해 나가는 데 있어서 서로 이해하고 노력한다면 다소의 문제점은 해결될 것이다.

3) 성차의 요인

인간의 성구별은 단순하고 즉각적으로 정해지는 것이 아니라 다양한 생물학적 · 사회문화적 요소의 상호작용에 의해서 일어나는 지속적인 과정이다. 이 과정은 임신으로부터 시작되어 한 인간의 일생을 통해 끊임없이 계속된다. 이제 이러한 성차를 일으키는 요인을 생물학적 · 심리적 · 사회문화적인 세 가지 측면에서 살펴보기로 한다.

(1) 생물학적 요인

성차를 일으키는 생물학적 요인은 크게 염색체와 호르몬에 의한 영향을 들 수 있다. 새로운 하나의 개체는 수정에 의해서 이루어지는데, 수정이란 두 개의 성세포가 결합됨으로써 이루어지며, 각각의 성세포에는 핵이 들어 있고 이 핵 안에 실같이 생긴 염색체가 들어 있는데, 개체의 발달을 결정짓는 유전인자는 바로 이 염색체 안에 들어 있다.

정상적인 여성의 난자 속에는 22개의 상염색체가 있고 성을 결정하는 23번째의 X염색체가 있다. 정자 속에도 역시 22개의 상염색체가 있고, 성을 결정하는 염색체로서 난자의 것과 비슷한 X염색체와 이와 다른 Y염색체가 있다. 이때 일반적으로 두 개의 X염색체가 결합하면 여성이 되고, XY염색체가 결합하면 남성이 된다. 포유류 동물에게 Y염색체는 성결정에 중요한 역할을 한다.

태아기의 2개월 동안은 생식기의 발달이 활발하지 않고 잠재해 있는데, 이 기간 중의 여성과 남성의 생식기는 태아의 염색체적인 성과 관계없이 원형이 동일하고, 이후 성구분이 가능해진다.

사람의 성적인 구별은 난자나 정자세포의 결합에 의해서만 완전히 결정되는 것은 아니다. 물론, 사람의 염색체적인 성의 결정은 확고한 것이지만 하나의 세포가 정상적인 남성이나 여성으로 자연스럽게 변형되어야 한다. 이렇게 변형되는 동안 성숙한 성으로 발달하는 데에는 몇 가지 조건이 있는데 이 중 하나가 호르몬의 영향이다.

태아가 2개월 때에는 성적으로 분화되지 않은 한 쌍의 성생식선과 그 밖의 두 가지 구조를 가지고 있는데, 이 중 하나는 여성의 내적 생식기관을 형성할 가능성을 가지며, 다른 구조는 남성의 내적 생식기관을 형성할 수 있다. 미발육의 생식기관 쌍은 한 쌍의 생식선으로 발달하여 후에 여성의 경우 난소로, 남성의 경우 고환으로 발달되며 외적 생식기 부위에서 변화가 일어난다. 이후 생식선은 태아가 활발히 발달하도록 영향을 미치기 시작하는데, 이 생식선은 내분비선들로서 이곳에서 여러 가지 유기물질이 생성되어 조직을 통해 생식선 밖으로 운반된다.

내분비선에서 형성되어 특별한 효과를 일으키는 이러한 화학 물질들을 호르몬이라 하며, 이 호르몬들은 태아를 발달시키기도 하고 같은 종류의 화학물질인 성호르몬을 생산하기도 한다. 이러한 호르몬들의 양적인 상호비율이 남성과 여성으로 발전되는 차이를 만드는 요인이 된다. 즉, 남성은 현저한 양의 남성호르몬과 미량의 여성호르몬을 분비하고, 여성은 그 반대의 비율로 호르몬을 분비한다.

사춘기에는 생식선의 호르몬 생산이 크게 증가하며, 이로 인해 제2차 성특징의 발달이 시작된다. 소녀들은 골반구조에 변화가 일어나 유방이 커지며 피하지방의 축적이 생기고, 소년들은 얼굴에 수염이 나며 후두변화로 목소리가 변한다. 사춘기의 이러한 변화들은 뇌주위에 위치하는 뇌하수체에서 생산되는 성호르몬에 의해 조절되며 만일 사춘기 이전에 생식선들을 제거하면 이러한 현상은 나타나지 않는다.

갱년기에 이르면 성호르몬이 현저히 감소하는데 이에 따라 여성은 폐경기를 맞이 하고, 남성은 계속 정자를 생산하기는 하나 다소 약화된다.

(2) 심리적 요인

성차를 일으키는 심리학적 요인을 다룬 대표적인 학자 프로이트(Freud)는 성욕의 이론으로써 남성과 여성의 심리차이를 밝혀내었다. 이에 의하면 여성들은 남근을 가지고 있지 않기 때문에 자연적으로 남근을 가진 남성을 선망하는데, 이 남근에 대한 욕구는 정상적 여성심리의 보편적 요소이다. 이것은 여성이 아기를 가지게 되었을 때, 특히 그 아기가 선망하는 남근을 가지고 태어나면 비로소 어느 정도의 보상이 달성된다고 한다.

이에 비해, 남성은 3~6세경에 어머니의 사랑을 갈구하고 아버지를 배척하는 오이디푸스 콤플렉스(Oedipus complex)를 겪게 되나 차차 아버지와 동일시하게 되고 사춘기 이후, 사랑의 대상을 어머니로부터 다른 여성에게로 이동하는 과정 역시 순조롭게 진행된다. 반면, 여성은 임신 등 여성적 역할기능에 정착할 때 비로소 진정한 여성다움을 찾을 수 있다고 하였다.

또한 프로이트는 여성심리의 특성으로 수동성 · 피학성 · 허영 · 자기도취성 · 불완전한 자아발달을 들었는데, 이를 각각 남근숭배 사상으로 설명하였다. 즉, 피학성은 정신적 · 육체적 고통을 참고 견디는 데서 쾌락을 느끼는 것으로, 여성의 난자가 정자의 침입에 의해 세포막이 파열됨으로써 이러한 상처의 경험이 근원적인 피학성을 가지게 된다고 하였다. 또한 난자는 스스로 움직일 수 없어 수동적 태세로 정자가 능동적으로 와서 결합해 주기를 기다리므로 여성의 수동성을 나타내는 것이며, 여성의 허영은 성기의 결함을 숨기기 위한 것이라 하였다. 그리고 여성은 남성에 비해 도덕성의 수립이 원활하지 못한데, 이는 아버지와의 오이디푸스 콤플렉스가 없어서 초자아가 강하게 형성되지 못하기 때문이라 하였다.

여성의 자기도취는 자아 속에 있는 심리적 에너지로부터 나오며, 피학성에서 생기는 자기파괴를 방지하는 기능을 가지고 있다. 여성이 어머니에 대한 능동적인 애착으로 어머니를 동일시하면서, 수동적인 목표인 아버지에의 애착으로 전환하는 것은 사랑받고자 하는 자기도취적 소원 때문이라 한다. 그리고 남근에 대한 열등감을 극복하기 위해 여성은 몸전체를 자랑스러운 대치물로 만들고 이러한 보상을 통해 계속적인 사랑과 격찬을 받으려 하며 이에 따라 자기도취감이 발전된다. 이러한 현상은 여성에게는 자연적인 현상이지만, 남성에게 나타날 때는 병적인 현상으로 간주된다. 또한 여성에게 있어서 임신할 수 있다는 것과 어머니가 된다는 것은 최대의 자기도취적 만족감의 원천이라 할 수 있다는 것이다.

이상과 같은 프로이트의 심리학적 성차이론은 비교의 근본을 생물학적 요인에만 두고 사회문화적 영향을 고려하지 않았으므로 이에 대한 많은 비판이 따랐고, 이는 사회문화적 요인에서 설명될 것이다.

(3) 사회문화적 요인

프로이트의 심리학적 성차이론에 관한 비판으로서 여러 가지 사회문화적인 요인을 감안한 성차이론이 대두되었는데, 특히 현대여성의 지위가 향상됨에 따라 남근선망보다 오히려 여성의 출산능력이 높이 평가되고 있고, 아동의 자라나는 환경에 따라 남근선망 현상이 달라진다는 이론이 제기되었다. 또한 프로이트는 초자아가 오이디푸스 콤플렉스의 결과로써 형성된다고 하였으나, 실제 사회화의 결과나 문화동화 현상이 초자아의 형성에 크게 관여하여 여성들이 더 훌륭하게 초자아를 형성할 수 있다는 것이다. 어린이의 생리적 형태가 일단 자리잡게 되면 수많은 문화적 암시가 성장하는 아이에게 제공되므로, 성차는 이러한 성장과정 중의 교육환경으로부터 보다 큰 영향을 받게 된다.

이처럼, 성장 중의 성역할 학습에 주의를 기울인 사회학습 이론가들은 부모를 가장 강력한 동일시 대상으로 보았는데, 부모는 사실 성역할 동일시의 가장 중요한 사람으로 아동의 자아개념 형성에 큰 영향을 준다. 형제와 친척 역시 성역할 학습에 도움을 주는데, 특히 아버지가 없는 아동에게 영향이 크며, 교사 역시 성차를 인식시키는 간접적 역할을 하고, 장난감·책·텔레비전·영화 등의 매체에 의해서도 성역할은 학습된다. 또한 성동일시의 확립은 부모나 다른 사람뿐만 아니라 아동 자신의 인지 또는 지각에 의해서도 가능하다. 즉, 어린이는 '나는 여자다', 나는 남자다'라고 생각하고 여자다운 행동이나 남자다운 행동을 해 보려고 노력한다.

아이들은 성동일시가 확립된 후에도 가족이나 사회의 성역할에 대해 생각하고 관찰하며 토론한다. 청년기 이후에는 다른 문화의 성역할에 대해 배우고 자신의 행동이나 주변관계 또는 자신과 문화에 대해서 생각하며 성행동과 성의 도덕적 가치를 발전시킨다.

성역할은 사회구조, 즉 모계사회인가 부계사회인가에 따라서도 크게 달라지는데, 모계중심의 사회에서는 여성들의 부모로서의 권리와 역할이 남성들보다 훨씬 더 우세하며, 모녀관계는 우정과 상호협조 관계를 이루고 이를 통해 강한 자기존중과 인간가치를 찾는다. 여성들의 이러한 연결감은 남자들이 갖지 못하는 강한 심리적 안정감을 주고, 어머니로서의 자기존경감과 딸들의 어머니에 대한 강한 일체의식은 여성의 성격형성에 대단한 영향을 준다. 즉, 딸들은 강한 여성으로서의 자기존경을 배우게 되며 우월한 성으로서의 여성의 위치를 의식하게 된다. 이러한 사회적 현상은 부계중심 사회에서는 정반대의 현상으로 나타난다. 이 경우 아버지와 아들이 우세하고 어머니와 딸은 약자의 입장에서 서로 공감함으로써 유대감을 형성하게 된다.

부계사회에서 남성은 항상 우위적인 사회문화적 지위를 확보해 온 반면 늘 심리적으로 자기방어적인 불안전한 존재로 남아 있고, 여성은 부차적인 사회문화적 지위를 유지해 왔지만 향상에 대한 욕구와 노력이 강해지고 있다.

이처럼, 최근 남녀간의 성별 특성에 관한 경향은 생물학적 요소보다 사회문화적 요소의 영향을 더 크게 보고 있고 이에 관한 관심이 증가되고 있다. 즉, 역할과 기질에 대해 일반적으로 인식되고 있는 양성의 구별은 생물학적이기 보다는 본질적으로 문화적인 기반에 근거한다는 것이다. 그러므로 여성·남성이라는 성의 차원을 넘어서 한 인간으로서 자기의 능력, 욕구 및 인생관에 따라 인생의 목표를 세우고 여기에 알맞은 생활계획을 수립하는 것이 필요하며, 성에 의해 집단적으로 동일하게 취급되는 역할가치관은 지양됨이 좋다. 따라서, 가족 및 사회적 역할도 성에 의해서가 아니라 필요에 의해서 자연스럽게 분담되어야 한다. 다만 이를 위해서는 정확한 성별 특성을 파악해 봄으로써 성차에 따른 갈등을 해소하고 양성을 존중해 줄 수 있어야 한다.

4) 성차와 가족관계

부모는 태어날 때부터 남아와 여아를 다르게 취급하는데, 이러한 취급은 아이 자신의 행동이나 남아 또는 여아에 대한 부모의 인지 차이 때문에 생긴다. 부모는 의식적으로 남아와 여아를 구분하여 교육하려 하진 않으나, 부모 자신도 어렸을 때부터 성차에 대한 교육을 받고 또 그에 따라 성장하여 왔으므로 잠재적으로 자녀의 성별구분을 하게 된다.

자녀가 성장함에 따라 부모와 긍정적인 성동일시를 하게 되는데, 여기에는 사회적인 압력도 크게 작용하므로 이를 성차에 따른 역할의 차별적 사회화라 한다. 어린이는 상호작용을 통해 부모로부터 자신의 성에 따른 역할을 배우게 되므로 아동의 성은 자신에 대한 부모의 교육방식을 결정지으며, 비록 부모 자신은 전적으로 의식하지 못한다 하더라도 자녀가 매우 어릴 때부터 부모는 아들·딸에 대해 구분된 대우를 하게 되므로 아동은 어릴 때부터 성별에 따른 기본적인 역할유형과 그 차이점을 배우게 된다. 연령이 증가함에 따라 남아는 아버지의 역할을, 여아는 어머니의 역할을 배우면서 성인기에 이르러서는 그 문화가 규정한 바에 의하여 성에 따른 명백한 역할구분이 생긴다. 주로 남성은 신체적 공격성, 지배성, 운동이나 성취능력의 탁월성, 독립성 등을 바람직한 것으로 보고, 여성은 의존성, 수동성, 신체적 공격의 억제, 언어능력의 탁월성, 친절, 사회적 균형, 청결 등을 강조한다.

부계중심의 가계계승이 중시되는 우리나라 가족의 경우 무엇보다도 아들의 역할이 강조되며 딸의 지위는 보잘 것 없는 것이었다. 집안을 번영시키는 것은 아들만의 역할이므로 아들은 장차 가문의 계승을 위해 하고자 하는 일의 성취동기를 격려받으며, 출가외인이 될 딸에게는 가사·예절·복종 등을 가르쳤다. 또 아들에게는 공격성과 남성다움을 기대하는 반면, 딸에게는 수동성·복종·얌전·온순·인내심 등을 기대하였다. 이처럼 여성을 특정한 방향으로 사회화시킴으로써 성장 후에도 그러한 역할에 스스로 속박되게 하였다.

이러한 한국의 남아선호 사상은 결과적으로 여성의 지위를 약화시키고 가족관계에서도 부자관계를 최우선으로 하는 권위의식을 낳으며, 아들에 대한 지나친 집착으로 부부관계의 갈등을 유발한다. 그러므로 원만한 가족관계를 유지하기 위해서는 성차 이전에 각 개인의 개성을 존중하고 편견없이 성을 인식하는 것이 필요하다.

2. 사 랑

　사랑이란 인간의 정서 중에서 빼놓을 수 없는 요소로서 가족 역시 사랑에 의해 시작하고 사랑에 의해 유지된다.

　사랑은 어떤 인간, 어떤 상황에서도 발생할 수 있고, 그 성격에 따라서 대상과 강도가 달라진다. 사랑하고 있다는 것은, 그 자체만으로 중요할 뿐 아니라 부부가 사랑으로 만난다는 점에서 가족의 형성과 가족구성원의 협력을 위해서도 매우 중요하다.

　이처럼, 사랑은 일하거나 사회생활을 하는 것과 마찬가지로 인간사회의 한부분으로서 모든 사람이 직면하는 과제이고, 특히 가족의 형성과 발달에 크게 중요하므로 가족관계의 기본적 요소로 간주하고 이를 살펴보아야 한다.

1) 사랑의 본질

(1) 사랑의 의미

　우리는 어렸을 때부터 사랑이란 단어를 들어 왔고, 또한 소설이나 영화 속에서 아름답게 묘사된 것을 보아 왔으므로 사랑에 대하여 막연한 기대를 갖게 된다. 사랑이란 단어처럼 인간이 감동적으로 찬양해 온 말은 없을 것이다. 그러면 사랑이란 과연 무엇인가? 사랑을 정확하게 정의한다는 것은 매우 어려운 일이다. 사랑이란 그 의미가 매우 광범위하고 다양하게 사용되기 때문이다. 그리스인은 사랑과 관련된 세 가지 어휘를 갖는데, 즉 형제간의 사랑(philos), 정신적인 사랑(agape), 성적인 사랑(eros) 등이 그것이다.

　사랑은 행동과 감정 또는 내적 경험을 포함한다. 상대방이 자기의 중요한 욕구를 충족시켜 주거나 자기가 소중히 여기는 속성, 즉 능력이라든가 아름다움 등을 나타내거나 또는 나타낼 것처럼 보일 때 그 인간 상호관계에서 경험하는 긍정적인 감정을 말한다. 그러므로 사랑이란 자신을 완성시키고 보충하고 또 자신을 보호하기 위해 타인을 필요로 하는 감정이다.

　흔히, 젊은이들 중에는 사랑을 잘못 인식하여 성생활을 지나치게 강조한 나머지 사랑을 마치 성인세계로 들어가는 일종의 수단으로서 생각하기도 한다. 그러나 사랑은 분별할 수 없는 격렬한 감정이나 조절하기 어려운 감정도 아니며 미지의 사람에게 보내는 막연한 애정도 아니다. 즉, 감정을 교류하지 못하고 반응이 없는 일방적인 것은 사랑이라고 말할 수 없다. 또 사랑은 두 사람을 함께 묶는 강제성이 있는 것도 아니다. 만일, 어떤 사람이 사랑을 요구하거나 그를 지배하려고 한다면 사랑은 성장하지도 않을 것이며 그 관계는 파괴되기 쉽다.

(2) 사랑의 요소와 특성

사회심리학자 에리히 프롬(Erich Fromm)은 "사랑은 피동적 감정이 아니라 활동적인 것이다. 사랑은 그것에 참가하는 것이며 빠지는 것이 아니다. 사랑의 활동적 성격을 가장 일반적인 방법으로 표현한다면, 사랑이란 본래 주는 것이지 받는 것이 아니다"라고 하였다. 즉, 사랑이란 기쁨, 흥미, 이해, 지식, 유머, 슬픔 등 자기자신 안에 살아 있는 모든 것들의 표현을 상대방에게 주는 것을 의미한다. 이처럼, 자기의 생명을 줌으로써 상대의 감각과 생활을 풍요롭게 만들어 그의 속에서 자기가 살고 있음을 느낀다. 받기 위해 주는 것이 아니라 주는 그 자체가 기쁨인 것이다. 바로 희생과 헌신, 그것이 사랑과 결부된다.

이처럼, 준다는 요소 이외에 모든 사랑에는 공통적으로 배려·책임·존경·지식 등의 기본적 요소가 존재한다. 여기에서 배려란 어머니가 아기에게 젖을 먹이고 목욕시키고 어린이를 편안하게 돌보아 주기를 게을리하지 않는 등의 행위로 자녀에 대한 어머니의 사랑에서 뚜렷이 볼 수 있으며, 책임이란 외부로부터 부가된 의무가 아닌 자발적인 행위를 말한다. 또 존경이란 사랑하는 사람 자신을 위해서, 그리고 사랑하는 사람 자신의 방법으로 성장하며 발전해 가도록 상대를 존중하는 것을 의미하고, 지식이란 존경을 하기 위해서 반드시 필요한 것이라 할 수 있다. 이와 같은 4가지 요소들은 상호의존하고 있으므로 한 요소가 다른 요소를 필요로 한다.

그리고 사랑이 인간생활의 한 부분임을 감안해 볼 때 일반적으로 동의된 사랑의 특성은 다음과 같다.

첫째, 사랑은 현실생활에 존재하며 객관적인 진실을 가지고 있다. 그러므로 사랑은 어디까지나 실제로 존재하는 것이며, 사랑의 경험이야말로 인간의 가장 강력한 경험이 될 수 있다.

둘째, 사랑의 능력은 개인의 문화환경에 의해서 학습된다. 그러므로 문화가 다른 사람끼리는 사랑이나 애정 표현방법이 다르다. 왜냐하면, 인간은 그들이 어렸을 때부터 배워온 방식으로 사랑하게 되기 때문이다.

셋째, 사랑은 여러 단계로 존재할 수 있다. 즉, 좋아한다는 막연한 호의에서부터 아주 강렬한 애정에 이르기까지 여러 단계가 있다.

넷째, 사랑에는 여러 다른 형태가 있다. 즉, 남을 위해 희생하는 이타적 사랑, 청소년기의 낭만적 사랑, 성년기의 동료적 사랑 그리고 성적인 사랑 등이 있다. 결혼생활에서 부부의 사랑은 주로 성적인 사랑과 동료적인 사랑으로 구성되어 있으며, 부모의 사랑은 거의 완전한 이타적 사랑이라 할 수 있다.

다섯째, 사랑은 성장한다. 사랑은 섬광과 같이 순간적인 것도 아니고 어느 일순간에 깨달을 수 있는 것도 아니다. 사랑은 많은 경험을 통해서 성장하는 것이다. 즉, 어릴 때부터의 모든 경험을 통해 형성된 개인의 성격이나 인생 속에서 성장하는 것이다. 그러므로 한 개인에 있어서 정서적 성장이 건전하다면 타인에 대한 그의 사랑도 건전하게 성장한다고 볼 수 있다.

인간의 사랑을 특징짓는 행동으로서는 애착행동과 보호행동을 들 수 있는데, 애착행동이란 한 인간이 다른 인간에게 끌리는 것으로 상호간에 근접하려는 시도가 계속되어 이루어질 때 생긴다. 이것은 사랑의 일부이며 근본적이고 필수적이지만 사랑 그 자체는 아니다. 애착은 인간에게뿐만 아니라 그 밖의 동물에게도 나타나지만 인간의 애착은 성적인 것에 근거를 두고 있지는 않다.

보호행동은 어리거나 나약한 사랑의 상대를 양육하고 훈련시키며 위험으로부터 방어하는 행위인데, 이것 역시 사랑의 표현으로서 나타나는 것이다. 이처럼, 애착과 보호는 다른 행동이나 감정과 결합하여 사랑의 요소가 된다. 성장과 학습을 통해서 인간은 독특한 사랑의 방식을 발달시킨다.

인간이 성장하여 이성과의 관계에서 사랑을 느끼게 되면 대체로 다음과 같은 일반적인 사랑의 현상이 나타난다.

첫째, 이성에 대한 강한 매력과 집착이 나타나는데, 여기에는 의식적 성욕이 반드시 수반되지는 않는다.

둘째, 이성에 대하여 정절을 요구하고, 질투를 일으킬 수 있는 잠재력을 지닌 소유욕이 나타난다.

셋째, 극단적인 감정으로서 환희와 같이 고조된 상태와 침울한 저조의 상태가 공존하여 나타난다.

넷째, 사랑하는 이성을 이상화한다.

2) 사랑의 발달

(1) 사랑의 동기

사랑하는 동기를 크게 두 가지로 나누면 인간의 욕구와 자아이상(ego ideal) 때문이다.

프로이드(Freud)는 인간은 누구든지 '먹고 싶다', '자고 싶다', '인정받고 싶다' 등의 욕구(need)를 느끼며, 그 욕구에서 동기(drive)가 유발되어 행동(behavior)으로 나타난다고 하였다. 어린 시절에는 어느 특정인에게 욕구를 느끼게 되는데, 즉 젖이 먹고 싶을 때는 어머니, 놀고 싶을 때는 친구 등 그 욕구를 충족시켜 줄 수 있는 능력이 있는 대상에 대해서 신뢰감이 생기고 여기에서 사랑의 능력이 키워진다. 인간이 최초로 욕구충족을 얻는 것은 어머니이며, 이것이 애정의 기초가 된다. 따라서, 사랑은 부모자녀관계에서 발생한다고 보는 것이다. 또한 성인이 되어서는 이성 중에서 욕구만족의 기대가 되는 사람이 애정의 기반이 되고 상대자가 된다.

사랑의 심리학자라고 불리는 라이크(Rike, 1994 : 48)는 사랑할 수 있는 능력의 종류는 유아기에 어머니나 어머니 대리자에 의해 욕구가 충족된 방법에 따라서 결정된다고 하였다. 즉, 애정능력이 생기려면, 첫째 어머니나 어머니 대리자로부터 충분한 사랑을 받아야 하며, 둘째 어머니의 애정에 대하여 어느 정도의 불안감을 경험해야 한다. 즉, 이러한 욕구충족에 대하여 약간의 불안감을 경험함으로써 더욱더 어머니의 사랑을 받으려는 욕구가 절실해지고, 이런 감정이 발달하면 애정의 능력이 길러진다는 것이다.

인간은 그 성장과정 중에서 동일시감(sense of identification)이 발달되는 시기에 어느 특정인물에게 정신을 집중하고 그와 같이 되려고 노력한다. 즉, 어려서는 부모, 학동기에는 교사 또는 위인들, 그리고 성장한 뒤에는 이성 등 자기가 소중히 생각하는 자아이상을 표본으로 해서 그 상이 투사된 특정대상을 자아표본(ego-mode)으로 삼는다. 이러한 자아표본은 시간에 따라 변하고 그 대상이 한 사람일 수도 여러 사람일 수도 있다. 스트라우스(Straus)는 자아이상이나 이상적 배우자에 대한 자기 나름대로의 이상이 실제로 배우자 선택에 뚜렷한 효과를 준다고 하였다. 즉, 사랑을 줄 수 있는 사람의 용모, 성격, 행동에 대한 이상적인 상을 만들어 이러한 이상과 일치되는 사람이 나타나면 그를 사랑의 대상으로 삼으려

한다는 것이다.

오만(Ohman)은 '우리는 자신을 완성시키는 데 필요한 사람에게 사랑을 느끼며, 또 자신의 자아결핍(ego-deficiency)의 감정을 충족시키는 사람에게 사랑을 느낀다'고 하였다. 이처럼, 인간은 자기자신을 완성시키고 보충하며 자신을 보호하기 위해 자아이상을 투사한 상대자를 필요로 하는 감정이 생기게 되는데, 이것이 사랑의 기초가 된다.

이상과 같이, 욕구와 자아이상이라는 두 가지 측면에서 사랑의 동기를 살펴보았는데, 욕구가 자아이상보다는 근원적인 것이나 성숙한 사랑에 있어서는 욕구가 내재한 자아이상이 확실한 분별감을 준다. 따라서, 사랑은 이 두 가지가 복합적으로 융화되어 나타날 때 완성되는 것이다.

(2) 연령에 따른 발달

1 제1단계-이성혐오기

유아기나 아동기에는 자기가 생활하는 데 만족을 주는 사람들에게 사랑을 느끼게 되지만, 아동후기에 이르면 이성에 대한 반발을 느끼고 경쟁하며 업신여기거나 멀리한다. 이러한 경향은 사춘기에 이르면 절정에 달해 이성이 가까이 있는 것조차 불결하게 느끼기도 한다. 대체로 12~14세경은 동성애의 시대라고 불리울 정도로 동성사이의 애정이 깊고 이성을 거부하는 시기이다. 특히, 여자아이의 경우가 더 심하다.

2 제2단계-동성애착기 및 영웅숭배기

제1단계의 이성혐오기가 지나면 자기보다 나이가 많은 동성의 인물에 대해 열광적인 애착을 갖게 된다. 여학생들 사이에는 의자매를 맺기도 한다. 이 시기가 조금 지나면 이성인물에 대한 강렬한 애정을 나타내는 영웅숭배기를 맞게 된다. 즉, 이성의 배우, 가수, 운동선수, 교사 등을 열광적으로 좋아하게 된다. 이러한 현상은 자신에게 부족한 것을 상대방에게서 찾아 불안감을 없애려는 정서적 보상욕구가 원인이다. 따라서, 그 대상은 고정되어 있지 않고 쉽게 그 대상을 바꾸며 한 번에 여러 대상을 갖기도 한다.

3 제3단계-이성애기

이 시기는 비로소 이성에 관심을 기울이고 사랑을 느끼며 성적 애정의 단계로 발전하는 최종단계이다.

헐록(Hurlock, 1949 : 394~396)은 이 단계를 다시 3단계로 나누었는데, 첫 번째는 '송아지 사랑'의 시기로, 영웅숭배기와 비슷하게 배우, 교사 등의 연장자인 이성을 사모하는 시기인데 비교적 애정적 요인이 강하게 나타난다. 두 번째는 '강아지 사랑'의 시기로 연령이 비슷한 이성에 대한 성적 관심이 처음으로 생긴다. 이때는 이성 접촉을 처음하므로 긴장하게 되어 행동이 어색하고 불안정한데, 이 어색함을 감추려고 때로 장난기 있는 행동을 하기도 한다. 대체로 고등학교 상급학년에서 나타나는 현상인데, 주로 집단활동을 통해 이루어지고 마치 강아지들이 모여 장난하는 모습과 같다. 마지막 단계는 '연애기'로서 주로 두 이성이 만나 이야기를 주고받고 여가를 즐기게 되는데, 이를 통해 이성에 열중하게 된다. 따라서, 다른 사람에게는 관심이 없고 두 사람만이 서로 집중하게 된다. 이 시기에 깊어진 이성관계는 비교적 영속적으로 자주 만나는 동안 감정적 유대가 깊어져 결혼하는 경우가 많다.

3) 사랑의 유형

(1) 낭만적 사랑(romantic love)

낭만적 사랑은 사랑하는 상대자를 이상화시키는 것으로, 일반적으로 말하는 사랑은 이것을 가리키는 경우가 많다. 이 사랑 역시 어렸을 때 어머니로부터 받은 따뜻한 애정 속에서 싹트는 것이며, 성장함에 따라 주위 사람들에게서 받는 관심과 칭찬은 낭만적 사랑에 대한 가능성을 키워 주게 된다. 그리하여 청년기에 이르면 애정에 대한 욕구가 강해져 어머니에게서 얻는 유아적 사랑보다 추상적이며 낭만적인 사랑을 그리게 된다. 그러므로 낭만적 사랑을 정서적 사랑 또는 청년기적 사랑이라고도 한다. 청년기에는 이상과 현실 사이에서, 독립의 욕구와 의존의 현실 사이에서, 또는 부모와 친구 사이에서 느끼는 갈등이 많다. 따라서, 이에 기인한 불안감, 무력감, 열등감 등을 극복하기 위해서는 용기와 확신을 주고 인정해 주는 사람이 필요하다. 특히, 청년기는 이성에 관심이 많아지는 시기이므로 자연히 감정적으로 낭만적 사랑에 빠지게 된다.

현대의 낭만적 사랑은 사랑하는 사람에게 봉사하고 헌신하며 성적인 면을 제외하고 미를 예찬하는 면과, 이상화시킨 사람에게서 성적인 면까지 포함시키는 두 측면에서 살펴볼 수 있는데 그 특징을 간추리면 다음과 같다.

첫째 상대방을 이상화하고, 둘째 감정이 우선이다. 셋째, 개인적 성격에 가장 큰 가치를 부여하고 보편적 가치는 무시한다. 즉, 경제상태와 사회적 지위, 가정환경 등은 문제시하지 않는다. 넷째, 사랑의 속도가 빠르고 강력하여 그 사람의 모든 생활을 지배한다. 다섯째, 배타성을 가져 오직 한 사람, 단 한 번만의 사랑이라고 믿는다. 여섯째, 서로가 사랑하는 것은 숙명적·운명적이라고 생각한다. 일곱째, 상대방에게 모든 요구와 기대를 갖는다. 여덟째, 결혼을 전제로 하지 않는다.

이처럼, 낭만적 사랑은 비현실적이며 상대방을 이상화시켜 대상으로 삼기 때문에 결혼과 연관되기 어렵다. 왜냐하면, 결혼이란 공적으로 대중에게 인정받는 과정이며 경제나 자녀양육과 같은 실제적인 문제를 동반하기 때문이다.

(2) 성적인 사랑(sexual love)

사랑은 성을 결부시켜 생각할 수 있다. 이것은 사랑이 반드시 성을 포함한다거나 성이 사랑을 포함한다는 말은 아니다. 그러나 사랑의 대상자가 성의 대상자일 경우 서로 접촉하고 싶은 강한 욕구를 느낀다. 그리고 일단 서로가 허용된 상태라면 그들은 더욱 친밀해지고 더 큰 만족을 얻게 된다.

사랑하는 사람을 위해서 무엇인가를 해 주고 무엇이든 같이 나누며 같이 이야기하고자 하는 것이 사랑의 확인일 수 있듯이, 성적인 사랑도 하나의 사랑의 확인이 된다. 그러나 성적인 사랑은 결혼한 부부사이에만 허용되는 것이므로 사회적인 문제를 일으키기도 한다. 결혼생활에 성적인 사랑을 별로 강조하지 않는 경우도 있다. 사랑이 없는 성생활이나 성이 없는 사랑의 생활, 또 성과 사랑을 양위하는 생활이 모두 있을 수 있으나 일반적으로 사랑과 성이 공존하는 생활을 가장 바람직한 것으로 본다.

(3) 동료적 사랑(companionship love)

이것은 극적으로 고조된 사랑이라기보다는 서로 애정을 느끼며 협동하는 친구나 동료같은 관계의 사랑이라 할 수 있다. 성인이 되면 청년기에 비해 성적 애정관계에 대한 요구가 감소하는데, 이것은 자기일, 직업 등 사회적 지위나 인정을 얻기 위해 노력하며 또 거기서 일부 욕구가 충족되므로 이성으로부터의 인정이 덜 필요하기 때문이다. 또 성인이 되면 청년기에 지녔던 갈등이나 무력감, 열등감, 불안감 등이 감소하므로 부끄러움이 없어지고 자신이 생겨 자기의 약점이나 단점을 그대로 인정하고 받아들일 수 있게 된다. 따라서, 현실적으로 동반하여 상호보완적인 역할을 할 수 있는 성숙된 사랑이 발달하는데, 이렇게 성숙된 사랑이 동료적 사랑이다. 부부애는 고조된 사랑보다도 서로 애정을 느끼며 친구와 같은 보다 겸손하고 협조적인 사랑을 더 필요로 한다.

이러한 동료적 사랑의 특징을 간단히 살펴보면, 첫째 이성적이고 감정을 억제할 수 있으며, 둘째 독립적이고 안정적이며, 셋째 상대방에게 요구가 과도하지 않고, 넷째 친구와 같은 반려적인 감정을 갖는다. 다섯째, 현실을 그대로 받아들여 서로 협조하고 보충하며 서로 만족하려 한다. 여섯째, 자신감을 갖는다.

(4) 이타적 사랑(altruistic love)

이것은 사랑하는 상대자의 복지에 강조를 두는 것이다. 즉, 타인에게 무엇인가를 공급해 준다는 것은 자신의 안락을 위해 공급하는 것보다 더 큰 만족을 준다고 생각하고 정신을 만족시키는 것이다. 하등동물에게는 이타적 사랑이 본능적이고 반사적이지만, 인간의 이타적 사랑, 특히 어머니의 자식에 대한 사랑은 단순히 본능적인 것만은 아니다. 이타적 사랑의 근원은 타인을 돕고자 하는 욕망이지만 인간사회는 협동과 상호작용에 의해 유지되므로, 결국 타인에 대한 사랑은 자신의 생존과도 관련되어 있다.

4) 사랑의 이론

(1) 레스의 '사랑의 수레바퀴 이론(Wheel theory of love)'

레스(Reiss, 1980)는 사랑의 발달단계는 4단계로 친화(rapport), 자기노출(self-disclosure), 상호의존(mutual dependency), 친밀감 욕구충족(intimacy need fulfillment)이 마치 수레바퀴가 굴러가듯이 끊임없이 회전하며 계속된다고 보았다(그림 4-5).

친화란 상호신뢰와 존경에 의해 생성되는 감정으로서, 사회계층이나 종교 등의 배경이 유사할 때 이러한 감정의 생성이 용이하다. 설사 이러한 배경이 다르다 하더라도 서로의 상이점에 흥미를 느끼거나 각자가 동경하는 자질을 발견한다면 친화력이 생성될 수 있다.

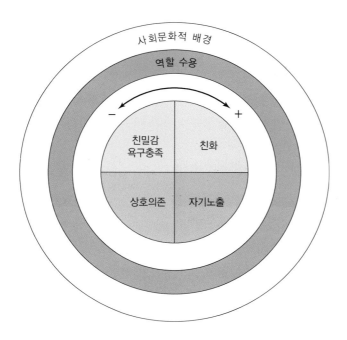

* 자료 : Strong, B. & DeVault, C.(1995). The Marriage and Family Experience. West Pub., Co., p. 118.

그림 4-5 사랑의 수레바퀴 이론

또한 자기노출이란 자신에 관한 사적인 정보를 보여주고 나누어가지는 과정을 말한다. 자기노출의 적정성에 대한 평가는 사람에 따라 다른데, 흔히 남성들이 여성들보다 자기노출을 삼가도록 사회화되어 왔다. 때로는 자아존중감이 낮은 사람들이 스스로를 충분히 노출하지 않으려는 경향이 있는데, 자아존중감이 높은 사람들조차 사랑을 보답받지 못하리라는 불안감 때문에 노출을 두려워하곤 하며, 서로간에 너무 의존하는 것 역시 두려워한다. 그러나 오히려, 이러한 불안은 타인으로 하여금 자신을 있는 그대로 보게 하면서 각자의 신념이나 느낌들을 나눔으로써 해결될 수 있다.

상호의존의 단계에서는 두 사람이 좀더 많은 시간을 함께 보내면서 서로에 대한 의존도를 높이게 된다. 둘 사이의 공통된 습관을 만들어 나가고 서로의 욕구에 반응하며 같이 행동하는 데 익숙해져 혼자서 무엇을 할 때 고독을 느끼게 된다.

이렇듯 두 사람의 관계가 발전하게 되면 서로가 상대방의 정서적 요구에 만족하게 된다. 이처럼 성격적 욕구가 만족되면 친화력이 크게 향상되고 자기노출이나 상호의존 습관 역시 깊어져서 욕구만족도가 극대화된다. 결국, 상호정서적 교환과 협조의 안정적인 유형이 확립되고, 이것이 실제적으로나 정서적으로 인간의 기본적 욕구를 만족시키게 된다.

사랑이 지속적으로 유지되는 한 이러한 4가지 단계가 계속적으로 회전하며 진행되지만, 어느 한 시점에서 그 정도가 감소되면 다른 단계에도 연속적인 영향을 주게 되어 그 회전이 멈추게 되고 결국 사랑은 약화되어 간다.

(2) 스턴버그의 '사랑의 삼각이론(Triangular theory of love)'

스턴버그(Sternberg, 1986)는 하나의 삼각형이 세 꼭지점으로 구성되는 것처럼 사랑도 세 가지 구성요소를 가진다고 하였다. 이러한 세 가지 구성요소는 사랑의 정서적 측면인 친밀감(intimacy), 자극적 측면인 열정(passion), 인지적 측면인 헌신(committment)이다(그림 4-6).

친밀감은 밀접함, 나눔, 의사소통, 지지 등을 포함하는 의미로서, 그 정도가 초기에는 지속적으로 상승하다가 점차 둔화되어 안정된 상태로 접어들게 된다. 대부분의 사람들은 초기관계가 불안정할 때 상대방을 파악하기 위하여 노력함으로

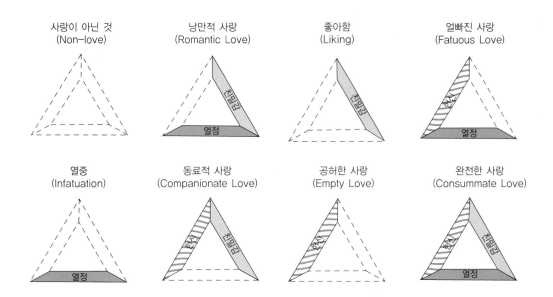

* 자료 : Olson, D. H. & DeFrain, J.(1994). Marriage and the Family : diversity and strengths. Mayfield Pub., Co., p. 136. 재인용.

그림 4-6 스턴버그(1986)의 사랑의 여덟 가지 유형

써 친밀감을 높이게 되며, 상대에 대한 파악이 어느 정도 이루어지면 관계가 안정되고 친밀감을 명백히 하려는 시도 역시 감소한다.

열정은 사랑하는 사람과 하나가 되려는 강렬한 욕구와 신체적 자극을 이끌어내는 것으로, 친밀감과 달리 빠른 속도로 증가한다. 초기에는 뜨겁고 격렬한 열정을 느끼지만 점차 습관화되면서 이후에 이러한 강도를 상실한다. 또한 열정은 탐닉과 같아서 두 가지 상반된 측면을 내포하는데, 하나는 매혹에 쉽게 빠지지 않고 저항하는 부정적인 힘으로 느리게 발달하고 느리게 소멸한다. 긍정적인 힘은 초기에, 부정적인 힘은 습관화된 후기에 발달하고 느리게 소멸한다. 마치 커피나 알코올 중독처럼 처음에는 급히 빠져들지만 습관화된 다음에는 처음과 같은 강력한 자극을 느끼지 못한다.

헌신은 짧은 순간 어떤 사람을 사랑하기로 결심하고 그 후 오랜 기간 그 사랑을 유지하기 위해 개입하는 것이다. 이러한 발달과정은 직선적이어서 친밀감이나 열정보다 이해되기 쉬운데, 처음 어떤 사람을 만나는 순간, 제로상태에서 출발하여 서로를 잘 알게 되면서 헌신정도가 증가하게 된다. 만약, 관계가 오래 지속된다면 헌신의 수준은 자연히 증가하고 안정적인 수준으로 정착된다. 그러나 때때로 이러한 헌신의 수준이 절제되지 못하여 갈등과 혼란을 초래하기도 한다.

이러한 사랑의 3요소를 가지고 가능한 결합을 시도해 보면 여덟 가지의 사랑이 나타나게 된다. 친밀감 요소만 있는 '좋아함(liking)', 열정 요소만 있는 '열중(infatuation)', 헌신 요소만 있는 '공허한 사랑(empty love)', 친밀감과 열정 요소의 결합인 '낭만적 사랑(romantic love)', 열정과 헌신 요소의 결합인 '얼빠진 사랑(fatuous love)', 친밀감과 헌신 요소의 결합인 동료적 사랑(companionate iove), 친밀감과 열정과 헌신 요소의 결합인 '완전한 사랑(consummate love)' 그리고 모든 요소들이 부재한 '사랑이 아닌 것(nonlove)' 등이다.

1. 가족을 구성하고 발전시켜 나가는 데 있어서 성특성을 비롯한 전반적인 성에 대한 이해가 어떠한 중요성을 갖는지 설명하시오.
2. 결혼을 위한 사랑은 어떠한 특성과 요소를 지녀야 하는지 제시하시오.
3. 대표적인 사랑의 이론을 설명하시오.

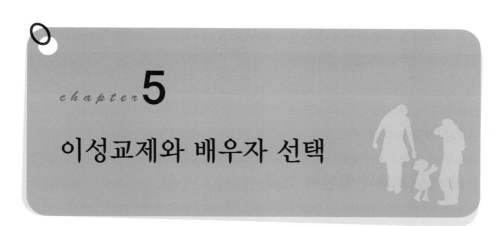

chapter 5

이성교제와 배우자 선택

가족형성의 실질적인 준비단계로서 이성교제는 필수적으로 요구되는 과정이다. 전통적인 혼인풍습과는 달리 근대 이후의 결혼은 길든 짧든 당사자 사이의 탐색과정이 요구되므로 이성교제에 대한 보다 체계적인 준비와 경험이 필요하다.

특히, 현대사회에서는 남녀간의 만남이 어릴 때부터 자연스럽게 이루어지므로 올바른 이성교제의 개념습득과 자세확립은 결혼과 가족의 성공을 위해 중요한 요소가 되고 있다. 이러한 이성교제 과정을 통하여 점진적으로 배우자 선택이 이루어진다면 결혼의 성공도는 매우 높아질 것이다.

배우자 선택은 결혼을 이루기 위한 직전의 단계로서 일생을 걸쳐 매우 중요한 의사결정 과정의 하나이므로, 이에 대한 충분한 지식과 시간적 여유 등이 필요하다. 또한 이것은 변화하는 사회의 가치관을 반영하면서 개인의 행복뿐만 아니라 그들을 둘러싼 인간관계에도 광범위하게 영향을 미치므로, 가족의 성공적인 발달 여부를 결정해 주는 중요한 변수가 된다.

이처럼 중요한 과정임에도 불구하고 개인들이 자신의 결혼 당위성을 심각하게 고려하지 않거나, 외부의 압력으로 인해 충분한 탐색과 의사결정의 여유를 갖지 못할 때, 또는 상대방에 대한 이해와 수용가능성을 타진하지 못하고 일시적인 감정 등에 따라 배우자를 선택함으로써 결혼에 실패하는 경우가 많다. 그러므로 가족의 형성과정에서 결정적인 역할을 하는 단계인 이성교제 및 배우자 선택 과정의 중요성이 충분히 고려되어야 한다.

1. 이성교제

1) 이성교제의 일반적 성격

인간이 사춘기에 도달하면 자아의식의 발달에 따라 이성에 대해 새로운 흥미와 관심을 가지게 되고, 그 관심을 표현할 대상자를 찾으려고 이성교제를 하는 것은 어느 사회에서나 자연스러운 모습이다. 그러나 남녀가 교제하는 양상이나 이성교제에 대한 사회의 태도는 각 사회마다 일정하지 않다. 이것은 사회마다 문화적인 배경이 다르고 그에 따라 사회가 기대하는 역할이 각기 다르기 때문이다.

데이팅(dating)이라 불리는 이성교제는 20세기 이후 가장 흥미있는 현상 중의 하나이다. 서구사회도 1920년 이전의 여자들은 가정 내에서 폐쇄된 생활을 해 왔고 남자들과의 공식적인 교제도 없었다(Williamson, 1972 : 171～172). 그러나 산업혁명 이후 대량생산을 필요로 하던 공장이나 사회에서 여자들의 취업을 요구하였고, 기계문명의 발달로 인한 사회의 변화는 가족중심의 생활형태를 개인중심의 생활형태로 전환시켜 개인 대 개인의 접촉이 증가하였으며, 남녀공학 제도나 전화, 텔레비전, 영화, 소설 등 매스컴의 발달은 남녀의 접촉을 보다 쉽게 만들었고 이성에 대한 낭만적 꿈을 키워 주었다. 따라서, 젊은층에서의 이성교제 비율은 계속적으로 증가하여 왔으며, 데이트를 시작하는 연령도 점차 낮아지고 있다.

이성교제의 양상과 남녀의 교제에 대한 태도는 사회마다 그 문화적 배경이 다르기 때문에 일정하지 않다. 또 처음 이성교제를 받아들였던 시대에는 남녀가 한 두 번 만나서 이야기한다는 것은 두 사람이 앞으로 결혼하리라는 것을 의미하였지만, 지금은 결혼하기에 알맞은 상대를 구하기 위한 준비단계로서 광범위한 이성교제가 필요하다고 인정된다. 신문, 라디오, 텔레비전, 잡지, 소설 등의 매스컴 역시 이성교제의 양상에 적지 않은 영향을 주고 있다.

우리의 전통사회에서는 배우자의 선택이나 결혼이 부모에 의해 정해졌기 때문에 결혼 전에 이성교제가 있을 수 없었다. 더욱이, '남녀칠세 부동석'이라는 철저한 유교윤리는 남녀간의 자유로운 교제를 엄격히 금지하였다. 이와 같이 이성교제를 위험시하고 죄악시했기 때문에 모든 사회규범은 이성간의 접촉을 최소한으로 제한하였다. 이에 반하여, 대부분의 현대 구미 사회에서는 이성교제를 사회생활의 당연하고도 중요한 과정으로 보며 인격의 정상적인 발달은 원만한 이성교제를 통해 성취될 수 있다고 믿는다. 그뿐만 아니라 배우자 선택도 당사자간의 교제를 통하여 직접적으로 이루어지게 되어 있다.

해방 후 이러한 서구문화가 들어오면서 우리나라에서도 이성교제의 자유를 허락하게 되었다. 그러나 배우자 선택이나 결혼의 결정권을 완전히 당사자들에게 주지는 않았고, 배우자 선택을 목적으로 부모들이 적당하다고 생각되는 상대와의 교제는 허락하였지만 자유로운 이성교제는 제한하는 중간형을 취하는 경향이 높아졌다. 그러나 현대사회는 개인의 권리를 최대한으로 존중하여 자유를 인정하고 있기 때문에 우리나라에서도 점차 배우자 선택의 권한을 당사자들에게 부여하게 되었다. 따라서, 결혼전의 이성교제는 사회생활의 자연스러운 현상으로 인식되어 가고 있다.

2) 이성교제의 기능

(1) 사회화의 기능

젊은이들이 이성교제를 하는 것은 사회인으로서 기대되는 성인남녀의 역할을 수행하는 준비단계의 행동이다. 성격이 다른 여러 이성친구와 접촉하며 교제를 하는 동안 동성친구에게서는 구할 수 없는 다양한 역할을 실제로 상호작용을 통해서 배우게 되며, 이처럼 성인으로서의 경험을 쌓아감으로써 사회생활의 훈련을 하게 된다. 이성교제를 허용하는 사회에서는 어려서부터 사회적으로 기대되는 성인남녀의 역할을 배우게 되며, 성장함에 따라 이성교제를 통해 이 역할을 실천하고 더욱 익히며 습관화하게 된다.

(2) 이성에 대한 적응의 기능

사춘기 이전의 어린이들은 주로 남녀별로 집단을 형성하여 노는 것이 보통이며 남녀 사이의 개인적 교제는 드문 편이다. 그리고 남녀간의 접촉이 있다 해도 성적으로 무관심하다. 그러나 사춘기 이후에는 이성과의 접촉이 새로운 의미를 갖게 됨에 따라서 이성 앞에서는 어색함과 수줍음을 느끼게 된다. 그러므로 이성과 직접 만나서 사귀며 친해지는 가운데 이성에 대한 적응력이 생기게 되며, 일반적인 사교생활과 사회생활에서도 자연스럽고 성숙한 대인관계의 기술을 습득하게 되고, 사랑이나 이성에 대한 막연한 기대나 비현실적인 사고방식을 구체화시켜서 자신의 행동을 조절할 수 있게 된다.

(3) 인격도야의 기능

이성과의 접촉은 사회가 일반적으로 기대하는 정상적인 인격을 길러 주는 데 중요한 역할을 한다. 즉, 이성과의 접촉에 의해서 자신의 행동이 타인에게 어떻게 영향을 주는가를 알 수 있으며, 또 타인의 행위에 대해서도 더욱 의식적이고 자제적인 반응을 보일 수 있다. 이와 같은 상호작용에 의해서 개인은 여러 다른 상태나 사회생활에 적응할 수 있도록 성장해 간다. 특히, 이성교제를 통해서 젊은이들은 자신의 좋은 점과 나쁜 점을 알게 되고 자기 스스로에 대한 반성으로 자기의식과 정서적인 평정을 발달시킬 수 있으며, 또한 정상적인 인격형성을 꾀할 수 있게 된다.

(4) 오락의 기능

데이트를 기다리는 마음은 젊은이들에게 생활의 흥미를 준다. 청년들은 이성과 만남으로써 자기생활에 흥미와 의미를 찾게 된다. 원래 데이팅은 오락의 형태로 출발하였고 현재에도 데이팅이 결혼을 목적으로 하거나 배우자 선택에 있어서의 언질을 반드시 내포하지는 않는다. 단지, 젊은 남녀가 함께 여가를 즐기려 하는 경우도 많다. 그러므로 남녀교제의 오락적 기능 역시 대단히 중요하다.

(5) 배우자 선택의 기능

이성교제의 중요한 기능은 역시 배우자 선택에 있다. 직접적으로는 오락적 기능이나 인격성장을 목적으로 이성교제를 한다고 할지라도 잠재적이고 궁극적인 목적은 배우자 선택에 있다. 결혼의 행복은 자기가 선택한 사람에 의해 크게 영향을 받으므로 많은 이성교제를 통해서 인격적으로 서로 어울리며 사랑할 수 있는 배우자를 선택한다는 것은 매우 중요하다.

그러나 데이팅에도 중요한 문제점이 수반된다.

첫째, 결혼 전의 성행위 통제가 문제시된다. 두 사람의 관계가 가까워짐에 따라 신체적 접촉을 하지 않을 수 없게 된다. 따라서, 어느 정도에서 신체적 접촉을 제한할 것인가가 문제시된다.

둘째, 데이트가 결혼에 도움을 주는 것이라고는 하나 데이트에서는 인간관계가 피상적으로 흐르기 쉽다. 데이트하는 동안 단순한 감정의 포로가 되어서 올바로 상대방을 이해하기 힘들거나 피차 자신에 대해서는 아주 적은 부분만을 알리고 되도록 상대방의 많은 부분을 알려고 하는 이기적인 관계가 되기 쉽다.

셋째, 데이트에는 결정적 요소가 강조되기 때문에 개인에 따라서는 불안정감이나 열등감을 줄 수 있다.

넷째, 데이트를 잘못하면 유희행동이나 쾌락만을 추구하는 불장난으로 끝날 경우가 많다.

3) 이성교제의 단계

(1) 자유교제(casual or random date)

이것은 이성교제를 처음 시작할 때의 유형으로서, 청소년기에 시작하는 데이트는 대개 이 유형에 속한다고 할 수 있다. 이것은 여러 사람과 자유롭게 교제하는 것이 특징이며 일반적으로 상대방을 알고자 하는 호기심으로 대화가 이루어지는 경우가 많다. 이 단계의 데이트는 처음에는 가끔 만나다가 나중에는 빈도가 잦아진다. 여러 쌍이 함께 데이트하는 경우도 많다. 이때에 서로 상대방의 눈치를 보게 되므로 자신을 별로 많이 드러내지 않는다. 그리하여 서로에 대한 신비감이 있어서 이러한 미묘한 관계가 이성의 진정한 만족을 대신하게 되는 것이다. 감정적으로 불안한 사람은 이 유형의 데이트만 계속하는 경우가 많다.

(2) 계속적 교제(steady or serious date)

여러 사람과 사귀는 시기가 끝나면 자기에게 가장 매력있는 한 사람에게 점차 열중하게 된다. 이때는 서로 특별한 약속은 없으며 상대방에게 다른 사람과 교제할 자유를 주기는 하지만 자기하고만 만나기를 바라며 한 사람과 계속하여 꾸준히 사귀게 된다.

미국의 대학 신입생을 대상으로 조사 한 바에 의하면 약 77%정도의 학생이 적어도 한 사람과 계속적 교제를 한다고 되어 있으며, 그들은 여러 사람과의 교제에서보다 한 사람과의 교제에서 더욱 성숙된 경험을 얻는다고 응답하였다.

이러한 교제에서는 심리적 안정을 얻게 되고 상대방을 좀더 잘 알게 되며 경우에 따라서는 어느 정도의 애정도 느끼게 된다. 또한, 일정하지 않은 데이트에서는 상대방에게 잘 보이려고 하고 서로 적응하기 위해 끊임없이 노력하는 반면, 계속적인 데이트에서는 대화 같은 것에 대한 기교적인 면에 별로 신경을 쓰지 않는다. 이처럼 계속적인 데이트로 교제가 진행되면 서로의 장래를 약속하려고 하며, 따라서 이상보다는 현실적으로 서로를 평가하게 된다. 즉, 남녀가 모두 장래성을 가진 사람을 원하게 된다. 또한, 계속적인 교제로 관계가 진행되면 행동적인 변화도 따르게 되는데, 오락적인 기분으로 교제를 시작했고 또 굉장히 자신에 차서 독단적인 반응을 보이던 사람들이 책임감을 느끼고 협조적 · 긍정적인 태도로 변하게 된다.

이러한 계속적 교제에서는 심리적인 안정이 얻어지는 반면에 다른 사람과의 교제 가능성이 적어지고 성적인 욕구가 강해지는 등 다양한 문제가 생기기도 한다.

(3) 결정적 교제(pinning)

계속적인 교제가 만족스럽게 이루어지면 구혼을 하게 되고 장래에는 결혼을 하리라는 전제가 이루어진다. 이것은 결혼을 하기 위한 약속으로 구속적인 단계라고 볼 수 있다. 그러므로 결혼과 같은 장래문제에 대해 진지한 토의를 할 뿐만 아니라 육체적인 친밀도가 짙어지는 단계이다. 어떤 의미에서는 약혼의 시험적 단계라 볼 수 있다.

4) 올바른 이성교제의 자세

(1) 이성교제 당사자의 자세

결혼이 개인의 행복을 위한 것이고 배우자 선택의 권리가 당사자들에게 주어진 것이라면 결혼 전의 이성교제는 필수적인 것이다. 그러나 이성교제의 시작 시기가 성인기 이전의 미성숙한 시기인 경우가 대부분이므로, 올바른 이성교제를 하기 위한 준비가 미처 갖추어지지 못한 경우가 일반적이다. 성인기 이후에 이성교제를 한다 하여도 이에 대한 공식적인 교육이나 부모로부터의 적절한 지도가 이루어지지 못하는 경우가 대부분이라, 이성교제는 대단히 중요하면서도 그 방법이나 기술적인 습득이 이루어지지 못한 상태에서 이루어지는 경우가 많다. 따라서 일반적으로 이성교제에 앞서 갖추어야 할 자세를 언급하면 다음과 같다.

첫째, 이성교제의 준비를 위해서는 이성에 대한 적절한 지식이 갖추어져 있어야 한다. 이성에 대한 편견이나 과도한 기대, 일방적인 욕구 등은 이성교제의 실패를 초래할 가능성이 크므로 정확하고 합리적인 이성에 대한 지식을 습득하여야 한다. 그러나 개인차와 상황에 따른 차이를 염두에 두어야 하므로 지나친 일반화도 경계하여야 한다.

둘째, 이성교제는 단순한 재미나 흥미를 위한 것이 아니라 성숙한 선택의 과정이므로 의도적인 목표의식을 가져야 한다. 자신의 이상형 혹은 이성교제 대상에 대한 현실적인 그림을 그리고 이를 달성하기 위한 적절하고 실현 가능한 방법을 구상할 필요가 있다. 자신의 이상형은 현실적인 가능성을 염두에 두고 설정하여야 하며, 이 때 자신의 정체성이 잘 파악되어야 이에 맞는 합리적인 이상형의 설정이 가능하다.

셋째, 이성교제는 사랑을 전제로 하므로, 사랑이라는 추상적인 감정을 현실화시켜야 한다. 아무리 이상형을 만났다 하더라도 자신의 사랑의 감정에 대한 정확한 판단 부족, 그 진행과정에 대한 의문과 자신감 상실, 과도한 기대, 상대방과의 속도 차이 등으로 감정적 조절에 실패할 수가 있다. 자신의 감정적 수위에 대한 정확한 판단과 주관적인 조절이 가능할 때 사랑의 주체가 될 수 있다. 필요하다면 앞서의 사랑의 이론 등에서 사용된 관련 척도를 활용할 수 있을 것이다.

넷째, 인생의 모든 과정은 목표를 필요로 하며 이러한 목표는 자연히 달성되지 않는다. 따라서 이성교제의 경우도 성공적으로 이루어져서 그 궁극적 목표가 달성되려면 성공의 기술을 적극적으로 학습하고 시도하여야 한다. 이성과의 사교적이며 진술한 태도, 의사소통과 표현의 기술, 적극적으로 자신의 매력을 발견하고 가꾸어나가는 자세 등이 그 예이다.

다섯째, 이성교제는 타인과의 새로운 관계를 시작하는 것이므로 인간관계에 대한 이해와 합리적인 자세가 필요하다. 결국 이것이 궁극적으로는 결혼관계와 가족관계의 시발이 되기 때문이다. 기본적으로는 개인의 성숙과 성장에 대한 이해로부터 출발하여 인간간 관계에 대한 관심과 긍정적 자세, 나아가 사회적 배경과 환경의 영향에 이르기까지 폭넓게 인간을 이해하고 상호작용하는 기술이 필요하다. 이성교제는 즐기기 위한 일방적 행위가 아니며 주고받는 사회적 관계의 시작이고 결과이기 때문이다. 소유욕, 애착, 두려움, 불안, 권태, 의심 등 이성교제 중에 겪는 다양한 감정적 불안정성을 극복해나가는 것도 이러한 인간관계 학습의 과정이다.

여섯째, 이성교제의 예정된 갈등 요인에 대비하여야 한다. 남녀관계는 육체적, 감정적인 교류가 동시에 이루어지는 것이므로 성적 행위가 동반될 수밖에 없으며, 결혼 전의 성관계는 윤리적, 현실적 긴장을 유발할 가능성이 크다. 결혼 전 남녀의 애무행위라면 손을 잡는 것을 비롯해서 성행위에 이르기까지 개인에 따라 여러 가지가 있을 수 있다. 양성간의 신체적 접촉은 두 사람의 관계가 가까워질수록 있을 수 있는 일이며, 일단 접촉을 하게 되면 다시 원점으로 되돌아간다는 것은 거의 불가능하며 신체적 접촉을 반복하지 않을 수 없게 된다. 이러한 신체적 접촉은 자극적이고 긴장을 동반한 만족을 주므로 접촉을 계속하는 한 행복감을 느낀다. 그러나 신체적 접촉이 반복됨에 따라 그 행복감이나 자극의 효과는 점차 반비례로 줄어들게 마련이고 그렇게 되면 단순한 행동만 가지고는 불만족을 느끼게 되어서 자극의 방법이나 강도를 증가시키게 된다. 그 과정은 점차 진행되어 혼전성교라는 결과를 낳게 된다.

결혼 전의 성관계에 대하여 이론적으로는 찬·반 양론이 있는데 찬성하는 편의 주장은 혼전 성행위가 결혼에 대한 좋은 준비가 된다는 것이고, 반대편의 주장은 성적 긴장이 해소되고 성욕만 해결될 뿐이지 그 외에 여러 가지 사회적 문제를 야기시킨다고 하고 있다. 성행위에 대해서는 여러 사회문화적 요인이 작용하고 있고 이에 따라 행동하게 되지만, 우리나라와 같이 아직은 혼전 성행위를 금기시하는 사회에서는 사회적 인식이나 본인의 도덕관념과 반대로 행동하면 결과적으로 정신적인 갈등에 빠지기 쉽고 여러 가지 문제가 뒤따르게 되기 때문에 자신의 극복 능력을 감안하여 신중히 판단하고 행동해야 한다. 성문제에 대한 기준이 사람마다 다르고 사회의 관념도 변해가므로 혼전 성행위에 대해 옳고 그름을 단정 지어 말할 수는 없다. 다만 결혼 전에 성관계를 가져도 좋은가 나쁜가의 문제는 이론적인 문제이기보다는 실제적인 문제로서, 이론적으로는 잘못되지 않은 생각이라도 실제로 그러한 경험을 했을 경우 그 경험이 자신과 상대방에게 어떠한 결과를 초래하는지가 가장 중요하다. 즉 결혼 전의 성관계는 그 사실은 같아도 그것의 심리적 의미는 개인에 따라 달라, 정신적인 부담을 강하게 느끼는 사람이 있는 반면 전혀 영향을 받지 않는 사람도 있는 것이다.

그러한 의미에서 순결의 의의만 내세우고 그 중요성을 강조하다 보면 타의에 의해서 또는 실수에 의해서 순결을 잃었을 경우 죄책감에 사로잡히거나 자포자기한 생활에 빠지기 쉽다. 순결을 잃어 그 상실감이 클 경우에는 또 다시 실수를 하지 않도록 노력하되, 인간의 육체보다도 인격을 존중하는 사회임을 알고 인격적인 성숙을 도모하여 그 손실을 보상하도록 노력하는 태도가 필요하다.

(2) 부모의 자세

우리나라에서는 아직 부모와 자녀 세대의 이성교제나 성에 대한 인식과 기대의 차이가 크고, 청년기의 경우라 할지라도 부모로부터의 독립성이 완전히 확보되지 못한 경우가 많아, 자유로운 이성교제를 함에 있어 부모자녀간에 갈등과 불안정하고 모순된 문제들이 발생할 수 있다. 부모세대는 이성교제에 대해 아직도 전통적 규범의식이 남아 있고 결혼 이후 자녀의 삶에 대한 지속적인 책임의식을 가지고 있는 경우가 일반적인 반면 젊은이들은 개인존중이라는 풍조에 의해 스스로 이성교제를 통해 배우자를 선택하고자 하기 때문이다.

따라서 이성교제를 올바른 방향으로 권장하고 지도하여야 할 부모의 입장에서 취해야 할 몇 가지 자세를 제언하면 다음과 같다.

첫째, 이성교제 자체에 대한 부모의 긍정적이고 합리적인 자세가 필요하다.

부모들은 이성교제에 대한 부정적인 개념이나 지나친 통제의식을 버리고 자녀의 욕구나 필요에 대하여 긍정적으로 사고할 수 있어야 한다. 이성교제에 대해 자녀들과 자유롭게 대화함으로써 그들의 행동과 문제를 능동적으로 받아들여야 하고, 자녀의 선택이 합리적으로 이루어지도록 지도하여야 한다. 즉 자녀의 연령이나 개인적 특성을 고려하여 이성교제가 자녀의 성장에 긍정적인 영향을 줄 수 있도록 배려하는 것이 성장기 자녀를 둔 부모의 역할이다.

둘째, 자녀의 어린 시절부터 이성교제나 성에 대한 부모의 체계적인 교육이 필요하다.

부모들이 자녀들의 독립성과 자유를 존중한다고 해서 그들의 자녀들이 누구와 사귀어도 무방하다고는 할 수 없으며, 또 어떠한 배우자를 선택하느냐에 전혀 무관심할 수도 없다. 그런 의미에서 이성교제에 대한 부모의 태도는 자녀들이 청년기에 이르렀을 때 갑자기 이루어져서는 안 된다. 어린 시절부터 이성에 대한 올바른 인식과 성교육을 실시하여 남녀의 차이와 바람직한 역할을 알도록 하고, 성에 대한 과도한 관심이나 부담감 없이 생활해 나갈 수 있도록 자연스럽게 지도해 주어야 한다. 이와 같이, 어려서부터 올바른 성교육을 받은 사람은 이성교제에 대한 지나친 호기심이나 거부현상을 갖지 않게 된다. 특히, 아이들이 성장함에 따라 다양한 호기심에 찬 질문을 했을 때 그들의 나이에 맞게 올바른 대답을 해 주는 것이 필요하다. 꾸중을 하거나 무안을 주면 죄의식을 갖게 되어 성행위는 나쁘다는 착각을 오랫동안 지니게 된다. 올바른 성교육이 이루어져야만 이성에 대해 지나친 기대나 사실과 어긋난 선입견을 갖지 않게 된다.

그리고 이성친구를 처음 만났을 때부터 그들의 교제를 더욱 친밀한 관계로 이끌어가기 위해서는 대인관계의 기술이 필요한데, 우리 사회는 이성교제의 전통이 근대에 이르기까지 전혀 없었으므로 젊은 남녀들의 사교생활을 인도해 줄 만한 사회적으로 규정된 예의범절이 없는 형편이다. 또한 어려서부터 남녀교제의 훈련이 잘 되어 있지 않아서 이성교제의 방법에 대한 일반적인 원칙과 구체적인 지침을 마련해 줄 필요가 있다. 부모는 자녀로 하여금 이성교제가 단순히 향락적이고 오락적인 것이 아님을 인식하고 수용할 수 있도록 지도하여야 한다.

셋째, 이성교제 상대에 대한 자녀의 선택력을 키워주어야 한다.

현대사회는 사회문화적 다양성이 매우 커서 개인의 조건 및 성장 환경의 차이는 가치관과 행동 방식의 차이를 유발하고 있다. 부모자녀간에는 성장환경의 차이와 시대적 차이에 의하여 필연적으로 이성교제에 대한 생각과 태도의 차이가 발생할 수밖에 없다. 우선은 부모의 자녀에 대한 과도한 기대나 우려는 자녀의 선택적 행위에 대해 불만족하게 되어 이성교제에 관련된 갈등을 유발할 수 있다. 자신의 자녀보다 더 우월한 상대인지 아닌지 등과 같은 특히 현실적인 가치판단이 개입되었을 때, 부담 없고 자유로운 이성교제를 원하는 자녀와의 갈등이 발생할 수 있다.

따라서 부모는 자녀가 적당하다고 생각하는 이성교제 상대의 유형에 대해 자녀와 더불어 의논할 수도 있어야 한다. 특히 이성교제가 기반이 되어 배우자선택이 이루어질 때, 자녀가 선택한 상대는 가족의 일원이 되기 때문에 부모나 가족이 간과할 수 없는 과정이라 할 것이다. 부모가 반대하는 결혼을 했을 경우에는 결혼 이후에도 부모자녀간 혹은 부모와 사위 및 며느리와의 갈등이 해소되지 않을 수 있고, 부모의 판단과 우려가 들어맞았을 때에는 결국 결혼생활의 파탄으로 연결되는 경우도 있다. 그러나 부모가 그들의 권위와 전통을 고집하여 자녀들에게 복종을 강요해서는 안 되며 간접적인 영향으로 인도할 수 있는 방법을 찾아야 한다.

넷째, 혼전 성관계와 같은 행동 규범에 대한 올바른 지도가 필요하다.

사춘기에 들어서면 급격한 신체적 변화와 함께 성적인 욕구가 왕성해지며 매스컴, 책 또는 동료들과의 대화를 통해 남녀의 성관계, 그 구조, 자녀출산 과정 등과 같은 성적인 지식이 갖추어진다. 그리하여 사랑하는 사람끼리 서로 육체적으로 가까워지고 싶은 욕구 이외에도 자기들이 얻은 성지식을 확인해 보기 위하여 시험적인 성관계를 시도해 보기도 한다. 이러한 의미에서 적절한 시기에 이에 대한 부모의 객관적인 관여가 필요하다. 성에 대한 부모의 지나친 엄격한 훈육은 절제보다는 자칫 잘못하면 자녀의 죄의식과 불안감만을 유발할 가능성이 있으므로, 결혼 전의 젊은이로 하여금 성에 대한 올바른 지식을 갖게 하여 성생활에 대해 건전한 태도를 기르도록 도와주는 진정한 의미의 순결교육이 필요하다. 이것은 남녀간의 생리적 차이뿐만 아니라 결혼생활을 위한 성적 지식의 전달, 광범위한 사랑의 생활을 가르치는 것이다.

시대적 변천에 따라 성에 대한 가치와 태도가 변화하여 전통적인 성도덕이 파괴되어 가고 있지만, 부모의 영향은 자녀의 선택에 가장 큰 영향을 줄 수 있으므로 자녀의 선택이 자신의 성장에 긍정적인 결과를 가져올 수 있도록 행동규범을 수립해 주어야 한다. 다만 지나치게 엄격한 가치 규범을 고집하여 사회적 혼란이나 부적응을 겪지 않도록, 자녀와의 개방적인 의사소통을 통하여 이러한 행동규범을 지켜나갈 수 있도록 도와주어야 한다.

2. 배우자 선택

대부분의 사람들은 적령기가 되면 배우자를 맞고 각자의 세대를 이어가며 살기를 원한다. 그렇기 때문에 남녀를 막론하고 누구와 결혼을 하느냐의 문제는 일생에서 가장 심각한 문제 중의 하나라 할 수 있다. 대체로 결혼생활의 행·불행은 배우자 선택을 잘하고 못함에 따라 좌우되는 경우가 많다. 성장한 자녀를 가진 부모들은 어떻게 하면 가장 좋은 사람을 자녀의 배우자로 삼을 수 있을까 하여 그 선택에 많은 고심을 한다. 그러나 성공적인 결혼이란, 두 사람이 서로 잘 협력하고 잘 적응하여 살아가는 것을 의미하므로 배우자 선택의 기준에 있어서도 그 사람이 얼마나 완전한가를 따지기에 앞서 서로의 개성을 비교·보완하는 자세가 필요하다. 결혼에는 몇 가지 좋은 성질을 가진 두 사람이 이것을 바탕으로 서로 협력하여 조화를 이루어 가려는 진지한 노력의 자세가 중요하다.

일반적으로, 젊은이들은 데이팅을 통하여 이성을 알게 되고 또한 자기에게 맞는 상대방을 판단하게 된다. 이성교제를 하는 동안 동료적 사랑이 싹트기 시작하면 자연히 배우자 선택의 과정으로 진행된다. 이성교제를 하는 동안 구애하여 상대방이 수락하고 상호 긍정적인 관계를 맺게 되면 대부분 결혼에까지 도달한다. 이처럼 배우자 선택의 과정과 요인을 잘 알아두는 것은 행복한 결혼을 위한 필수조건이라 할 수 있다.

1) 결혼적령기와 성숙

연령에는 생활연령과 생리적 연령, 정신적 연령 및 사회적·감정적 연령 등이 내포되어 있다. 생활연령이란 햇수가 지나면 자연히 늘어나는 연령이고, 생리적 연령은 골격의 발달이나 신체의 발달정도를 나타내는 연령이며, 정신연령은 지적 발달의 정도를 나타내는 연령이다. 그리고 사회적·감정적 연령은 사회적으로 성숙되고 정서적으로 안정된 정도를 나타내는 연령이다. 이러한 연령들은 한 개인에 있어서도 서로 그 정도를 달리하는데, 예를 들면 생활연령으로는 성인이 되어 있으면서도 사물을 생각하고 판단하는 태도는 생활연령에 미치지 못하는 사람들이 많다.

반면, 생활연령은 어리지만 모든 생각하는 면에서 월등히 어른스러운 사람도 있다. 이처럼 연령이란 각 개인의 발달·성숙의 정도를 나타내는 기준이 되는 것이므로, 결혼연령을 생각함에 있어서도 이러한 모든 성숙의 정도와 이에 합당한 적령기를 고려해 보아야 한다.

(1) 결혼적령기

대부분의 사회에서는 결혼의 적령기를 20세 전후에서 20대 후반까지로 생각하는 경향이 많다. 이러한 경향은 결혼이 사회의 통속적 기준에 얽매어 있음을 나타

표 5-1 세계 초혼연령 비교

(단위 : 세)

	일본		네덜란드		오스트리아		스웨덴		독일	
	2003	2013	2003	2015	2002	2015	2003	2015	2003	2014
남자	29.4	30.9	30.8	33.5	29.9	32.6	32.9	36.0	30.6	33.4
여자	27.6	29.3	28.4	30.9	27.4	30.3	30.5	33.5	28.1	30.9

* 자료 : http://epp.eurostat.ceo.au.int,「일본 인구동태통계연보」 2004

표 5-2 한국 평균 초혼연령 추이

(단위 : 세)

	1980	1990	1995	2000	2005	2010	2015	2020
남자	27.3	27.8	28.4	29.3	30.9	31.8	32.6	33.2
여자	24.1	24.8	25.4	26.5	27.7	28.9	30.0	30.8

* 자료 : 통계청(2006). 『인구동태통계연보』. 각 연도.

내는 것이기도 하다. 만약, 어느 개인이 그 사회의 일반적 기준이나 경향을 무시하고 결혼한다면 여러 사람의 주목이나 화젯거리가 되기도 한다. 결혼이 개인중심이라고 하는 요즈음에 와서도 이러한 사회적 기준은 무시될 수 없다. 만약, 그러한 기준을 따르지 않는다면 사회의 질서는 파괴되고 문란해지기 쉽기 때문이다.

초혼 연령은 표 5-1, 2에서 보는 바와 같이 우리나라뿐만 아니라 전세계적으로 만혼 경향을 나타내고 있다. 우리나라의 경우, 인구 센서스를 통한 정부의 공식 통계에 의하면 1960년에는 남자가 25.4세, 여자가 21.6세였고 1970년에는 남자가 27.1세, 여자가 23.3세로 밝혀졌다. 그리고 1980년에는 남자가 27.3세, 여자가 24.1세이며 1990년에는 남자가 27.8세, 여자가 24.8세이고, 2000년에는 남자 29.3세, 여자 26.5세로 크게 높아졌다. 2015년에는 남자 32.6세, 여자 30.0세로 남녀 모두 30세를 넘어섰고, 2020년에는 남자 33.2세, 여자 30.8세가 되었다. 이는 남녀 모두 교육기간이 연장되고 남자의 경우 군복무 기간이 필요하기 때문이기도 하며, 직장생활이 안정된 후에 결혼을 하려는 경향이나 여성의 취업기회가 많아지고 있기 때문으로 볼 수 있다.

2020년 우리나라의 연간 혼인 건수는 21만 3천 5백건으로 1일 평균 585쌍 정도가 결혼하는 것으로 나타났으며, 조혼인율(인구 천 명당 혼인 건수)은 4.2건으로 1980년의 10.6건을 고비로 증가 추세에서 감소 추세로 돌아선 이후 계속 감소하

표 5-3 우리나라의 혼인건수 및 조혼인율

(단위 : 천 명, 인구 천 명당)

구분＼연도	1980	1990	2000	2005	2010	2015	2020
혼인건수	403.0	399.3	334.0	316.4	326.1	302.8	213.5
조혼인율	10.6	9.3	7.0	6.5	6.5	5.9	4.2

* 자료 : 통계청.『인구동향조사』. 각 연도.

표 5-4 우리나라의 연령별 남녀 혼인율

(단위 : 해당연령 남녀인구 천 명당 건수)

구분＼연도	1990		2000		2005		2010		2015		2020	
	남자	여자	남자	여자	남자	여자	남자	여자	남자	여자	남자	여자
15~19세	1.4	8.3	0.9	3.5	0.6	3.9	0.4	3.5	0.5	2.2	0.2	1.5
20~24세	26.5	92.9	9.3	33.3	7.6	26.6	5.9	21.5	5.2	15.5	2.9	12.5
25~29세	106.5	71.5	63.0	74.2	55.0	77.3	49.6	79.1	41.2	72.9	25.2	74.2
30~34세	36.2	12.4	40.0	19.6	46.2	26.5	58.5	42.0	62.4	51.8	47.6	66.3
35~39세	8.7	5.7	11.7	8.3	15.7	10.2	21.7	12.2	25.1	15.7	20.5	26.5
40~44세	4.8	2.9	6.1	5.0	9.0	7.4	9.6	6.4	9.9	6.5	8.2	10.5
45~49세	3.2	2.0	4.5	3.4	7.0	5.4	6.2	5.0	5.4	4.5	4.4	7.5
50~54세	2.1	1.1	3.5	2.0	5.7	3.6	4.6	3.3	4.0	3.5	3.2	6.1
55~59세	1.7	0.7	2.5	1.0	4.1	1.7	3.5	1.9	3.1	2.3	2.5	4.3
60세 이상	1.2	0.2	1.1	0.3	1.5	0.3	1.5	0.4	1.4	0.6	1.2	4.0

* 초혼 및 재혼이 모두 포함됨.
* 자료 : 통계청.『인구동향조사』. 각 연도.

는 경향을 보이고 있다(표 5-3). 연령별 혼인율의 경우, 남녀 모두 20대 후반의 혼인율이 가장 높게 나타났으나 2010년 이후에는 30대의 혼인율이 증가하고 있는 추세이다(표 5-4). 특히, 여성의 경우 1990년까지 20대 초반의 혼인율이 가장 높았으나, 1995년부터 20대 후반의 혼인율이 더 높아졌으며, 2020년 현재에는 20대 초반보다 30대 초반의 혼인율이 압도적으로 높은 실정이다.

그리고 일반적으로 결혼 연령은 남자가 여자보다 3~4세 정도 연장인 경우가 많은데, 이는 표 5-5에 나타난 남녀 평균 초혼 연령 차이에 관한 통계치를 통해서 알 수 있다. 2020년의 경우 남자와 여자의 초혼 연령 차이는 2.5세로 그 차이는 조금씩 줄어들고 있다. 결혼 연령에 있어서 과거에는 남자가 여자보다 연상인 경우

표 5-5 남녀 평균 초혼 연령 차이

(단위 : 세)

연도 구분	1990	1995	2000	2005	2010	2015	2020
차이	3.0	3.1	2.8	3.2	2.9	2.6	2.5

* 자료 : 통계청. 『인구동향조사』. 각 연도.

가 정상적인 것으로 인지되었으나 최근 들어 여성이 연상인 경우의 혼인이 증가하고 있다. 2020년 초혼 부부 중 남자 연상 부부의 구성비는 65.3%로 매년 감소하는 추세를 보이고 있으며, 동갑과 여자 연상 부부의 구성비는 16.2%, 18.5%로 여자 연상 부부 비중은 지속적으로 증가 추세이다.

(2) 성 숙

앞서 통계치에서 보여주는 바와 같이, 우리 사회에서는 결혼적령기를 대체로 20대로 보고 있는데, 객관적으로도 결혼 연령이 어느 정도 높아야만 부부간의 적응이 용이하다고 할 수 있다. 한편으로, 결혼은 서로 상이한 조건을 가진 두 사람이 새로운 생활에 적응하여 살아가야 하므로 상대를 이해하고 자신을 적응시켜 나가는 능력이 필요하기 때문에, 단순한 개인의 생활연령보다는 결혼 연령에 관계되는 사회적 · 정서적 연령인 성숙도가 더욱 중요하다 할 수 있다.

그러한 의미에서 성숙된 사람의 행동기준을 살펴보면 다음과 같다(Bowman, 1970 : 168).

첫째, 성숙된 사람은 생활연령에 비하여 생활해 나가는 데 지혜롭다. 사물을 보는 데 있어서 개인의 상상이나 감정에 얽매이지 않고 합리적이고 객관적으로 판단하고 해결하려고 한다. 성숙된 사람은 해결되지 않은 상태에 놓여 있는 문제와 함께 생활할 줄도 안다. 즉, 현실생활은 계속적인 문제상황임을 의식하고 불만이나 후회에서 벗어나서 문제를 해결하고자 하며 최선의 방법을 모색할 줄 안다.

둘째, 성숙된 사람은 자신을 전체의 일부로 받아들일 줄 안다. 즉, 사회조직 속의 인간관계와 생의 올바른 이념을 바로 알고 사회의 권위와 전통을 존중할 줄 안다.

셋째, 성숙된 사람은 자기자신을 수용할 줄 안다. 자기자신을 받아들인다는 것은 자기자신의 장점과 단점을 똑바로 알고 자신의 행동에 대해서 책임을 질 줄 아는 태도를 말한다. 그러므로 자신의 실수에 대해 남을 탓하지 않고 그것을 자기생활에 유용한 방향으로 이용할 줄 안다.

넷째, 성숙된 사람은 현실세계에서 살아갈 능력을 가지고 있다. 즉, 현실세계를 직시하고 환경에 적응할 줄 안다. 공연한 망상이나 공상에 사로잡히거나 현실을 도피하거나 지나치게 과장되게 생각하는 신경질적인 태도를 갖지 않고, 항상 현재로부터 출발하고 미래를 향해 전진하는 건전한 생활태도를 갖는다. 또한 실패에서 정지하지 않고 실현가능한 방법으로 접근·노력하는 용기를 가지고 있다.

다섯째, 성숙된 사람은 독립적이다. 이들은 경제적 역할을 수행할 능력이 있다. 즉, 자기의 생계를 유지할 수 있는 능력과 책임을 갖는다. 이 밖에 부모로부터의 감정적 독립도 이룩한다. 자기문제는 자신이 해결할 수 있는 독립성을 취득한다.

여섯째, 성숙된 사람은 남의 아첨이나 칭찬·비난 등에 동요되지 않는다. 즉, 이를 가볍게 받아넘기고 참고로 할 뿐 남의 평가에 대해 자기를 동요시키지 않는다. 이는 감정적으로 충분히 발달되어 정서적인 안정감을 지니고 있기 때문이다.

일곱째, 성숙된 사람은 성, 사랑, 결혼에 대하여 긍정적 태도를 갖는다. 즉, 성에 대하여 공연한 공포감이나 혐오감을 갖지 않고 성에 대한 올바른 지식과 태도를 가지고 결혼생활에 임할 준비를 갖추고 있다.

이상 성숙된 사람의 행동기준을 살펴본 바, 이러한 기준이 결혼을 위한 조건과 밀접한 관계를 맺고 있음을 알 수 있다. 결혼이란 두 사람이 서로 다른 인성, 특성, 성격 또는 다른 유전적 요인을 가지고 맺어지기 때문에, 성숙된 상태에서만이 서로의 문제를 현실에 맞추어 긍정적으로 해결하고 서로의 관계를 올바로 쌓아올릴 수 있으므로, 결혼생활의 적응이 비교적 용이하게 이루어지려면 성숙이 필수조건이 된다.

2) 배우자 선택의 유형

(1) 자유혼

결혼 상대자를 당사자가 자유롭게 선택하고 결정하며 부모의 간섭이나 승인을 요하지 않는 자유결정형은 몇몇 사회에서 허용되고 있다. 대표적인 사회로 미국을 들 수 있다. 미국의 경우 19세기에 들어서면서 급속한 산업의 발달로 인해 가족의 구조나 기능이 변화하였고 부모와 자녀만으로 구성된 핵가족제도가 발달하였다. 이에 따라, 젊은 부부가 새로운 가정을 꾸밀 때에는 가문의 영속보다는 새롭게 꾸민 가족의 행복에만 중점을 두게 되었다. 그리하여 배우자를 선택하는 기준도 가문이나 가풍보다는 두 사람이 남편이나 아내로서 잘 적응할 수 있으며 서로 사랑하고 만족할 수 있느냐에 더 중점을 두었다.

이렇게 결혼의 동기가 개인의 만족이나 행복에 있고 결합의 기본적 조건으로 사랑이 강조되기 때문에, 배우자 선택의 선행과정으로 이성교제가 필수조건이 된다. 상호 직접적인 교제를 통해서만이 인간적인 결합이나 적응을 할 수 있고 자기에게 적합한 사람을 선택할 수 있기 때문이다. 이러한 것이 자유혼 또는 애정혼의 특징이고, 따라서 자유혼에서는 가정적 배경보다는 개인적 조건은 가정환경이나 사회적 환경에 크게 영향을 받기 때문에 개인과 환경은 분리될 수 없음을 고려해야 한다.

부부의 결합조건으로 사랑을 중요시하고 있는 서구사회에서는 사실상 사랑이 너무 강조되고 과장되어 두 인격 사이의 복잡하고 미묘한 인간관계가 사랑이라는 관계로 너무 쉽게 표현되며, 사랑으로 여러 가지 문제를 해결해야 한다고 생각한다. 그러나 이러한 사회가 중매혼의 사회보다 이혼율이 더 높다는 것은 자유풍조가 초래한 단점으로 인식될 수 있다.

(2) 중매혼

중매혼이란 배우자 선택의 권리가 당사자에게 있지 않고 부모에게 있으며, 당사자의 의견이나 조건은 무시되고 가문이나 사회 경제적 지위를 중요시하며, 정혼과정에서 중매인이 중요한 역할을 하는 결혼형식이다. 따라서, 이러한 중매혼의 배우자 선택과정에서 당사자들은 완전히 소극적인 역할을 행할 수밖에 없다. 서로의 조건을 제시할 수도 없고 결혼기간을 정할 수도 없으며 거부할 권리도 없다. 그러므로 이때의 결혼은 두 개인의 결합이라기보다 가족과 가족, 가문과 가문의 결합으로서, 두 당사자가 서로 무난히 적응할 수 있느냐보다는 가족이나 가문에 잘 융합될 수 있느냐를 문제시한다.

우리나라는 전통적으로 중매혼을 실시하였으며 자녀들의 정혼을 위한 책임과 권리가 부모에게 있었다. 부모라고는 하나, 특히 부친에게 모든 권한이 있었으며 당사자의 의사는 전적으로 무시되었다. 그리하여 이상적인 아내의 역할이 강조되었거나 며느리에게 요구되는 조건은 시가에 대한 봉사였다.

인류학자들의 조사에 의하면 친족제도가 약화된 서구사회를 제외하고는 중매혼이 인류사회에서 가장 널리 실시되고 있고 지속되고 있다 한다. 친족집단이 강하고 중요한 기능을 행하는 사회에서 이러한 경향이 뚜렷하다.

(3) 절충혼

절충혼의 배우자 선택은 자유선택과 중매선택의 중간형태로서, 이 유형은 전통사회가 서구문화의 영향을 받아 근대화되어 가는 과정에서 생겨난 것으로, 배우자 선택의 권한이 부모로부터 점차 당사자에게 주어져 가는 형태이다. 여기에는 두 가지 유형이 있는데, 그 하나는 당사자가 자유로운 교제를 통하여 상대자를 선택한 후 부모에게 소개하고 동의를 얻는 것이고, 다른 하나는 부모가 상대자를 선택하여 자녀의 동의를 얻는 방법이다. 최후의 결정권과 이에 미치는 영향의 정도는 개별적인 형편에 따라 다르지만 자유선택이나 중매선택 방법과는 뚜렷이 구분된다.

우리나라에서도 해방 후 자유사상이 도입되자 재래의 사고방식이 많이 변하였는데, 특히 배우자 선택에 있어서도 전통적인 중매방식을 벗어나 부모, 친척, 친구 등이 결혼을 앞둔 남녀에게 교제할 상대를 소개해 줌으로써 당사자 간에 합의하게 하는 경향이 늘어났다. 오늘날 젊은이들은 절충식 배우자 선택 방식을 이상적이라고 생각하는데, 이는 중매혼의 결점을 보완할 수 있고 교제의 상대를 구할 범위를 넓혀 줄 수 있다고 생각하기 때문이다. 어떤 면에서는 오히려 부모의 역할에 의존하여 그들의 판단을 신임하는 경향이 짙다. 부모를 통하여 상대방의 배경을 알고 교제할 경우 안전성이 높고 부모와 갈등을 초래하지 않는다고 생각하기 때문이다.

우리나라 부모들이 자녀의 결혼형태에 대해 어떠한 태도를 가지고 있는지 최재석(1982 : 391~422)의 연구결과를 보면, 일반적으로 도시에서는 자녀가 먼저 결정한 후 부모의 동의를 얻어야 한다는 의견이 가장 많다. 그러나 도시나 농촌 모두 장남의 경우가 차남보다 부모의 간섭이 많은 편이며, 딸에 대한 태도는 도시에서는 딸의 의견을 중시하는 반면 농촌에서는 부모의 의견을 중시하는 경향이 높다. 한편, 자녀세대인 대학생들을 대상으로 결혼형태에 대한 태도를 조사한 최근의 연구결과(오환일 등, 2001)에 의하면, '전적으로 본인 결정'이 18.3%, '본인 결정 후 부모 동의'가 81.7%로 나타나고 있는데, 남학생(71%)보다는 여학생(90%)의 부모 동의 비율이 높다.

3) 배우자 선택의 이론

사회과학자들은 남녀가 왜 서로를 선택하는지에 대해 오랫동안 관심을 기울여 왔다. 그리하여 그들이 가지고 있는 수많은 다양성과 심리적 과정들을 추적하여 많은 연구들이 진행되어 왔지만 하나의 통합된 이론의 형성은 불가능하였고, 다만 아래와 같은 몇 가지 중요한 이론들이 제시되고 있다.

(1) 교환이론(exchange theory)

인간은 자신의 비용보다는 더 많은 이득을 얻으려 한다는 고전경제학적 행위원리를 배우자 선택 상황에도 적용시킬 수 있다. 남녀 두 사람이 서로를 선택하는 데 있어 우선적으로 결혼을 통해 보상적인 결과를 극대화하려 한다는 것이다. 그러므로 자신이 제공할 수 있는 게 많다고 생각하는 사람은 유사한 가치를 지닌 자원이나 자질을 소유한 상대를 고르려고 한다. 이러한 비교개념에 의해 배우자 선택이 이루어진다.

(2) 공평이론(equity theory)

교환이론의 변형으로서, 이때의 공평은 공정성을 의미한다. 인간은 상호관계에서 준 만큼 받는 것이 공평하다고 생각하는데, 이러한 공평성은 평등성과 다른 의미를 갖는 것으로, 만약 똑같은 시간에 노동을 했을 경우에도 서로 소득이 다르면 똑같이 생활비를 부담하는 것이 부당하다고 생각하는 개념과 같다.

그러므로 공평이론은 이익이 되는 교환보다는 공정한 거래에 더 매력을 느낀다는 점을 특징으로 한다. 배우자 선택에 있어 공정성의 판단에는 상대방의 가치를 어느 정도 인정하느냐 하는 심리적인 요인이 개입되는데, 이처럼 판단기준이 서로 유사할 때 공평성의 측정이 보다 용이하게 이루어진다.

(3) 동질성이론(homogamy theory)

일반적으로, 사람들은 자신과 유사한 조건을 가진 사람, 또는 자신과 닮은 사람에게 매력을 느끼는 경향이 있는데, 이를 '유유상종'이란 표현으로 대신할 수 있다. 연령이나 교육수준, 지능 등이 비슷한 사람끼리 서로를 선택하는 경향이 있고 (Hill et al., 1976), 기타 사회적 지위나 종교, 인종 등이 비슷한 사람끼리 결혼하는 경향이 있으며(Murstein, 1980), 흥미나 태도, 가치관 등의 유사성도 배우자 선택의 조건으로 작용한다.

챔버스 등(Chambers et al., 1983)은 신체적 외모에 있어 유사성 역시 배우자 선택에 영향을 준다고 하였는데, 이처럼 신체적 유사성을 추구하는 것은 자아도취적 경향의 결과일 수 있으며, 자기부모를 닮은 사람을 배우자로 선택하려는 경향도 일부 엿볼 수 있다.

(4) 보완욕구이론(complementary needs theory)

윈치(Winch, 1954)는 두 사람 사이에 서로를 보완해 줄 수 있는 요인이 있을 때 매력을 느낀다고 하였다. 이러한 보완에는 두 가지 유형이 있는데, 첫 번째는 어떤 분야에 높은 욕구를 가지고 있는 사람은 그렇지 않은 사람에게 매력을 느낀다는 것이다. 마치 말하기 좋아하는 사람이 과묵한 사람에게 매력을 느끼는 경우와

* 자료 : Udry, R. (1971). The Social Context of Marriage. New York : Lippincott., Co., p. 212.

그림 5-1 우드리(Udry)의 여과망 이론

같다. 두 번째 유형은 만족하려는 욕구분야가 서로 다를 때 매력을 느끼는 경우이다.

이러한 이론을 동질성의 이론과 상반되는 것으로 생각하기 쉽지만, 인간의 특성은 매우 다양하므로 한 쌍의 부부에 있어서도 동질적인 요인과 이질적인 요인은 섞여 있게 마련이다. 즉, 학력, 종교, 소득 등이 비슷하여도 관심분야, 태도 등이 보완적일 수 있다.

(5) 여과망이론(filter theory)

동질성이론이나 보완욕구이론은 시간에 관련된 남녀관계의 발전과정을 충분히 다루지 못하였다. 커코프와 데이비스(Kerckhoff & Davis, 1962)는 이 두 이론을 결합하여 배우자 선택의 동적인 특성을 포착하고자 하였다.

이들의 여과이론에 의하면 배우자 선택의 초기에는 사회적 유사성과 가치 일치성 등의 동질성이론이 중요하게 작용하고, 이후 관계의 발전에 보완적 요인이 중요하게 작용한다고 하였다(그림 5-1). 그래서 유사한 사회적 특성을 갖지 못한 남녀는 초기에 이루어지기 힘들고, 보완적 요인을 가지지 못한 경우에도 궁극적으로 이루어지기 힘들다는 것이다. 이러한 과정이 마치 여과망으로 걸러지는 것처럼 시간의 흐름에 따라 진행되어 그 선택의 폭이 줄어들고 마침내 유일한 대상자에게 고정되는 것이다.

(6) 자극-가치-역할이론(stimulus-value-role theory)

머스테인(Murstein, 1970)의 SVR 이론에 의하면 배우자 선택은 3단계를 거쳐 일어난다. 첫 번째 자극단계에서는 외모, 사회적 기술, 명성, 지적능력 등이 기초가 되어 이러한 특성의 공평한 교환이 이루질 수 있는지 분석되며, 두 번째 가치단계에서는 성이나 결혼생활에 대한 가치나 태도 등이 서로 공존할 수 있는 정도인지 평가되고, 세 번째 역할단계에서는 두 사람이 부부로서의 여러 가지 역할에 얼마나 적합한지 측정되는 것이다(그림 5-2).

장점이 많고 단점이 적은 사람들이 선택되기 쉽겠지만 반대인 경우에도 그런대로 수용할 만한 수준에서 서로에 대한 선택이 이루어지며, 이 이론에서는 3단계가 연속적이며 단계적으로 일어난다고 하지만 전단계에 걸쳐 이 세 요인이 다 같이 작용될 가능성도 배제하지 못한다.

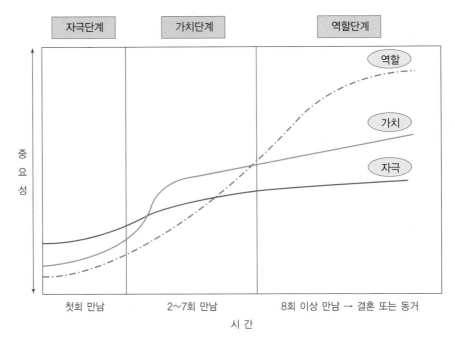

* 자료 : Murstein, B. I. (1987). "A Clarifcation and Extension of the SVR theory of Dyadic Pairing". Journal of Family, 49, p. 931.

그림 5-2 머스테인(Murstein)의 배우자 선택단계

(7) 결혼 전 배우자관계 형성이론(premarital dyadic formation theory)

루이스(Lewis, 1972)는 배우자 선택의 과정을 6단계로 설명하고 있다. 첫단계는 유사성 인식 단계로, 서로 비슷한 점을 인식할수록 관계가 더 발전할

수 있으며, 두 번째는 쌍으로서의 친화력(rapport) 성취 단계로, 의사소통하려고 노력하거나 친밀감의 발달이 가능해야만 둘 사이의 관계가 지속된다. 세 번째는 자기노출 단계로, 자신의 개인적인 부분을 보여 줄 수 있어야 선택이 지속되는데, 이것은 상호적인 것이어서 한쪽에서 노출하는 만큼 상대방도 노출하게 된다. 네 번째는 역할취득 단계로서, 자기노출이 일어나며 상호간에 역할에 대한 명확한 개념파악이 가능하게 된다. 정확하게 스스로의 역할취득 개념이 이루어지고 상대의 역할에 대한 공감이 이루어질 때 두 사람의 관계가 발전될 수 있다. 다섯 번째는 역할 적합화(fit) 단계로서 두 사람의 유사성과 차이를 알고 함께 살아갈

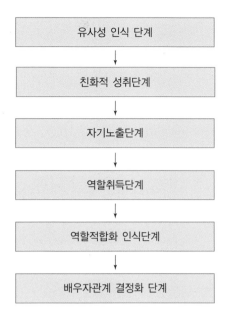

유사성 인식 단계

↓

친화적 성취단계

↓

자기노출단계

↓

역할취득단계

↓

역할적합화 인식단계

↓

배우자관계 결정화 단계

* 자료 : Lewis. R.(1973). A Longitudinal test of developmental framework for premartal dyadic formations. Journal of Marriage and the Family, 35, 16~25.

그림 5-3 루이스의 결혼 전 배우자관계 형성 모델

수 있는 가능성을 파악하면서 역할분담에 대한 의견일치에 따라 역할을 적합하게 조화시켜 나갈 때 관계가 지속될 수 있다. 여섯 번째는 배우자관계 결정화(dyadic crystallization) 단계로서, 쌍으로서의 정체감을 발달시키고 외부세계와의 경계를 설정하며 상호관여나 개입을 증가시킴으로써, 배우자 관계로 기능하게 되고 '우리'의 개념을 발달시켜 나가는 단계이다. 루이스는 이 여섯 단계는 연속적인 과정이며 앞 단계가 완성되어야 다음 단계가 발생한다고 하였고, 이러한 단계를 충실히 완수하여야만 행복한 결혼의 지속이 가능하다고 말한다.

4) 배우자 선택의 기준

현명한 배우자 선택은 행복한 결혼생활의 전제조건이 된다. 결혼이란 개인과 개인의 결합이므로, 배우자 선택 과정에서는 몇 가지 개인 본위의 기준을 내세워 상호적응 가능한계를 설정해 놓게 되는데, 이때 상대방의 성격과 건강, 경제력 등 여러 가지 조건이 따르게 된다. 의식적이든 무의식적이든 개인이 배우자를 선택하는 동기는 몇 가지가 있는데, 첫째 자신의 생물학적인 욕구와 능력이고, 둘째 그가 현재까지 지녀온 가치관이며, 셋째 그의 가족이나 친구들로부터 받은 직접적인 영향, 넷째 그의 신체적·사회적 주위환경이 제공하는 기회 등이다.

이러한 동기에 의하여 배우자를 선택할 때 기본적으로 고려해야 할 점은 첫째, 배우자는 본인이 원하는 사람이어야 한다. 결혼생활은 감정교환의 연속이므로 감정적 접근을 서로 원하고 호감이 가야 하며 감정의 교환이 가능해야 한다. 둘째, 배우자는 본인이 필요로 하는 사람이어야 한다. 배우자를 통해서 경제적으로나 감정적으로 안정감을 가질 수 있어야 하며 원하는 생활수준을 유지할 수 있어야 한다. 감정의 교환은 쉬우나 경제적 안정을 유지할 수 없다면 생활에 위협이 따르게 된다. 셋째, 배우자는 현실적으로 선택이 가능한 지위에 있어야 한다. 비교할 수 없이 차이가 나는 환경수준이라든가 너무 먼 거리에 있어 현실성이 없는 사람은 선택하지 않는 것이 현명할 것이다.

배우자 선택의 일반적인 기준은 배경, 외모, 건강, 경제력, 공동의 관심, 행동의 기준 등인데, 여기서 말하는 배경이란, 집안의 경제적·사회적 지위를 말하는 것이 아니라 개인이 자라온 양육과정 중의 심리적·감정적 배경을 뜻한다. 터만 (Terman, 1938)은 행복한 결혼생활을 영위할 수 있는 성격의 조건을, 첫째 그들 부모의 결혼생활이 행복하고, 둘째 그들의 어린 시절이 행복했으며, 셋째 그들의 부모와 갈등이 없고, 넷째 어린 시절의 가정교육이 잘 되어 있으며, 다섯째 부모와의 접촉이 많고, 여섯째 부모가 성에 대해 솔직한 태도를 보여주었으며, 일곱째 어린 시절에 가혹한 벌을 받지 않았고, 여덟째 결혼 전에 건전한 이성교제를 하여 성에 대한 혐오감을 가지고 있지 않은 경우 등이라고 하였다.

(1) 동질적 요인

배우자 선택기준의 동질적 요인이라는 것은 당사자가 서로 동질에 속해서 쉽게 선택하고 선택받을 수 있는 요인을 말한다. 즉, 상대방의 조건이 자신과 비슷해야 더 공감이 가고 서로 이해와 적응이 쉽게 이루어지는 요인들로, 다음과 같은 것들이 있다.

1 사회적 지위

개인의 사회적 지위 또는 계급은 직업, 수입, 거주지, 교육과정, 부모의 지위 등에 의해 결정되며 일반적으로 이러한 사회계급의 수준이 서로 유사한 사람들끼리 배우자로 선택하는 경향이 있는데, 그 이유는 유사한 계층의 사람들끼리 접촉의 기회도 많고 흥미나 취미, 생활감정이나 태도가 비슷하여 서로 친숙해지기 쉽기 때문이다.

② 지역적 근접

지역적으로 가깝게 살고 있는 사람들끼리 결혼하는 경향이 강하다. 지역적으로 인접해 있는 경우에는 서로 접촉할 수 있는 기회가 많고 문화적·사회적 배경이 비슷할 가능성이 많기 때문이다.

③ 연령

대부분의 사람들은 일정한 연령범위 내에서 배우자를 선택하며, 또 비슷한 연령끼리가 적응하기도 용이하다. 그 자세한 기준은 시대와 사회에 따라서 다르나 일반적으로 남자가 여자보다 약간 나이가 많은 경우를 우선으로 생각한다.

④ 인종

대체로 어느 사회에서나 같은 인종 혹은 국민끼리 결혼하고 있으며 또 그렇게 기대하고 있다. 일반적으로, 동일인종끼리 결혼을 권장하는 이유는 동일 민족·인종이어야 서로의 생활습관이 비슷하고 언어소통이 용이하여 애정표현도 자유롭기 때문이다. 그러나 시대의 변천에 따라 이러한 기준도 많은 변화를 겪고 있다.

⑤ 종교

배우자를 선택하는 데 있어서 사람들은 되도록 같은 종교를 가진 사람을 찾는 것이 상례이다. 이것은 종교가 전반적으로 가치개념이나 생활태도에까지 영향을 미치기 때문이다.

이상과 같이 사회집단상의 동질성 이외에도 신체적·심리적 동질성도 배우자 선택에 영향을 주고 있다. 지식, 신장, 체중, 건강상태 등의 신체적 조건이나 생활방식 등이 비슷한 사람끼리 배우자로 선택하는 경향이 있다.

(2) 이질적 요인

배우자 선택기준에서의 이질적 요인이란, 서로의 성격이나 욕구가 다르기 때문에 오히려 보완적 요인이 되어 서로에게 매력을 느끼고 배우자로 선택하게 되는 경우를 말하며, 다음과 같은 대표적인 요인들이 있다(Saxton, 1968 : 208~209)

1 지배-순종(dominance-submission needs)

지배성과 순종성은 이질적이면서 상호보완적인 성격 요인인데, 대인관계에서 지배적인 성격을 가진 사람은 순종적인 사람을 선택할 것이고, 반대로 순종적인 사람은 지배적인 사람이 독립적이고 결단성이 있다고 생각하여 좋아하게 된다. 반면에, 똑같이 지배적인 두 사람이 만난다면 경쟁심리에서 끊임없는 충돌을 면치 못하게 된다. 그러므로 이처럼 이질적인 성격을 가진 사람끼리 서로 만족스런 관계를 유지하고 원만한 결혼생활을 영위하게 된다.

2 양육-의존(nurturance-dependence needs)

양육적인 사람은 동정심이나 온정 또는 도움을 베풀어 줌으로써 만족을 얻는 사람이고, 의존적인 사람은 그것을 받는 데 익숙한 사람이다. 사람은 누구나 이러한 두 가지 특성을 모두 가지고 있지만 어느 쪽이 강하냐에 따라 그 사람의 특성이 결정된다. 일반적으로, 남성은 지배적이고 가족을 보호하는 역할을 하고 있지만 감정면에서는 오히려 받는 쪽에 속하며, 여성은 줌으로써 만족을 얻고 있다.

3 성취-대리성취(achievement-vicarious needs)

성취욕구가 강한 사람과 대리성취욕구가 강한 사람은 서로 만족한 관계를 가질 수 있다. 사람에 따라 자기자신이 강한 성취의욕을 가지고 있는 사람이 있는 반면, 다른 사람으로 하여금 어떤 일을 하게 하고 그것이 성취되는 것을 보는 데서 커다란 대리 만족을 얻는 경우가 있다. 대체로, 부인들은 남편을 통해서 자신의 욕망을 만족시키는 것이 상례인데, 반대로 부인이 강한 성취욕을 갖고 있어서 이를 성취하는 것을 보고 만족해 하는 남편도 있다.

4 적의-비하(hostility-abasement needs)

사람들 중에는 적의가 강하여 공격적이고 비판적인 사람이 있는가 하면 자기자신을 낮추고 드러내지 않음으로써 편안함을 느끼거나 그렇게 습관화된 사람도 있다. 그러한 두 사람이 서로 보완적 관계에서 상호만족을 구할 수 있다.

연구문제 ●────────────────

1. 이성교제의 필요성에 대하여 논하시오.
2. 이성교제의 실태와 문제점에 대하여 조사하고 토론하시오.
3. 배우자 선택의 기준을 이론적 관점에서 분석하시오.

chapter 6

약혼과 결혼

약혼의 의미나 형식은 문화에 따라 다양하나, 일반적으로 결혼에 앞서 상호적응의 준비단계를 갖고 시행착오를 줄일 수 있는 시간적 여유를 갖는다는 점에서 중요한 의미를 갖는다. 특히, 이혼율 증가 등으로 가족관계의 불안정성이 증대하고 있으므로, 약혼은 결혼에 대한 적응여부를 신중히 검토하고 동시에 결혼 이후의 생활의 변화에 대해 수용적인 준비자세를 갖출 수 있는 계기가 된다. 다만, 약혼이 주는 의미와 그에 합당한 실질적인 과정을 이수해 나가는 당사자간의 노력이 병행되어야 한다. 약혼 중에 아무런 노력 없이 결혼의 전초 과정으로서의 형식 완수에만 치우친다면 약혼의 진정한 기능은 소멸될 것이다.

또한 가족은 결혼과 더불어 창조되어 유지된다는 점에서, 결혼은 가족을 형성하는 가장 기본적인 요건이 된다. 많은 사람들이 결혼이라는 과정을 거쳐 가족을 형성하고, 또 이것이 대다수의 사회에서 가장 바람직한 이성 결합의 형식으로 지지되고 있으므로, 결혼에 대한 탐색과 연구는 가족 연구자뿐만 아니라 일반인에게도 매우 필요한 일이다. 무엇보다도 개개인이 결혼에 대한 당위성을 절실히 느끼고, 권리보다는 의무와 책임, 개인의 이익보다는 희생과 봉사의 정신이 필요함을 자각하며, 또 이를 수용할 만한 실질적인 능력이 있는가가 검토되어야 하며, 이러한 일련의 과정은 당사자뿐만 아니라 주변인 또는 사회 모두의 책임 아래 이루어져야 한다.

1. 약 혼

1) 약혼의 의의와 기능

약혼(engagement)이란 장차 결혼을 하려고 하는 두 남녀가 당사자 사이에 결혼 약속을 하는 것으로, 상호간의 결혼 약속만으로 시작되는 비공식적 약혼과, 친지들에게 널리 알림으로써 시작되는 공식적 약혼의 두 종류로 대별된다. 그러나 결혼으로 이르는 과정이라는 의미는 공통적인 것이며, 포괄적인 약혼의 의의나 기능을 살펴보면 다음과 같다.

첫째, 약혼은 앞으로 두 사람이 결혼하리라는 것을 친척이나 친지 앞에서 공표하는 기능을 갖고 있다. 이것은 단지 형식적인 발표에 그치지 않고, 이때부터 여성은 시가와, 남성은 처가 식구들과 친밀한 관계를 갖게 되며, 두 사람의 관계는 단정적이 된다.

둘째, 약혼은 이성관계를 두 사람만의 관계로 한정시키는 기능을 갖는다. 예전에 알고 지내던 이성친구와의 교제를 정리하고, 두 사람만의 더욱 밀접한 관계를 갖는 것이 예의이다.

셋째, 약혼은 상대방의 인격을 재시험하는 기능을 갖는다. 두 사람은 약혼기간 동안 친밀한 접촉을 통하여 상대방의 인격, 성격 등을 파악하고 장단점을 잘 판단해서 자기와의 적응여부를 파악하고, 더욱 깊이 이해해야 한다.

넷째, 약혼기간은 두 사람 사이의 정서적 관계를 발달시킬 수 있는 기회가 된다. 좀더 친밀한 관계로 사랑을 뒷받침할 수 있는 풍부한 감정을 발달시켜야 한다. 그러나 혼전이란 것을 염두에 두고 항상 긴장하는 태도가 필요하다.

다섯째, 약혼기간은 앞으로 이룩할 가정생활에 관련된 여러 가지 문제를 생각하고 토론·검토하며 계획해 볼 수 있는 기회가 된다. 그러므로 약혼기간에는 상대방의 습관, 경제문제, 생활관, 가족계획 등에 대한 의견을 충분히 교환해서 공통의 이해를 갖도록 하고, 그렇게 함으로써 약혼기간이 가정생활의 정신적 기반을 만드는 기회가 되어야 한다. 특히, 약혼기간 동안 두 사람이 의논해야 할 주요 문제들을 간추려 보면, ① 자녀의 수·터울·출산시기, ② 수입의 관리방법, ③ 주거문제, ④ 부인의 직업문제, ⑤ 결혼식의 형태·비용·시기, ⑥ 성생활에 대한 태도, ⑦ 신혼여행의 장소·시간·비용 등이다.

약혼기간이 길수록 결혼의 성공도와는 큰 정적 상관이 있다. 여기서의 약혼기간은 교제기간을 의미하는 것이며, 이 기간 동안 서로를 얼마나 잘 알고 이해하느냐를 의미한다. 그러므로 약혼기간이 무조건 길어야 좋다는 것은 아니고, 두 사람이 충분히 서로를 알고 이해하며 상대방의 가족과도 친밀해질 수 있을 만큼 기간이 충분해야 한다는 것이다. 과거의 전통적인 연구에서는 공통적으로 약혼기간이 길수록 결혼생활에 성공적으로 적응한다고 보고하고 있는데, 버제스와 코트렐(Burgess & Cottrell, 1939)은 약혼기간이 3개월 이내였던 사람들의 반 이상이 결혼의 적응이 힘들었다고 하였고, 2년 이상 교제기간이 있었던 사람들에게는 단지 10명에 1명 꼴로 적응이 힘들었다고 하였다. 또한 로크(Locke, 1951)의 조사연구에 의하면 결혼하고 있는 사람의 평균 약혼기간은 남자가 9.5개월, 여자가 5.4개월이었다고 한다. 최근에는 혼전 동거 비율이 증가하고 있는 추세이므로 전통적인 약혼의 의식과 과정이 퇴색되고 있으나, 동거하지 않고 결혼한 부부의 결혼 적응성이 동거 경험자보다 더 높다고 한 와트슨(Watson, 1985)의 연구에서처럼 전통적인 약혼의 의미와 기능이 좀더 인식될 필요가 있다.

이상과 같이, 약혼의 기능을 잘 알아서 약혼기간에는 상호간의 적응이나 융합을 시험해 볼 만한 객관성과 주관성을 가지고 결혼을 결정하는 것이 가장 중요하다. 만일, 비적합성이 발견되었을 때 체면이나 인정 때문에 억지로 참고 결혼에 순응하는 일이 없어야 할 것이다.

2) 약혼중의 문제점

결혼을 약속한 두 사람은 서로 밀착된 애정으로 서로를 이해하고, 결혼생활을 위한 물심양면의 준비와 기반을 닦으면서 행복하고 즐거운 기간을 보내게 될 것으로 기대된다. 그러나 현실적으로는 이 기간 동안 모든 것이 순조롭고 즐겁기만 한 것은 아니며, 여러 문제를 가지고 고민하는 경우도 적지 않다. 경제적 문제, 가족문제, 당사자 사이의 문제 등 개인마다 갖가지 심각한 문제가 제기될 수 있으므로, 이 점에 대해 검토해 볼 필요가 있다.

버제스와 왈린(Burgess & Wallin, 1953)의 약혼자 대상연구에 의하면 응답자의 1/5정도만이 질문한 12개 항목에서 언제나 의견이 일치한다고 하였고, 28%는 5개 항목에서 불일치가 일어난다고 하였다. 그 불일치 순서는, 첫째 가족에게 대하는 방법, 둘째 관례적인 사항들, 셋째 인생관, 넷째 종교, 다섯째 금전문제였다.

이러한 여러 문제들 중, 특히 약혼자들 사이에 일어나기 쉬운 문제점들을 살펴보면 다음과 같다.

(1) 애정적 · 성적 표현

약혼기간이란 지금까지의 교제기간보다 더 솔직히 자기들의 애정표현을 주고받을 수 있는 기간이다. 두 사람은 곧 결혼하게 될 사이이기 때문에 보다 강한 애정을 느끼고, 더욱 적극적인 애정표현을 원하게 된다. 이러한 애정의 표현이 짙어질수록 육체적 접근이 따르게 되며, 두 사람이 사랑하는 사이라며 이러한 성적 표현을 억제하기 어렵게 된다. 그러므로 결혼 전 성행위 문제가 따르게 된다.

약혼한 남녀는 곧 결혼할 사이라는 생각에서 성행위를 받아들이기 쉽다. 그러나 약혼기간이 결혼의 여부, 상호간의 적응여부를 검토해 보는 시험 단계라는 점을 생각할 때 이것은 쉽게 결정할 문제가 아니다.

버제스와 왈린은 결혼 전의 성관계로 사랑이 강화되는 것이 아니고, 약혼자들의 성교가 잦으면 잦을수록 그들의 사랑은 약화되며, 서로의 신뢰감이 적어진다고 하였다. 또한 다른 사람과 성교경험이 있을 경우, 비종교적인 경우, 두 사람의 종교가 서로 다를 때, 약혼기간이 16개월 이상인 때 혼전성교 비율이 높으며, 반면에 두 사람 모두 성경험이 없거나 약혼한 지 8개월 이내인 때, 또는 여자가 학력이 더 높을 때 성교의 비율이 가장 적다고 하였다.

이러한 여러 가지 이론에 비추어 약혼한 남녀가 그들의 애정관계에서 알아야 할 점을 요약하면, 첫째 성적 억제란 위선이 아니고 슬기로운 처사임을 알아야 한다. 성적 억제의 신념을 가지고 그 신념을 상대방에게 설득시킬 수 있는 지혜가 필요하다. 둘째, 성적 충동은 순간적이므로 성적 자극을 주는 행동을 피함으로써 그러한 순간들을 피할 수 있어야 한다. 셋째, 결혼날짜를 미리 정해 놓고 서로간의 애정이나 성적 욕구의 제한을 인식시켜 막연한 기다림의 감정을 없애도록 한다. 넷째, 성적 관계의 조정은 성충동이 더 안정적이고 임신 등의 실제적인 신체적 책임이 동반되는 여성이 보다 확고한 신념을 가지고 적극적으로 조정해 나갈 필요가 있다.

(2) 배우자의 부모와의 관계

버제스와 왈린(Burgess & Wallin)의 연구에서는 약혼자들의 1/4이 상대방이나 자신의 부모 또는 가족과 불화관계에 있었다. 이처럼 근래에는 배우자를 당사자들이 선택하는 경향이 높아짐에 따라 당사자끼리는 좋으나 그 부모는 좋아하지 않는 경우가 증가하고 있다. 그리고 배우자 선택에서 당사자들의 결정이 부모의 의견보다 점차 중시되면서 부모의 반대에도 불구하고 결혼이 추진되는 경우가 늘고 있다. 그러나 부모의 동의는 결혼의 성공률을 높이는 데 있어 매우 중요한 요인이다.

개인이 누군가와 결혼한다는 것은 그 당사자뿐만 아니라 그의 가족과도 결합되는 것이고, 개인의 인성은 그 부모의 영향으로 이루어지는 것이므로, 약혼한 남녀는 각자 상대방의 가족과 잘 융합하고 서로를 잘 이해하도록 충분히 노력해야 한다.

(3) 과거에 관한 문제

약혼한 사이라면 서로 솔직하여야 하므로 비밀을 간직하는 것은 바람직하지 않다고 할 수 있다. 그렇다면 과연 두 사람이 만나기 전까지의 과거에 대하여 어느 정도까지 솔직해져야 하느냐의 문제가 생기게 된다. 특히, 과거에 쓰라린 경험을 갖고 있는 경우, 그러한 과거사를 과연 낱낱이 고백해야 하는가는 심각히 생각해 볼 문제이다. 과거에 대해서 자기 자신이 죄책감을 가지고 있다면, 먼저 종교자나 상담자를 찾아가 의논을 해 보는 것이 좋고, 직접 자기의 과거와 실수를 약혼자에게 고백함으로써 상대방에게 의외의 충격을 주지 않도록 하는 것이 좋다. 누구든지 성장과정 중에는 실수를 저지를 수 있으므로 그러한 실수를 다시 반복하지 않는 한 깨끗이 잊어버리는 것이 좋다. 특히, 여성의 정조를 강조하는 우리나라 사회의 경우, 여성이 과거의 일시적 이성관계를 낱낱이 고백해 버린다면, 그것을 너그럽게 받아들일 수 있는 남성은 그리 많지 않을 것이며, 극한 상황에서는 파혼의 원인이 되기도 한다.

3) 파 혼

파혼이란 약혼자 사이의 결혼예약을 파기하는 것이다. 약혼생활이란 서로가 이해할 수 있도록 여러 가지 면에서 상호 노력하는 것이나, 서로 신뢰할 수 없고 장래의 결혼생활에 만족을 얻을 수 없다고 확신이 되면 주저없이 헤어지는 것이 현명하다. 어떤 형식이나 체면에 얽매어서, 헤어진다는 비극에 직면하는 것이 두려워서, 또는 상대방에 대한 동정이나 미련 때문에 머뭇거리다가 내키지 않는 결혼을 하여 비극을 초래하느니, 파혼함으로써 자기의 일생에 대한 문제를 재조명해 보는 것이 현명한 처사이다.

그러나 우리나라에서의 약혼은 비교적 엄숙하고 심각한 의미를 가진 가족적 행사로서, 약혼한 사이는 거의 결혼한 것과 다름없게 보기 때문에 파혼은 쉽게 일어나지 않고 몹시 주저하게 된다. 그러므로 파혼을 당하면 큰 수치로 생각하고 그로 인한 타격은 치명적일 수도 있다. 그러나 남녀교제가 자유스럽게 허용되고, 약혼이란 상호간의 적응과 융합을 시험해 보는 결혼의 시험단계로 인식하는 경향이 늘어감에 따라, 파혼은 있을 수 있는 일로서 긍정하는 경우도 많아지고 있다.

그러면 과연 파혼하게 되는 자세한 원인은 무엇인지 살펴보기로 한다.

(1) 파혼의 원인

1 애정의 감소

약혼자 사이의 한 사람 또는 쌍방이 모두 상대방에 대한 관심이나 애정이 식어 파혼하는 경우가 있다. 약혼시절에는 서로를 시험하는 기간이므로 사랑이 지속적일 수 있는지를 알 수 있게 된다. 피상적이고 얕은 애정에서 맺어졌던 약혼은 파혼되기 쉽고, 특히 첫눈에 매혹되었다가 점차 상대방을 깊이 알게 됨에 따라 파혼하는 경우도 많다.

2 별리된 생활

약혼자와 서로 떨어져 있으면 애정이 식기 쉬울 뿐 아니라 새로운 환경에 처해서 새로운 사람들과 접촉하다 보면, 가치관이 달라지고 사고방식도 변하며 이상적인 배우자에 대한 인식도 달라질 수 있다.

3 문화적 차이

배우자 선택의 동질적 요인이 되는 계급, 종교, 국적 등이 다를 경우 파혼하기 쉽다. 또한 상대방의 가족 생활에 대해 거의 알지 못하고 약혼을 하였거나 별로 문제시되지 않을 것이라고 생각하였다가 결혼이라는 실제의 문제에 부딪치자, 모든 것이 다른 각도에서 부각되어 상대방의 상이한 문화적 배경을 받아들인다는 것이 불가능하다는 것을 깨닫고 파혼하기도 한다.

4 성격적 문제

약혼기간 동안 두 사람은 더욱 자주 만나게 되어 서로 여러 면에서 실제적인 생활상을 볼 기회가 많아진다. 약혼자가 그의 친구나 가족에게 대하는 태도를 보면서 상대방의 성격특성이 도저히 자기의 성격과 어울리지 않거나, 상대방의 성격을 감수할 자신이 없다고 느껴질 때 파혼하기 쉽다.

5 가족과 친구의 영향

배우자 선택에 본인의 의사가 결정적인 것이라고 하더라도 사람들은 주위에 있는 다른 사람의 영향을 받는다. 약혼 중에 있는 두 사람은 상대방의 가족이나 친구들과 접촉할 기회가 많아진다. 이때 자기의 주관이 뚜렷하다 해도 자기가 선택한 사람이 주위의 사람들에게 호의적으로 받아들여지지 않거나, 심한 반대에 부딪치면, 주관이 흔들려 변하기 쉽다. 가족이나 친구들이 찬성한 결혼은 반대한 결혼보다 성공적인 경우가 많으며, 또 결혼생활에 위기가 왔을 때 그들이 도움을 주기도 하므로 결혼생활이 보다 순탄하고 용이할 수 있다.

6 기타 요인들

서로 친숙해질수록 상호간의 경제적 태도에서도 문제점을 발견할 수 있다. 또한 남자가 자기 부모, 특히 어머니에게 지나치게 의존적이어서 여성의 편에서 볼 때 감정적 독립이 결여되어 있음을 발견하여 파혼하는 경우도 있다.

(2) 파혼의 법적 사유

우리나라 민법 804조에 의하면 약혼한 당사자에게 다음과 같은 사유가 있을 때 약혼을 해소할 수 있다.

- 약혼 후 자격정지 이상의 형의 선고를 받은 때
- 약혼 후 금치산 또는 한정치산의 선고를 받은 때
- 성병, 불치의 정신병, 기타 불치의 악질이 있는 때
- 약혼 후 타인과 약혼 또는 결혼을 한 때
- 약혼 후 타인과 간음한 때
- 약혼 후 1년 이상 생사가 불명한 때

- 정당한 이유 없이 혼인을 거절하거나, 그 시기를 지연하는 때
- 기타 중대한 사유가 있는 때

여기서 정당한 이유란, 학업을 마친 후에 혼인하겠다는 경우, 외국에 체류 중 자기 의사에 반하여 귀국에 장애를 받고 있는 경우, 경제상태의 악화로 즉시 결혼하기 곤란한 경우, 건강이 악화되어 즉시 결혼하기 곤란한 경우 등이다.

기타 중대한 사유란, 약혼의 계속과 약혼의 실현이 일방 혹은 쌍방에게 불가능한 경우를 말하는 것으로, 예를 들면 사기, 강박, 재산상태의 악화로 가족부양이 불가능할 경우, 재산상태의 착오, 상대방의 불성실, 상대방 또는 그 부모에 의한 모욕, 결혼에 대한 부모의 동의거부, 결혼조건의 미비, 불구자가 된 경우, 행복한 결혼의 가능성이 전혀 없어진 경우 등이다.

2. 결 혼

가족이 형성되기 위해서는 결혼이라는 일정한 형식을 거치게 되는데, 이것은 남녀 두 사람의 결합이라는 단순한 의미에서부터 가족과 사회가 유지되는 수단이라는 복합적 의미로까지 해석될 수 있다. 결혼에 필요한 모든 준비, 즉 남녀 두 사람이 적령기에 달하여 이성교제를 하고, 사랑을 배우면서, 서로 배우자로 선택하는 모든 가족간의 인간관계도 시작되는 것이다.

1) 결혼의 의의

결혼은 제2의 탄생이라고도 한다. 사실상 인간은 결혼과 더불어 새로운 인생을 시작하기 때문이다. 이제까지 성장하고 생활해 왔던 자신의 생식가족을 떠나 배우자와 더불어 새로운 자신들만의 가족을 형성하며, 이와 더불어 사회적 역할과 지위를 획득하고 나아가 가족내외적 인간관계를 확대하는 계기가 바로 결혼에 의한 것이다. 그러므로 결혼이란 행복만이 보장되는 낙원도 아니요, 책임과 의무가 수반되는 냉혹한 현실생활인 것이다. 이러한 여러 가지 현실문제에 부딪칠 때, 배우자와 힘을 합쳐 서로 협조과 노력을 통해 극복해 나간다면, 그때 비로소 결혼의 참다운 의의가 되살아나는 것이다. 따라서, 결혼이란 인간이 요구와 의무의 균형

속에서 책임감 있는 역할을 수행하도록 하며, 이를 통해 하나의 성숙된 인격체로 완성되어짐을 그 최대의 의의로 삼고 있다.

2) 결혼의 동기

결혼이란 자연적으로 발생하는 현상도 아니고, 더욱이 인간이 타고나는 본성과 같은 것도 아니다. 그것은 하나의 제도이고 관례이다. 또한 관습과 도덕, 태도, 이념, 이상의 총체이고, 사회적·법률적 제한이 따르기도 한다. 그리고 성적 본능의 발로이기도 하나, 그것만이 목적은 아니다. 결혼은 여러 가지 복합적 동기에 의해서 이루어진다.

그러면 인간은 무엇 때문에 결혼을 하는가? 여기에는 여러 가지 이유가 있다. 사랑하기 때문에, 경제적 안정을 얻기 위해서, 정서적으로 안정되기 위해서, 동반자를 얻기 위해, 가족과 자녀를 얻기 위해, 그리고 성적 충족을 얻고 보호받기 위해서, 사회적 지위를 얻기 위해 등등 그 이유는 여러 가지가 있다. 그러나 결혼함으로 해서 이 모든 것이 한꺼번에 만족스럽게 달성되는 것은 아니다. 그럼에도 불구하고 대부분의 사람들이 결혼하는 이유는, 역시 결혼이 이러한 목적들을 이룰 수 있는 기능과 가능성을 가지고 있다고 믿기 때문이다. 따라서, 결혼의 동기를 개인적 차원과 사회적 차원으로 나누어 생각해 보기로 한다.

(1) 개인적 동기

결혼은 인간에게 개인의 성적 충족과 애정적·감정적 안정을 준다. 성적 충족에는 성욕 충족 이외에도 자녀출산을 통해 자기 존재, 종족계승의 욕망을 충족시켜 준다. 심리적으로는 남녀가 애정으로 결합하여 애정의 욕구를 충족시키며, 동반자로서 같이 생활한다는 점에서 정서적 안정감을 얻게 된다. 이때 비록 개인적 성숙의 차이, 성격의 차이 등으로 갈등이 있다 하더라도, 상대방의 인성을 받아들이고 서로 적응·융합함으로써 인격적 성숙을 이루게 된다.

우리나라는 예로부터 결혼을 결혼당사자 위주가 아닌 가계존속의 목적으로 삼았으나, 근대에 와서 개인주의, 남녀평등주의, 민주주의 사상이 도래함에 따라 결혼의 동기에도 변화가 오게 되었다. 따라서 오늘날의 결혼은 개인의 욕구충족, 개인의 발전, 개인의 행복을 그 목적으로 삼게 되어, 그것이 결혼의 동기가 되고 있다.

(2) 사회적 동기

앞서의 개인적 욕구를 충족시키기 위한 목적으로 결혼을 한다면, 그것은 자연적으로 사회적 의의를 수반하게 된다. 즉, 개인적 성욕 충족을 결혼에 의해서만이 정당하도록 통제하며, 이를 통해 사회 전반적으로 종족계승의 기능을 달성하도록 하고, 이러한 모든 역할수행을 통해 사회적 공인을 얻도록 하는 것이 결혼의 사회적 동기이기 때문이다. 결혼식과 같은 방식을 행하는 것도 사회적 공인을 받기 위한 일종의 절차라고 할 수 있다.

결혼에 있어서는 사회의 법률과 관습이 중요한 역할을 하기도 한다. 사회는 젊은 남녀가 결혼하기를 기대하므로, 적령기가 되도록 독신으로 있는 젊은이에게는 주위에서 결혼하기를 기대하며, 은근한 압력을 주는 것이 상례이다. 그러므로 결혼함으로써 사회적 인정을 받게 되고, 생활과 지위도 향상시킬 수 있다.

결혼이란 실로 오랜 역사를 지닌 제도로서, 여러 시련 속에서도 사회는 결혼보다 더 좋은 남녀의 협동생활을 아직 발견하지 못하고 있다. 결국, 인간은 결혼을 통하여 그들의 욕망과 목표 성취의 만족을 얻고, 이것을 사회적·문화적으로 인정받게 된다. 그러므로 결혼은 개인적이며, 동시에 사회적인 의의를 지니게 된다.

3) 결혼의 법적 중요성

대부분의 현대 사회에서는 개인의 권리를 옹호하고, 사회의 질서를 유지하기 위하여 결혼을 법적으로 통제하고 있다. 예를 들어 중혼, 근친상간 등을 금함으로써 사회의 성질서를 통제하기도 하고, 또한 재산상속권, 혼인외 출생아 등의 여러 문제를 해결하기 위해서도 법적인 보호는 반드시 필요하게 된다.

(1) 혼인 성립의 실질적 요건

우리나라 가족법에는 다음과 같은 조건이 갖추어져야 혼인이 성립된다고 규정하고 있다. 이때의 혼인이란 혼인신고가 수리된 결혼을 말한다.

가. 남자 만18세, 여자 만16세에 달한 때에는 혼인할 수 있다(민법 807조).
나. 부모 또는 이에 준하는 사람의 동의를 얻어야 한다(민법 808조).
① 미성년자(만20세 미만)가 혼인할 때에는 부모의 동의를 얻어야 하며, 부모 중 일방이

동의권을 행사할 수 없을 때에는 다른 일방의 동의를 얻어야 하고, 부모가 모두 동의권을 행사할 수 없을 때에는 후견인의 동의를 얻어야 한다.

② 금치산자는 부모 또는 후견인의 동의를 얻어 혼인할 수 있다.

③ ①, ②항의 경우 부모 또는 후견인이 없거나, 동의할 수 없는 때에는 친족회의 동의를 얻어 혼인할 수 있다.

다. 근친혼 등이 아닐 것(809조).

① 8촌 이내의 혈족(친양자의 입양 전의 혈족을 포함한다) 사이에서는 혼인하지 못한다.

② 6촌 이내의 혈족의 배우자, 배우자의 6촌 이내의 혈족, 배우자의 4촌 이내의 혈족의 배우자인 인척이거나 이러한 인척이었던 자 사이에서는 혼인하지 못한다.

③ 6촌 이내의 양부모계의 혈족이었던 자와 4촌 이내의 양부모계의 인척이었던 자 사이에서는 혼인하지 못한다.

라. 배우자가 있는 자는 다시 혼인하지 못한다(민법 810조).

마. 당사자간에 혼인의 합의가 있어야 한다(민법 815조 1항).

이처럼 결혼하는 당사자들 간에 결혼을 할 의사가 있어야 하므로, 당사자 간에 혼인의 합의가 없이 부모가 강압적으로 자녀의 혼인을 성립시키는 경우는 혼인무효의 요건이 된다.

(2) 혼인신고

현대사회에서는 결혼의 사회적 승인과 함께 법적 승인을 받아야 한다. 우리 사회에서는 혼인신고를 마쳐야만 비로소 완전한 결혼이 성립된다. 결혼식을 거행하지 않아도 혼인신고를 함으로써, 법적으로 부부가 됨을 인정받을 수 있다. 반면, 결혼식을 거행하여 결혼생활을 여러 해 계속하였고, 친구와 이웃 사람들이 그들이 부부임을 인정할지라도, 혼인신고 미비로 혼인이 성립되지 않는 경우가 있다. 그리하여 법적 부부가 아니라는 것을 핑계 삼아 중혼을 하여 불시에 억울한 일을 당하는 예도 있다. 그러므로 결혼에 있어서는 혼인신고에 대한 법적 절차의 중요성을 인식하여야 한다.

혼인신고는 당사자 쌍방과 성년자인 증인 2인이 연서한 혼인신고서를 '가족관계의 등록 등에 관한 법률'(2008년 1월 시행)에 의하여 남편의 주소지나 현거주지에서 신고하여야 한다(민법 812조).

4) 결혼식

결혼은 관련된 두 당사자의 사적 계약에 의하여 성립이 될 수도 있지만, 가족적인 관계도 포함되며, 또한 가족이란 사회구성의 기본이 되는 소집단이고 장기적인 동거생활을 약속하는 것이므로 사회적인 관계이기도 하다. 그리하여 부부는 결혼식이라는 의식절차를 통하여 가족, 친척, 친구 및 이웃사람들 앞에서 두 사람이 부부가 됨을 공고하여 사회에서의 승인을 받는 것이 필요하다. 그러므로 결혼식의 목적은 부부에게 개인적 · 사회적 기능과 새로운 지위를 담당하게 되었다는 사실을 인식할 수 있는 기회를 부여함으로써, 자신의 지위와 권리를 더욱 강화하도록 하는 데 있다.

결혼식의 크기와 범위, 비용은 두 사람의 경제적 생활수준에 따를 것이나 최소한의 경비는 필요하게 된다. 새로이 출발하는 두 사람에게 있어 결혼식은 생의 전환점이 되는 행사이므로 감상적이 될 수 있고, 또 그 날을 기억하고 기념하고 싶은 심리가 작용하게 된다. 그렇다고 너무 지나친 비용으로 낭비하거나 쓸데없는 허례허식은 삼가야 한다. 결혼식은 앞으로 나아가기 위한 시작에 불과하므로, 그것 자체가 전부가 될 만큼의 크고 화려한 의식은 오히려 무익할 뿐이다. 인생이라는 과정을 통해서 결혼은 최대의 경사이고 가장 중요한 의식이므로, 결혼일자, 장소, 비용, 신혼여행 등의 치밀한 계획을 세워 놓고 무리없이 뜻있는 날이 되도록 해야 한다.

결혼식을 끝마치면 일반적으로 신혼여행을 가게 된다. 신혼여행은 서구사회에서 오랜 전통을 지닌 행사 중의 하나이다. 신혼여행이란 두 사람의 애정이 마치 만월과 같다는 비유로 허니문(honeymoon)이라는 말을 사용한다. 신혼여행의 기능은 두 사람이 앞으로 공동생활을 하게 될 때의 적응관계를 용이하게 해 줄 수 있는 전환기를 마련해 주는 데 있다. 두 사람이 독신의 생활에서 갑작스레 공동생활로 변화를 갖는 것보다는 며칠의 여행기간을 통해 생활의 경험을 쌓음으로써, 새로운 생활을 용이하게 받아들이도록 하는 데 그 목적이 있다. 또한 지금까지의 각각의 생활을 마무리할 기회를 주며, 정신적 · 신체적인 친숙과 성적 경험을 갖도록 하는 기능이 있어, 이를 통해 각각의 역할을 인식 · 적응하고, 애정을 기초로 한 동료의식을 형성해 나가도록 해야 한다(Bowman, 1970 : 307).

두 사람에게 있어 신혼여행은, 첫째 나의 생활에서 우리의 생활로, 둘째 독립의 사고에서 의존적·협력적 사고로, 셋째 독신의 성생활에서 결혼생활을 위한 성생활로, 넷째 가정과 가족에 대한 무책임한 태도에서 관심과 책임의 태도로, 다섯째 독신의 관습에서 가족중심의 관습으로, 여섯째 개인을 위한 소비에서 가족을 위한 소비방법으로, 일곱째 자식의 입장에서 부부의 입장으로, 여덟째 자기 가족만의 관계에서 시가·처가와의 새로운 관계로, 아홉째 상대방의 외모나 일시적인 매혹에서 즐거움과 신뢰의 부부관계로 바꾸어야 할 교량적 역할을 해 준다. 그러므로 이러한 역할을 충분히 수행하기 위해서는 다음과 같은 몇 가지 주의점이 필요하다.

① 두 사람만의 사생활을 보장받도록 하는 것이 좋다. 그러므로 가능하면 아무도 그들을 모르는 곳으로 가는 계획도 권장할 만하다.

② 신혼여행은 피로나 정신적 긴장에서 벗어날 수 있도록 하고, 무리한 여정은 피해야 한다. 그리고 비싼 비용을 들여 지나친 부담을 주는 것도 미래의 생활을 위해서는 바람직하지 못하다.

③ 여행중의 생활은 서로 즐길 수 있는 것이어야 한다. 아름다운 곳의 관광이 두 사람간의 갈등을 무마시킬 수 있으며, 서로가 즐길 수 있고, 긴장을 해소할 수 있는 환경을 만드는 것이 좋다.

④ 신혼여행을 성적 충족의 기간으로 생각하여 실망하는 경우도 있으나, 신혼여행 기간은 성생활의 시작이므로, 결코 완전할 수 없음을 이해해야 한다. 서로 만족을 얻고 완전해지기에는 경험과 시간이 필요하다. 그러므로 신혼여행시에는 성생활보다 서로 협동하고, 자기중심적 사고를 벗어나 이해하는 분위기를 만드는 것을 우선시해야 한다.

5) 결혼생활의 적응

(1) 성공적 결혼

인간은 누구나 자기의 결혼이 성공적이길 바라고 행복하기를 원한다. 그리하여 누구나 최선을 다하여 생활하지만, 뜻하지 않은 불행이 오기도 하고, 전쟁, 혼란과 같은 사회적 위기나 사망과 같은 불안에도 부딪친다. 이렇듯 눈에 보이는 외적 영향 이외에도 개인의 불충분한 지식, 불안정한 정서, 미성숙한 인성이나 결혼에 대한 지나친 기대 등이 불안을 초래하는 일이 많다. 그렇다면 우리 모두가 바라는 성공적 결혼이란 무엇인가?

성공적 결혼이란 개인의 만족에까지 도달할 수 있도록 두 사람 상호간에 역동적이고 발전적인 관계가 이룩되고 있는 결혼을 말한다. 성공적 결혼의 필수적인 요소는 상대방의 인성, 인격을 이해하고 흡수하고 소화하여, 서로 동화하려고 노력하는 자세에 있다. 즉, 상대방의 능력, 자유, 자존심을 존중하고, 그의 목표에 도달할 수 있도록 용기를 주며, 격려하고 허용해 주어야 한다. 상대방의 모든 행동을 무시하거나, 방해하거나, 거부하는 태도는 두 사람의 관계를 저해하는 요소이다.

또한 성공적 결혼은 법률적 요구를 충족시켜야 한다. 즉, 사회적 기대나 그 사회의 문화, 도덕, 윤리의 규범 안에서 허용되는 결혼이어야 한다. 다른 문화, 다른 종교를 가진 결혼이 때때로 실패하는 예를 우리는 종종 볼 수 있다. 성공적 결혼이란, 건전한 정서적 발달을 해야 하며, 그로 인하여 좋은 분위기를 형성해야 하는 것인데, 결혼이란 두 사람만의 관계뿐만 아니라 수없이 많은 가족, 친척 등의 인간관계를 포함하는 것이므로 그 사회가 기대하고 요구하는 수준을 지니고 있어야 그들의 결혼을 성공적으로 이끌 수 있다.

성공적인 결혼은 반드시 행복하고 이성적이며, 만족스럽고, 완전한 것은 아니다. 다만 이것이 외적인 측면뿐만 아니라 내적인 개인의 요구를 만족시켜 줄 수 있을 때, 비로소 완벽한 것이 될 수 있다. 내적 요인이란 두 사람의 인성특성, 적응능력을 말하며, 외적 요인은 사회적 · 경제적 · 가족적 여건을 들 수 있다.

1 성공적 결혼의 기준

① 사회의 요구와 기대에 어긋나지 않게 이루어진 결혼은 성공적이다.

② 당사자 자신이 원하고 기대했던 사람과의 결혼은 성공적이다.

③ 양가의 가족들이 긍정하는 결혼은 성공적이다.

④ 현대사회에서 살아갈 수 있는 경제적 능력이 있고 이에 잘 적응할 수 있는 성숙된 사람의 결혼은 성공적이다.

2 결혼생활의 성공적 요인

① 부부들의 공동관심이 가정, 자녀, 사랑 및 종교와 같은 문제에 있을 때 그들의 결혼은 돈, 명예, 향락, 오락 등에 관심을 둔 부부보다 안정되고 성공적이다. 즉, 개인의 관심이 가족 중심의 생활에 있을 때 성공적이다(Kephart,

1966 : 505).

② 부모들의 결혼생활이 행복했을 때, 자녀들의 결혼생활이 행복하게 될 가능성이 많다. 즉, 행복한 가정과 부모 밑에서 자라난 사람일수록 자기들의 생활을 행복하게 꾸며 나갈 소질을 갖고 있다.

③ 결혼 전 교제기간이 길었던 사람들이 행복하게 적응할 수 있다. 즉, 갑작스런 기분이나 일시적인 충동으로 이루어진 결혼일수록 지속성이 적다.

④ 비슷한 사회적·문화적 배경을 지닌 사람들이 성공적이다. 즉, 교육, 직업, 생활정도, 취미가 비슷할 때에 적응이 용이하기 때문이다(이효재, 1983 : 245~246).

(2) 행복한 결혼

우리는 흔히 성공적 결혼과 행복한 결혼을 혼동해서 사용할 때가 많다. 행복이란 주관적이고 단편적이며 순간적이기 때문에 일반화시켜 설명하기가 어렵다. 행복이란 오래 지속되는 감정이 아니므로, 결혼생활에 있어서는 여러 가지 요인이 작용하여 어떤 일면이나 일부에서 행복을 느끼고 만족을 느낄 수 있지만, 전적으로 행복한 결혼이란 표현은 쓰기가 어려울 것이다.

성공적 결혼은 행복할 가능성이 높지만, 행복한 결혼이 반드시 성공적일 수는 없다. 왜냐하면, 결혼한 두 사람의 조건이 앞서 제시된 성공적 결혼의 조건에 미치지 못하는 경우라도 두 당사자들은 서로 행복할 수 있기 때문이다. 즉, 행복이란 어디까지나 주관적이기 때문에 결혼의 행복 여부는 쉽게 판단할 수 없는 것이다.

이처럼 행복이란 단편적이고 주관적인 데 반하여, 결혼은 오랜 기간의 생활이고 여러 가지 많은 요인이 작용하므로, 결혼생활의 행복이란 단순한 행복감으로 표현할 수 있다. 행복감을 가진 사람은 우선 기분 좋은 상태의 감정을 가진다. 완전히 긴장을 풀고 자유롭고 편안하며 불편이 없는 상태로 모든 것을 완화시킬 수 있다. 또한 행복감을 가진 사람은 매일의 생활에서 충실감을 가지고 책임감 있게 행동하며, 그의 생에 대한 계획을 단계적으로 실현하고 아울러 자아발전의 욕구를 가지고 그 방향으로 전진해 나간다. 더불어, 생을 긍정적으로 즐겁게 받아들이고, 생활을 즐겁게 보낼 줄 알며, 쓸데없는 불평이나 불만으로 시간을 헛되이 낭비하지 않는다.

결혼생활에서의 행복감이란 개인의 충동, 습관, 희망, 기대 등이 적절하게 방출되고 충족되어 자기발견, 자기실현을 위해 안정감을 가지고 충실하게 생활할 수 있는 심리상태를 말한다. 이렇듯 결혼생활의 성공이나 행복은 그대로 얻어지는 획득물이 아니라, 끊임없는 자기 노력, 수행, 투쟁으로 만들어지는 생성물이다. 따라서, 결혼이란 자기 노력 여하에 달린 것이다.

(3) 결혼만족도

결혼에 대한 평가기준은 행복과 안정성으로 대별되며, 행복은 만족, 성공, 적응 등의 여러 형태로서 연구되고 있다. 여기에서 만족은 일정한 목표나 요구의 달성에 대한 개인의 주관적 감정상태이며, 행복은 생활에서의 사소한 즐거움이나 큰 기쁨에 이르는 감정, 또는 자연적 욕구에 의해 유발되는 비교적 영속적인 안락한 상태, 혹은 기대가 충족되었을 때 나타나는 즐거움 등으로 파악된다. 그리고 적응이란 상호작용의 과정으로, 이것이 성공적으로 이루어질때 만족감과 행복감이 부여되며, 적응이 잘 이루어지는 사람일수록 결혼에서 성공할 가능성이 높다.

결혼의 만족(marital satisfaction)이란, 결혼생활 전반에 대한 부부의 행복과 만족에 대한 주관적 감정이며 일종의 태도이다. 이러한 결혼생활 만족도는 결혼생활 전반에 대한 부부의 행복과 만족에 대한 주관적 감정이나 태도를 가늠하는 정도를 말하는 것으로, 이는 극히 주관적이고 개인적인 현상이므로 이를 측정하는 데에는 많은 문제점이 있다.

롤린스와 펠드만(Rollins & Feldman, 1970)은 799쌍의 부부를 대상으로 결혼만족도에 관한 조사를 실시한 결과, 남편의 44%, 부인의 42%가 서로 조용히 의논하고 의사를 교환하며 하루 한 번 이상 하나의 문제점을 가지고 같이 논의한다고 보고했다. 또한 바일런트(Vaillant, 1993)의 연구에 의하면 남편보다 부인이 '우리들의 결혼은 행복하다'고 더 많이 응답하고 있으며, 남편과 부인 모두가 자녀의 출산 후부터 결혼만족도가 감소되다가 가족주기의 후기 단계부터 점차 상승하는 경향을 보이고 있다. 특히, 자녀의 성장과 더불어 독립시키면서부터 결혼만족도는 급격한 상승을 나타내고 있다. 또한 부인은 결혼생활 만족에 있어서 자녀출산 및 양육의 시기를 중요한 시기로 보고 부부간의 만족도가 감소되는 데 비하여, 남편은 그들의 은퇴시기를 가장 중요한 시기로 보고 있다. 즉, 부인은 부모의 역할에 전력을 기울이는 동안 남편은 사회적·직업적 역할에 전력을 기울이고 만족을 얻는다는 것이다(그림 6-1 참조).

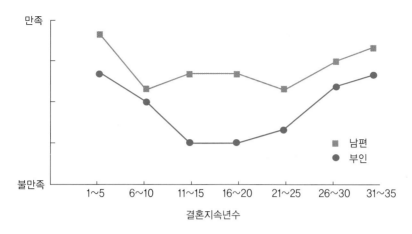

* 자료 : Vaillant, C.O. & Vaillant, G.E.(1993). Is the u-curve of marital satisfaction an illusion? A 40-year study of marriage. *Journal of Marriage and the Family* 55, 230-239.

그림 6-1 가족생활주기에 따른 결혼만족도

대체로 결혼만족도에 영향을 주는 사회인구학적 요인을 살펴보면 다음과 같다.

1 주부의 교육수준

주부의 교육수준이 높을수록 결혼만족도는 증가하며, 결혼의 안정성이 유지된다(조유리 · 김경신, 2000; 최규련, 1998). 글릭(Glick, 1957)은 학업낙오자가 결혼해서도 낙오될 가능성이 높으며, 교육수준은 남편보다는 부인에게 더욱 영향이 크다고 지적하고 있다. 반면, 커트라이트(Cutright, 1971)는 수입이 동일하면 교육수준이 높을수록 결혼에서의 안정성이 감소하며, 높은 교육수준이 높은 수입을 보장하지 못하면 만족도는 감소된다고 보고하였다.

2 주부의 취업

부인의 취업은 기본적으로 부부관계의 질에 영향을 미치는데(이선주, 1988), 취업주부는 비취업주부에 비해 결혼만족도가 높지만 반대로 남편의 만족도는 낮다는 연구(Barke & Weir, 1976)가 있는 반면, 취업주부의 결혼만족도는 낮으나 취업자체보다는 남편의 지지, 직업의 종류나 만족도, 취업동기 등 취업의 배경 요인이나 이와 관련된 심리적 태도 등이 더 크게 작용한다는 연구들(김경신 · 김오남, 1996 ; 조유리 · 김경신, 2000 ; Bean et al., 1977)이 있다. 맞벌이부부의 남편이나 비취업주부의 경우에도 상대가 자신보다 더 많이 일하거나 공평하게 일한다고 생각할 때 결혼만족도가 증가한다.

3 가족의 수입

가족의 수입은 결혼만족도에 가장 큰 영향을 미치는 요인이다. 고소득층에서 결혼은 더욱 안정성을 지니며, 최상류층을 제외하고는 남편의 수입과 직위가 높아짐에 따라 만족도가 증대되며, 저소득층은 결혼에 대해 보다 많은 불만을 나타낸다(Renne, 1970). 이에 관해서는 국내 연구들(김은정, 1992 ; 김화자 · 윤종희, 1991)도 동의하고 있다.

4 자녀수

결혼만족도는 자녀수에 반비례하며, 자녀를 양육하고 있는 가정은 자녀가 아직 없거나 출가한 가정에 비해 만족도가 낮다(김민녀 · 채규만, 2006 ; 이선정 · 신효식, 2000). 그러나 전혀 자녀가 없는 것은 불만족의 근원이 되기도 하며, 자녀는 만족과 기쁨의 근원인 동시에 부부 상호관계의 결합을 도모한다. 자녀를 1~2명 가진 사람이 3~4명 가진 사람보다 만족도가 높으며, 자녀가 3명 이상일 때 결혼만족도는 급격히 감소하고, 자녀의 터울이 좁을수록 만족도가 낮다(Hurley & Palonen, 1967).

5 결혼년수

결혼년수가 경과할수록 전반적인 만족도는 감소하나, 결혼말기에는 다시 상승하는 경향을 보인다. 김민녀 · 채규만(2006)은 결혼만족도 감소가 결혼 6년을 기점으로 일어난다고 하였다. 시간에 따른 이러한 변화는 부인에게 더 크게 일어나는 것으로 알려지고 있다(이은희, 2000 ; Rollins & Cannon, 1974).

6 가족의 형태

가족의 크기가 커질수록 만족도는 감소하고 더 많은 긴장감이 생기며, 이는 부인보다 남편이 더욱 심하다. 랜디스(Landis, 1958)도 결혼 초기의 빠른 적응은 사생활이 보장될 때 쉽게 이루어진다고 하였다.

7 결혼 전 동거여부

혼전 성적 관계나 동거는 결혼관계에 부정적인 영향을 미쳐 이혼율과도 정적 상관을 나타내고 있다. 이미 결혼의 질이 떨어지는 시점에 결혼하기 때문이라 할 수 있다(Booth & Johnson, 1988 ; DeMaris & Leslie, 1984).

8 결혼횟수

초혼의 결혼만족도가 재혼보다 높은 것으로 나타나고 있고, 재혼만족도는 여성보다 남성에게 더 높게 나타나고 있다. 이혼을 쉽게 받아들이는 태도, 초혼을 방해했던 장애요인들의 잔존, 동반자녀 문제 등이 만족도를 저해하는 요인이 될 수 있다(Vemer et al., 1989 ; White & Booth, 1985).

그러나 최근의 연구들은 위와 같은 인구사회학적 요인 이외에, 주로 배우자의 역할 수행 정도나 그 공평성(김경신·김오남, 1996 ; 최규련, 1993 ; 허영옥, 1993 ; Bahr et al., 1983 ; Yoger & Brett, 1983), 활동의 공유정도(Miller, 1976), 긍정적 의사소통(김인숙, 1988 ; 정용재, 1985 ; 조유리·김경신, 2000 ; Bell et al., 1987 ; Fowers & Olson, 1986)등 주로 부부 상호관계에 관련된 요인들이 결혼만족도에 결정적인 영향을 주고 있음을 밝히고 있으며, 또 자아존중감(최의선·손현숙, 1991)과 같은 개인적 변인의 중요성도 거론되고 있다.

6) 가족계획

과거에 자녀출산은 자연의 섭리나 운명에 맡기고, 인간이 인위적으로 조절할 수 없는 것으로 생각하였다. 그리하여 자연적으로 임신되는 대로 자녀를 낳았으며, 태어난 자녀들은 그들의 운명에 따라 살아갈 수 있다는 사고방식이 지배적이었다. 그러나 현대사회에서는 고도로 발달된 과학기술로 효율성 높은 피임방법을 개발하고 수태조절의 기술이 널리 보급됨에 따라, 인간은 생활목표와 계획에 따라 의식적으로 출산을 조절할 수 있게 되었다.

가족계획은 결혼 전의 성교육을 비롯하여 결혼에 대한 지도, 결혼시의 지도, 임신, 출산, 육아에 대한 지도를 포함하는 광범위한 생활설계로서, 가정생활의 질적 향상을 위한 합리적이고 인위적인 통제를 함을 의미하는 것이다. 이러한 의의를 생각할 때 가족계획은 단순한 산아제한과는 엄연히 구별되어야 하며, 산아제한이 가족계획의 일부이긴 하지만 전부는 아니며, 가족계획에는 불임증 부부에게 임신할 수 있도록 그 대책을 강구하는 일도 포함된다.

그러므로 가족계획은 현대의 부부관계와 가족생활에서 기본적이며 필수적인 사실로 되었다.

(1) 피임법

피임(contraception)이란 정자와 난자가 합쳐지는 과정인 수정현상을 막는 방법으로, 성 행위의 결과로 야기되는 생명에 대해 존중하고 책임을 지는 것이 피임이라고 할 수 있다. 여러 가지 피임방법 중에서 어떠한 방법을 택할 것인가는 개인적인 문제이긴 하지만, 남편과 아내 모두 산아제한과 가족계획에 대하여는 동등한 책임과 권리가 있다는 점이 강조되고 있다(구성애, 1994 ; 하재청 외, 1992).

1 피임법의 조건

가족계획은 인간생활을 행복하게 하기 위한 생활양식이므로, 이것의 실천이 부부생활에 불만을 주어서는 안 되며, 부부의 자유로운 의사와 합의에 의해 이루어져야 한다. 가족계획의 실천을 위한 피임법은 다음과 같은 조건을 구비해야 한다.

① 피임효과가 확실해야 한다.
② 성감에 영향을 주어서는 안 된다.
③ 절대적으로 무해해야 한다.
④ 실시하는 방법이 간편해야 한다.
⑤ 경제적이어야 한다.
⑥ 피임에 실패하여 임신해도 태아에게 무해해야 한다.

2 피임방법과 그 원리

피임법의 종류에는 여성이 사용할 수 있는 것으로 루프(loop), 먹는 피임약(oral pill), 월경주기법(rythm method), 다이아프램(diaphragm), 젤리제, 발포성 정제, 난관결찰술 등이 있고, 남성이 할 수 있는 것으로 콘돔(condom), 성교중절법(coitus interruptus), 정관절제술 등이 있다. 이 중 현재 일반적으로 많이 채택하고 있는 순위는 루프, 먹는 피임약, 콘돔, 월경주기법의 순이다. 피임법의 종류에 따른 수태조절 원리는 다음과 같다.

① 자궁장치인 루프는 정자와 난자가 만나서 수정하는 것을 방해하거나, 수정란이 착상하는 것을 방해하는 원리이다.
② 월경주기법이나 먹는 피임약은 정자가 여성의 생식기관 내에 침입하더라도 난자가 부재 중인 상태이므로 수정될 수 없도록 하는 원리이다.
③ 콘돔과 다이아프램은 일단 사출된 정자가 자궁 내에 들어갈 수 없도록 진로

를 방해함으로써, 난자와 만날 수 없게 하는 방법이다.

④ 젤리제와 발포성 정제는 배출된 정자를 사멸시킴으로써, 난자를 만날 수 없도록 하는 방법이다.

⑤ 성교중절법은 정자의 사출을 보류함으로써, 난자가 정자를 맞을 수 없도록 하는 방법이다.

⑥ 정관절제술과 난관결찰술은 불임술로서, 형성된 생식세포가 나아갈 길을 완전히 차단함으로써 정자와 난자가 영구히 만날 수 없는 영구피임법이다.

이상의 여러 가지 피임법에 대해 그 원리와 성질을 잘 알아서 부부간에 충분한 의견교환으로 본인들의 사정에 가장 알맞은 방법을 채택하는 것이 좋다.

(2) 불임과 임신의 새로운 방법

통계에 의하면, 전체 결혼여성의 약 10%가 여러 가지 이유로 불임(sterility)이라고 한다. 자식을 통한 가계계승이 결혼의 동기로 중요하게 기능하는 우리나라의 경우, 불임을 극복하기 위한 다양한 노력이 이루어지고 있는 실정이다. 불임의 원인은 다음과 같으며, 불임을 극복하기 위한 다양한 치료방법들도 계속 증가하고 있는 추세에 있다(정현숙 외, 1998).

■1 불임의 원인

여성이 문제의 원인인 예로는 주로 배란현상이 가끔 생기거나 전혀 생기지 않을 경우, 난세포를 형성시켜도 양질(良質)이 아닌 경우, 나팔관에 이상이 있는 경우, 임질이나 깨끗하지 못한 낙태수술에 의하여 골반에 염증이 생긴 경우, 여성의 식이요법에서 옥소(iodine)나 엽산(folic acid)이 결핍된 경우 등이다. 또한 여성에게는 이전에 사용하였던 피임법이 불임에 영향을 미치기도 한다. 예를 들어 불규칙한 생리주기를 지닌 여성이 피임약을 복용하다가 임신을 위하여 복용을 중단하면 배란현상이 상당한 기간 동안 재개되지 않을 수 있다.

남성의 원인으로는 정액의 양이 충분하지 않거나 양질의 정액이 아닌 경우가 대부분이다. 정액상의 문제는 성인기에서 이하선염, 심한 감염, 열병, 성병, 전립선염, 약물, 술, 영양부족, 선의 이상 등이다. 가장 흔한 남성들의 원인은 음낭에서의 정맥들이 확장되어 복부의 혈류가 음낭에 모여들어서 정자세포들을 생성하는 부위의 온도가 너무 높게 유지되는 정맥혈류 현상이다(윤가현, 1990).

② 임신의 새로운 방법

① 인공수정(artificial insemination)

배란일 전후 3~4일 동안 여성의 자궁경부에 정자를 주입시킨다. 이것은 대개 관을 통해 주사기로 주입된다. 정자는 여성의 파트너 혹은 기증자로 부터 얻어질 수 있다. 이 방법은 정자의 수가 적거나, 정자에 유전적 결함이 있거나, 신체적 혹은 심리적 이유로 성교를 통한 사정이 불가능하거나, 완전히 불임인 경우에 행해질 수 있다.

② 체외수정(in vitro fertilization)

난자와 정자의 결합이 실험접시 위에서 이루어진다. 그런 후에 수정된 난세포는 정상적인 임신 및 출산을 위해 모체에 주입된다. 이 경우 최초의 시험관 아기인 루이스 브라운(Louise Brown)이 1978년 7월 25일 영국에서 태어났고 그 후로 시험관 아기는 상당히 일반화되었다.

③ 생식세포 난관내 이식(gamete intra－fallopian transfer : GIFT)

이 방법은 시험관 수정의 대안으로서, 대개의 수정란이 성장하기 시작하는 것과 같이 나팔관에 정자와 난자를 외과적으로 이식시키는 것이다. 수술은 시험관 수정의 경우보다 어렵지 않으며, 시간과 비용이 적게 드는 장점이 있다. 이 방법은 나팔관이 막힌 여성들에게 행해진다. 이때 난자와 정자는 막힌 부분 밑에 주입된다.

④ 배아이식(embryo transfer)

불임 여성의 남편으로부터 정자를 채취하여 다른 여성의 난자와 수정시킨다. 수정된 난자를, 배아를 키우고 출산할 그 불임여성의 자궁에 이식시킨다.

⑤ 대리모(surrogate)

대리모란 불임여성의 남편으로부터 정자를 채취하여 인공수정한 뒤, 일정기간이 지나 때로는 일정한 보수를 받고 아기를 출산하는 여성을 말한다. 대리모는 출산 후 아기를 부부에게 건네주어야 하며, 계약조건에 따라 방문할 권리를 갖기도 한다. 대리모에 대한 판례들이 상당히 주목을 끌어 왔었는데, 의학기술을 앞지를 만한 법적 견해가 있기까지는 수년이 걸릴 것이다.

⑥ **대리 인공수정(host uterus)**

이 방법은 실험실에서 정자와 난자를 결합시킨 후, 대리모가 될 다른 여성에게 수정란을 이식시키는 것이다.

⑦ **약물요법(fertility drugs)**

여성의 임신확률을 증가시키는 몇 가지 약물이 있다. 이 약물들은 여성의 배란을 촉진시키기도 하고, 자궁에서 수정란을 받아들일 수 있게 에스트로겐과 프로게스테론의 분비를 자극하며, 호르몬을 분비시키는 뇌하수체 분비선을 자극하여 에스트로겐과 프로게스테론을 만들어내기도 한다. 이러한 약물을 복용하는 여성들에게 나타날 수 있는 한 가지 문제는 쌍태아(쌍둥이나 세쌍둥이 같은)를 낳을 확률이 높다는 것이다.

산아제한과 가족계획에 대해 어떤 결정을 내렸든간에 가장 중요한 것은 부부가 함께 모든 사항들에 대해 의논해야 한다는 것이다. 자녀 출산 여부보다 중요한 것은 부부 두 사람의 사랑과 이해이므로, 어떤 경우에도 두 사람의 가족계획에 대한 공동의 노력과 관심 그리고 협조가 있어야만 결혼관계가 더욱 돈독해질 수 있다.

연구문제 ●━━━━━━━━━━━━━━━

1. 약혼의 기능을 잘 살리기 위하여 약혼기간 중 상호 협력해야 할 내용들은 무엇인지 제시하시오.
2. 결혼의 동기는 무엇인지 설명하고, 이것이 현대사회에서 갖는 의미를 분석하시오.
3. 결혼의 성공과 만족도에 관련된 기본적 요인들을 설명하시오.

PART 3
가족의 인간관계론

인간은 일생 동안 많은 유형의 인간관계를 경험하게 된다. 그 중 가족 내에서 경험하게 되는 인간관계는 모든 인간의 보편적인 현상이다. 출생과 더불어 부모와의 관계가 형성되고, 성장하면서 형제자매와의 관계도 맺게 되며, 성인이 되어 결혼하면 배우자와의 관계와 인척과의 관계도 발생한다.

가족 내에서의 모든 인간관계는 가족 외의 인간관계에 비하여 보다 공동체적인 특성을 지니고 있다는 공통점이 있지만, 가족 내의 인간관계 각각은 다른 특성을 나타낸다. 즉, 부부관계는 결혼이라는 계약으로 맺어진 성의 관계이며, 부모자녀 관계는 혈연을 계승하는 관계이며, 형제자매 관계는 혈연을 공유하는 관계이며, 인척관계는 배우자를 매개로 하여 형성되는 관계이다. 따라서, 각 관계의 특성에 따라 구체적인 상호작용의 원인이나 과정이 다르며, 결과 역시 다르게 나타나므로 가족 내 인간관계를 세분하여 이해할 필요가 있다.

가족구성원간의 인간관계에 있어서 상호작용의 원인, 과정, 결과는 관계특성에 따라 다르다고 할지라도 상호작용의 내용은 사회적인 측면, 심리적인 측면, 관계적인 측면을 공통적으로 포함한다고 할 수 있다. 사회적인 측면의 상호작용이란 역할구조나 권력구조 등을 의미하고, 심리적인 측면의 상호작용이란 가족구성원간의 긴장, 갈등이나 만족을 의미하고, 관계적인 측면의 상호작용이란 의사소통을 의미한다.

따라서, 본 Ⅲ편에서는 가족 내 인간관계에 대한 이해를 도모하기 위하여, 먼저 가족 내의 인간관계에서 공통적으로 나타나는 역할, 권력, 스트레스, 갈등, 의사소통에 대한 기본적 개념을 살펴보고, 다음으로 가족 내의 인간관계를 부부관계, 부모자녀 관계, 형제자매 관계, 고부관계로 구분하여 각각의 인간관계에서 나타나는 역할구조, 권력구조, 스트레스, 갈등, 의사소통 그리고 법률적 관계 등을 살펴보기로 한다. 다만, 노년기의 배우자와의 관계, 성인자녀와의 관계, 형제자매와의 관계는 노인의 특성이 더 중요하게 고려되어야 하기 때문에 제15장 노인과 가족에서 다루기로 한다.

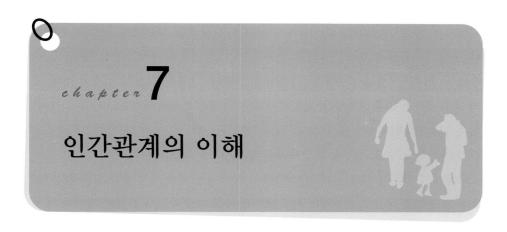

chapter **7**

인간관계의 이해

인간관계란 일반적으로 인간의 사회적 관계와 같은 뜻으로 쓰여지는 용어이다. 왜냐 하면, 인간관계에 대한 연구는 본래 산업사회에 있어서의 인간관계에 대한 과학으로 출발하였기 때문이다. 그러나 인간관계의 관심대상은 곧 다른 영역으로까지 확대되었는데, 가족영역에 있어서는 가족의 불안정 내지 위기가 가족구성원 간의 인간관계 문제로 인하여 발생하는 빈도가 증가하고 있기 때문에 가족 내 인간관계에 대해서도 관심을 가지게 되었다.

본 장에서는 인간관계에 대한 이해를 돕기 위하여 인간관계에서 나타나는 몇 가지 상호작용, 즉 개인간의 역할구조, 권력구조, 스트레스, 갈등, 의사소통에 대한 기본적인 개념을 설명하기로 한다.

1. 인간관계의 의미

인간관계라는 용어가 하나의 학술용어로서 대두된 것은 1930년대 미국의 벨(Bell)식 전화기 제조회사인 웨스턴 일렉트릭(Western electric) 회사의 호손(Hawthorn) 공장에서 이루어진 소위 호손 실험(Hawthorn Experiment)의 결과로부터 전개된 인간관계 연구에서이다.

케이스 데이비스(Keith Davis)에 의하면 인간관계란 직원으로 하여금 집단의 한 구성원으로서 상호생산적이고 협동적으로 잘 어울려 지낼 수 있도록 그들의 경제적, 사회적, 심리적 욕구를 만족시켜 주면서, 그들을 직장의 전체적 상황 속에 결합시키는 작용이라고 하였으며, 모톤 그로진스(Morton Grodzins)는 인간관계는 심리학·사회학·사회인류학의 종합과학적 학문으로서 사기업이나 공공기관을 막론하고, 주로 인간문제를 다루는 신흥과학이라고 피력하였다.

이상에서 언급한 바와 같이, 인간관계의 학문적 근원은 산업체의 생산과정에서 효율적 생산을 목표로 기술상·제도상의 문제를 개선하고자 기업과 경영의 주체자인 인간당사자간의 상호접촉을 통하여 인격적으로 맺어지는 자생적 또는 비공식적 관계에 중점을 두었던 것이다.

그 후, 짐멜과 쿨리(Simmel & Cooley)는 인간관계를 상호작용하는 사회적 관계(social interaction)로 보았는데, 사회적 관계란 두 사람 이상이 접촉하여 서로의 행동을 주고받는 상호작용 관계이며, 상호작용은 접촉과 커뮤니케이션(communication)에 의하여 성립된다고 지적하고 있다. 또한 브루크오버(Brookover)는 인간의 사회적 행동은 역할행동이라고 하였다. 즉, 인간은 누구나 사회집단 속에서 태어나고, 태어나면서부터 어떠한 지위를 갖게 되는데, 그가 차지한 지위에는 역할이 부여되고, 개인은 이 역할에 대한 기대에 따라 행동하게 되며, 역할기대에 따라 수행하는 행동이 역할행동이라고 하였다.

2. 역 할

1) 역할의 개념

사회구조는 여러 가지 지위 및 그에 관련된 역할의 조직으로 이루어진다. 한 사회구조가 안정을 유지하는 것은 그 사회 내의 개인구성원이 각자의 지위에 따라 기대되는 행동을 수행함으로써 가능하다. 따라서, 사회는 개인으로 하여금 그가 사회 속에서 차지하는 지위에 적합한 행동을 하도록 기대한다. 이처럼 사회가 개인의 사회적 지위에 따라 요구하는 행동유형을 역할이라고 한다. 이러한 역할은 개인의 성격, 인성에 따라 형성되기도 하지만 그 사회문화를 습득하는 개인에 의해 학습되기도 하는데, 대부분 후자의 견해에 중점을 두고 정의된다. 즉, 역할은 특정지위의 개인에게 요구되는 행동규준이나 문화적인 행동양식이라고 할 수 있다.

그런데 역할은 구조적인 측면과 상호작용적인 측면의 두 가지로 정의될 수 있는데, 구조적인 측면에서 정의하자면 모든 개인은 빠짐없이 사회적인 지위를 가지는데 지위에 따른 권리, 의무를 수행하면 역할을 수행함이 된다. 즉, 역할은 특정지위와 관련된 문화유형을 의미하며 사회적인 태도, 지위, 행동 등이 이 문화유형에 포함된다. 그러나 상호작용적인 측면에서는 역할의 가변적 특성을 강조한다. 즉, 사회적 상호작용 과정에서 어떤 행동적 균형이 필요할 때 이것을 조절할 수 있는 것이 역할이라는 것이다. 그러므로 새로운 요구가 생길 때 역할은 창조될 수 있고, 요구가 사라질 때 역할 또한 소멸될 수 있다. 따라서, 역할은 변화되고 개발되는 것이며 또한 창조될 수 있다.

종합하면 역할이란 개인이 차지한 지위와 타인과의 상호작용 과정에서 주어지는 행동규준이나 문화적인 행동양식을 말한다. 여기에서, 지위란 한 개인이 사회구조 내에서 타인과 접촉하며 살아가는 과정 중 얻게 되는 보편적인 법적 사회적 혹은 전문적인 위치를 말한다.

또한 지위에는 획득지위(achieved position)와 고유지위(ascribed position)가 있는데, 예를 들어 결혼함으로써 얻게 되는 남편 혹은 부인으로서의 지위는 획득지위이고, 출생과 더불어 지니게 되는 어머니 혹은 아들로서의 지위는 고유지위이다. 획득지위는 성취지위라고도 하며, 고유지위는 생득지위라고도 한다.

2) 역할 취득의 과정

개인의 역할행동은 역할기대(role-expectation), 역할인지(role-perception), 역할수행(role-performance), 역할평가(role-evaluation), 역할고정(role-fixation)의 과정을 거쳐 취득된다.

역할기대란 역할담당자에 대한 타인의 요구나 평가기준으로, 이것은 집단 내의 타인과의 상호접촉을 통해서 주로 모방에 의해 학습되며, 개인의 인성에까지 영향을 끼친다. 역할인지는 역할담당자가 어떤 역할을 자기가 수행해야 한다고 지각하고 있는 상태를 말하며, 역할수행은 역할담당자가 기대나 인지와의 일치여부와 관계없이 실제로 행하는 행동이고, 역할평가란 역할담당자에게 부여되는 역할

기대와 역할수행간의 일치나 불일치를 따져봄으로써 얻게 되는 개인적 충족감이라 할 수 있다. 역할취득의 마지막 단계인 역할고정은 역할평가를 통해 만족할 만하다고 인정되는 역할행동 유형을 자신의 역할로 내면화하는 것이다.

이와 같이, 상대방의 기대를 고려하면서 자기의 역할행동을 습득해 가는 과정을 일반적으로 역할취득(role-taking)이라고 한다. 역할취득의 과정에 있어서 각 단계, 즉 역할기대, 역할인지, 역할수행, 역할평가의 단계가 상호불일치되면 불일치되는 각 단계를 재검토하여 조정해 가는 피드백(feedback)을 거치게 된다.

3) 역할갈등

개인은 구조화된 사회에서 부과된 지위에 따라 역할을 수행해야 하는데, 이 때에 대부분 역할갈등을 경험하게 된다. 역할갈등이 발생하는 경우는 다음과 같이 구분하여 볼 수 있다.

첫째, 역할취득의 과정에서 각 단계가 불일치되어 나타나는 역할갈등이 있다. 즉, 일정한 지위에 있는 사람에게 기대되는 행동과 개인이 의식하는 역할구조와의 상이성에 의하여 역할행동에 대한 기대·인지·수행 등은 차이가 나게 된다. 즉, 역할기대와 인지, 역할기대와 수행, 역할인지와 수행간에 서로 일치되지 못할 때 역할갈등이 일어나게 된다.

둘째, 하나의 역할에 대한 기대들이 불일치되어 나타나는 역할내적 갈등(intra-role conflict)이 있다. 즉, 어떤 한 개인의 한 역할에 대해 주위의 사람들이 기대하는 역할내용이 서로 다를 때 발생하게 되는 갈등이다. 예를 들면, 자녀의 훈육역할을 수행함에 있어서 자녀는 엄하게 다스려야 한다는 것과 가능한 한 자녀에게 온정적이어야 한다는 역할기대의 차이에서 발생하는 갈등을 말한다.

셋째, 한 개인이 동시에 여러 가지 지위를 가짐으로 해서 발생하는 역할간의 갈등(inter-role conflict)이 있다. 한 개인은 여러 조직의 지위를 갖게 된다. 예를 들면, 가정 내 지위, 직장 내 지위, 종교집단 내 지위 등을 동시에 가질 수 있는데, 이러한 지위들로 인하여 서로 다른 역할이 요구된다. 이렇게 한 개인에게 서로 상반되는 역할이 기대될 때 역할갈등이 수반된다.

3. 권 력

1) 권력의 개념

권력이란 둘 이상의 사람이 모였을 때 그 관계를 지배·복종의 관계로 나타내는 개념이다. 어떤 개인이 타인과의 관계에서 영향력을 행사하여 타인으로 하여금 자신의 뜻에 맞추어 행동하도록 하게 할 수도 있고, 아니면 상대방의 뜻에 따라 자신의 행동을 조정할 수도 있다. 이러한 현상은 권력이 작용된 것이다. 물론, 권력이 타인에 대해서만 작용되는 것이 아니라 자신에 대하여 행사될 수도 있다. 라마나와 리드만(Lamanna & Riedman, 1991 : 314)은 권력을 개인적 권력(personal power)과 사회적 권력(social power)으로 구분하였다. 개인적 권력이란 자신에 대하여 자신의 의지를 행사하는 능력으로 자율성(autonomy)이라고도 할 수 있는데, 개인적 권력을 적당한 수준으로 지니게 되면 자아발전에 도움이 된다고 하였다. 그리고 사회적 권력이란 다른 사람의 의지에 대하여 자신의 의지를 행사하는 능력을 의미하는 것으로 가족 내에서의 부부간 또는 부모자녀간에 나타나는 권력 등은 사회적 권력에 속한다고 하였다.

그러나 권력이라고 할 때는 일반적으로 다른 사람과의 관계에서 행사되는 것을 의미한다. 여러 학자들의 권력에 대한 정의를 살펴보면, 전술한 라마나와 리드만(Lamanna & Riedman)은 권력이란 자신의 의지를 행사하는 능력이라고 하였으며, 블루드와 울프(Blood & Wolfe, 1960)는 상대방의 행동에 영향을 끼칠 수 있는 잠재적인 능력이라고 하였다.

한편, 스트라우스(Straus, 1964)는 다른 사람의 행동을 통제하고 주도하며 변화시키고 수정하는 행동이라고 정의하였으며, 올손과 크롬웰(Olson & Cromwell, 1975)은 사회체계 내의 다른 구성원의 행동을 변화시킬 수 있는 잠재적 또는 실제적인 능력이라고 하였다.

이상의 견해를 종합 요약해 보면, 권력이란 조직체 내의 다른 사람 행동에 영향을 끼치는 개인의 잠재적인 또는 실제적인 능력을 의미한다고 할 수 있다.

2) 권력의 요인

권력을 행사하게 하는 요인이 될 수 있는 것은 권력의 기반인 자원, 권력의 과정인 상호작용 기술, 권력의 결과인 결정권 등으로 구분할 수 있다.

먼저, 권력을 발생시킬 수 있는 자원은 경제적 자원과 비경제적 자원으로 구분되는데, 경제적 자원이란 화폐, 자산 등 물질적 자원을 의미하며, 비경제적 자원이란 다시 규범적 자원, 감정적 자원, 개인적 자원, 인지적 자원으로 나누어진다. 규범적 자원은 문화적 정의에 의한 자원으로 특정지위에 따라 가질 수 있다고 사회적으로 인정하는 의식을 의미하며, 감정적 자원이란 타인과의 관계에서 나타나는 의존의 특성을, 개인적 자원이란 개인이 지니고 있는 재능이나 전문적인 특성 등을, 인지적 자원이란 주고받는 영향력의 인식정도를 의미한다. 프렌치와 라벤 (French & Raven)은 권력자원에 근거하여 권력유형을 보상적 권력, 합법적 권력, 준거적 권력, 전문적 권력, 강압적 권력으로 구분하고 있는데(박미령, 1993), 경제적 자원은 보상적 권력을 행사할 수 있는 기반이 되며, 규범적 자원은 합법적 권력을, 감정적 자원은 준거적 권력을, 개인적 자원은 전문적 권력을, 인지적 자원은 강압적 권력을 행사하는 기반이 될 수 있다.

다음으로, 상대방과 협상하기 위해서나 통제력을 발휘하기 위하여 사용하는 암시적, 명시적인 상호작용 기술은 권력수행의 과정에서 나타난다. 일반적으로 권력과정에서 사용되는 상호작용 기술은 설득, 주장, 절충, 논리적 진술, 위협 등을 들 수 있으며, 이러한 상호작용 기술을 효과적으로 사용하는 경우에 권력이 행사된 것으로 해석할 수 있다.

마지막으로, 결정권은 상호작용 과정의 마지막 단계에서 나타나는 최종적인 산물이므로 권력의 결과라고 할 수 있다. 즉, 마지막 결정을 하는 경우에 권력이 행사된 것으로 해석된다.

이와 같이, 권력의 기반인 자원, 과정인 상호작용 기술, 결과인 결정권 등에 의하여 대인간의 권력관계를 분석하고 이해할 수 있다. 그런데 권력의 요인이 되는 자원, 상호작용 기술, 결정권 등이 반드시 일치하는 것은 아니다. 즉, 권력행사의 기반이 되는 자원이 많은 사람이 언제나 상대방에게 통제력이나 영향력을 끼치는 것은 아니며, 또한 의사결정의 주도자가 아닐 수도 있다. 따라서, 권력의 분석에 있어서 권력의 기반, 과정, 결과 중 어느 요인이 보다 더 주요한 요인이 되는지 또는 이들간의 관계는 어떠한지에 대하여 깊이 있게 연구할 필요가 있겠다.

3) 권력연구의 접근방법

개인들간의 권력관계를 연구하는 이론적인 접근방법은 이미 정립된 사회학적 이론을 적용하는 것이다. 교환이론(exchange theory), 자원이론(resource theory), 의사결정 이론(decision-making theory), 규범적 이론(normative theory), 여성학적 이론(feminism theory) 등은 권력현상 연구에 적용될 수 있는 이론들이다.

먼저, 교환이론의 관점에서는 개인들간의 상호작용이란 비용을 지불하고 보상을 받는 관계라고 본다. 권력도 비용 또는 보상의 개념으로 설명할 수 있는데, 예를 들면 두 사람간의 관계에서 한 사람이 다른 사람에게 재화나 능력 등의 자원을 비용으로 지불하고 대신 권력을 보상으로 받는다는 것이다. 따라서, 자원을 많이 줄수록 권력 또한 커지게 된다.

그런가 하면, 자원이론은 교환이론과는 달리 자원을 소유하고만 있어도, 즉 자원을 줄 수 있는 가능성만을 가지고 있어도 권력을 부여받게 된다는 것이다.

다음으로, 의사결정 이론에 의하여 권력을 설명할 때는 의사결정의 결과에 초점을 맞춘다. 즉, 권력을 결정권이라 정의하고, 누구에게 최종결정권이 있느냐에 따라 권력관계를 분석하게 된다. 따라서, 최종적으로 의사결정을 한 사람이 권력을 소유하고 있는 것이다. 의사결정 이론은 과정보다는 결과에 초점을 맞추고, 동적(動的)이기보다는 정적(靜的)이기 때문에 그 측정이 비교적 용이하므로 연구에서 많이 적용되고 있다.

규범적 이론은 사회문화적으로 정의된 규범에 의하여 권력이 정해진다고 보는 견해이다. 즉, 개인은 사회관계 내에서 일정한 지위를 갖게 되고, 그 지위에 따라서 권력을 소유하게 되는 것이다. 지위에 따른 권력은 사회문화적 맥락 내에서 결정된다. 예를 들면, 아버지가 자녀에게 줄 만한 재화를 갖고 있지 않을 뿐만 아니라 자녀를 지도할 만한 아무런 능력을 발휘하지 못한다 할지라도 아버지라는 사실만으로 아버지로서의 권력을 소유하는 것이다.

마지막으로, 여성학적 이론은 권력을 성차와 관련하여 설명하고 있다. 즉, 권력은 여성보다 남성에게 주어지는데 이는 남성지배 사회에서의 남녀차별에 기인한다는 것이다. 개인적 능력이나 자원보다는 여성이라는 이유만으로 남성의 지배하에 있게 되고, 남성은 남성이라는 이유만으로 권력을 소유하게 된다.

4. 스트레스

1) 스트레스의 개념

사람들은 살아가면서 누구나 크고 작은 문제에 부딪치게 된다. 그 문제가 모든 사람에게 공통적으로 발생할 수도 있고 특정한 사람들에게만 발생할 수도 있다. 또한 같은 문제라 할지라도 사람에 따라 그 문제에 대한 반응이 다를 수도 있다. 특히 현대사회에서는 과거에 비해 더욱 많은 문제를 경험하게 되고, 개인에 따라 다양한 반응을 보이게 된다. 이와 같은 문제나 반응이 흔히 스트레스와 관련되어 설명되고 있다.

홈즈와 레에(Holmes & Rahe, 1967)는 개인이 받는 스트레스에 관한 연구에서 인생사건 중에서 특별히 많은 변화를 가져다주는 사건이 있으며, 그 사건이 좋거나 나쁘거나 또는 기쁨을 주거나 두려움을 주거나 간에 스트레스를 유발한다고 하였다.

이와 같은 스트레스에 대한 정의는 학자에 따라 다른데, 셀리에(Selye, 1974)는 스트레스를 어떤 요구에 대한 보편적인 신체반응이라 하였으며, 이반세비치와 매트슨(Ivancevich & Matteson, 1980)은 스트레스를 개인의 성격이나 심리적 과정에 의해 중재되는 적응가능한 반응으로서 특수한 신체적, 심리적 요구가 있는 외적인 행동이나 상황, 사건의 결과라 하였고, 카슬(Kasl, 1978)은 요구를 충족시키지 못하면 중대한 결과를 가져오게 되는 상황아래서 요구와 반응능력간의 인지된 실제적 불균형이라고 했다(유영주 외, 1997. 재인용).

한편, 스트레스는 단일 차원이 아니라 다차원적인 개념으로도 볼 수 있는데, 라자루스(Lazarus, 1984)는 자극모델, 반응모델, 상호작용모델의 세 가지 모델로 정의한다. 자극으로서의 스트레스는 긴장을 유발시키는 환경적 조건이나 내적 요인을 의미하며, 반응으로서의 스트레스는 환경이나 개인 내부로부터의 요구에 능력이 미치지 못할 때 나타나는 반응을 의미하며, 상호작용으로서의 스트레스는 개인의 인지와 정서적인 특성을 환경으로부터의 자극과 이에 대한 반응간의 매개변수로서 강조하는 개념이다.

또한 스트레스의 개념을 과정상으로 분류하면 자극으로서의 스트레스는 스트레스원(stressor)으로, 매개체로서의 스트레스는 스트레스 인지 및 대처행동으로, 반응으로서의 스트레스는 디스트레스로 구분할 수 있다(Pearlin & Schooler, 1978). 특히, 반응으로서의 스트레스에 대하여 셀리에(Selye, 1956)는 긍정적 스트레스를 '유스트레스(Eustress)'라 하고, 부정적 스트레스를 '디스트레스(Distress)'라고 명명하였다.

스트레스원이란 스트레스를 유발시키는 사건을 의미하는데, 그 유형은 여러 가지가 있다. 학자에 따라 스트레스원의 유형을 달리 구분하고 있는데 보스(Boss, 1988)는 개인의 발달과정이나 가족발달주기에 따라 일반적으로 예측할 수 있는 12가지 유형의 스트레스원이 있다고 하였다. 12가지 유형은 다음과 같다.

① 내적 스트레스원 : 가족구성원에 의해서 발생되는 사건으로 가족원의 음주나 자살 등

② 외적 스트레스원 : 지진, 테러, 인플레이션, 성차별 의식 등과 같이 가족외부에서 야기되는 사건

③ 규범적 스트레스원 : 출산, 결혼, 노화, 죽음 등과 같이 가족주기에 따라 예측할 수 있는 사건

④ 비규범적 스트레스원 : 사고로 인한 사망, 전쟁 등이나 복권 당첨과 같이예측하기 어려운 사건

⑤ 모호한 스트레스원 : 직업찾기가 쉽지 않은 딸이 직업을 찾으면 집을 떠나겠다고 했을 때 딸이 집 떠나는 사건이 발생할지 하지 않을지 모르는 것과 같은 분명하지 않은 사건

⑥ 확실한 스트레스원 : 예보된 태풍같이 언제 어디에서 누구에게 어떻게 일어날지 알 수 있는 사건

⑦ 자의적 스트레스원 : 스스로 원하거나 찾아서 갖게 되는 직업 전환, 원한 임신 등과 같은 자발적인 사건

⑧ 비자의적 스트레스원 : 갑작스러운 실직이나 사랑하는 가족의 죽음 등과 같이 통제할 수 없는 사건

⑨ 만성적 스트레스원 : 당뇨병이나 노인성 치매, 지속적 빈곤, 인종 차별 등과

같은 오랜 기간 동안 유지되는 사건

⑩ 급성적 스트레스원 : 골절, 일시적 실직, 시험 실패 등과 같이 짧은 시간에 발생하지만 심각한 사건

⑪ 누적되는 스트레스원 : 전의 사건이 해결되기도 전에 새로운 사건이 거듭 발생하여 위험한 상황을 만드는 사건

⑫ 독립적 스트레스원 : 가족이 평정상태일 때 한번에 하나만 발생하는 사건

이러한 스트레스원에 대한 인지는 개인이나 가족의 특성에 따라 다를 수 있다. 그리고 인지된 스트레스에 대해서는 개인이나 가족이 가지고 있는 대처자원에 따라 대처행동이 달라지기도 한다. 개인이나 가족이 가지고 있는 대처자원은 여러 가지가 있으며, 그에 대한 분류도 학자에 따라 달리 하고 있는데, 매커빈 등(McCubbin et al., 1980)은 개인적 자원, 가족체계자원, 사회적 자원으로 구분한다. 구체적으로 개인적 자원은 경제적 자원, 스트레스인지나 문제해결기술을 증진시키는 지적 능력, 신체적 건강, 성격 특성 같은 심리적 자원 등이 포함되며, 가족체계자원으로는 가족적응력이나 가족응집력과 문제해결능력 등을 들 수 있으며, 사회적 자원으로는 친족, 친구, 이웃, 사회서비스기관, 자조적 집단 등으로부터의 지원을 의미한다.

이러한 자원을 가지고 스트레스에 대처하는 방법이나 행동은 또 다르게 나타날 수 있다. 대처행동 역시 학자에 따라 달리 분류하지만, 폴크만과 라자루스(Folkman & Lazarus, 1980)는 문제에 직면했을 때에 나타내는 대처행동을 문제중심적 대처와 정서중심적 대처로 구분하였다. 문제중심적 대처란 문제되는 상황을 변화시키거나 환경을 개선하여 스트레스의 근원을 해소하거나 감소시키려는 행동으로 직접적이고 적극적인 반응을 의미하며, 정서중심적 대처란 스트레스의 원인을 제거하기보다는 스트레스로 인한 부정적인 정서상태를 조절하려는 행동으로 회피적이고 수동적인 반응을 의미한다.

그러나 스트레스 그 자체는 반드시 부정적인 것만은 아니며, 어떤 스트레스는 적절한 자극이 될 수도 있다. 즉, 스트레스를 극복할 수 있는 충분한 자원을 가지고 있으면 스트레스 그 자체로서는 큰 문제가 되지 않는다. 다시 말하면 약간의 스트레스는 정상적인 신체기능을 위해 필요불가결한 것으로 적절한 수준의 정서적 동요는 경계심과 과업에의 관심을 고조시킨다(이관용 외, 1984).

2) 가족스트레스 이론

가족스트레스 이론으로는 ABCX model과 double ABCX model, 그리고 Contextual model을 들 수 있다.

ABCX model은 힐(Hill, 1949)에 의해 제안된 것이다. 이 모델에서 A는 스트레스원으로서 가족체계에 변화를 가져다 주는 생활사건을 의미하고, B는 스트레스원을 극복할 수 있는 자원을, C는 스트레스원에 대한 가족원들의 인지 및 평가를, X는 위기상태를 의미하는데, A, B, C가 상호작용하여 X를 유발시킨다는 것이다. 즉, 발생한 스트레스원에 대하여 이를 극복할 수 있는 자원이 부족하고 어려운 상황이라고 인지할 때 위기는 발생한다.

이 ABCX model은 매커빈과 패터슨(McCubbin & Patterson, 1983)에 의하여 double ABCX model로 발전하였는데, 매커빈 등은 ABCXmodel의 위기 전 변수에 위기 후의 변수를 추가하여 가족스트레스를 설명하는 double ABCX model을 개발한 것이다. 즉, double ABCX model에 의하면 가족스트레스는 하나의 스트레스원보다는 누적된 스트레스원(aA)에 의해서 발생하는 경우가 더 많다는 것이다. 자원(bB) 역시 전에 이미 있었던 자원과 위기상황에 대처한 새로운 자원을 포함하여 설명되며, 인지(cC)도 스트레스원 하나에 대해서만 이루어지기보다는 처음의 인지에 새로운 인지나 평가가 추가되어 이루어진다는 것이다. 결과적으로 위기 전과 위기 후의 ABC 요인들이 복합적으로 상호작용하여 가족이 적응하거나 부적응하게 된다(그림 7-1).

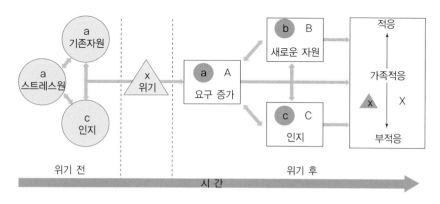

* 자료 : McCubbin, H. I. (1983). & Patterson, T. M.

그림 7-1 Double ABCX Model

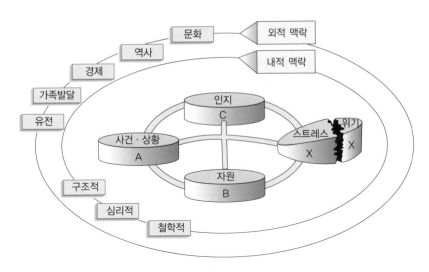

* 자료 : Boss, P. (1988).

그림 7-2 The Contextual Model of family stress

한편, 보스(Boss)는 가족은 고립되어 있는 것이 아니고 더 큰 체계의 부분이므로 가족스트레스를 중재하는 두 맥락(context)이 고려되어야 한다고 주장한다. 즉, 보스는 가족스트레스 모델로 ABC-X model에 두 가지 맥락을 포함하는 Contextual model(맥락적 모델)을 제안했다(그림 7-2). 그림 7-2에서 보는 바와 같이 외적 맥락과 내적 맥락이 가족스트레스를 중재하는데, 외적 맥락이란 문화적, 역사적, 경제적, 가족발달적, 유전적 체계가 포함되며, 내적 맥락이란 가족의 구조적, 심리적, 철학적 체계가 포함된다.

5. 갈 등

1) 갈등의 개념

개인의 욕구가 동시에 둘 이상 존재하여 해결에 곤란을 느끼는 상태 또는 개인의 욕구가 사람마다 다르므로 해서 문제가 발생하는 상태를 갈등이라고 하는데, 전자는 개인 내적 갈등이고 후자는 개인간의 갈등이다.

갈등이 있으면 심리적 긴장이 높아진다. 개인 또는 개인들 사이에 가지는 기대와 신뢰가 변함없이 지속된다면 개인 내 또는 개인간의 갈등은 발생하지 않을 것이다. 그러나 인간의 생활은 고정된 것이 아니므로 때로는 개인의 심리상태, 집단 내의 상황 또는 외부적 영향으로 상호간의 이해 부족이나 역할수행상에 지장이 생길 수 있다. 이것들은 개인 또는 집단구성원들 사이의 갈등상태로 나타난다.

또한 갈등이란 협동관계의 반대개념으로서 2인 이상의 사람들이 동일대상을 획득하고자 투쟁하는 경우에도 나타난다. 이것은 한 사회 내에서 사람들이 추구하는 가치와 보상이 제한되어 있기 때문에 나타나는 갈등이다.

갈등을 해결해 나가는 방식이 인격형성에 끼치는 영향을 중요시한 학자들이 있다. 프로이트(Freud)는 원자아(id), 자아(ego), 초자아(super ego) 간에 생기는 갈등을 자아가 해결해 나가는 과정에서 개인의 인격과 적응유형이 결정된다고 하였고, 아들러(Adler)는 열등감과 성취욕 사이의 갈등처리 과정에서 적응능력이 발달된다고 하였다. 레빈(Lewin)은 생활환경 속에서 욕구를 끌어당기고 밀어내는 힘이 생기는데, 이 힘에 의해 갈등의 해결과정이 심리적 차원에서 올바르게 이루어질 때 효과적인 적응이 이루어진다고 하였다.

갈등은 곤란을 느끼는 상태이기 때문에 부정적인 것으로 생각하는 경우가 많다. 그러나 갈등은 반드시 부정적인 것만은 아니다. 오히려 활기와 역동적인 자극을 주어 개인의 발전을 촉진하거나 집단의 결속이나 변혁에 중요한 역할을 하는 긍정적인 면도 있다.

2) 갈등의 유형

(1) 접근-접근 갈등(approach-approach conflict)

플러스-플러스(plus-plus) 갈등이라고 하는데, 힘이 비슷한 두 개의 유사성을 가진 욕구, 즉 긍정적인 욕구들이 동시에 나타나서 어떻게 해야 좋을지 모를 때 생기는 갈등이다.

(2) 접근-회피 갈등(approach-avoidance conflict)

플러스-마이너스 (plus-minus) 갈등이라고 하는데, 끌리는 목표와 싫은 목표가 동시에 존재하는 경우에 생기는 갈등이다. 이 갈등은 동일한 사람에 대해서도 나타난다. 애증의 교차(ambivalance)로 나타나기도 한다. 이것을 적극적으로 해결하지 못하는 경우 그 장면으로부터 회피함으로써 해결하려 하는데 플러스(plus)의 유의성이 있기 때문에 욕구가 완전히 없어지지 않고 오히려 긴장이 더 커진 상태로 남게 된다. 그러므로 이 긴장이 지속되면 불안, 신경증 같은 부적응행동이 유발되기 쉽다.

(3) 회피-회피 갈등(avoidance-avoidance conflict)

마이너스-마이너스(minus-minus) 갈등이라고 하며, 두 개의 부정적인 욕구가 동시에 나타나서 이럴 수도 저럴 수도 없는 경우이다. 이는 직접적으로 당면사태를 해결하지 못하는 한 그 장면으로부터 회피하여 다른 행동을 취함으로써 해결하려 한다.

6. 의사소통

1) 의사소통의 정의

의사소통(communication)이라는 용어는 라틴어의 communis(공유) 또는 communicare(공동체·공통성을 이룬다 또는 나누어 갖는다)라는 com, 즉 together의 개념을 전제로 한다. 그런데 의사소통 현상은 매우 복잡하고 다양한 특징을 가지고 있어서 의사소통에 대한 정의가 간단히 또는 획일적으로 내려질 수 없다. 따라서, 학자들은 그들의 주요 관점에 따라 정의를 달리하고 있다.

의사소통에 대한 정의는 크게 세 가지 관점, 즉 구조적 관점, 기능적 관점, 의도적 관점에 의하여 이루어진다고 볼 수 있으므로 세 가지 관점 및 그에 따른 의사소통의 정의를 살펴보기로 한다(차배근, 1976).

첫째, 구조적 관점은 의사소통을 메시지나 정보의 송수신 과정으로 보는 견해로, 의사소통이란 메시지를 보내고 받는 과정 또는 정보가 한 장소에서 다른 장소로 흐르는 과정이라고 정의한다. 따라서, 의사소통의 구조를 중요시하며 메시지의 유통과정이나 기술적인 문제에 비중을 둔다. 즉, 주어진 정보를 어떠한 방법으로 정확하고 신속하게 전달할 것인가를 취급한다. 대표적인 학자들로는 샌본(Sanborn), 섀넌(Shannon), 위버(Weaver) 등이 있다.

둘째, 기능적 관점은 의사소통을 기호를 사용하는 행동 그 자체로 보는 견해로서, 의사소통이란 어떤 자극에 대한 한 유기체의 분별적 반응이라고 정의한다. 따라서, 기호화 및 해독과정을 중요시하며, 의사소통의 기능이나 의미상의 문제에 비중을 둔다. 즉, 인간들이 어떻게 기호를 사용하여 의미를 창조하고 공통의미를 수립하는가를 취급한다. 대표적인 학자들로는 스티븐스(Stevens), 반런드(Barnlund), 댄스(Dance) 등이 있다.

셋째, 의도적 관점은 의사소통을 한 사람이 다른 사람에게 영향을 끼치기 위하여 의도적으로 계획한 행동이라고 보는 견해이다. 즉, 의사소통이란 한 개인이 다른 사람들의 행동을 변화시키기 위하여 자극을 보내는 과정이라고 정의한다. 이때 의식적인 의도가 있는 행위라는 점을 강조하므로 설득과 같은 의미로 사용되기도 한다. 따라서, 의사소통의 효과에 관한 문제를 중요시하며 의사소통 결과 유발된 의미가 수신자의 행동에 어떻게 영향을 끼치는가를 취급한다. 대표적인 학자들로는 호브랜드(Hovland), 체리(Cherry), 아이젠슨(Eisenson) 등이 있다.

이상의 세 가지 견해 및 그 정의들을 종합해 보면 의사소통이란 유기체들이 기호를 통하여 서로 정보나 메시지를 전달하고 수신해서 서로 공통된 의미를 수립하고, 나아가서는 서로의 행동에 영향을 끼치는 과정 및 행동이라고 정의할 수 있다.

2) 의사소통의 구성요소

의사소통은 의사를 전달하고자 하는 사람이 상대방에게 전달하고자 하는 내용을 어떠한 매체를 통해 전달하여 상대방으로부터 반응을 발생하게 하는 과정이다. 이러한 과정에 근거하여 의사소통의 구성요소를 찾아볼 수 있다.

스티네트, 월터스, 케이(Stinnett, Walters & Kaye, 1984)는 의사소통 요소는 메시지를 주는 사람, 메시지 자체, 메시지를 받는 사람, 메시지를 주고받는 상황을 포함하며, 각 요소가 지니고 있는 특성에 의하여 의사소통 현상이 달라진다고 설명하고 있으며, 헤이리(Haley) 역시 나, 말해지는 것, 너, 상황을 의사소통의 기본적 요소로 분석하고 있다(Foley, 1974).

내프와 밀러(Knapp & Miller, 1985)는 대인간 의사소통의 기본적인 요소로서 의사소통의 특성, 상황, 언어, 비언어를 들고 있으며, 아담스(Adams, 1980)는 의사소통의 주요 요소 두 가지를 '말해지는 내용과 말해지는 방법'이라고 하면서 대부분의 가족에서는 말해지는 내용보다는 말해지는 방법 때문에 더 어려움을 갖는다고 하여, 가족의사소통에 있어서 메시지 자체보다는 방법의 중요성을 강조하고 있다.

차배근(1976)은 의사소통 요소를 커뮤니케이터, 메시지, 매체, 수용자, 효과, 피드백, 상황으로 분류하고 있다.

이와 같이, 의사소통의 구성요소는 학자들에 따라 약간씩 견해를 달리하고 있으나 종합하면 발신자(메시지를 주는 사람), 정보(메시지), 매체, 수신자(메시지를 받는 사람), 상황, 효과로 분류할 수 있다.

발신자란 행위자를 의미하며, 개인 또는 집단일 수 있다. 정보(메시지)란 발신자가 보내고자 하는 내용으로 객관적 사물, 사상(事象), 개념, 감정 등이 해당된다. 매체란 메시지를 전달하는 방식으로 글자, 말, 몸짓 등을 예로 들 수 있다. 수신자란 메시지를 받는 개인이나 집단을 말한다. 상황이란 의사소통이 일어나는 시간적, 지리적, 심리사회적 상태로 분위기, 장소, 시간, 송·수신자간의 관계, 사회문화적 배경 등이 해당된다. 효과란 발신자가 보내는 메시지를 수신자가 받아 나타내는 반응 중 발신자가 의도한 반응만을 효과라고 한다.

3) 의사소통의 공리

의사소통과 관련하여 다음과 같은 가설적인 공리가 제안되고 있다 (Watzlawick, Beavin, Jackson, 1967). 의사소통의 가설적인 공리는 의사소통의 기본적인 현상을 설명한 것이다.

첫째, 의사소통하지 않는다는 것은 불가능하다. 대인관계에 있어서 모든 행동은 의식적이든 무의식적이든 메시지를 전달하는 것이 된다. 다시 말하면, 말이나 행동은 물론 침묵조차도 관계에서의 어떤 것을 나타내기 위한 의사소통 행위인 것이다.

둘째, 모든 의사소통에는 내용(content)과 관계(relationship)의 두 가지 측면이 있다. 내용이란 의사소통을 하고자 하는 메시지 또는 정보를 의미하며, 관계는 메시지를 통해 규정되는 의사소통자간의 상호작용 특성을 의미한다.

셋째, 의사소통자간의 관계는 계속되는 의사소통에 있어서의 일단락짓기 (punctuation)에 의하여 특징지워진다. 일단락짓기란 연속적인 의사소통에 있어서 누구의 행위가 자극이고, 누구의 행위가 반응인가를 인식하는 것, 즉 자극과 반응의 관계를 규정하는 것을 의미한다. 자극과 반응의 관계에 대한 인식의 불일치, 즉 일단락짓기에 대한 불일치는 끊임없는 관계투쟁의 근원이 되는 것이다.

넷째, 사람들은 언어적 형태(verbal pattern)와 비언어적 형태(nonverbal pattern)로 의사소통을 한다. 언어적 형태란 언어 그 자체인 말이나 글을 의미하며, 비언어적 형태란 언어 이외의 음성, 몸짓, 표정, 접촉 등을 의미한다. 언어적 형태를 디지털 형태라고도 하며, 비언어적 형태를 아날로그 형태라고도 한다. 또한 언어적 형태는 의사소통의 내용측면과 더 관련이 있으며, 비언어적 형태는 의사소통의 관계측면과 더 관련이 있다.

다섯째, 모든 의사소통은 의사소통하는 사람들의 관계에 따라 대칭적 형태(symmetrical pattern)이거나 상보적 형태(complementary pattern)이다. 대칭적 형태란 의사소통자의 행동이 서로 상대방의 행동을 반향시키는 형태로 의사소통자간에 대등하며, 신분상의 차이를 최소화하며 경쟁하는 것이다. 반면에, 상보적 형태란 한 사람이 다른 사람의 행동을 보충하는 형태로 모든 의사소통에 있어서 지배 복종의 관계가 형성된다. 상보적 형태의 특성은 불평등하며, 신분상의 차이를 최대화한다는 것이다. 이 두 형태는 가치판단을 내포하고 있는 것이 아니므로 어느 형태가 바람직하고 어느 형태가 바람직하지 않다고 평가할 수는 없다. 두 형태간의 적절한 균형이 필요하다.

연구문제

1. 역할내적 갈등과 역할간 갈등이 발생하는 상황의 예를 들어 보시오.
2. 권력이 인간관계에 끼치는 영향을 분석하여 보시오.
3. 의사소통의 비언어적인 형태를 조사하시오.

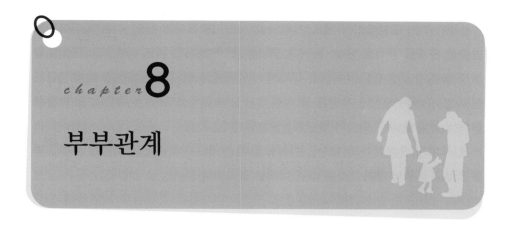

chapter **8**

부부관계

부부관계란 서로 다른 가정에서 자란 두 남녀가 결혼이라는 의식 또는 제도에 의하여 이루는 관계로서 비혈연적이기는 하나 가장 밀접한 인간관계이다. 부부는 생리적·심리적 및 사회적 욕구를 충족시키는 상호보완적 관계이다. 그러므로 부부란 너와 나의 단순한 합이 아닌 너와 나의 결합으로 이루어진 새로운 우리의 관계이다.

그런데 부부에 대한 전통적인 관념은 남편은 처를 통제하고, 처는 남편의 통제에 공손히 복종하는 것이 이상적인 부부의 생활이라고 알아 왔다. 즉, 삼강오륜 (三綱五倫)이라 하여 부부유별(夫婦有別), 부창부수(夫唱婦隨) 또는 여필종부(女必從夫)가 부부관계의 윤리로 되어 있었다. 이와 같은 부부관계는 서로 대등한 입장에서 두 남녀가 한 공동체로서 인격적으로 융합된 것이 아니라 남편에 대한 여자의 예속이었으며 복종이었다. 더구나, 여자의 지위는 후손을 이어 갈 아들을 낳아야 확고하게 되고, 가정이란 남편과 자녀를 중심으로 하는 친자관계가 보다 강조되었기 때문에 인격이 동등한 부부관계를 기대하기 힘들었다.

그러나 현대사회에 있어서 여성의 지위가 향상되고 남녀평등 사상이나 개인주의 사상이 팽배해짐에 따라 부부관계는 상호인격의 결합이나 행복한 인간관계를 이루도록 노력하는 관계로 변화되어가고 있다.

부부관계는 일시적이지 않고 지속적이므로 적응해가는 동안 인격이 성숙되고 만족한 관계로 발전해 나갈 수 있다. 그러나 반면에 가장 파괴적이고 고통스런 관계가 될 가능성도 있다. 따라서, 행복한 부부관계의 성립과 유지는 오직 부부관계에 대한 올바른 지식과 가치관 및 의식적인 노력 여하에 달린 것이므로 개인의 부단한 노력과 올바른 태도가 요구되는 것이다.

제8장에서는 부부간의 역할, 권력, 스트레스, 갈등, 의사소통, 적응, 법적 효과를 살펴봄으로써 부부관계에 대한 이해를 돕고자 한다.

1. 부부간의 역할

가족구성원은 가족 내에서 일정한 지위를 지니게 되며, 지위와 관련하여 사회적으로 기대되는 역할을 수행해야 한다. 부부는 결혼에 의해 남편으로서, 또는 부인으로서의 획득지위를 가지게 되며, 그에 따른 역할을 기대받게 된다.

부부간의 역할은 대단히 중요한 문제로, 책임 있는 남편으로서의 역할과 아내로서의 역할을 얼마나 잘 수행하느냐가 한 가족의 행복을 크게 좌우하게 된다. 따라서, 남편이나 아내로서의 역할수행은 개인에 한하는 것이 아니라 가정과 더 나아가서는 사회에 중요한 영향을 끼치게 되는 것이다.

부부간의 역할수행은 남성과 여성의 성역할에 대한 개념에 따라 달라지는데, 전통적으로는 여성성과 남성성을 구분하는 성역할 개념이 지배적이었으나, 현대사회에서는 양성성의 개념이 대두되고 있다.

1) 성역할 개념의 변화

성역할이란 신체적으로 구분되는 남성, 여성에 따라 수행되어야 하는 행동유형을 의미한다.

전통적으로는 남성은 남성성을, 여성은 여성성을 나타내는 역할을 수행하는 것이 건강하고 바람직하다고 하였다. 파슨즈(Parsons, 1955)에 의하면 남성성은 목표지향적이고, 주장이 강하며, 타인과 자신을 분리하는 독립적인 행동을 하고, 도구적이며, 기능적인 특성을 지니고 있으며, 여성성은 감성적이고, 정서적이며, 이

188
PART 3 가족의 인간관계론

타적이고, 독립된 개인이기보다는 상호관계를 추구하고, 표현적이며, 친화적인 특성을 지니고 있다. 브로버먼, 크락슨, 로젠크란츠와 보겔(Broverman, Clarkson, Rosenkrantz & Vogel, 1970) 역시 이상적인 남성성은 독립적, 객관적, 자기 확신적, 논리적, 도구적인 특성을 지니며, 이상적인 여성성은 표현적인 특성을 나타내는 것이라고 하면서 이상적인 남성성은 이상적인 성인의 특성과 일치한다고 하였다. 따라서, 여성이 이상적인 성인의 특성을 추구하고자 하면 이상적인 여성성의 정체감에 의문을 갖게 되며, 이상적 여성성을 추구하고자 하면 미성숙한 인간으로 남게 되어 여자들은 성역할 추구의 곤란을 느끼게 된다.

그러나 현대사회에서는 남성성, 여성성의 분리된 개념의 대안으로서 양성성이 제기되고 있다. 즉, 양성성으로의 사회화가 훨씬 더 효과적이고 기능적이라는 것이다(Bem, 1975). 양성성이란 한 인간 내에 남성적 특성과 여성적 특성이 동시에 존재하는 것을 의미하며 상황에 따라 남성성 또는 여성성이 발휘되는 것이다. 일찍이 융(Jung)은 성역할의 이원적 개념을 주장하였다. 즉, 모든 인간에게는 남성성과 여성성의 두 가지 특성이 모두 공존한다는 것으로 여성 속에는 남성다움인 애니머스(animus)가, 남성 속에는 여성다움인 애니마(anima)가 존재한다고 하였다(최 현, 1987). 또한 바칸(Bakan, 1966)도 모든 인간은 기능성과 친화성을 어느 정도 소유하고 있는데 남성은 기능성이, 여성은 친화성이 좀더 강하다고 하였다. 그리고 기능성과 친화성이 모두 공존해야 개인이나 사회가 존속될 수 있다고 하였다.

이와 같이, 전통적으로는 양극으로 분리된 남성성, 여성성을 남녀가 각각 소유해야 한다는 성역할 개념이 지배적이었으나, 현대사회에서는 남녀구분 없이 한 개인이 남성성, 여성성 두 특징 모두를 포함하는 양성성을 지녀야 훨씬 더 바람직하고 기능적이라는 견해가 대두되고 있다.

한편, 남녀간의 역할에 대한 견해는 전통주의, 신전통주의, 여권주의로 구분되는데(Adams, 1980), 전통주의란 남녀역할이 각각의 성별 특성에 근거하여 분담되어야 한다는 견해로 여성은 여성성을 나타내는 표현적 역할을, 남성은 남성성을 나타내는 수단적 역할을 담당해야 한다는 것이며, 여권주의란 남녀 역할을 공유해야 한다는 견해로 남녀간에 수행되어야 하는 역할이 성별에 따라 구분되지 않고 개인의 특성에 따라 정해져야 한다는 것이다. 그리고 신전통주의란 전통주의와 여권주의의 절충적인 견해로 남녀간의 기본적인 역할을 유지하면서 필요에 따라서는 상호협조해야 한다는 것이다.

부부간의 역할에 대한 견해도 개인의 성역할 개념의 변화와 같은 맥락으로 변화되고 있다. 즉, 전통주의적인 견해에서 신전통주의나 여권주의의 견해로 바뀌고 있다.

2) 전통적인 부부역할

전근대적 농촌사회나 수공업경제 체제하에서의 가정은 생산과 소비의 공동경제단위로서 가장의 직장이 가정과 분리되어 있지 않았다. 한 가족은 생활 필수품의 생산과 소득을 위하여 상업과 수공업 또는 농업에 공동으로 종사해야 했으며, 가장의 영도하에서 활동했었다. 그러므로 경제활동이 가족중심의 생활이었으며, 가장은 생산과 소비를 전적으로 지배하였다. 이러한 가장의 권력하에서 부인들은 현대의 도시주부들처럼 생활필수품을 직접 구입하여 가족을 위한 수지균형을 맞추어 나가는 소비생활의 독립된 권한을 갖지 않았고, 반면에 가사를 수행하거나 자녀를 양육하는 역할을 담당하였다.

이러한 전통적인 부부간의 역할에 대해 파슨즈(Parsons)는 남편의 역할을 수단적 역할(instrumental role)이라 하고, 처의 역할을 표현적 역할(expressive role)이라 하였다. 전자는 가족의 균형유지와 대외목적에 대한 바람직한 관계를 수단적으로 수립하는 역할이며, 후자는 가족구성원을 통합하고 긴장을 완화하는 역할을 수행하는 것이다. 가족구성원들은 남편(아버지)의 수단적 역할을 통해서 사회적 안정을 얻고, 부인(어머니)의 표현적 역할을 통해서 정서적 안정을 얻게 되므로, 남편과 부인 각각의 기능적인 역할수행은 가족을 안정되게 한다는 것이다.

3) 변화된 부부역할

역할은 사회와 밀접한 관계를 맺고 있기 때문에 시대적·문화적 배경에 따라 상당한 차이를 나타내게 된다. 부부간의 역할도 마찬가지로 시대가 바뀜에 따라 그 기대나 수행 또는 인지의 양상이 바뀌게 된다. 물론 현대사회에 있어서도 여성은 자녀를 낳아 기르며, 남성은 가족의 부양책임자로서 직업에 종사한다는 기본적 차이에는 변함이 없다. 그러나 도시화 및 공업화에 따르는 사회경제적 변화는 전근대적이었던 역할분담에 부분적인 변화를 일으키고 있다.

이처럼, 부부간의 역할분담에 변화가 나타난 것은 맞벌이가족이 증가하면서 부부가 직장생활을 해야 하므로 서로 협조해야 된다는 이유도 있지만, 남녀평등의 가치관에도 기인된다고 할 수 있다.

양성평등의 개념과 맞벌이부부의 보편화로 인하여 남편의 가사참여는 당연시되고 있지만, 현실적으로는 그렇지 못한 경우가 많다. 남편의 가사불참에 대해서는 몇 가지 가설이 제시되고 있다. 가사작업보다는 직업활동의 경제적 가치가 더 있다고 생각하는 경제적 효용 가설, 자원을 많이 소유하면 권력행사가 더 가능하고 하기 싫은 일을 피할 수 있는데, 일반적으로 남편이 아내보다 자원이 더 많기 때문이라는 자원 가설, 직업을 가진 남성은 직업 때문에 가사작업을 할 수 있는 시간이 적다는 가용시간 가설, 남성들이 성별 역할분담 의식이 더 강하다는 성 역할 이데올로기 가설을 들 수 있다(이정덕 외, 1998, 205).

현대사회에서는 부부가 공동으로 가족을 위한 역할을 수행하여야 함을 강조하는데 나이(Nye)와 맥라프림(McLaughlim)은 부부의 역할을 다음과 같이 제시하고 있다. 즉, 경제적 소득을 주로 하는 부양역할, 의식주에 관계되는 가사역할, 자녀를 신체적·정신적·물질적으로 보살피는 자녀양육 역할, 자녀의 사회적 행동양식을 교육하는 자녀사회화 역할, 심신의 피로와 긴장을 해소하는 오락 및 휴식의 역할, 배우자에 대한 성역할, 가족구성원의 문제에 대하여 이해와 조언을 하는 치료자의 역할이 그것이다.

이와 같이, 시대적 변화를 고려할 때 부부의 역할은 '남자의 일' 또는 '여자의 일'이라고 불변의 천직처럼 말할 수는 없다. 사회·경제적 변화는 부부생활에 많은 변화를 촉구하고 있다. 그러므로 이렇게 변화된 시대에 있어서는 여자들로 하여금 가정에 얽매여 전통적 위치를 고수하라고 강요할 수만은 없다. 그러나 그들의 생활영역이 가정의 한계를 넘어서서 사회전반으로 확장됨에 따라 가정살림에 대한 능력이나 태도가 소홀해지기 쉽다. 그러므로 현대 여성은 여성으로서의 역할을 올바로 인식하고 짧은 시간에 능률적으로 수행할 수 있는 가정관리의 방법을 연구하면서 가정의 올바른 유지를 위하여 노력해야 한다. 또한 남편과 가족들은 여성의 역할이 이전에 비해 확대되고 복잡하게 된 현실을 올바로 파악하고, 깊은 이해와 분담이 필요하다.

2. 부부간의 권력

부부관계도 일종의 사회적 관계이므로 사회적 권력현상이 수반된다. 남편이 부인을 지배하고 부인은 남편에게 복종하거나, 반대로 부인이 남편을 지배하고 남편이 부인에게 복종하기도 한다. 그런가 하면 남편과 부인 모두 상호 존중하여 어느 누구도 일방적으로 권력을 주도하지 않는 부부관계도 있고, 생활영역에 따라 권력이 배분되는 경우도 있다.

이러한 부부권력 현상은 부부 개인이 가지고 있는 자원이나 부부간의 상호작용 특성에 따라 다르게 나타날 수 있다.

1) 부부권력의 접근방법

부부간의 권력은 블루드와 울프(Blood & Wolfe, 1960)의 부부간의 의사결정에 관한 연구에서 본격적으로 연구되었다. 그 연구내용은 자원가설(resource hypothesis)을 지지하는 것으로 자원을 더 가진 배우자가 권력도 더 갖는다는 결과를 제시하고 있다. 여기에서 자원은 학력, 직업적 지위, 판단력 등을 포함하며, 소득의 능력은 보다 가치 있는 자원이 된다.

그리고 세필리오스 로스차일드(Safilios-Rothschild, 1976)는 부부간에 교환될 수 있는 자원으로 돈·사회적 이동·특권 등의 사회경제적 자원, 사랑 등의 애정적 자원, 이해·정서적 지지·특별한 관심 등의 표현적 자원, 여가·지적인 측면의 동료적 자원, 성적 자원, 가사 서비스·자녀양육·개인적 서비스 등의 서비스적 자원, 관계에서의 권력적 자원 등 7가지를 들고 있다.

블루드와 울프(Blood & Wolfe) 그리고 세필리오스 로스차일드(Safilios-Rothschild)의 연구는 제7장의 3.에서 설명한 권력의 기반이 되는 자원에 근거한 분석이라고 할 수 있다.

또한 권력의 과정에서 나타나는 상호작용 기술에 근거하여서도 부부권력은 설명될 수 있다. 예를 들면, 성에 따라 상호작용 기술이 다르다. 즉, 남편과 부인의 통제방법이나 영향력 행사방법이 서로 다르게 나타난다. 특히, 한국의 부인들은 유도, 고립화, 언쟁, 시중소홀, 애정철회 등의 방법을 사용한다(이정연, 1992).

그런가 하면 허브스트(Herbst)는 부부의 역할분담 행동을 누가 결정하고 행하는가에 따라 부부권력을 분석하였다. 부부의 역할을 정하는 데 있어서 남편이 혼자 결정하는 남편지배권, 부인이 혼자 결정하는 부인지배권, 부부가 같이 결정하는 부부공동권, 부부 각각의 영역을 구분하여 각자의 영역은 각자가 결정하는 부부자율권으로 구분하였다. 이러한 분석은 자원이나 상호작용 기술보다는 결정권에 근거한 분류이다.

한편, 부부권력에 대하여 이론적으로도 접근할 수 있다. 교환이론, 자원이론, 의사결정 이론, 규범적 이론, 여성학적 이론 등이 부부권력을 분석하고 설명하는 데 적용될 수 있는 이론들이다. 이 이론들 중 지금까지 부부권력을 가장 빈번하게 설명해 온 이론은 의사결정 이론이다. 의사결정 이론에 근거한 부부권력은 권력의 결과인 결정권에 근거한 내용과 일치된다.

2) 부부권력의 유형

부부간의 권력을 연구하는 학자들은 부부간의 권력유형을 크게 권위형과 민주형으로 구분하고 있다. 권위형은 부부 중 한 사람이 주로 권력을 행사하고 다른 한 사람은 복종하는 유형인데, 대체적으로 남편이 부인에게 명령적이고 지배적인 경우가 많다. 반면에 민주형은 가사에 관한 결정권이 부부에게 공동으로 있고, 상호작용이 지배와 복종의 주종관계이기보다는 대등한 입장에서 서로 융합하고 수용하여 상호보완적인 것을 의미한다.

이러한 부부간의 권력유형은 사회적 · 시대적 변화에 따라 큰 영향을 받는다. 즉, 봉건사회의 가족은 가장에게 모든 권위가 집중되었고, 부인과 자녀들은 그에 대한 종속적 위치에 있었다. 그러므로 가장의 권위와 지배권이 생산 및 소비를 위한 경제적 활동을 위시하여 대외적 활동에까지 영향을 끼쳤다. 그러나 남편의 권한이 절대적인 부부관계라 하더라도 부인이 맡은 가사 분야에 있어서는 부인 혼자 독자적으로 결정하며 행동할 수 있는 면이 있었다. 한편, 현대사회에 있어서는 민주주의에 입각한 개인의 존중과 자유의 사상이 지배하고 있으므로 부부관계에 있어서도 남녀평등을 원칙으로 하고 부부가 협력하고 상호보충하는 민주형이 바람직하다.

허브스트(Herbst)는 오스트레일리아의 백인가족 연구를 위하여 부부간의 역할분담을 세밀히 분석할 수 있는 새로운 모형을 시도하였다. 즉, 가정생활에서의 역할을 가사, 자녀양육, 사회활동, 경제활동 등의 4개 분야로 구분하였다. 그리고 각각의 분야에서 행동의 유형은 남편 혼자 행하는 것, 부인 혼자 행하는 것, 그리고

표 8-1 부부 상호작용의 유형

행 동 \ 결 정	남 편	부 인	공 동
남 편	①형	⑥형	⑧형
부 인	⑤형	②형	⑨형
공 동	③형	④형	⑦형

부부공동으로 행하는 것 등으로 정하였다. 만일, 한 분야에서 남편 혼자 행동하는 역할의 수가 많다면 그것은 남편의 역할분야로 정할 수 있으며, 그와 반대로 부인 혼자 행동하는 역할의 수가 많으면 그것은 부인의 역할분야로 볼 수 있도록 하였다. 그리고 역할분담 행동을 결정하는 권한이 누구에게 속하는가를 분석하는 결정권도 남편단독권, 부인단독권, 부부공동권 등의 3가지 가능성이 있다. 이러한 행동유형과 결정권을 기준으로 하여 다음과 같은 9가지의 상호작용 유형을 배합해 낼 수 있으며, 표 8-1과 같이 나타낼 수 있다.

① 남편 혼자 결정하며 남편 혼자 행동하는 형
② 부인 혼자 결정하며 부인 혼자 행동하는 형
③ 남편 혼자 결정하며 부부공동으로 행동하는 형
④ 부인 혼자 결정하며 부부공동으로 행동하는 형
⑤ 남편 혼자 결정하며 부인 혼자 행동하는 형
⑥ 부인 혼자 결정하며 남편 혼자 행동하는 형
⑦ 공동으로 결정하며 공동으로 행동하는 형
⑧ 공동으로 결정하며 남편 혼자 행동하는 형
⑨ 공동으로 결정하며 부인 혼자 행동하는 형

이와 같은 배합을 허브스트(Herbst)는 다음과 같은 4가지의 유형으로 종합하였다.

(1) 부부자율형(autonomic pattern)

표 8-1에서 ①형과 ②형이 이에 해당된다. 즉, 남편 혼자 결정하고 행동하는 영역과 부인 혼자 결정하고 행동하는 영역이 있으며, 각자의 영역에 따라 부부 각각 자율적으로 결정하고 행동하는 유형이다.

(2) 남편지배형(husband dominance pattern)

이 유형은 ③형과 ⑤형의 경우이다. 부부가 공동으로 행동하는 것과 부인이 혼자 행동하는 것이 모두 남편의 결정 아래 이루어지는 것, 즉 남편의 지배하에 결정되고 행동하는 부부관계이다.

(3) 부인지배형(wife dominance pattern)

남편지배형의 반대로 ④형이나 ⑥형과 같이 부인의 결정에 따라서 남편이 행동하거나 부부가 함께 행동하는 관계이다.

(4) 부부공동형 또는 협동형(syncratic pattern)

⑦, ⑧, ⑨형이 이에 속하며, 부부가 공동으로 결정하고 부부공동 또는 각자가 행동하는 경우이다. 공동으로 행동한다는 것은 부부가 똑같이 행동한다는 것이 아니라 협조적이라는 것이다. 즉, 부부가 대등한 인간관계를 가지고 협동적 분업을 하는 것이다.

이상과 같은 부부 상호작용 유형은 곧 부부권력 유형이 되기도 한다.

한편 허브스트(Herbst)의 부부 상호작용 유형에 대하여 결정권을 중심으로 부부권력을 비교하면 그림 8-1과 같다. 부부공동형과 부부자율형은 부부간의 권력이 동등하며, 남편 지배형은 남편의 권력이 더 강하고, 부인 지배형은 부인의 권력이 더 강하다.

따라서, 허브스트가 분석한 부부상호작용 유형을 근거로 하여 부부권력의 유형을 남편 지배형, 부인 지배형, 부부 동등형으로 분류할 수도 있겠다.

허브스트(Herbst)가 분류한 부부 상호작용의 유형은 부부간의 권력형태를 민주형 대 권위형으로 양분하는 접근방법보다는 훨씬 효과적인 분석이라고 할 수 있다. 그러나 이것은 부부중심의 핵가족에서만 해당되는 것이고, 확대가족에서 부부 이외의 시부모나 형제자매에게 역할과 권력이 분산되어 있는 경우의 상호작용은 더욱 확대되고 복잡할 것이므로 이대로 적용시킬 수는 없을 것이다. 즉, 확대가족 내에서의 부부간의 권력은 핵가족과는 다른 측면이 있을 것이므로 부부간의 권력유형 역시 보다 다양하고 복합적인 형성이 가능하다.

한편, 세필리오스 로스차일드(Safilios-Rothschild)는 가족생활에 있어서 부부가 행하는 권력의 유형을 다음과 같이 8가지를 들고 있다.

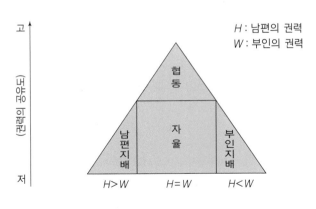

그림 8-1 부부의 권력의 범위

첫째, 관습이나 사회적인 규정에 의하여 인정되는 권력인 권위(authority).

둘째, 강압적인 위협이나 폭력에 의해 굴복시켜 획득하는 권력인 지배력(dominance power).

셋째, 돈이나 명성 등 필요한 자원을 공급해 줌으로써 부여받는 권력인 자원력(resource power).

넷째, 전문적인 지식이나 고도의 기술, 경험 등을 근거로 하여 부여받는 권력인 전문적 권력(expert power).

다섯째, 압력을 행사할 수 있는 능력인 영향력(influence power).

여섯째, 온화함이나 성적 매력에 의하여 배우자를 다루는 능력인 애정적 권력(affective power).

일곱째, 눈물이나 잔소리 등으로 조정하는 권력인 긴장관리력(tension management power).

여덟째, 도덕적 · 종교적 기준에 비추어 타당한 규범에 의하여 부여되는 권력인 도덕적 권력(moral power).

3. 부부간의 스트레스

부부간의 스트레스는 여러 측면에서 나타날 수 있겠다. 부부간의 관계 구조를 설명하는 주요 요소인 역할수행이나 권력행사에 있어서 스트레스가 나타날 수도 있고, 부부간의 적응과정에서도 스트레스를 느낄 수 있으며, 가족주기에 따라 달리 달성해야 하는 가족발달과업을 수행하는 과정에서도 스트레스는 발생할 수 있다.

특히, 가족주기의 단계 변화에 따른 가족발달과업은 일반적으로 대부분의 가족에게 스트레스원(stressor)이 될 수 있으므로 가족주기 단계에 따른 기본적인 발달과업을 살펴볼 필요가 있는데, 두볼(Duvall, 1977)은 가족주기 단계별 주요한 가족발달과업을 다음과 같이 제시하였다.

1단계 : 신혼부부기 가족으로서 상호 만족하는 관계 형성하기, 임신에 적응하고 부모됨을 대비하기, 친족관계 형성하기 등.

2단계 : 자녀출산 및 영아기 가족으로서 영아인 자녀를 양육하기, 부부와 자녀 모두 만족하는 가정 만들기 등.

3단계 : 유아기 가족으로서 유아의 특유의 관심과 요구를 받아들이기, 자녀양육으로 인한 에너지 소모와 부부의 사생활 감소에 대처하기 등.

4단계 : 아동기 가족으로서 자녀의 학교와 관련된 조직과 관련 맺기, 자녀의 학업 성취 격려하기 등.

5단계 : 청년기 가족으로서 청년기 자녀의 책임과 자유를 균형있게 발달시키기, 탈부모기 준비하기 등.

6단계 : 독립기 가족으로서 자녀 출가시키기, 지지적인 가정 유지하기 등.

7단계 : 중년기 가족으로서 부부관계 재조정하기, 위 아래 세대와의 친족관계 유지하기 등.

8단계 : 노년기 가족으로서 사별과 홀로 살기에 대처하기, 노화와 은퇴에 적응하기 등.

그런데 가족주기 단계에 따른 스트레스원에 대해서는 가족마다 다르게 인지하거나 대처할 수 있는데, 그것은 각 가족마다의 부부 특성이나 부부가 가지고 있는 자원이 다르기 때문이다. 즉, 연령, 학력, 수입 등과 같은 객관적 자원이나 내외통제성과 같은 심리적 자원, 자원에 대한 주관적 지각 정도 등이 각 가족마다 다르다.

또한 같은 스트레스원에 대해서 스트레스 인지나 대처양식 그리고 위기감은 한 가족 내의 부부간에도 다르게 나타나는데, 예를 들어 김명자(1991)의 연구에 의하면 중년기 부부는 자녀문제로 인한 사건을 가장 빈번하게 경험하는데, 사건 경험 자체는 부부가 비슷하나, 이에 따르는 스트레스 인지 수준이나 위기감은 부인이 남편에 비하여 더 높게 나타났으며, 대처양식 또한 남편은 문제 중심적이지만 부인은 감정 억제나 인내를 가장 빈번하게 사용하는 경향을 보였다. 스트레스에 대한 남녀간의 인지 차이나 대처양식의 차이는 사회역할이론과 성역할이론으로 설명될 수 있다(Gore & Mangione, 1983). 즉, 사회역할이론에서는 남녀가 사회적으로 다른 지위를 가지고 다른 역할을 수행하기 때문에 스트레스 인지나 대처 역시 다르게 나타난다고 하고, 성역할이론에서는 성에 따라 다른 역할이 요구되기 때문에 스트레스 인지나 대처를 다르게 하게 된다고 설명한다. 예를 들어, 자녀문제와 관련된 역할에 있어서 사회적으로 여성이 더 많이 수행하기를 기대하거나 요구하고, 실제로도 여성이 자녀양육 역할을 더 많이 수행하고 있기 때문에 남자인 남편보다는 여성인 부인이 자녀문제로 인한 스트레스를 더 높은 수준으로 인지하는 것이다.

한편, 남편이나 아내의 스트레스는 배우자 폭력과 자녀 폭력의 원인이 되기도 하고, 생활만족도에 영향을 끼치는 주요한 요인으로 작용하므로 부부의 스트레스에 대하여 그 원인을 규명하고 대처자원과 효율적인 대처방식을 모색할 필요가 있겠다.

4. 부부간의 갈등

현대가족은 그 안정성과 지속성이 부부관계에 주로 의존한다. 현대인에게 있어서 결혼은 부부 사이의 애정적 유대에 그 기반을 두며, 가문의 계승과 단합 등에는 본질적 의의를 두지 않으므로 부부간의 상호관계가 현대가족의 중심을 이룬다. 따라서, 부부의 상호관계가 대단히 밀접하고 강함으로써 원만하게 발전할 수 있는 반면에, 상호기대가 어긋나는 데에 대한 불만과 좌절감으로 갈등을 일으킬 가능성도 높다.

1) 부부간 갈등발생의 원인

터만(Terman)의 부부간 적응 연구에 의하면 행복한 부부집단과 그렇지 못한 부부집단 모두가 그들의 결혼생활에 대해서 상당한 불만을 토로했다고 한다. 행복한 집단의 불만은 주로 친척관계, 친구의 선택, 레크리에이션에 관한 것이고, 그렇지 못한 집단의 불만은 상대방이 논쟁적이다, 신랄하다, 애정적이지 못하다, 신경질적이다라는 내용이 주로 많다. 그러나 만약, 그들이 다시 생을 시작한다면 어떻게 하겠느냐는 질문에 792쌍의 80% 이상이 결혼을 원할 뿐만 아니라 그것도 지금의 배우자와 결혼을 하겠다고 대답했다고 한다.

터만(Terman)의 연구에서 알 수 있는 것처럼 결혼생활은 필연적으로 갈등을 내포하고 있으며, 충돌 없이 함께 살 수는 없다. 따라서, 결혼 생활에서의 얼마간의 갈등은 정상적이고 예측할 수 있는 것이다.

블루드(Blood)도 결혼생활이 갈등을 내포할 수밖에 없다고 하면서, 그 이유로 다음의 4가지 부부간의 특징을 제시하였다.

(1) 친밀감(the intimacy of marriage)

일반적으로 공적생활에는 자신의 바람직한 특성만을 나타내려고 노력하는 사람도 부부관계에서는 친밀하다는 이유로 개인의 모든 특성을 노출하게 된다. 따라서, 배우자의 단점을 알게 되고 비난을 하게 되는 경우도 있다.

(2) 항구성(the consistancy of marriage)

아무리 참기 어려운 일도 며칠은 참을 수 있다. 그러나 그것이 계속될 경우 참을 수 없게 된다. 결혼이란 며칠 만에 끝나는 일이 아니므로 자극적인 일이 노출된다고 볼 수 있다.

(3) 경쟁(the rivalry of marriage)

부부는 그들의 애정에 대해서뿐만 아니라 충분하지 못한 자원, 특히 금전 사용에서 많은 경쟁을 하게 된다. 예를 들면, 일정한 금액에서 한 사람이 많이 차지한다는 것은 상대방이 상대적으로 적게 차지하는 것을 의미한다.

(4) 가변성(the changeableness of marriage)

부부가 어떤 상황에 잘 적응하는 방법을 익혔다 하더라도 결혼생활의 내용은 매일 변화한다. 따라서, 결혼생활에서 갈등이 일어나는 것은 당연하고 정상적인 과정이라고 볼 수 있다.

한편, 클레머(Klemer)는 갈등발생의 원인을 기대의 문제로 집약하였다. 즉, 과대한 기대(too-great expectation), 혼돈된 기대(confused expectation), 충분하지 못한 기대(not-enough expectation), 부부간의 기대차이(partner differing expectation)가 갈등의 원인이 된다는 것이다.

스피켈(Spiegel)은 클레머(Klemer)와는 달리 부부간의 갈등은 역할의 상호관계가 깨어질 때 일어난다고 보고 역할의 상호관계가 깨어지는 경우를 다음의 5가지, 즉 인지적 불일치(cognitive discrepancy), 목표의 불일치(goal discrepancy), 의사소통의 불일치(communicative discrepancy), 수단의 불일치(instrumental discrepancy), 문화적 가치의 불일치(discrepancy in cultural values)로 요약하였다.

2) 부부간 갈등의 해결

결혼생활에서 얼마간의 갈등이 발생하는 것은 당연하고 정상적이라는 말은 갈등이 그대로 존재해도 좋다는 것은 아니다. 그것이 해결되지 않은 채 존재한다면 갈등의 긍정적 결과는 기대할 수 없다. 갈등의 해결과정을 통해 긍정적 결과를 가져올 때 건설적 갈등이라고 한다.

(1) 갈등해결의 방해요인

부부간의 갈등은 자신이나 상대방의 변화, 환경의 변화로 약화 또는 개선시킬 수 있다. 그러나 다음과 같은 조건일 때는 갈등해결이 어렵다.

① 미성숙(immaturity) : 미성숙한 사람은 혼란된 정보에 휩싸이게 된다. 불완전한 지식으로는 만족스러운 해결방법을 찾을 수 없다.

② 의견의 불일치를 참을 수 있는 능력의 부족(inability to tolerate disagreement) : 의견의 불일치를 참지 못하고 분노나 비난 등의 부정적인 감정을 심하게 노출하거나 관계를 끊어 버리게 되면 갈등은 해결되기보다 오히려 더 악화된다.

③ 무의식적 왜곡(unconscious distortion) : 자기도 모르는 사이에 상대방을 왜곡하거나 사건을 올바르게 인식하지 못하는 상태에서는 갈등해결이 가능하지 않다.

④ 과음(alcohol) : 음주한 상태에서 갈등을 해결하고자 하면 의논이 언쟁으로 변화되기 쉽다.

⑤ 피로(fatigue) : 대부분의 사람들은 피곤하면 자제력을 잃기 쉽기 때문에 다투게 된다.

(2) 갈등해결 방법

갈등해결에 대한 제언은 학자마다 다양하다. 모러(Mowrer)는 동일시, 부부간의 역할구분, 협동, 이상화 증진, 습관연결 등을 제시하여 갈등해결 방안을 설명했고, 클레머(Klemer)는 갈등의 해결과정에 중점을 두었다. 그러나 이러한 기술적인 충고는 그 효과에 한계가 있으며 보다 근본적인 것은 기술이 아니라 태도이며 성격이다.

블루드(Blood)의 견해에 의하면 갈등해결을 위한 조건은 성숙, 사랑, 집중이다. 성숙된 성격과 사랑을 가지고 상대방에 대하여 관심을 기울여야 할 것이며, 문제가 해결될 때까지 관심을 집중해야 한다. 아무리 성숙된 성격이고 상대에 대해 사랑을 가진 부부라도 제기된 문제에 집중하지 않는다면 그 문제의 해결은 연기되거나 불가능하게 된다.

5. 부부간의 의사소통

부부간은 어떠한 대인관계보다도 친밀한 관계이어야 한다고 기대된다. 친밀한 관계의 행동적인 표현은 언어적·비언어적 의사소통으로 나타나는데, 이러한 의사소통은 반복됨에 따라 유형화된다. 한편, 부부간은 너무 친밀하기 때문에 객관적인 판단이 결여되어 오히려 의사소통에 장애가 발생하기도 하는데, 원만한 부부관계를 위해서는 효과적인 의사소통 방법이 모색되어야 한다.

1) 부부간의 의사소통 형태

부부간의 의사소통 형태는 분류하는 기준에 따라 다르게 제시되고 있다. 여기에서는 부부간의 의사소통 실태를 이해하는 데 도움이 되는 몇몇 학자들의 분류를 인용하기로 한다.

기브(Gibb, 1965)는 의사소통의 기능성에 따라 방어적 의사소통과 지지적 의사소통으로 분류한다. 방어적 의사소통이란 독단·통제와 전략·무관심·우월감 등의 역기능적 의사소통을 의미하며, 지지적 의사소통이란 성실한 정보추구·정보제공·자발적인 문제해결·감정이입이 되는 이해·대등함 등의 순기능적 의사소통을 의미한다.

사티어(Satir, 1972)는 대인간의 의사소통 실태에 대해 5가지 유형, 즉 회유형 (placating), 비난형(blaming), 초이성형(computing), 산만형(distracting), 일치형 (leveling)을 제시하였다. 각 유형을 구체적으로 살펴보면 다음과 같다.

회유형은 상대방을 화내지 않게 하려는 유형으로 상대방의 기분을 맞추려고 애쓰고, 사과하고, 결코 반대하지 않으며, 아무 일도 아닌 것처럼 말하며, 자기 스스로는 아무 일도 할 수 없는 듯이 말한다. 비난형은 자신을 강하게 보이도록 하려는 유형으로 상대방의 결점을 발견하여 비난하고, 독재자나 우두머리로서 행동하며, 목소리는 딱딱하고 날카롭고 크다. 초이성형은 위협이 아무런 해가 되지 않는 것처럼 행동하고 큰소리를 사용함으로써 자신의 가치를 내세우려고 하는 유형으로 어떠한 감정도 겉으로 나타내 보이지 않고, 매우 이성적이며 정확하고, 침착하고 냉정하며, 목소리는 건조하고 단조로우며, 말은 추상적이기 쉽다. 산만형은 위협을 무시하고 마치 위협이 없는 것처럼 행동하는 유형으로 다른 사람의 행동이나 말과는 무관한 행동이나 말을 하며, 초점에 맞는 반응을 하지 못하며, 목소리는 단조로우며 말과 맞지 않는다. 일치형은 불화를 화해시키고, 곤경을 타개하며, 사람들 사이를 중재하는 유형으로, 목소리, 얼굴표정, 몸의 자세, 음정, 말 등이 서로 조화를 이루며, 관계는 편안하고 자유롭고 솔직하며, 자경심에 대한 위협이 거의 없다. 일치형은 바람직한 의사소통 방법의 유형이기는 하지만 실제로 이 유형에 속하는 사람은 극소수에 불과하다. 일치형을 제외한 나머지 4가지 유형은 개인이 위협을 느끼지만 자신의 약점을 나타내기 싫기 때문에 그 약점을 감추려고 노력할 때 나타나는 유형들이다.

한편, 호킨스, 바이스버그, 레이(Hawkins, Weisberg & Ray, 1980)는 의사소통 형태를 언어화 정도와 감정노출 정도라는 두 차원을 각각 두 범주로 구분한 후 조합하여 4가지 유형, 즉 차단형(conventional), 억제형(controlling), 분석형 (speculative), 친숙형(contactful)으로 구분하고 있다.

차단형은 문제를 피하거나 숨김으로써 명백하게 언어화하지도 않고 감정노출도 하지 않는 형이며, 억제형은 상호간의 의미탐색에 대하여 폐쇄적이고 거부적이어서 내적 상태를 분명하게 언어화하는 것을 피하지만 감정상태는 언어 이외의 단서들을 통하여 많이 노출하는 형이다. 그리고 분석형은 문제에 대하여 다양한 측면에서 탐색하고 자신의 신념, 생각 등을 명백하게 언어화하며, 다른 사람의 견

표 8-2 호킨스(Hawkins) 등의 의사소통 유형

감정노출 정도 \ 언어화 정도	폐쇄적	개방적
낮 음	차단형	분석형
높 음	억제형	친숙형

해를 존중하는 개방적 태도를 지니지만 감정노출은 적은 형이다. 친숙형은 자신과 타인의 내적 상태에 대하여 분명하게 언어화하며 감정적 노출도 많은 형이다.

이상의 설명을 일목요연하게 도표화하면 표 8-2와 같다.

다음으로, 우리나라 부부간의 의사소통 형태에 대한 연구도 활발히 이루어지고 있는데 연구된 결과는 다음과 같다.

이창숙·유영주(1988)는 실태조사에 근거하여 우리나라 가족에 있어서 남편들의 의사소통 유형은 권위형, 친숙형, 성실형, 분석형, 타인지향형으로, 부인들의 의사소통 유형은 권위형, 성실형, 타인지향형, 희생형, 분석형으로 구분된다고 하였다.

그리고 이정순·박성연(1991)은 부부간에 일어나는 일반적인 의사소통 행동, 배우자에게 의사소통을 하기 위한 접근방식, 의사결정, 배우자의 반응에 대한 고려, 의사소통을 성공적으로 이끌기 위한 노력 등을 조사하여 분석한 결과 남편의 의사소통 유형은 독선형, 순종형, 권위지향형, 무관심형, 상호존중형으로 구분되며, 부인의 의사소통 유형은 독선형, 무관심형, 상호존중형, 순종형으로 구분되었다고 하였다. 또한 남편과 부인간의 의사소통 유형의 관계는 보완관계가 가장 많고, 그 다음으로 대립관계, 대등한 관계의 순으로 나타났는데 보완관계에서는 남편보완과 부인보완이 비슷한 정도이다.

특히, 송성자(1985)는 문제가족의 부인을 대상으로 하여 우리나라 부부간의 역기능적 의사소통 형태를 분석하였는데, 그 결과 남편의 역기능적 의사소통 유형은 권위지향형, 불성실지향형, 희생지향형, 지배지향형으로 나타났으며, 부인의 역기능적 의사소통 유형은 지배지향형, 소심지향형, 불성실지향형, 희생지향형으로 나타났다.

2) 부부간의 의사소통 장애요인

부부간의 의사소통 장애요인으로는 다음과 같은 사항을 들 수 있다(Stinnett, Walters & Kaye, 1984).

첫째, 문화적 차이이다. 개인은 성장하면서 경험한 지역적·사회적·경제적·종교적 환경 등에 따라서 자신의 독특한 가치관이나 행동유형을 습득한다. 따라서, 다른 문화환경에서 성장한 두 사람의 결혼은 여러 측면에서 차이를 나타내게 되는데, 의사소통 규칙에 있어서도 차이를 나타내게 되어 의사소통에 장애를 가져오게 된다.

둘째, 성역할 학습의 차이이다. 남녀에 대한 사회문화적 기대가 다르므로 성역할 학습에 차이가 있다. 즉, 전통적으로 남자에게는 도전적, 공격적, 적극적, 성취지향적인 특성을 기대하는 반면, 여자에게는 수동적, 의존적, 애정적, 정서적인 특성을 기대해 왔다. 이러한 기대에 의해 성역할이 내면화된 남녀의 행동유형은 결혼관계에서도 나타나게 되는데, 부부라는 친근한 관계에서 중요하게 여겨지는 표현적, 지지적 행동을 남편들은 부인에게 나타내기가 어려울 것이나, 부인들은 그것을 요구한다. 그리하여 부부간에 만족스럽고 효과적인 의사소통을 하는 데에는 지장을 초래하게 되는 것이다.

셋째, 간접적 의사소통이다. 간접적인 의사소통은 의도하는 바를 확실하게 직접적으로 표현하지 않고 암시만을 보내어 수신자로 하여금 메시지의 참뜻을 파악하기가 힘들게 한다.

넷째, 단어사용의 차이이다. 같은 단어의 의미가 다르게 사용되어 의사소통에 장애가 발생된다. 또한, 같은 말이라도 표현되는 억양에 따라 의미를 달리 받아들일 수도 있다.

다섯째, 지나친 일반화나 불확실한 가정(假定)이다. 모든 사람이 다 똑같을 것이다, 또는 인간에 관한 어떤 사실들은 모든 사람에게 다 적용될 것이다 등의 잘못된 일반화는 의사소통을 곤란하게 만든다. 그리고 명확한 의사소통을 방해하는 잘못된 가정으로는 부부간에는 감정과 태도를 반드시 같이 해야 한다, 과거에 일어난 일이나 현재 일어나고 있는 일은 변화될 수 없다, 자신은 정확하게 검토하지 않고도 배우자의 감정이나 생각을 안다는 것 등을 들 수 있다.

여섯째, 선택적 인지이다. 선택적 인지는 경직된 태도로 다른 사람의 행동을 받아들일 때 일어난다. 이전에 습득된 주관적 생각을 고집하고 변화를 거부하며, 이미 가지고 있는 견해와 반대되는 사실에 대해서는 그 사실을 인정하지 않으려고 한다. 특히, 부정적인 면이나 견해를 강조하는 선택적 인지는 정확한 의사소통의 장애요인이 되고 대인관계를 불만스럽게 만든다.

일곱째, 모순적인 의사소통이다. 모순적인 의사소통은 한 사람에 의하여 내용이 다른 두 가지 이상의 메시지가 보내지거나, 언어적 메시지와 비언어적 메시지가 서로 다를 때 발생한다. 모순된 메시지가 전달될 때 수신자는 어떠한 반응을 보여야 할지 곤란하게 된다.

여덟째, 혼자 말하기이다. 혼자 말하기는 자신만이 상대방에게 말하고, 상대방에게는 생각이나 감정을 나타낼 수 있는 기회를 주지 않기 때문에 좋은 방법이 아니다.

아홉째, 방어적 의사소통이다. 방어적 행동은 일반적으로 다른 사람으로부터 위협을 느낄 때 취하게 되는 행동이다. 방어적인 행동을 하는 배우자는 의사소통에 있어서 상대배우자를 이해하려고 하기보다는 자기를 보호하려고 하며, 따라서 상대방의 이야기에 대해서도 방어적 청취를 하게 된다. 방어적일수록 상대방의 감정, 요구, 의도를 덜 정확하게 인지하게 됨으로써 장애요인이 되는 것이다.

이상의 장애요인 외에 라이스(Rice, 1979)가 설명하고 있는 부부간의 의사소통 장애요인 몇 가지를 추가할 수 있다. 즉, 물리적 거리감, 사생활이 보장되지 않는 상황, 의사소통에 대한 두려움을 느끼는 심리적 요인도 부부간의 의사소통을 방해하는 요인이 된다.

3) 부부간의 의사소통 촉진방안

부부간의 성공적인 의사소통을 위해서 스티네트 등(Stinnett et al., 1984)은 다음과 같은 방법을 제안한다.

첫째, 긍정적인 마음을 지녀라. 그러면 상호간의 인정, 신뢰, 존중, 이해를 토대로 하여 부부간에 긍정적인 마음을 갖게 된다.

둘째, 상호간에 존중하라. 부부간에 상호존중을 솔직하게 표현하면 위협을 느끼지 않게 되고, 따라서 방어적 의사소통이 감소하게 된다.

셋째, 공통의 준거틀을 가져라. 비슷한 문화적 배경을 가진 부부는 경험, 생각,

태도 등이 비슷함으로써 준거틀이 유사하여 의사소통이 더 잘 된다. 그러나 과거 생활 경험이 다르면 같은 사건에 대한 견해가 다를 수 있는데 서로의 준거틀을 이해하면 불일치를 극복할 수 있을 것이다.

넷째, 경청하라. 듣는다는 것은 적절하게 말하는 것만큼 중요하다. 들어 준다는 것은 상대방의 메시지에 대하여 흥미가 있으며 상대방을 존중한다는 것을 나타내게 된다. 따라서, 상대방은 자신의 생각이나 감정을 더 많이 표현하게 되는 것이다. 배우자의 말과 함께 감정을 듣는 것도 중요하다.

다섯째, 메시지의 의미를 확인하라. 불명확한 메시지에 대한 부정확한 해석은 오해와 갈등의 원인이 되므로 의사소통의 내용 및 방법에 대한 의사소통을 하여 메시지의 의미를 정확하게 파악해야 한다.

여섯째, 공감하라. 부부간에 공감하면 큰 일에서 뿐만 아니라 사소한 일에서도 배우자의 감정, 분위기, 요구에 대한 이해가 높아진다. 공감의 정도가 높아지면 언어적 의사소통이 없이도 배우자의 내적 감정상태를 알 수 있다.

일곱째, 상대방의 감정을 알고 있다는 것을 알려라. 감정은 언제나 논리적이지는 않다. 배우자가 자신의 감정상태, 특히 부정적 감정상태를 알아 준다면 부정적 감정은 해소될 수 있을 것이다.

여덟째, 자신의 의견을 분명히 말하라. 상대방의 기분을 상하지 않게 한다는 명분하에 말을 피하는 것을 삼가고, 부부 모두 사소한 일에 대해서도 거리낌 없이 말해야 한다. 상대방을 공격하는 것이 아니라 자신의 감정을 표현하는 방법으로 말하고, 간접표현이 아니라 직접적으로 표현해야 한다.

아홉째, 자기 노출을 하라. 물론 적당한 수준의 자기 노출이 필요하다. 특히, 부정적인 자기 노출은 오히려 부부관계를 악화시킬 가능성도 있으므로 자기 노출의 표현방법에 유의해야 한다. 즉, 부정적 감정도 긍정적으로 표현할 수 있어야 한다.

6. 부부간의 적응

적응이란 자신의 욕구와 환경과의 사이에서 조화를 이루면서 자신의 욕구를 충족시키는 과정이다. 즉, 자아를 실현함과 아울러 환경을 고려하고 사회의 기대에 맞추어 나가는 과정을 적응이라고 할 수 있다.

부부상호간의 적응이 잘 이루어질 때 부부관계는 비로소 만족과 안정을 찾게 되며, 이것은 가족전체의 행복과도 직결되는 것이다.

그러나 부부는 고정된 사물이 아니고 항상 변화·성장하는 개체이므로, 부부간의 적응 자체도 변화·성장하는 것이다. 즉, 정적인 것이 아니고 역동적인 것이다. 이러한 변화는 성장과 발전의 방향으로 서로 이해하고 수용하며 애정과 노력으로 받아들여야 한다. 부부는 적응면에 있어서 자기변혁의 각오를 해야 하며, 상대방에 대한 요구수준을 적절하게 조정해야 하며, 자신 및 배우자와 환경을 정확하게 인지해야 한다.

1) 부부간의 적응요소

부부간의 적응이란 부부 당사자간의 적응에만 한하는 것이 아니고 여러 가지 외적 조건, 즉 경제적·사회적·인간적 환경에 대한 적응도 포함된다. 즉, 두 사람 사이의 성격적 적응, 성적인 적응, 경제적 적응, 인척관계의 적응 등이 이루어져야 한다.

(1) 성격적 적응

부부간의 성격적 적응은 부부간의 내적 적응으로 외부에 나타나거나 객관적으로 평가할 수 있는 문제가 아니고 심리적으로 자신들만이 갖는 분위기에서 이루어지는 적응이다. 성격적 적응은 다른 어떠한 어려운 문제라도 이겨 나갈 수 있고 해결할 수 있는 힘의 기초가 되는 것이다.

이러한 성격적 적응을 위해서는 각 개인의 성숙, 정서적 안정감, 원만한 성격, 감정의 교류, 시간적 요소 등이 필요하다. 결혼 전에 아무리 교제기간이 길었다고 하더라도 상대방과의 매일의 생활에서 느끼는 것과는 상당한 차이가 있게 된다. 그러므로 부부간의 성격적 적응을 위해서는 다음과 같은 사항을 충분히 인식해야 한다.

① 부부간의 갈등은 당연하고 정상적인 것이다.

어떤 인간관계에 있어서나 갈등은 있기 마련이다. 또한 갈등은 인간관계에 있어서 더 나은 관계로의 발전을 위하여 오히려 필요한 일이기도 하다. 켈러(Keller)는 갈등이란 명확하고 확실한 사실이 아니고 오히려 그것은 양면적인 특성을 내포하고 있으므로 상대방 또는 자신에게 행동의 변화를 가져오는 계기가 된다고 하였다. 따라서, 갈등이 있다는 것은 당연한 일이고 정상적이라고 생각하며, 그로부터 발전적 방향으로 해결책을 모색하도록 하고, 불만스러워하거나 회피 또는 불행을 느낄 필요는 전혀 없다.

② 상대방의 성격과 행동특성을 이해하도록 해야 한다.

성격이란 개인의 총체적 특성으로서 개인의 습관, 사상, 정서적 반응, 기분, 태도, 다른 사람이나 환경에 대한 반응 등 외부로 나타나는 것도 있고, 개인의 내부에 잠재하여 눈에 보이지 않는 면도 있다. 성격이란 수나 양적으로 표현할 수는 없으나 질 또는 분위기로 표현할 수 있는 것이다. 또한, 성격이란 고정적인 것이 아니고 환경과의 계속적인 적응에 의하여 변화·발전되는 것이다. 물질적·사회적인 환경도 중요하지만 인간의 상호관계에서 계속 변화된다는 것을 알아야 한다. 그러므로 부부는 상대방의 성격 일부에서 나타난 면만 보고 그릇된 판단을 하지 말고, 그 면을 수정하고 새로운 방향으로 발전할 수 있다는 발전적인 변화의 가능성을 인식하고 노력해야 한다.

그리고 행동특성은 성격과는 달리 외부에 나타나는 것으로서 이미 습관으로 형성된 행동이라 할지라도 상호이해와 노력을 한다면 성격보다는 행동의 변화가 더 가능하다.

③ 모든 행동에는 원인이 있음을 알아야 한다.

행동의 원인은 보는 사람의 입장에 따라 달라진다. 그러므로 부부는 상대방이 그러한 행동을 하게 된 이유를 알려고 노력하고 상대방의 입장에서 이해하면 부부간의 적응은 훨씬 발전적일 것이다.

④ 상대방의 독립성을 인정하도록 해야 한다.

부부는 각기 다른 경험을 가졌기 때문에 동일한 사실에 대해 다른 개념을 가질 수 있다. 그러므로 부부는 상대방의 상이한 세계를 인정해 주고 대화로써 극복해 나가야 한다.

(2) 성적 적응

결혼생활의 성이란 자연스러운 일이다. 만일 성(性)이란 것이 없다면 결혼이라는 문제도 생기지 않았을 것이다. 성은 결혼생활의 전부는 아니지만 중요한 기본적 요소가 된다. 그럼에도 불구하고 우리는 성에 대한 논의를 삼가해 왔고, 심지어는 기피하는 경향이 많았다. 따라서, 성에 대해서는 무지의 상태였고, 자연히 알게 되는 것으로만 생각해 왔다.

현대에 와서 성에 대하여 사람들의 관념이 조금씩 달라지기 시작하였는데 특히 킨제이(Kinsey)와 마스터스(Masters)는 성의식의 혁명을 가져오는 데 큰 영향을 끼쳤다. 물론, 그 이전 19세기 말경의 여권운동 역시 성도덕 또는 성의 개념을 변화시키는 데 큰 공헌을 하였다. 정숙한 여성은 성의 쾌락을 모르는 것이 좋고 또 있을 수도 없는 것으로 되어 있던 관념이 새로운 견해로 바뀌고 있다.

모든 사회는 결혼과 그에 관련된 제도적 규범으로 이성간의 성행위를 통제한다. 성행위에 대한 기본적 규범 중에서 몇 가지는 모든 사회에서 공통적으로 적용되고 있다. 그것은 결혼한 부부 사이에는 성관계를 기대하며 주장할 수 있는 권리가 있는 것과 근친상간을 금하는 것 등이다. 이외의 성행위에 관련된 문제로서 성교불능, 불임증, 성적 질투, 성적 매력, 간통 및 혼전 성관계 등과 같은 것을 판단하고 견제하는 데 있어서는 사회와 시대에 따라서 차이를 나타내고 있다. 우리나라의 경우에는 남녀를 차별하는 이중적 성도덕의 관념이 오랫동안 지배해 왔으며, 그러한 관념이 아직도 부부관계에 상당한 영향을 끼치고 있다. 그러나 남녀평등의 사상과 새로운 성지식의 뒷받침으로 부부간의 성생활에 대한 상호간의 이해와 태도가 많이 변화되고 있다. 따라서, 성행위에 있어서도 평등한 인격적 원칙 아래 상호간의 생리 및 심리적 상태를 이해하여 만족스러운 결과를 얻을 수 있는 방법을 모색해야 한다. 그러기 위해서는 성에 대한 충분한 과학적 지식과 그러한 지식에 기반한 구체적 노력이 필요하다.

부부간의 성생활은 단순히 신체생리적 행위에 그치는 것이 아니라, 다른 측면의 여러 요인들이 복합되어 나타나는 특유한 의미를 지니고 있다. 이러한 의미에서 부부간의 성생활의 특성을 살펴보면 다음과 같다.

① 부부간의 신체적 접촉은 신체생리적 요인뿐만 아니라 감정적, 인격적 요인을 포함한다.

② 부부간의 성생활은 출산력을 가지고 있을 뿐만 아니라 두 사람의 인성을 결합시키는 창조적인 것이다.

③ 부부간의 성생활은 만족을 향한 계속적인 성장과 발전의 과정이다.

④ 부부간의 성생활은 새로운 기술이며 예술이다. 따라서, 부부간의 성적 적응에는 시간과 노력이 요구된다.

이상에서 부부간의 성생활의 특성을 살펴보았지만 부부간의 성생활의 성공이란 용이한 일이 아니라 만족을 향한 꾸준한 인내와 이해가 필요한 것이다. 따라서, 다음과 같은 몇 가지의 부부간의 성생활에 대한 올바른 태도를 지녀야 한다.

첫째, 부부간의 성생활은 어느 한쪽 배우자에게만 책임이나 의무가 있는 것이 아니고 부부쌍방에게 책임이 있는 것이다. 즉, 부부가 똑같이 노력해야 한다.

둘째, 부부의 성적 적응이 만족스럽게 이루어지기까지는 시간이 요구된다는 것을 인식해야 한다. 최초의 경험은 시작이므로 적응이 잘 안 되더라도 불안해 할 필요는 없다.

셋째, 부부간의 성생활에 대한 정확한 지식을 갖도록 해야 한다. 즉, 남녀모두 공통적으로 성적 욕구를 가지고 있으나 성적 표현에 있어서는 차이가 있음을 알고 상대방의 만족을 위하여 서로 노력해야 한다.

부부간의 성생활에 대한 표준적 기교란 있을 수 없다. 성은 개인차가 많기 때문에 성에 대한 태도, 개인이 자라온 문화적 배경과 지식, 애정의 정도, 환경의 조건, 당사자들의 성격 등에 따라 부부간의 성생활의 틀이 형성되는 것이다. 그러므로 부부가 서로 협력하여 성공적인 적응을 할 수 있도록 인내와 노력이 수반되어야 한다.

(3) 경제적 적응

부부간의 경제적 적응도는 소득의 액수와 비례하는 것이 아니라 소득을 사용하는 방법과 이에 대한 부부의 태도에 따라 달라진다. 현대의 가정은 생산을 위한 구조가 아니라 소비하는 집단이므로 현대의 부부는 현명하고 합리적인 소비계획을 마련하고, 서로 협력하여 그 계획을 실천해 나가야 한다. 즉, 현명한 소비태도가 결혼생활에 중요한 요인이 되는 것이므로 경제적 적응을 위하여 상호협조적인 태도를 기르는 것이 필요하다. 이를 위해서는 예산생활을 하는 것이 효과적이며, 예산은 항목간의 조화를 충분히 고려하여야 한다.

또한 부부간의 경제적 적응을 위해서는 부부의 기호나 욕망 등을 정확히 판단하고 수입의 유형을 잘 조절하여 최소한의 비용으로 최대한의 만족을 얻을 수 있도록 해야 한다.

가정이란 나만의 생활장소가 아니므로 부부공동의 요구를 파악하여 현명하게 경제관리를 해야 한다. 경제적 관리에서 얻는 물질적 만족은 부부간의 심리적 관게에 큰 영향을 끼친다.

(4) 인척관계의 적응

부부관계는 두 남녀의 결혼에 의하여 형성되지만 결혼 후의 부부생활은 부부 두 사람에 의해서만 유지되는 것이 아니고, 부부가 성장해 온 각각의 방위가족과의 관계에 의해서도 영향을 받게 된다.

특히, 확대가족의 경우에는 동거하고 있는 인척의 영향이 핵가족에 비하여 더 크므로 인척과의 관계에 대한 적응이 더욱 중요하다. 이것은 동일한 거주지에서 재산을 공유하고, 역할을 분담하며, 권력관계를 유지하고, 가풍에 따라 생활습관을 조정해야 하기 때문이다. 일반적으로, 확대가족은 부계의 성격을 지니고 있기 때문에 남편보다는 부인의 인척관계, 특히 고부관계에 대한 적응이 문제시되고 있다. 고부관계에 대해서는 제11장에서 구체적으로 언급하기로 한다.

우리나라의 경우, 핵가족이라 할지라도 거주지상으로만 독립되어 있을 뿐 심리적으로나 경제적으로는 확대가족의 성격을 지니는 경우가 많은데 이 경우에도 인척관계에 대한 적응은 필요하다. 핵가족의 경우에는 확대가족에 비해 인척과의 관계가 덜 빈번하기 때문에 인척과의 적응에 소홀하기도 하고, 남편이나 부인의 방위가족과의 관계를 동등하게 생각함으로써 남편의 인척관계에 대한 적응이 문제로 대두되기도 한다.

2) 부부간의 적응유형

부부간의 적응에 대한 전통적인 견해는 적응된 부부들의 생활내용이 모두 비슷하리라는 것이었다. 그러나 그러한 신화는 구체적인 실증연구에 의하여 깨뜨려졌다.

쿠버와 해로프(Cuber & Harroff, 1980)는 이혼이나 별거하겠다는 생각을 하지 않고 10년 이상 한 배우자와 살고 있는 기혼남녀 211명을 대상으로 조사 분석한 결과 적응이 잘 된 부부들이라고 해서 모두가 비슷한 결혼생활을 영위하는 것이 아니고 5가지 유형으로 구분된다고 하였다. 5가지 유형이란 갈등이 습관화된 유형(the conflict-habituated mode), 생기를 잃은 유형(the devitalized mode), 소극적-동조적 유형(the passive-congenial mode), 생기 있는 유형(the vital mode), 그리고 통합적 유형(the total mode)이다.

(1) 갈등이 습관화된 유형

갈등이 습관화된 부부는 긴장, 갈등, 말다툼이 계속되며 서로를 비난한다. 이들은 모든 일에 견해차이가 있으며 단순히 함께 있는 것만으로도 싸움이 일어날 이유가 된다. 그러나 싸움이 결혼을 해체시킬 만한 이유가 되지 않으며, 오히려 결혼을 지속시키는 요인이 된다.

(2) 생기를 잃은 유형

생기를 잃은 유형의 부부는 결혼초기에는 사랑하는 감정이나 적극적인 관계가 있었으나 결혼기간이 지남에 따라 함께 지내는 시간이나 같이 즐기는 활동이 적어지고, 오직 서로를 의무적으로 대하고, 주로 부부보다는 자녀와 관계된 일에 관심을 갖는다. 긴장이나 갈등이 노출되지 않고, 상호작용이 거의 없으나 때때로 생일잔치와 같은 의례적인 행사는 한다. 결혼지속을 위협하는 심각한 일도 없다.

이 유형의 부부가 의외로 많은데 이들은 다른 부부들도 자신들과 비슷하리라 생각하고 특별한 불만 없이, 그리고 특별한 활력도 없이 부부관계를 유지한다. 이 유형은 일반적으로 중년기 이후에 많다.

(3) 소극적-동조적 유형

소극적-동조적 유형의 부부는 외형적으로는 생기를 잃은 유형의 부부와 유사하나 다른 점은 결혼초기부터 부부가 서로 몰입되어 있지 않는 것이다. 이 유형의 부부는 부부관계보다는 각자의 관심이나 활동을, 그리고 가정 내 역할보다는 사회인이나 직업인으로서의 책임을 더 중요시하며, 또 그렇게 행동한다. 상대방의 영역에 깊이 관여하지 않고 각자의 영역에 충실하며, 이러한 태도를 오히려 고맙게 생각한다.

또한 이 유형의 부부는 갈등이나 분노, 좌절을 그다지 나타내지 않으며 흥미, 견해, 판단, 직업 등에서는 서로 일치하는 면이 많다고 생각한다.

(4) 생기 있는 유형

생기 있는 유형의 부부관계는 앞의 3가지 유형과는 아주 다른 특징을 가지고 있다. 이 유형의 부부는 많은 시간을 함께 보내고 자녀를 사랑하는 등 가정을 소중하게 생각하며, 직업생활에서도 성공적이다. 또한 이 유형의 부부는 서로에게 친밀감과 공감을 느끼며, 심리적인 유대감이 강하다. 취미, 직업, 지역사회 활동 등에 같이 참여하는 등 부부가 함께 있음으로써 생의 만족을 느낀다.

이 유형의 부부에게 독립성이 없다거나 경쟁심 또는 갈등이 일어나지 않는 것은 아니다. 갈등이 있을 경우에는 불일치점을 쉽게 발견하고 갈등을 피할 수 있는 방법을 찾는다.

(5) 통합적 유형

통합적 유형의 부부는 생기 있는 유형의 부부와 비슷하나 생활의 보다 많은 부분을 부부가 함께 공유하며 성실하게 참여한다. 이 유형의 부부는 생기 있는 부부의 유형보다는 긴장을 덜 느낀다. 왜냐하면, 부부간의 불일치가 쉽게 해결되기 때문이다. 가끔, 부부간의 견해차이가 있기는 하지만 타협이나 양보에 의해 쉽게 해결하며, 누가 옳고 그르냐보다는 부부관계를 악화시키지 않고 문제를 해결하는 방법을 찾기 위하여 서로 노력한다.

이 유형은 생기 있는 유형과 함께 부부관계의 이상적 유형이라 할 수 있는데, 그 수가 비교적 적지만 존재하기는 한다.

3) 부부 적응을 위한 이론적 관점

부부간의 적응을 위한 지침을 1장에서 제시한 가족이론과 관련하여 주요한 점만을 설명하면 다음과 같다. 교환론에 의하면 부부간에 대가와 보상의 호혜적인 교환이 이루어져야 하며, 상징적 상호작용론에 의하면 언어적 비언어적 메시지의 의미를 공유하여야 하며, 갈등론에 의하면 부부간의 갈등의 원인을 따지기보다는 이미 발생한 갈등의 해결방법을 모색하여야 하며, 가족발달론에 의하면 가족주기 각 단계에서의 발달과업을 적절하게 잘 수행하여야 하며, 라이프코스론에 의하면 배우자의 개인적 생애사를 이해할 필요가 있으며, 체계론에 의하면 부부관계는 부부 두 사람만의 관계로 이루어지는 것이 아니라 주변의 상황에 의하여 영향 받음을 이해하여야 하며, 여권론에 의하면 부부관계를 남존여비나 부창부수 등의 남녀불평등적 사고에서 탈피하여 남녀평등적인 의식과 행동을 해야 한다.

7. 부부간의 법적 효과

부부생활이 서로의 애정과 신뢰에 기초한 공동생활이어야 하는 것은 지극히 당연한 논리이다. 부부평등은 상대방을 인격자로 서로 존중한다면 당연한 것인데 이러한 기본적인 것이 오랫동안 우리나라 법률상으로 인정되지 않았던 것은 우리나라의 법률과 사회가 얼마나 가부장제적이었던가를 말해 주는 것이다. 갑오경장 이후 점차 여자의 지위가 인정되고 여성의 해방을 부르짖기는 하였지만 남존여비의 사상과 여필종부의 윤리가 오랫동안 지배되어 왔기 때문에 가족습관은 조선시대의 모습 그대로였다. 그러나 민법은 헌법정신에 따라서 구제도의 낙후성을 지양하려고 노력하였다. 즉, 처의 무능력제도를 폐지하고 부부가 따로 재산을 가질 수 있는 부부별산제를 채용함으로써 아내의 재산에 대한 남편의 관리·사용·수익권을 인정하지 않았고, 또한 일체의 가사에 관하여는 부부가 서로 대리권이 있도록 하는 한편, 가사로 인해서 진 채무에 대해서는 부부가 연대책임을 지도록 하였다. 또한 부부 중 누구에게 속한 것인지 분명하지 않은 재산은 부부공유재산으로 추정하도록 하였으며, 부부의 공동생활비는 부부공동으로 부담하도록 되어 있다.

특히, 2005년까지 몇차례에 걸쳐 개정된 민법의 내용은 대체적으로 부부평등의 원칙을 따르고 있다. 그러나 종래의 관습에 사로잡혀 남녀불평등 사상이 깃든 규정을 몇 가지 남겨 놓은 것은 유감스러운 일이다. 예를 들면, 2008년 1월 1일부터 시행되고 있는 자(子)의 성과 본 규정에 의하면 자녀는 원칙적으로 부(父)의 성과 본을 따르도록 되어 있으며, 부모가 혼인신고시 모(母)의 성과 본을 협의한 경우에는 모(母)의 성과 본을 따르도록 되어있어 (민법 제781조) 모(母)의 성과 본을 따르려면 부(父)의 성과 본을 따를 때와는 달리 별도의 절차가 필요하다.

1) 혼인의 일반적 효과

(1) 친족관계의 발생

부부는 배우자의 신분으로 친족이 되며, 배우자의 혈족과는 서로 인척관계가 된다. 즉, 남편이나 아내는 배우자의 4촌 이내의 혈족 및 그 배우자와 서로 인척관계를 갖게 된다(민법 777조 2호와 769조).

그리고 계모와 전처의 출생자녀 사이나 적모와 혼인 외의 출생자 사이에도 인척관계가 발생한다.

(2) 동거, 부양, 협조의 의무

부부가 동거하며 서로 부양하고 협조해야 하는 것은 혼인의 본질이다(민법 826조 1항).

1 동거의 의무

부부는 동거하여야 한다. 즉, 거소를 같이 하여야 한다. 그러나 직업상의 필요나 정신적·신체적 장애, 자녀교육상의 필요, 그 밖의 사유 등 정당한 이유로 일시적으로 동거하지 않는 경우에는 서로 참아야 한다. 그리고 동거할 장소는 부부의 협의에 의하여 정한다(민법 826조 2항). 그러나 협의가 이루어지지 않는 경우에는 당사자의 청구에 의하여 가정법원에서 정하게 된다. 정당한 이유 없이 동거를 거부할 경우 심판을 청구할 수 있다. 그렇지만 동거하라는 판결을 강제적으로 실행시킬 수는 없다. 정당한 이유 없이 동거를 거절하였을 경우에는 악의의 유기로서 이혼의 사유가 된다(민법 840조 2항).

2 부양, 협조의 의무

부부는 서로 부양하고 협조하여야 한다(민법 826조 1항). 부부 공동생활에서 동고동락하고 정신적·신체적·경제적인 모든 면에서 서로 협력하여 원만한 생활을 영위해야 하는 의무이다. 여기서 말하는 부양이란 미성숙한 자녀를 포함하여 부부일체로서의 공동생활에 필요한 것을 부부가 서로 제공하는 것으로서 상대방의 생활을 자신의 생활과 같은 수준으로 보장하는 것이다. 따라서, 자기 생활에 여유가 있는 경우에 상대방의 빈곤을 지원하는 친족 사이의 부양과는 그 성질을 달리 한다. 부부의 공동생활에 필요한 비용의 부담은 당사자 사이에 특별한 약정이 없으면 부부가 공동으로 부담한다(민법 833조)고 규정하고 있지만 이것은 어디까지나 부양의무 이행의 기준을 밝힌 것에 불과하고 약정이 없더라도 부부 중 한 사람에게 부양능력이 없으면 서로 협조하여야 하는 것이다.

정당한 이유 없이 부양, 협조의 의무를 이행하지 않을 경우에는 동거의무와 마찬가지로 강제로 실행시키는 것이 쉽지는 않지만 부양의무는 그 내용이 재산적인 것이기 때문에 강제집행이 가능하기는 하다. 이러한 부부 사이의 부양에 있어서는 과거의 부양료도 청구할 수 있다고 본다. 일반적으로 부양과 협조의무를 위반하는 것은 악의의 유기로서 이혼의 원인이 된다.

(3) 정조의무

부부는 서로 정조를 지킬 의무가 있다. 민법은 부정한 행위를 부부평등하게 이혼원인으로 규정하고 있으므로(민법 840조 1항), 남편과 아내 모두 정조의무를 지니게 된다.

(4) 부부 사이의 계약취소권

부부 사이의 계약은 혼인 중 언제든지 부부의 한 쪽이 이를 취소할 수 있다(민법 828조). 부부 사이의 계약은 자유의사에 의하지 않고 애정이나 강요에 의해 체결된 경우가 많고, 부부 사이의 약속은 법률보다는 의리와 인정에 맡기는 것이 가정의 평화를 위하여 좋다는 생각 때문에 부부 사이의 계약은 때로 속박이 될 수 있다. 이러한 속박에서 벗어날 수 있는 길을 마련한 것이 계약취소권이다. 그렇지만 계약을 강제당할 만한 경우라면 취소도 할 수 없는 경우가 많을 것이다. 취소권은 혼인 중에만 행사할 수 있고 취소하면 처음부터 계약이 성립되지 않은 것으로 되지만 이러한 소급된 효력은 제3자의 권리를 침해하지 못한다(민법 828조).

(5) 성년의제(成年擬制)

미성년자가 혼인하였을 때에는 성년에 달한 것으로 본다(민법 826조의 2). 배우자가 금치산자 또는 한정치산자인 때에는 그의 배우자가 후견인이 된다(민법 934조).

2) 혼인의 재산적 효과(부부별산제)

부부재산제는 크게 나누면 두 가지가 있다. 하나는 남녀가 계약에 의해 자유롭게 정하는 부부재산 계약제이고, 다른 하나는 법정재산제이다.

법정재산제는 부부 사이에 부부재산 계약이 체결되지 않은 경우라든가, 또는 불완전한 경우에 적용되는 것이 일반적이다. 우리나라는 본래 부부재산 계약에 관한 관습은 없다. 그런데 민법은 부부재산 계약에 관한 규정을 두고 있다. 따라서, 부부재산 계약을 하면 그 계약에 따라 부부 사이의 재산문제는 규정되고, 만약 계약을 하지 않으면 부부 사이의 재산문제는 민법이 규정한 대로 결정된다.

(1) 부부재산 계약제

1 부부재산 계약의 체결과 변경
부부재산 계약이란 부부가 혼인이 성립되기 전에 혼인 중의 재산에 관하여 자유롭게 약정하는 것이다(민법 829조 1항). 여기에서 말하는 부부란 엄격히 말하면 혼인하려는 남녀이다. 이러한 부부재산 계약은 혼인 중 자유로이 변경하지 못함(민법 829조)을 원칙으로 하지만, 적당한 사유가 있거나 부적당한 관리로 인한 재산관리자의 변경이나 공유재산의 분할을 가정법원에 청구할 수 있다. 예를 들면 부부의 일방이 다른 일방의 재산을 관리하는 경우에 부적당한 관리로 인하여 그 재산을 위태롭게 한 때에 다른 일방의 청구에 의하여 법원이 관리권을 일방에서 다른 일방으로 옮기라는 판결이 있는 경우에는 변경이 가능하다.

한편, 부부재산 계약의 방식에 관한 양식은 규정되어 있지 않다. 다만, 부부재산 계약의 존재를 부부의 승계인 또는 제3자에 대하여 유효하게 주장하기 위해서는 혼인신고를 할 때까지 그 등기를 하여야 하며, 계약변경이 있었을 경우에도 그 등기를 하여야 한다(민법 829조 4항, 5항).

2 계약의 내용
부부재산 계약의 내용은 부부의 공동생활에 필요한 비용의 부담문제가 포함되지만 그 밖의 문제에 관해서는 아무런 규정이 없다. 따라서, 부부재산에 관한 것이면 넓은 범위에 걸쳐서 자유롭게 약정할 수 있다고 본다. 그렇지만 부부 사이의 부양의무를 면제한다든지, 아내의 재산을 남편의 재산으로 한다든지, 아내가 남편의 동의를 얻어야만 재산에 관한 행위를 할 수 있다든지 하는 등의 계약은 할 수 없다고 본다.

③ 계약의 종료

부부재산 계약은 혼인 중에 종료하는 경우와 혼인관계가 소멸함으로써 종료하는 두 경우가 있다. 혼인 중에 종료할 경우에는 사기나 강박에 의해 계약이 이루어졌을 때에 취소함으로써 실효되고 법정재산제로 전환된다. 혼인관계 소멸로 인해서 계약이 종료되는 경우는 배우자 일방의 사망, 이혼 또는 혼인의 취소에 의한 경우이다.

(2) 법정재산제

① 법정재산제의 의미

법정재산제란 부부가 혼인신고 전에 부부생활 중의 재산문제에 관하여 약정을 하지 않은 경우에 적용되는 재산제도이다.

② 부부별산제

부부의 한 쪽이 혼인 전부터 가진 고유재산과 혼인 중에 자기의 이름으로 취득한 재산은 각자의 특유재산으로 하고(민법 830조 1항), 그 특유재산은 부부가 각자 관리·사용·수익하도록 한다(민법 831조). 그리고 부부의 누구에게 속한 것인지 분명하지 않은 재산은 부부의 공유재산으로 추정한다(민법 830조 2항).

부부재산의 귀속에는 대체로 3가지 유형이 있을 것이다.

① 혼인 전부터 각자가 가지는 고유재산과 혼인 중 부부의 일방이 상속받거나 증여받은 것과 같은 재산은 명실공히 부부 각자의 소유로 되는 재산이다.

② 혼인생활에 필요한 가재도구 등은 명실공히 부부의 공유에 속하는 재산이다. 이러한 것은 일방의 수입이나 자산으로 구입한 것도 공유에 속한다고 보아야 한다.

③ 명의는 부부의 일방에 속해 있으나 실질적으로는 공유에 속한다고 보아야 할 재산이 있다. 예를 들면, 혼인중에 부부가 협력하여 취득한 가옥, 대지 등의 부동산과 공동생활 기금인 예금, 증권 등은 부부일방의 명의로 되어 있는 것이라도 부부공유 재산이라고 보아야 할 것이다.

③ 생활비의 부담

부부의 공동생활에 필요한 비용의 부담은 당사자 사이에 특별한 약정이 없으면 부부가 공동으로 부담한다(민법 833조). 공동생활에 필요한 비용이란 의식주의 비용·출산비·장례비·교제비 등을 포함할 뿐만 아니라 미성숙자녀의 양육비·교육비 등 부부생활에 필요한 모든 비용을 말한다. 부부가 공동으로 부담한다 함은 같은 금액을 부담한다는 것을 의미하는 것은 아니다. 구체적으로 부담하는 방법에 대해서는 부부가 협의하여 정하지만 협의가 되지 않을 때는 가정법원의 조정, 심판에 의하여 결정된다. 그리고 부부공동 부담이라 할지라도 부부 중일방이 수입이 없을 때는 다른 일방이 모든 비용을 부담하여야 할 것이다.

4 일상가사 대리권과 일상가사 비용의 연대책임

일상가사 대리권은 원래 게르만 법의 이른바 열쇠의 기능에서 비롯된 것으로 남편의 재산관리·사용·수익권, 혼인생활 비용의 부담과 아울러 처의 무책임주의(無責任主義), 무자력(無資力) 등을 전제로 한 것이다. 그러나 민법은 부부평등주의 원칙에 좇아 부부는 일상가사에 관하여 서로 대리권이 있고(민법 827조 1항), 가사로 인해서 진 책무는 부부가 연대책임을 지도록 하였다(민법 832조). 즉, 부부 중 한편이 일상가사에 관하여 제3자와 외상거래나 그 밖의 법률행위를 한 때에는 이로 인하여 생긴 책무에 대하여 다른 한편도 연대책임을 진다는 것이다.

연구문제 ●────────────────

1. 부부간의 역할구조와 권력구조와의 관계를 설명하시오.
2. 부부의 문화적 차이가 의사소통에서는 어떻게 나타나는지 조사해 보시오.
3. 갈등이 지속되고 있는 부부와 잘 적응된 부부를 선택하여 그들의 관계특성을 비교·분석하시오.

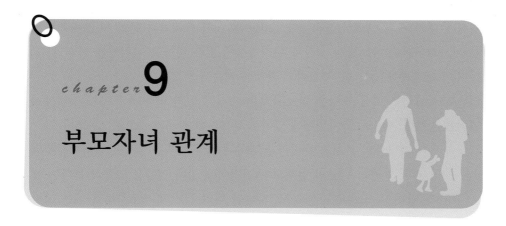

chapter **9**

부모자녀 관계

결혼은 일반적으로 자녀를 양육하는 것을 전제로 한다. 결혼한 부부가 부모의 역할을 하게 될 때에 비로소 전형적인 가족이 시작되는 것이다. 자녀를 왜 반드시 가져야 하느냐에 대한 이론적 이유를 묻기 전에 부부의 결혼생활은 자녀가 있음으로써 부모자녀 관계가 성립되며 가족으로서의 의의를 지닌다.

자녀들이 사회적으로 독립적 지위를 획득하기까지는 부모의 사회경제적 지위에 의하여 자녀의 신분이 규정될 뿐만 아니라 그들의 인성 자체가 부모의 영향하에 형성된다.

자녀들이 자율적 인간으로 성숙하느냐 아니냐 하는 것은 어느 정도 개인의 선천적 요인으로 결정되는 바도 있겠으나, 부모와의 관계에 의하여 결정되는 것 또한 부인할 수 없다. 그러므로 부모자녀 관계는 개인의 인성형성과 사회화에 있어서 중요한 요인이 되는 것이다.

1. 부모자녀 관계의 중요성

자녀는 성년기에 이르기까지의 중요한 성장기를 부모의 영향 아래서 보낸다. 그들의 신체적 성장, 심리적 발달, 지식습득, 직업선택 및 사회적 적응을 위한 능력의 토대가 가족 안에서 구축된다. 현대사회에서는 교육과 문화 및 오락기관과 같은 사회기관이 자녀들의 성장과 인격형성에 깊은 영향을 끼치기는 하지만, 그들이 가족에 속해 있는 한, 부모와의 관계는 지속되는 것이다.

부모와 자녀는 다음과 같은 상호관계를 지니고 있기 때문에 부모가 자녀에게 끼치는 영향이 지대하고, 자녀에게 있어서 부모와의 관계가 중요한 것이다.

① 부모와 자녀와의 관계는 자녀의 출생이나 입양 직후부터 혹은 태내에서부터 시작된다. 인간의 발달이 인생의 초기경험에 의해 영향을 크게 받는다는 것은 잘 알려진 사실이다. 따라서, 자녀의 어린 시기의 부모자녀 관계는 그들의 발달에 핵심적 역할을 한다.

② 부모와 자녀와의 관계는 오래 지속된다. 부모와 자녀는 특별한 경우를 제외하고는 출생 직후부터 성숙할 때까지 계속 상호작용을 한다.

③ 부모와 자녀는 많은 양의 상호작용을 한다. 자녀는 특히 어머니와 직접적이고 대면적인 관계를 많이 가지게 되므로 어머니로부터 받는 영향이 크다.

④ 부모는 자녀와 가장 밀접한 관계를 유지하면서 자녀들의 문제해결 방법에 많은 영향을 끼친다. 자녀는 대중매체를 사용하는 것, 사회적 관계, 여러 가지 직업에 대한 정보 및 선택에 있어서 부모의 영향을 크게 받는다.

⑤ 부모와 자녀는 광범위한 경험을 함께 한다. 특히, 어린 시절에는 어머니와 다양하고 광범위한 경험을 하게 된다.

⑥ 부모는 자기의 자녀에 대한 주된 책임을 진다. 부모는 누구보다도 자기 자녀의 발달에 애정과 관심을 가지고 그들을 위하여 항상 노력한다.

부모자녀 관계는 부모의 자녀에 대한 일방적인 관계만은 아니다. 자녀 또한 부모에게 다음과 같이 공헌하는 바가 있다.

① 자녀는 가정의 장래이므로 부모는 자녀를 키움으로써 새로운 흥미와 관심이 확대된다. 그들의 성장과 교육에 관계되는 경제적인 문제와 아울러 사회적인 문제에 관심을 갖게 된다.

② 부모는 자녀를 키움으로써 부모감(父母感)이라는 만족감을 갖게 된다. 이것은 시간적으로도 계속 유지되며, 죽은 후에라도 후손을 남긴다는 감정적안정감·만족감 등으로 부모만이 느낄 수 있는 행복한 감정이다.

③ 생활을 개선해 보거나 반성해 보는 기회를 갖게 된다. 자녀들에게 모범이 되고, 그들에게 옳은 방법으로 살도록 하기 위해서는 부모 자신이 올바른 태도

를 갖고 있어야 하기 때문이다.

④ 자녀들은 부모로 하여금 다른 사람을 지도하고 조정하는 능력을 기를 수 있
도록 한다. 자녀를 지도하면서 계속적인 문제에 봉착하게 되는데, 이때마다
부모는 신속한 판단과 가치선택이 필요하게 된다. 이러한 반복은 부모에게
확실한 신념과 가치관을 갖도록 한다.

⑤ 자녀는 부모에게 생에 대한 의미를 부여해 준다. 부모는 자녀를 키워 봄으로
써 인간의 생활주기를 경험하고, 생활의 의미를 이해할 수 있다. 즉, 개인의
역할·봉사·책임 등의 수행과 그 결과에 대한 느낌으로 인생의 진리를 체
득할 수 있다.

2. 부모됨의 동기

부모됨(parenthood)의 동기는 본능이 아니며 획득된 동기인 것이다. 이러한 부
모됨의 동기는 각 개인에 따라 내부적 요인이 다르기 때문에 그것을 정확히 설명
한다는 것은 어려운 일이나, 여기서는 모든 부모가 자녀를 갖기 원하고 부모가 되
기 원하는 일반적인 동기를 요약해 보고자 한다.

1) 자아확장(ego expansion)

부모는 자녀를 가짐으로써 후손을 남긴다는 의미에서 자기 연장감이나 자기 불
멸감을 느낀다. 부모 자신의 행동특성이나 태도가 싫든 좋든간에 자신을 그대로
자녀에게 투사하고 반영한다. 때로, 자녀에게 정성을 기울이는 것은 자녀를 자기
의 보상(compensation)의 대상으로 삼고, 자기의 못다한 일이나 실패를 자녀를
통해 실현하여 자기를 확장하려는 것이다. 그러므로 부모됨의 가장 중요한 동기
는 자기를 이어 준다는 지속감(sense of continuity)이라고 할 수 있다.

2) 창의·성취감(creativity·achievement)

자녀를 가짐으로써 느끼는 부모의 창의·성취감의 동기는 어머니보다 아버지

가 더 강하게 갖는 심리적인 동기라고 한다. 대부분의 아버지는 아들에게, 어머니는 딸에게 동일시 과정(identification process)을 통해서 창의적 · 성취적 동기를 투사하고자 한다. 부모는 자식을 통해서 자기의 계획을 실현시키고 자기보다 나은 후손을 남기려는 욕망을 가지고 있다.

3) 부모됨의 지위획득(status & conformity)

부모가 됨으로써 여러 가지 어려운 경제적 · 교육적 책임과 의무가 있음에도 불구하고 누구나 부모가 되기를 원하는 것은 부모가 됨으로써 사회적으로 새로운 지위를 얻게 되기 때문이며, 아울러 발달과업을 수행하는 것이기 때문이다.

4) 지도 및 권위(control & authority)

인간의 사회적 욕구의 하나는 권위에 대한 것이다. 모든 사람들은 그들의 자녀를 지도하고 통솔함으로써 이러한 욕망의 일부를 해소하려고 한다. 부모는 사회적으로 어떠한 지위에 있더라도 자녀를 훈육 · 지도할 수 있고, 권위적으로 대할수 있다. 물론, 부모의 자녀에 대한 태도는 각 가정마다 다르겠지만 그러한 태도 문제 이전에 부모라는 위치는 자녀들에게 권위적 존재이다.

5) 사랑 · 애정의 욕구(love · affectional needs)

토마스(W. I. Thomas)에 의하면 인간은 네 가지의 기본적 욕구를 가지고 있다고 한다. 즉, 안정감, 반응, 인정, 새로운 경험 등이 그것이다. 부모됨이란 바로 이러한 인간의 욕망을 다 채워 줄 수 있다는 것이다. 그 중 애정적 반응에 대한 욕망은 가장 중요한 것으로, 자녀를 양육하고, 위험으로부터 보호하고, 두터운 감정의 교류를 가짐으로써 충족되기 때문이다.

6) 희열과 행복(hedonic tone & happiness)

부모됨의 만족이란 단순한 만족이 아니라, 창의 · 긍지 · 권위 · 자기 연장 · 애정 등이 종합된 만족이다. 진실로 부모됨의 만족이란 하나의 미적 추구이고 미적 정서이다. 그것은 희생감이 내포된 보람된 만족인 것이다. 자녀를 갖는다는 것은 희열이요, 쾌락이고, 행복이기 때문에 인간은 이러한 행복을 느끼고 싶어한다.

이상과 같은 몇 가지의 부모됨의 동기에서 나타나는 바와 같이 부모됨이란 인간에게 중요한 의미를 지니고 있다.

그런데 부모됨의 동기도 가치관의 변화와 더불어 달라지고 있다. 대학생을 대상으로 한 유안진과 신양재의 연구(1993)에 의하면 성인 정체감이나 부모됨을 확보하고자 하는 사회적 지위동기는 낮게 나타났으며, 자녀의 출산과 성장을 통해서 창조와 성취감을 갖고자 하는 창조·성취감 동기는 높게 나타났다. 부모됨의 욕구는 인간의 내적 동기에서 유발되는 것으로 부모 자신이 행복할 수 있고 보람을 느낄 수 있는 일이라는 것을 올바로 인식하고, 부모됨에 대한 준비와 기대를 가져야 한다.

3. 부모의 역할과 양육태도

자녀의 사회화 과정에 있어서 부모의 영향은 중요하다. 왜냐하면, 부모가 자녀에게 수행하는 역할과 역할수행 과정에서 나타나는 양육태도에 따라서 자녀의 발달적 특성이 다르게 나타나기 때문이다.

산업 사회화되면서 부모, 특히 어머니가 가정 밖의 사회활동을 하는 기회가 빈번해졌고, 이에 따라 자녀양육을 협조하거나 대행하는 사회적 기관이 증가되고 있기는 하지만, 그럼에도 불구하고 여전히 부모역할은 중요하게 남아 있다.

따라서, 자녀에 대한 부모의 바람직한 역할과 양육태도는 모색되어야 한다.

1) 부모의 역할

아버지와 어머니의 역할이 전통적으로는 뚜렷이 구분되었으나, 사회의 변화에 따라 점점 공유되어 가는 경향이 있다. 그러나 부모간의 역할에는 기본적인 차이가 여전하다. 즉, 아버지는 경제적 수단자로서 가정생활 운영에 참여하고, 생활비의 담당자로서의 역할을 수행하는 반면, 어머니는 자녀의 양육과 사회화에 중요한 역할을 한다.

부모의 역할을 구체적으로 정리해 보면 다음과 같다.

(1) 아버지의 역할

① 아버지는 도구적 · 수단적 역할(instrumental role)을 담당하고 가정의 경제적 담당자로서 생활비를 조달한다. 따라서, 소득을 위해 항상 밖에서 생활해야 하므로 자녀에 대해서 간접성 · 부재성 · 소극성의 특성을 지닌다.

② 아버지는 자녀들의 사회적 지위의 표본이 된다. 아버지의 사회적 지위가 바로 자녀의 지위가 되는 것은 아니나, 그들의 심리적 · 내적 요구의 대상이 될 수 있고 또한 사회적 안정을 줄 수 있다.

③ 아버지는 자녀의 좋은 동료적 역할을 할 수 있다. 전제적 · 전통적인 아버지보다 민주적인 아버지인 경우에 자녀들에게 동료적 역할을 할 수 있다.

④ 아버지는 이성적이고 공정한 판단자의 역할을 한다. 어머니는 애정적이어서 감정에 치우치기 쉽고 판단이 애매해지기 쉽다. 이러할 때, 아버지는 이성적으로 공정하게 문제를 해결할 수 있으며, 자녀에게 용기를 북돋워 줄 수 있다.

위와 같은 아버지의 역할을 수행하는 데 있어서 현대적인 아버지는 자녀와 아버지 자신의 개체성을 인정하고 이해하기 위한 노력을 하며, 자녀의 자율적인 행동을 중요시하고 자녀가 성숙할 수 있도록 배려해야 한다고 강조되고 있다 (Bigner, 1979).

(2) 어머니의 역할

① 어머니는 자녀의 인성형성에 중요한 영향을 끼쳐 인성의 유형을 결정한다. 자녀가 출생 후 최초로 접촉하는 어머니의 품 안에서 모성애, 신뢰감, 안정감을 느끼게 되고, 이러한 감각 및 감정들은 어린이의 인성발달에 긍정적 영향을 끼친다. 제실드(Jersild)는 어릴 때의 부모와의 관계는 어머니와의 관계에 집중되며, 자녀의 발달은 어머니의 성격구조와 영향에 의해 크게 좌우된다고 지적하고 있다.

② 어머니는 자녀의 사회화 과정에 있어서 최초로, 그리고 가장 장기간의 대행자 역할을 담당한다. 어머니는 인성의 교사이다. 자녀가 이 세상에 태어나서 최초로 접촉하는 사람은 어머니이며, 인생의 가장 중요한 시기인 영아기를 어머니와 함께 생활하므로 어머니의 행동 · 생활태도는 자녀들에게 표본이

되며, 인생의 기본적 틀을 형성해 주는 교사 중의 교사이다.

③ 어머니는 자녀에 대하여 정서적·표현적 역할(expressive role)을 담당한다. 어머니의 자녀에 대한 사랑은 본능적일 만큼 강력하기 때문에 자녀와의 감정적 교류가 강하다. 어머니의 이러한 사랑의 표현은 자녀의 심리적 긴장을 해소하고 정서적으로 안정감을 갖게 한다.

④ 어머니는 자녀의 건강과 위생담당자의 역할을 한다. 현대문명의 발달로 아무리 사회의 보건기구와 의료시설이 잘 되어 있다 하더라도 어머니의 애정이 담긴 간호와 양호는 자녀들의 성장에 절대적으로 중요한 것이다.

⑤ 어머니는 교량적 역할을 한다. 어머니는 아버지와 자녀와의 사이에서, 사회와 가정과의 사이에서 교량적 역할을 행한다. 즉, 어머니는 조정자의 위치에서 아버지와 자녀와의 관계를 원만히 또는 긴밀하게 해 주고, 또 사회생활을 할 수 있는 기초 훈련을 시킨 후 사회로 내보내며, 사회생활에서 얻은 좋은 경험을 격려하고 칭찬해 주며, 잘못된 경험은 올바로 시정하도록 지도해 주는 역할을 한다.

⑥ 어머니는 도덕적인 측면의 교육 담당자이다. 어머니는 자녀의 도덕성이나 양심의 발달에 관여하는 교육자이다. 즉, 올바른 생활태도, 신념, 가치관이 자녀와의 대화 중에 자연스럽게 흡수되도록 하는 무의식적 교육 담당자이다.

위와 같은 어머니의 역할을 수행하는 데 있어서 현대적인 어머니는 자녀에게 자신감과 자율성을 갖도록 해 주며, 정서적 요구를 충족시켜 주고, 사회적 발달을 조장하고, 정신적 성장을 자극하며, 양육적인 환경을 제공하고, 발달적 요구에 주의를 기울이며, 이해를 통한 훈육을 해야 한다고 강조되고 있다(Bigner, 1979).

2) 부모의 양육태도

부모의 양육태도나 행동이 자녀에게 미치는 영향은 환경적 요인 중에서 가장 큰 것으로 본다. 따라서, 부모가 자녀를 어떻게 양육하느냐에 관한 연구가 많이 이루어지고 있다. 양육태도를 분류하는 방법으로는 두 가지를 제안할 수 있다. 그 하나는 양육행동 요소를 양극적인 개념에 의하여 몇 차원으로 구분한 후 각 차원의 대립된 행동요소들을 조합하여 양육태도를 분류하는 방법이고, 다른 하나는 양육행동 특성들을 실태조사에 의하여 수집한 후 통계적인 요인분석법을 적용하여 양육태도를 몇 가지로 분류하는 방법이다.

먼저, 양육행동 요소를 조합하여 양육태도를 분류한 셰퍼(Schaefer, 1959)와 베커(Becker, 1979)의 연구결과를 살펴보면 그림 9-1, 9-2와 같다.

셰퍼(Schaefer)는 그림 9-1에서 보여주는 것처럼 부모의 양육행동 요소를 두 차원으로 구분하여 14가지의 양육태도를 제시하고 있다. 두 차원이란 사랑 대 적대감이라는 차원과 자율성 대 제재라는 차원이며, 이 두 차원의 양극적인 양육행동 요소를 조합하여 14가지의 양육태도를 나타내고 있다. 예를 들면, 과잉보호적인 양육태도는 사랑하면서도 제재를 가하되 사랑보다는 제재가 더 강한 양육태도이다.

그런가 하면, 베커(Becker)는 양육행동 요소를 3개의 차원으로 구분하여 8가지의 양육태도를 가설적으로 분류한다. 그 내용은 그림 9-2와 같다.

그림 9-2에 나타난 바와 같이 온정 대 적대, 억제 대 허용, 침착 대 불안이라는 3개 차원의 양육행동 요소를 조합하여 민주적 양육태도, 관대한 양육태도, 방임적 양육태도, 초조한 양육태도, 통제적 양육태도, 권위주의적 양육태도, 조직적 양육

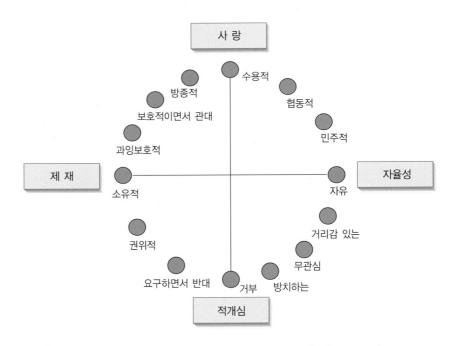

* 자료 : Schaefer, E. S.(1959). A Circumplex Model for Maternal Behavior, J. Abnorm. SOC Psychol, pp. 226~235.

그림 9-1 어머니의 행동구조 모델

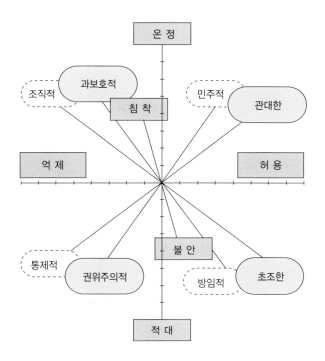

* 자료 : Becker, W.(1964). Consequences of Different Kinds of Parental Discipline, In M. Hoffman & L. Hoffman(eds.), Review of Child Development Research, Vol. 1.

그림 9-2 베커의 가설적인 부모행동 모델

태도, 과보호적 양육태도의 가설적인 8가지 유형을 양육태도로 분류하고 있다. Becker의 양육태도유형 8가지의 양육태도요소는 표 9-1과 같이 정리할 수 있다.

표 9-1 Becker의 양육태도유형 8가지의 양육태도요소

양육태도유형	양육태도요소(3가지의 차원)					
	온정 ↔ 적대		허용 ↔ 억제		침착 ↔ 불안	
	온정	적대	허용	억제	침착	불안
민주적	○		○		○	
관대적	○		○			○
조직적	○			○	○	
과보호적	○			○		○
방임적		○	○		○	
초조한		○	○			○
통계적		○		○	○	
권위주의적		○		○		○

다음으로, 양육행동 특성들을 요인별로 분류한 양육태도를 제시하면 다음과 같다.

사이몬드(Symonds)는 ① 거부적 태도(rejection), ② 익애적 태도(over-indulgence), ③ 과잉보호적 태도(overprotection), ④ 엄격권위적 태도(over-strictness & overauthority), ⑤ 포부적 태도(parental ambition), ⑥ 의존적 태도(parental overdependence), ⑦ 애증적 태도(parental ambivalence)로 분류하였고, 헐록(Hurlock)은 ① 포부적 태도(parental ambition), ② 과잉보호적 태도(parental overprotection), ③ 거부적 태도(parental rejection), ④ 지배적 태도(dominating), ⑤ 허용적 태도(submissiveness), ⑥ 수용적 태도(acceptance)로, 제실드(Jersild)는 ① 수용적 태도(acceptance), ② 거부적 태도(rejection), ③ 익애적 태도(overindulgence)로, 래포어(Lafore)는 ① 지배적인 태도(dictatoring), ② 협동적인 태도(cooperating), ③ 타협적인 태도(temporizing), ④ 달래는 태도(appeasing)로 분류하였다.

그리고 박성연·이 숙(1990)은 한국 어머니들의 양육행동을 조사하여 요인분석한 결과 ① 합리적 지도, ② 애정, ③ 권위주의적 통제, ④ 과보호, ⑤ 성취, ⑥ 적극적인 참여, ⑦ 일관성 있는 규제의 7가지 양육태도가 나타났다고 하였다.

시어스(Sears)는 자녀 개개인의 인성에 차이가 생기는 것은 부모의 양육태도가 각기 다르기 때문이라고 지적하고 있다.

다음에 부모의 양육태도가 자녀에게 미치는 영향을 간단히 살펴보도록 한다.

(1) 수용적 태도

수용적 태도는 부모가 자녀에게 깊은 관심을 가지며 사랑스럽게 대하고 독립된 인간으로 존중하는 태도를 말한다. 또한 자녀를 가정에서 중요한 위치에 놓고 정서적으로 따뜻한 관계로 발전시키는데 이러한 부모는 정서적으로 성숙되었다고 할 수 있다.

이러한 분위기에서 성장한 자녀는 사교적이고 협동적이며 성실하고 정서적으로 안정되어 있고 쾌활하다. 또, 책임감 있고, 자신의 소유물과 타인의 소유물을 동시에 존중할 줄 알며, 대개 정직하고 인생을 긍정적으로 받아들이며, 장래에 대해 뚜렷한 포부와 이상을 가지며, 자신의 장점과 약점을 객관적으로 평가할 줄 안다. 훌륭한 시민, 훌륭한 학자, 좋은 남편, 좋은 아내, 훌륭한 부모는 대부분 수용적 태도하에서 자란 사람들이다.

(2) 익애적 태도

익애적 태도란 부모와 자녀간의 지나친 접촉을 의미한다. 즉, 자녀들을 지나치게 사랑해 주고, 사소한 일에도 근심하며, 오랫동안 데리고 자고, 우유병을 오랫동안 빨리고, 자녀들이 스스로 할 수 있는 일까지도 대신해 주고, 어린애 취급을 하는 등, 자녀들을 지나치게 보호하고 그들의 문제를 해결해 줌으로써 그들의 자율성과 독립성을 저해하는 태도를 말한다.

이러한 양육태도가 자녀에게 미치는 영향은 흥분·수줍음·불안감·초조감·집중력의 결핍 등을 갖게 하는 것이다. 또한 신경질적일 뿐만 아니라 성숙되지 못한 표정을 나타내며, 다른 어린이들과 항상 경쟁적 관계를 가지며, 자신의 능력에 대하여 자신감을 갖지 못하고, 집단에 의존하거나 다른 사람의 영향에 쉽게 좌우되는 경향이 있다고 한다. 지나친 의존성, 욕구부족, 사회성의 결여, 불안감, 열등감, 용기부족, 소외감 등이 모두 이러한 양육태도 아래서 자란 자녀들의 행동경향이라고 할 수 있다.

(3) 거부적 태도

거부적 태도란 자녀를 다루는 데 있어서 무관심하거나 자녀의 성장·발달과는 관계 없는 분위기를 조성해 주거나, 자녀에게 적대감을 나타내는 태도를 말한다.

부모의 이러한 양육태도는 자녀의 안정감과 자신감을 손상시키고, 무기력감과 좌절감을 일으키며, 사회생활에 잘 적응하지 못하게 할 뿐만 아니라 반사회적인 행동을 초래하기도 한다. 때로는 필요 이상으로 타인의 주의와 관심을 집중시키려 하고, 불필요한 도움을 청하고, 지나치게 자기 자랑을 하는 비정상적인 행동을 하게 된다. 그러나 극히 드문 예로 오히려 독립심이 발달되어 자기 스스로 즐길 줄 아는 능력을 가지며 특별한 흥미를 발달시킬 수 있도록 예민하고, 재간 있고, 현실적이며, 사회적으로 일찍 성숙하는 경우도 있다.

(4) 지배적 태도

지나친 통제력을 가지며, 엄격하고 권위적으로 대하는 태도를 말한다. 엄격한 부모는 자녀를 꾸중하거나, 벌을 주는 것 등이 모두가 그들을 위한 일이라고 말함으로써 자기의 태도를 합리화시킨다. 이러한 태도가 극단화되면 자녀에 대한 증오감을 나타내거나 말로 표현함으로써 결국 자녀에게 애증적 태도를 나타내게 된다.

지배적인 가정에서 자란 자녀는 사회생활을 하는 데 있어서 자유스럽게 자란 어린이보다 더욱 적응을 잘 하는 수가 있다. 정직하고 겸손하고 조심성 있게 행동한다. 그러나 수줍어하기 쉽고 온순하며 민감하다. 또, 열등감을 느끼기 쉽고 잘 혼동하며, 확신을 갖지 못하며 금지당하는 감정을 느낀다. 그래서 가족이나 친구에 의해 쉽게 지배당하고 수동적으로 행동하게 된다.

(5) 허용적 태도

허용적 태도는 지배적 태도의 반대로 자녀에게 무엇이나 허용해 줌으로써 자녀들이 제멋대로 하도록 내버려 두는 태도이다. 대부분의 부모들이 허용적 태도와 수용적 태도를 혼동하고 있는 경우가 있는데 허용적 태도는 잘못된 일이거나 부모의 의사에 어긋나는 일일지라도 부모의 입장에서 귀찮거나, 또는 자녀를 지도하는 능력이 부족하며, 자녀교육에 대한 가치관이 뚜렷하지 못하고, 불충분한 인성을 가진 부모에게서 나타난다.

이러한 태도는 자녀로 하여금 순종하지 않고 책임감이 없고 권위를 무시하고 공격심 · 적대감 · 부주의 또는 도전적이고 폭군적인 행동을 취하게 하는 경우가 많다. 반면에 창의성이 개발될 수도 있다.

(6) 포부적 태도

어느 부모나 자녀에 대해 기대와 포부를 갖는 것은 당연한 일이다. 그러나 지나친 기대나 포부는 종종 자녀의 인성발달에 나쁜 영향을 미치고 있다. 대부분의 경우 맏자녀에 대한 기대가 더욱 크고, 부모 자신이 희망을 성취하지 못한 경우 자녀에게 보상적으로 기대하는 예가 많다.

이러한 태도 아래서 자라는 자녀는 자기가 부모의 기대에 미치지 못한다고 느꼈을 때는 열등감을 가지기 쉽고, 다투기 잘하고, 순종하지 않으며, 책임감이 없고, 화를 잘 내게 된다. 그 결과로, 학교에서는 성적이 나쁘고 환상이나 백일몽에 잠기게 되는 경우가 있다. 또한 잘못을 회피하고 자기가 성공하지 못하거나 칭찬받지 못하는 환경을 피하려고 한다. 그러나 부모의 적절한 기대는 자녀의 성취동기를 높여 준다.

이상에서 부모의 자녀에 대한 양육태도의 유형과 그것이 미치는 영향을 살펴보았는데, 부모가 자녀의 인성과 행동을 결정하는 데 중요한 역할을 하고 있음을 알 수 있다. 성공적으로 성장하는 자녀는 부모 특히 어머니의 태도가 우호적이며 수용적인 가정에서 자란 경우가 많다.

3) 적극적 부모역할훈련(APT) 모델

지금까지 인간발달에 대한 여러 이론들이 개발되었으며, 여러 이론들만큼이나 자녀양육에 대한 견해 또한 다양하고, 양육정보는 넘쳐나도록 많이 제공되고 있는 것이 현실이다. 그 중 한 모델인 Active Parenting Today (APT)(홍경자. 1995)를 소개한다.

APT는 마이클 팝킨(Michael H. Popkin)이 1993년에 최초로 개발한 '적극적 부모역할 토의프로그램'을 개정하여 만들어진 프로그램인데, Popkin은 가족내에서 지도자역할을 할 사람은 자녀가 아니라 부모이며, 부모는 반응적이기보다는 적극적이어야 한다고 주장한다. APT의 기본적인 전제는 자녀는 학습자의 역할을 하고 부모는 리더의 역할을 하되, 자녀성장과 더불어 자녀의 선택권을 넓혀주고 부모의 권위나 통제는 감소시켜야 한다는 것이다. 예를 들면 자녀가 3살일 때는 "노란 티셔츠 입을래? 파란 티셔츠 입을래?" 하여 2가지 중에서 선택하게 한다면 7살이 되면 "어떤 티셔츠 입을래?" 하고, 12살이 되면 "무슨 옷 입을래?" 라고 하듯이 나이가 많아짐에 따라 선택의 폭을 더 늘려가야 한다. 만약 자녀가 잘못 선택할 경우에는 잘못 선택한 이유를 설명해 주고 다시 선택하도록 한다.

적극적인 부모역할의 목표는 민주적인 사회에서 자녀들이 생존하고 번영하는 데에 도움이 되는 특성들 즉 용기, 자기존중감, 책임감, 협동심을 길러주는 것이다.

용기, 자기존중감, 책임감, 협동심을 길러주는 주요방법을 간략하게 살펴보면 다음과 같다.

용기와 자기존중감을 길러주는 방법은 생각하기-느끼기-행동하기의 성공회로를 통하여 긍정적으로 격려해 주는 것인데, 격려의 구체적인 방법은 강점 구축하기, 수용력 보여주기, 독립심 기르기 등이 있다.

책임감을 길러주는 방법은 나-전달법과 논리적 결과를 사용하는 것이다. 나-전달법은 자녀의 행동에 대한 부모의 느낌 및 그 이유 그리고 원하는 바를 말하여 자녀 스스로 책임있는 행동을 하게 한다. 만약 나-전달법이 유효하지 않을 때는 논리적 결과를 사용하도록 하는데, 논리적 결과 방법은 자녀 자신이 선택한 행동에 대한 결과는 자녀 스스로 책임지도록 하는 것이다. 즉 자신이 선택한 행동의 결과가 잘못되었을 때는 야단치거나 비난하거나 처벌하지 말고, 잘못된 결과 대신 제대로 된 결과를 가져올 수 있는 방법을 찾아내어 행하도록 한다. 예를 들어 벽에 낙서를 했다면 야단치지 않고 벽을 다시 깨끗해지게 하는 방법(낙서 지우기, 벽지 다시 바르기 등)을 찾아내어 행동으로 옮기도록 하는 것이 논리적 결과 방법이다.

협동심을 길러주는 방법은 적극적인 의사소통 방법이다. 적극적인 의사소통은 5단계의 과정을 거치는데, 1단계는 적극적으로 듣기, 2단계는 감정에 귀 기울이기, 3단계는 감정과 이야기 내용을 연결시키기, 4단계는 대안을 찾아보고 결과 평가하기, 5단계는 추후지도하기이다.

또한, APT에서는 평소에 가족들끼리 화목활동을 하도록 권장한다. 가족 화목활동은 날마다 조금씩 재미있는 시간을 갖는 것으로, 가족 화목활동의 예로는 공던지기, 특별한 간식 만들기, 서로 간지럽히기, 격려의 편지쓰기 등을 들 수 있다. 가족 화목활동은 부모와 자녀간에 긍정적이고 돈독한 관계를 형성하게 하므로 부모자녀간의 문제를 미리 예방할 수 있고, 훈육이 필요한 때에 훨씬 더 수월해질 수 있다.

4. 부모자녀간의 스트레스

부모자녀간의 스트레스는 부모는 양육과정에서, 자녀는 부모와의 갈등에서 나타날 수 있다. 자녀도 부모와 의사소통이 잘 안되거나 부모의 적절하지 못한 기대, 간섭, 양육행위나 부모간의 잦은 싸움 등으로 스트레스를 느끼지만 여기서는 부모중심의 양육스트레스를 살펴보기로 한다.

양육스트레스는 부모자녀관계에서 발생하는 극적인 사건으로 인한 스트레스도 있지만, 자녀양육과정에서 반복적으로 계속되는 일이나 자녀의 행동이나 요구로 인한 일상적 양육스트레스가 더 빈번하게 발생한다. 양육스트레스의 요인으로는 부모자신과 자녀의 특성이나 가족과 주변환경 등의 상황을 들 수 있는데, 구체적으로 고성혜(1994)는 자녀의 장래 및 올바른 양육에 대한 불안감, 자녀양육으로 인한 부담감 및 우울성향, 부모의 죄책감 및 역량감, 자녀양육에 따르는 신체적 피로도 및 구속감, 가족간 불화, 자녀로부터 받는 심리적 상처 등이 있다고 하였다.

자녀양육과 관련해서는 실현가능한 현실적인 부모역할 개념을 가질 필요가 있다. 부모역할에 대한 부모자신이나 타인의 현실적인 기대는 부모로 하여금 죄책감없이 자신의 역량을 인정할 수 있는 심리적 만족감을 느끼게 하므로 스트레스가 감소할 것이며, 적은 스트레스는 보다 효율적으로 관리될 수 있을 것이다.

특히, 심리적 디스트레스가 높은 어머니는 자녀에게 비지지적이며 비일관적인 행동을 보여주기 때문에(McLoyd, 1990) 자녀에 대한 올바른 양육을 위해서는 양육스트레스만이 아니라 어머니의 일반적인 스트레스도 해소할 수 있는 어머니 자신의 노력과 사회적 지지 방안이 마련되어야 하겠다. 그리고 대부분의 아버지들은 아직은 어머니의 협력자로서 자녀양육에 참여하고 있지만, 현대가족에서는 아버지의 자녀양육참여가 요구되기도 하고 실제로 자녀양육에 참여하는 아버지도 많이 증가하고 있기 때문에 아버지의 자녀양육스트레스에도 관심을 가져야 하겠다.

한편, 현대가족의 형태가 다양해지면서 특히 재혼가족의 계모의 스트레스에 관심이 높아지고 있다. 이는 재혼가족 중에는 계부보다 계모가 있는 재혼가족이 더 많은데, 가족생활에 있어서 계모는 계부보다 스트레스 수준이 더 높을 뿐만 아니라 계자녀와의 관계에서도 덜 만족하며, 다른 가족형태의 어머니들보다 스트레스를 더 많이 경험하기 때문일 것이다. 특히, 우리나라의 계모들은 다음과 같은 스트레스를 경험한다. 첫째, 계모 자신에 대한 부정적 정체감, 역할 혼란, 남편과 아이 사이에 낀 느낌, 실감나지 않는 모성 등과 같은 계모자신의 문제, 둘째, 전처자녀와 남편과의 애착으로 인한 부부문제, 전처자녀의 양육문제, 친자녀 출산문제 등과 같은 계모가족 내부의 문제, 셋째, 재혼하지 않은 전처의 존재, 심리적 의지의 대상이 되지 못하는 친정, 계모의 역할에 대한 시댁의 의식과 계모자신의 의식의 차이 등과 같은 친족의 문제, 넷째, 친구, 이웃, 대인관계의 단절이나 고립과 같은 사회적 관계상의 문제에서 스트레스를 경험한다(임춘희, 1996)고 하였는데, 자녀양육과 관련된 스트레스가 많음을 알 수 있다.

5. 부모자녀간의 갈등

현대가족에서 점점 심각하게 대두되는 문제는 부모자녀간의 갈등이다. 현대사회는 급속한 변화를 겪고 있다. 이 변화의 속도에 의해 부모와 자녀간의 세대차이는 점점 극대화되고, 부모자녀간의 갈등은 더욱 심화되는 것이다. 또한 부모자녀간의 갈등을 강화시키는 요인으로 인권존중을 강조하는 평등사상을 들 수 있다. 현대사회의 일반적 사조와 가치관은 부모자녀간의 본질적 특성인 불평등성에 위배되는 것이다. 가족생활에서 자녀들은 그들이 성인이 되기까지 부모에게 의존하지 않을 수 없으며, 의존 상태에서는 평등이나 독립성을 내세울 수는 없는 것이다. 그러나 현대교육은 일찍이 어린이들에게 자유의사의 표시, 개성존중 및 평등을 강조하는 개인주의, 민주주의 사상을 불어넣어 주었다. 이러한 일반적 교육의 사조에 따라 부모들도 가정교육에서 자녀들의 개성과 자립성 발달을 의식적으로 장려하며 훈련시킨다. 이러한 교육방법은 결과적으로 의존상태에 있는 젊은이들에게 부모에 대한 반항과 불만을 유발하게 하며, 갈등을 표출하게 한다.

부모자녀간의 갈등으로는 부모와 자녀의 세대 차이로 인한 갈등과 부모의 권위로 인한 갈등이 있을 수 있다.

1) 세대차이로 인한 갈등

부모자녀간에는 피할 수 없는 연령차이가 있다. 이 차이는 대부분의 경우 최저 20세 이상이 될 것이다. 연령에 있어서 20~30년의 간격이 있다는 것은 생리적 차이만이 아니라, 변화의 속도가 빠른 현대사회에서는 상당한 사회적·문화적 차이도 의미하는 것이다. 즉, 부모들의 아동기와 청소년기의 사회문화적 배경은 그들의 자녀들이 사회화 과정을 겪고 있는 시대적 환경과 많은 격차가 있는 것이다. 이러한 시대적 차이는 부모자녀간의 생활 태도의 차이를 낳게 한다. 왜냐하면, 모든 사람은 사회화를 통하여 시대적 영향을 내면화시키기 때문이다.

(1) 생리적 차이

부모자녀간에는 무시할 수 없는 생리적 차이가 있다. 성인기 또는 장년기에 속한 부모와 아동기 또는 청소년기에 속한 자녀와의 생리적 차이는 보편적이고 자연적인 현상이다. 자녀들은 그들의 생리적 성장이 상승적이므로 신체적 힘과 의욕을 최대한으로 발휘하려고 하지만 부모들은 퇴보적 발달단계에 있으므로 안전이 필요하게 되는 시기이다. 따라서, 이들 사이에는 생리적 기능에서 오는 차이로 인하여 생활에 대한 의욕과 활동능력에 차이가 있는 것이다. 즉, 개인적 인생주기가 다른 것이다.

(2) 부모의 현실주의와 자녀의 이상주의

부모세대의 생리적·심리적 및 사회적 여건은 그들로 하여금 현상유지에 급급하게 한다. 그들의 생활원칙과 태도는 개인적 차이는 있으나, 어느 것이 더 진리이며 더 논리적이냐에 따라 지탱하기보다는 어느 것이 더 많은 사람에 적용되며, 또한 더 실제적이냐에 따라 정해진다.

이에 반하여, 자녀세대는 그들이 지니고 있는 이상적 원칙과 전망에 따라 새로운 가능성을 향하여 현실의 구속을 벗어나 전진하려는 경향이 있다. 그들은 이상과 현실 사이의 차이를 중요시하지 않으며, 이상의 실현성을 따지기보다는 이상을 일관적으로 관철하려 한다. 그들은 원칙에 따르는 논리적 일관성을 오히려 중요시한다. 그러므로 현실에 적응하려는 기성세대를 관대하게 받아들이지 못하며 경멸한다. 따라서, 연장자의 인격과 권위를 존경하는 태도가 약화된다. 이러한 생활태도의 세대적 차이가 부모자녀간에 심각한 갈등을 가져올 수 있다.

2) 부모의 권위로 인한 갈등

부모의 권위는 자녀들에게 대하여 포괄적이며 무제한적인 것이다. 다른 사회집단 내에서의 권위적 관계는 지도자와 추종자, 또는 상사와 부하간의 공적인 관계에만 제한된다. 따라서, 사회집단에서의 권위관계가 부분적인 지배임에 반하여 부모의 권위는 전체적인 것이다. 자녀들이 부모의 보호에 전적으로 의존할 때에는 부모의 권위를 내면화시켜 그 절대성을 인정하기 때문에 갈등을 거의 느끼지 않는다. 또한 부모의 권위는 자녀에 대한 사랑이라는 정서적 기반이 있으므로 상호간에 자연스럽게 허용된다. 그런데 부모의 권위의 기능은 자녀들의 성장 단계에 따라 점차적으로 약화된다. 즉, 자녀의 유아기에는 완전한 보호가 필요하므로 전체적 기능이 요구되나 청소년기에는 자립적 행동의 범위가 넓어지므로 점차로 부모의 권위에서 벗어나려 한다.

그러나 부모는 사회로부터 자녀에 대한 책임을 부여받았으므로 그들의 권위를 완전히 버릴 수는 없다. 그뿐만이 아니라 부모들은 자녀들이 그들의 혈육이며, 모든 노력을 기울여 양육시키는 가운데 그들에 대한 강한 애정을 갖게 된다. 이러한 정이 부모의 자녀에 대한 소유욕으로 나타나며, 성장한 후에도 무절제한 권위의 행사를 당연하게 생각하는 경향이 있다.

어쨌든, 부모의 권위는 어떠한 형태로든 존재하므로 어떠한 조건들이 이 권위에 역행적이며 자녀들에게 갈등을 일으키는 요인이 되는가를 살펴보도록 하겠다.

첫째, 자녀세대는 사회의 변화에 따른 새로운 가치관과 사회적 규범을 빨리 수용하지만 부모세대는 전통적인 것에 집착한다. 그러므로 두 세대 사이에는 행동이나 판단의 기준이 달라지며, 그들 사이에 공통적인 규범이 감소된다. 이것은 세대간에 상호 동일시할 수 있는 기반을 약화시킨다. 이러한 세대간의 상이한 가치관과 규범은 부모들로 하여금 자녀에 대한 그들의 교훈과 통제에 자신을 잃게 하며, 자녀에 대한 태도가 불안해지고 일관성을 잃기 쉽다. 또한 자녀들은 부모의 절대적 권위에 회의를 품으며, 그들의 자유와 독립성을 행사할 수 있는 권리를 주장하려 한다. 이러한 태도와 경향은 부모의 권위를 전적으로 용납하지 않을 것이며, 이로써 부모의 권위는 위협을 당하므로 부모자녀간의 갈등이 발생하게 된다.

둘째, 현대사회에서는 교육이 전문적 기관에 의하여 실시됨으로써 부모의 권위가 많이 상실되고 있다. 전근대적 사회에서는 생활의 기술과 지식이 전문적 교육자를 통하지 않고 부모나 다른 연장자들에 의하여 일상생활에서 주로 전달되었던 것이다. 그러나 교육기관이 전문화됨으로써 자녀들은 일찍부터 학교에 다니며 부모에게서 배우지 못하는 지식을 배우게 된다. 자녀들은 부모 이외의 새로운 권위자에게 관심을 돌리게 되며 부모의 권위가 제한된 것을 알게 된다. 아동기까지 장악하였던 부모의 전체적 권위는 약화되고, 또한 부모자녀간에는 학문과 지식에 있어서 점점 차이가 많아진다.

셋째, 자녀의 성장이 부모의 권위와 지배의 재조정을 요구한다. 즉, 자녀들이 부모의 전적인 보호와 권위를 필요로 하는 유아기와 아동기를 벗어나서 자립적 행동의 범위를 점차로 확대함에 따라 부모는 자신들의 권위행사를 서서히 절제하고 조정해야 한다. 그러나 이 한계가 어떤 일반적 기준에 의하여 일률적으로 결정될 수 없는 것이며, 개인적 형편과 구체적 상황에 따라 적용되어야 할 성질의 것이므로, 그 과정에서 많은 문제와 갈등에 부딪치게 된다. 그리고 부모가 노령기에 이르면 그들은 자녀들을 보호하고 지배하던 입장에서 자녀들에게 의지해야 할 종속적 지위로 전환하게 된다. 이 과정에서 부모들은 지금까지의 권위에 대한 타성으로 그들의 실제적 형편과 위치에 맞지 않는 기대를 자녀에게 갖게 된다. 이 경우에도 새로운 재적응과 재조정이 필요하게 된다.

넷째, 현대 핵가족에서는 가족의 결속망이 소수에게 한정되며 감정적 관계가

부모자녀에게 집중되어 그 정도가 매우 강하다. 확대가족에서와 같이 감정의 표현을 많은 대상에게로 확산시킬 수 없기 때문이다. 반면, 자녀들은 여러 동료집단 및 학교집단에 참여하여 대외적 접촉을 많이 가짐으로써 그들의 관심의 범위는 확대되며 인간관계가 가족 이외의 사람들로 확장되어 간다. 여기에는 두 방향의 갈등적 요구가 작용된다. 즉, 한편으로는 핵가족의 단합을 위하여 부모자녀간의 동일화와 융합이 요구되며, 다른 한편으로는 자녀들의 대외적 관심과 접촉으로써 부모의 지배와 간섭을 점점 벗어나려는 요구가 있다. 이러한 상반된 요구로 인하여 부모와 자녀간에는 상호이해가 어려울 때가 많게 되고, 따라서 갈등이 발생하게 된다.

다섯째, 사회적 요인으로서 성에 대한 부모자녀간의 상이한 태도와 기대인 것이다. 현대사회는 젊은이들에게 조혼을 금한다. 그들은 고등교육을 받고 직업을 위한 전문지식과 기술을 습득하기까지 혼인을 연기해야 한다. 따라서, 자녀들은 그들의 성적 욕구의 자유로운 충족이 불가능하므로 불만과 긴장에 쌓이기 쉽다. 그러나 부모들은 사회가 일방적으로 기대하는 도덕성으로 자녀의 성행위를 제한하고 통제하려고 한다. 부모들의 이러한 통제는 젊은이들이 성에 대한 자유스런 태도와 서로 상치되기 쉽다. 이러한 부모자녀간의 관계는 특히 사춘기에 있는 자녀들이 부모에게 반항을 하기 쉬우며 부모의 염려스런 훈육은 오히려 자녀들을 자극하여 부모자녀간에 미묘한 긴장과 갈등을 초래하게 된다.

6. 부모자녀간의 의사소통

부모와 자녀는 가족 내의 위치가 서로 다르고 세대차이가 있으므로 부모자녀간의 상호작용이 원만하지 못한 경우가 많다. 특히, 부모는 자녀를 양육하는 입장에 있기 때문에 자녀에게 일방적으로 명령하는 권위주의적인 태도를 취하는 경향이 있는데 부모의 권위주의적인 태도는 부모자녀간의 상호작용을 더욱 악화시킨다. 원만한 부모자녀 관계를 위한 첩경은 부모자녀간의 효율적인 의사소통일 것이다.

1) 부모자녀간의 의사소통 형태

부모자녀간의 의사소통은 부부간의 의사소통과는 다르다. 왜냐하면, 부부는 서로 성인인 대등한 관계이지만, 부모자녀는 성인인 부모가 미성년인 자녀를 양육하는 관계이기 때문이다. 따라서, 여기에서는 부모가 자녀의 사회화에 영향을 미친다는 점을 중요시하여 부모가 자녀에게 의사소통하는 대화형태에 대하여 살펴보기로 한다.

고든(Gordon, 1975)은 부모가 자녀에게 의사소통하는 전형적인 방법으로는 12 가지 유형, 즉 ① 명령·지시하기, ② 경고·위협하기, ③ 훈계·설교하기, ④ 충고·제언하기, ⑤ 강의·논쟁하기, ⑥ 판단·비평·비난하기, ⑦ 칭찬·동의하기, ⑧ 비웃기·창피주기, ⑨ 해석·분석·진단하기, ⑩ 재확인·동정·지지하기, ⑪ 캐묻기·질문하기, ⑫ 물러서기·농담하기·화제 돌리기 등이 있다고 하였다. 이상의 12가지 전형적인 대화 방법들은 자녀로 하여금 말을 중단하게 하거나, 죄의식 또는 열등감을 느끼게 하거나, 자존심을 상하게 하거나, 방어하게 하거나, 분노를 폭발하게 하거나, 수용되지 못하고 있다는 느낌을 갖게 하는 부정적인 영향을 나타내므로 적절하지 못한 방법이다.

때로는 고든이 말한 12가지 유형 중에서 명령이나 지시, 경고나 위협, 훈계나 설교, 강의나 논쟁, 판단이나 비평 또는 비난, 비웃음이나 창피줌, 해석이나 분석 또는 진단, 캐묻기, 화제 돌리기보다는 충고나 제언, 칭찬이나 동의, 동정이나 지지하는 방법이 더 바람직할 수도 있다. 그러나 자녀를 조종하기 위해서 칭찬을 하거나, 자녀를 무시하면서 충고나 제언을 하는 것은 바람직하지 못한 방법이다. 따라서 부모자녀간에 효과적이고 지속적인 대화를 하기 위해서는 적극적 경청, 나-메시지 전달법, 무패방법 등이 적용되어야 하는데, 구체적인 방법은 다음과 같다.

2) 부모자녀간의 의사소통 촉진방안

부모는 자녀를 양육, 훈육, 교육하는 입장에 있기 때문에 자녀에 대한 부모의 영향력이 부모에 대한 자녀의 영향력보다 더 크다. 그러므로 자녀에 대한 부모의 바람직한 의사소통 방법을 살펴보기로 한다.

일반적으로 부모는 부모 자신이 즐겁고 평안한 상태를 유지하면서 자녀에게 온정적으로 대하고 자녀의 이야기에 대하여 관심·경청·이해·신뢰·존중을 보여주어야 하며(김순옥, 1990), 격려·칭찬·제안·정보제공·질문·유머·간결한 표현·긍정적 표현의 방법을 사용하는 것이 바람직한 방법이며, 명령·설교나 장황한 훈계·비평이나 비난·욕설·위협·설득·빈정댐·분노의 말을 하지 말아야 한다(김진숙·연미희·이인수, 1990). 그러나 격려, 칭찬, 지지, 충고, 권유 등의 방법도 부적절하게 사용되면 비효과적이다(Gordon, 1975). 고든은 부모의 효율적인 의사소통 방법으로, 자녀로 하여금 부모가 수용한다는 것을 느끼게 하는 적극적 경청 방법, 나-메시지(I-message)를 전달하는 방법, 무패방법(no-lose method)을 권장하고 있다. 각 방법이 적용되는 때와 구체적인 내용을 살펴보면 다음과 같다.

첫째, 적극적 경청은 단순히 부모가 자녀를 수용하는 것이 아니라 자녀로 하여금 부모가 자녀 자신을 수용한다는 것을 느끼게 하는 것을 의미한다. 왜냐하면, 부모의 수용을 자녀가 느끼지 못한다면 자녀에게 아무런 영향을 미칠 수 없기 때문이다.

부모가 자녀를 수용하는 적극적 경청의 구체적인 기술은 다음과 같다.

① 비언어적인 수용방법이 있는데, 이 방법은 자녀가 이야기를 해 올 경우에 부모는 말을 가로채지 않고 침묵을 지키면서 고개를 끄덕이는 등 수동적으로 경청하는 방법이다.

② 언어적인 수용방법이 있다. 이 방법은 말문을 열게 하는 말이나 계속해서 말을 할 수 있게 하는 말을 하는 것이다. 예를 들면, "그렇군", "음", "그래", "아, 그러니?", "좀더 듣고 싶구나", "네 의견이 흥미있구나" 등이다.

③ 자녀의 감정상태를 피드백해 주는 적극적인 경청을 하는 방법이 있다. 적극적 경청에서는 부모가 자녀의 감정상태와 메시지의 의미를 이해하려고 애를 쓰는 것이다. 부모는 들은 바를 자신의 말로 바꾸어 표현하면 자녀가 맞는지 틀리는지를 확인한다. 부모가 적극적인 경청을 하기 위해서는 자녀의 독특한 감정상태와 감정처리 능력 그리고 문제해결 능력을 인정해야 하며, 충분히 들을 수 있는 시간적 여유를 가져야 한다. 적극적 경청은 자녀가 문제를 가지고 있을 때에 효과적인 방법이 될 수 있다.

둘째, 나-메시지 전달법은 자녀 때문에 부모가 문제를 가졌을 경우에 자녀로 하여금 부모의 말을 받아들이게 할 때에 효과적인 방법이다. 나-메시지 전달법은 부모가 문제삼고 있는 자녀의 행동이 부모에게 어떤 느낌을 갖게 하는지를 자녀에게 솔직하게 말하는 방법이다. 예를 들어, 부모가 피곤해 있는데 자녀가 놀아달라고 조를 때에 "내가 피곤하구나" 또는 "나는 지금 쉬고 싶구나"라는 나-메시지 방법을 사용하면 자녀는 부모에게 덜 저항하게 되며 자녀 스스로 행동을 바꾸게 된다. 나-메시지 사용에 있어서 유의할 점은 "내가 보기에 너는 바보같아"와 같은 나-메시지로 위장된 너-메시지(You-message)를 사용하지 말아야 한다.

셋째, 무패방법(無敗方法)은 부모와 자녀 사이에 갈등이 있을 때 효과적인 방법이다. 갈등은 있기 마련이라는 것을 인정하고, 갈등이 반드시 나쁜 것만은 아니라는 것을 인식하여, 갈등을 건설적으로 해결하는 것이 필요하다. 부모자녀간에 갈등이 있을 때 부모 또는 자녀 중 어느 한편이 이기는 방법을 피하고 부모자녀 양쪽이 다 받아들일 수 있는 제3의 방법을 찾아야 하는데 이 때의 효과적인 방법이 무패방법이다.

무패방법의 구체적인 실천과정은 다음의 6단계를 거친다.

- 1 단계 : 갈등의 확인과 정의
- 2 단계 : 가능한 모든 해결방법의 모색
- 3 단계 : 가능한 모든 해결방법에 대한 평가
- 4 단계 : 가장 좋은 해결방법의 결정
- 5 단계 : 결정된 해결방법의 실천
- 6 단계 : 해결방법의 실천과 그에 대한 계속적인 평가

물론 각 단계에서 부모는 경청을 해야 하고 나-메시지로 자신의 의사를 전달해야 한다.

고든의 적극적 경청, 나-메시지 방법, 무패방법에 대한 비평이 있기는 하지만 그는 여러 경험을 통하여 이러한 방법들의 효과를 입증하고 있다.

3) 부모자녀간의 의사소통 장애요인

부모와 자녀는 가족 내 위치나 역할이 서로 다르며, 세대의 차이가 있다. 따라서, 부모와 자녀간에는 의사소통이 원활하지 못할 수 있는데, 그 구체적인 장애요인을 다음과 같이 들 수 있다.

첫째, 부모자녀 상호간의 수용결여이다. 부모가 자녀의 정서상태나 능력 등을 고려하지 않고 자녀에게 부모의 원하는 바만을 일방적으로 이야기하고, 자녀 역시 부모의 요구가 부당하다는 주관적 판단하에 부모를 비난할 뿐 부모의 이야기를 수용하지 않는다면, 결국 부모자녀간의 의사소통은 단절되고 만다.

둘째, 세대차이로 인한 단어사용의 차이이다. 의사소통에 있어서 자녀들만이 사용하는 단어가 있는가 하면, 같은 단어라 할지라도 의미를 다르게 사용하기도 한다. 따라서, 세대간에 달리 사용되는 단어나 그 의미를 정확하게 이해하지 못한

다면 의사소통 장애가 발생하게 된다.

셋째, 부모의 권위주의적, 독단적인 태도이다. 부모의 권위주의적 또는 독단적인 태도는 자녀의 입장에서 본다면 자녀 자신이 무시당하는 것이며, 상호작용이아닌 일방적인 지시일 뿐이다. 따라서, 자녀는 부모와의 의사소통을 거부하게된다.

넷째, 부모의 지속적인 불쾌정서 상태이다. 자녀는 부모의 상태나 행위에 대하여 민감한 반응을 보인다. 특히, 자녀가 자신의 잘못된 점이나 요구를 이야기하고자 할 때는 부모의 상태를 살피게 된다. 부모의 감정이 나쁠 때는 부모로부터 좋은 결과를 기대하기 어렵다는 판단하에 부모와의 의사소통을 망설이게 된다.

다섯째, 부모의 부정적인 대화방법이다. 협박, 비난, 욕설, 조롱, 창피, 분노, 장황한 설교, 명령, 경고 등의 부정적인 대화방법은 자녀로 하여금 반발을 느끼게하고 반항하게 만들어 원활한 의사소통이 이루어지지 않는다.

여섯째, 부모는 자녀들을 이해하지 못한다는 자녀 자신의 편견이다. 부모는 자녀보다 연장자로 생활경험이 많으며 양육자이기 때문에 부모의 견해를 강력하게피력한다. 이러한 경우에 자녀는 자기 자신을 부모에게 이해, 설득시키려 하기보다는 부모는 자신을 이해하지 못한다고 단정지어 버리게 된다. 그리하여 계속적인 의사소통의 필요성을 부인하게 된다.

일곱째, 자녀의 자아긍정성 결여이다. 일반적으로 자녀가 부모의 기대목표에부응하게 되면 자아긍정성이 높아지고, 그렇지 못하게 되면 자아긍정성이 낮아진다. 다시 말하면, 자녀가 부모의 기대에 부응하지 못한 경우에 부모가 자녀에게비난적인 태도를 보이게 되면 자녀는 자신감을 상실하여 자아긍정성이 낮아진다. 자아긍정성이 낮은 자녀는 부모와의 관계에서 위축되는 입장에 있기 때문에 의사소통 불안의식이 유발되어 편안한 의사소통이 이루어질 수 없다.

7. 부모의 법적 권리의무

자녀에 대하여 부모가 갖는 법적인 권리의무를 친권이라고 한다. 원래, 친권은가장권에 흡수되어 있었으나 대가족제도의 붕괴에 따라 가장권으로부터 분리된자식에 대한 어버이의 권리개념이다(김주수, 1992). 친권이 어버이의 권리라고 하는 것은 전통사회에서의 부자관계 특성이 반영된 것이다. 즉, 어버이는 자녀에 대해 복종을 요구하는 권한을 가졌고, 자녀는 부모에게 순종해야 한다는 것이다. 이와 같이, 자녀의 복종이 강조되었기 때문에 친권은 권리라는 개념이 강하다. 그러나 현대사회에서는 친권을 자녀에 대한 지배권이라기 보다는 자녀를 보호하고 교육하고 양육해야 할 의무임과 동시에 권리라는 의식이 강조되고 있다.

따라서, 법적으로도 친권이란 부모가 미성년 자녀를 보호하고 교양할 권리의무(민법 913조)라고 규정하고 있으며, 부모는 자녀의 성장발달을 도모하는 방향으로 친권을 행사하여야 한다.

1) 친권자와 피친권자

민법은 부모평등의 원칙에 입각하여 부모공동 친권행사를 규정하고 있다. 민법 909조에 의하여 구체적으로 살펴보면 부모가 혼인중인 때에는 부모가 공동으로 친권자가 된다. 그러나 부모의 의견이 일치하지 아니하는 경우에는 당사자의 청구에 의하여 가정법원이 이를 정하며, 사망·실종·중병·장기부재 등으로 부모의 일방이 친권을 행사할 수 없을 때에는 다른 일방이 친권자가 된다. 그리고 아버지의 인지가 없는 혼인 외의 출생자는 어머니가 친권자가 되지만 혼인 외의 자가 아버지로부터 인지된 경우나 부모가 이혼한 경우에는 부모의 협의로 친권자를 정하고, 만약 협의할 수 없거나 협의가 이루어지지 아니하는 경우에는 당사자의 청구에 의하여 가정법원이 이를 정한다. 양자의 경우에는 양부모가 친권자가 된다.

한편, 계모적자 관계나 적모서자 관계는 인척관계로 규정되기 때문에 계모는 전처의 출생자에 대하여, 그리고 적모는 남편의 혼인 외의 출생자에 대하여 친권자가 되지 못한다. 이 외에도 부모가 금치산자 또는 한정치산자이거나 미혼의 미성년자는 재산법상의 행위능력이 없다고 해석되므로 친권자가 될 수 없다.

친권에 복종하는 피친권자는 미성년인 자(子)이다(민법 909조 1항). 일반적으로 미성년인 친생자와 양자가 피친권자가 된다. 피친권자가 결혼을 하게 되면 성년의제라는 제도에 의하여 성년에 달한 것으로 보므로(민법 826조 2항 참조) 친권에 복종하지 않게 된다.

2) 친권의 효력과 소멸

친권의 효력이 발생되는 내용으로는 자녀의 신분에 관한 것과 재산에 관한 것으로 구분된다.

먼저, 자녀의 신분에 관한 권리의무로는 자(子)를 보호하고 교양할 권리의무(민법 913조), 자(子)가 거주할 장소를 지정하는 권리의무(민법 914조), 자(子)를 징계할 수 있는 권리의무(민법 915조), 신분상의 행위에 대한 법정 대리권(민법 911조)과 연령위반혼인의 취소 청구권(민법 817조), 15세 미만자의 입양 승락권(민법 869조), 입양취소권(민법 886조) 등을 갖는다.

그리고 자녀의 재산에 관한 권리의무로는 자(子)의 명의로 취득한 특유재산에 대한 관리권(민법 916조), 자(子)의 재산에 관한 법률행위에 대하여 자(子)를 대리하는 권한(민법 920조), 친권에 따르는 자(子)의 자(子)에 대한 친권 대행(민법 910조) 등을 들 수 있다.

한편, 친권이 소멸될 수 있는 자연적 사실이 발생하였거나, 친권자가 자의에 의해 친권을 사퇴하거나 친권을 부당하게 행사하는 경우에는 친권이 소멸 또는 상실된다. 즉, 친권이 소멸되는 경우는 피친권자인 자(子)가 사망하거나 성년에 도달했거나 혼인했을 때(민법 826조의 2), 다른 사람의 양자가 되었거나(민법 909조 5항), 친권자인 부모가 사망하거나 혼인의 무효 또는 이혼 등으로 친권을 행사할 수 없을 때(민법 909조 4항), 친권자가 사퇴하였거나(민법 927조 1항), 친권자가 협의나 심판에 의하여 변경된 때(민법 909조 4항) 그리고 친권의 상실을 선고받았을 때(민법 924조) 등이다.

친권의 상실이란 친권자가 친권을 부적당하게 행사하거나 피친권자의 이익을 침해할 때에는 강제적으로 친권을 박탈하는 것을 의미하는데 친권상실의 원인은 친권남용, 현저한 비행, 기타 친권을 행사시킬 수 없는 중대한 사유가 있는 때(민법 924조)이다. 친권남용이란 친권을 지나치게 불법적으로 행사하거나 오히려 친권행사를 게을리하는 경우를 말하며, 현저한 비행이란 친권자의 심한 소행불량으로 피친권자인 자녀에게 오히려 나쁜 영향을 준다고 인정되는 경우이다.

연구문제

1. 부모에게 있어서 자녀의 의미를 논하시오.
2. 현대적인 부모의 역할을 정립해 보시오.
3. 자녀와의 관계향상을 위하여 부모가 사용할 수 있는 의사소통 방법을 설명하시오.

chapter 10

형제자매 관계

　형제자매는 같은 부모로부터 유전인자를 물려받아 가까운 혈연관계를 맺고 있다. 이들은 유전적 원천이 같고, 매우 유사한 환경에 살고 있으며, 많은 시간을 함께 보내고, 일상생활 중에 밀접한 경험을 나눈다.

　그러나 유전적으로나 환경적으로 비슷할 뿐 똑같은 유전인자나 똑같은 조건을 갖지 않으며, 형제자매 각자는 상호입장에서 볼 때 가족환경의 일부가 되기 때문에 실제 행동면에 있어서도 형제자매는 똑같은 행동을 보이지는 않는다.

　형제자매 관계의 유사성과 특이성은 부부관계나 부모자녀 관계 못지않게 가족 내외에서 중요한 기능을 행하고 있으므로, 이에 대한 관심은 가족의 이해에 필요하고 중요하다 할 수 있다. 그러나 이러한 중요성에도 불구하고 형제자매 관계에 대한 연구는 부부관계나 부모자녀 관계 등에 비하여 저조한 실정이다.

　제10장에서는 형제자매가 이루는 상호작용의 특성과 형제자매 관계가 가족 내에서 나타내는 일반적 특성 그리고 형제자매 상호간에 행하는 역할과 형제자매 관계의 기능에 대해서 살펴보기로 한다.

1. 형제자매간의 상호작용

사회적인 의미의 상호작용은 둘 이상의 사람이 의사소통의 수단을 통해 서로를 자극함으로써 상호간의 행동을 조정하는 것이다. 가족의 상호작용은 가족구성원 사이에 일생 동안 서로 상호적인 관계를 맺는 것이다. 형제자매는 중요한 가족구성원이고 때로 가족간 상호작용의 질적 또는 양적 중심을 이룬다. 따라서, 이들의 상호작용은 중요한 것이다.

형제자매간의 상호작용의 내용은 그들의 성, 연령, 형제수, 터울, 남녀비율, 출생시의 부모의 나이, 진수기 때의 그들의 나이 등에 따라 달라진다. 또 다른 요인들, 즉 가족구성원의 건강, 격리, 부재, 유동성 등도 역시 형제자매 관계에 영향을 미친다.

형제자매간에는 싫고 좋은 감정이 반복되는데 이것이 가장 친밀한 관계에서의 느낌이라고도 할 수 있다. 그들은 서로를 선택하지 않고, 매우 친근하며, 방이나 침구를 같이 사용하기도 한다. 때로는 장난감을 공유하고 옷도 물려받으며 부모, 친척, 가족지위까지 동일하다. 형제자매는 같이 놀 기회가 많고 서로 즐기며 돕기도 하고 때로는 갈등을 일으키거나 싸우기도 한다. 애정이나 미움이 반복되어 쉽게 이를 조정하기도 하고 또는 저항하기도 한다.

형제자매간의 갈등은 부모의 일관성이나 일치성과도 관련되어 있는데 부모가 비일관적일 때 형제자매는 싸움을 통해 원하는 바를 쟁취하려 하기 쉽다. 그러나 부모가 명확한 규범에 따라 일관성 있게 이들을 중재할 때 형제자매간 갈등은 적어지게 된다.

또한 형제자매간 갈등은 공간, 사물, 흥미 등의 일정한 한계 내에서 오래 서로 같이 지낼 때 일어나기 쉽다. 밀접한 관계로 인하여 세밀한 관찰과 조사를 하게 되고, 이 관찰과 조사는 불공평의 경험을 되살려 파벌을 형성하거나 신체적 · 정신적 조작도 배우게 된다. 이것은 오랜 학습의 결과이므로 형제자매간의 싸움은 오래 같이 지낸 형제일수록 더 많다.

또 다른 갈등은 형제자매간 관계를 강화하는 충성, 애정 그리고 협동 등에서 나타나는데 상호작용의 양은 이러한 감정의 양에 영향을 끼친다. 형제자매의 상호 영향 정도는 연령, 성, 출생순위에 따라 달라진다. 여성이 남성보다 형제자매 관계에 더 호의적이고, 동성인 자매를 더 좋아하며, 동생보다 언니나 오빠 등에 더 친밀감을 느끼는데, 이들이 성장할수록 이러한 영향은 감소한다. 그리고 다수가족보다 2인 자녀가족에서 형제자매 관계가 더 친밀하다. 대가족에서는 가족에 대한 희생과 개인이 아닌 가족가치에 대한 복종을 요구한다.

또한 형제자매간 상호작용은 보통 부모자녀간 상호작용과 더불어 일어나는데, 때로는 수정 · 보완 · 대체형식으로 나타나기도 한다.

이상과 같은 형제자매간의 상호작용은 다음 몇 가지 특성으로 요약될 수 있다.

첫째, 가족은 부부간, 부모자녀간, 형제자매간의 3가지 하위구조로 구성되는데, 이러한 하위구조는 가족집단 내에서 반개방적인 형태로 작용한다. 그러므로 형제자매 관계는 기타 구조와 밀접한 연관을 가진다.

둘째, 형제자매는 사회화의 상호작용을 한다. 즉, 형제자매는 서로 영향을 주고받는 역동적 체계를 이루고 있다.

셋째, 형제자매의 상호작용은 어느 연령에만 한정되는 것이 아니고 끊임없이 계속되는 발달적 과정이라 할 수 있다.

넷째, 형제자매간 상호작용의 특성은 그들 형제자매의 인성발달, 사회적 행동 등에 영향을 미친다.

다섯째, 형제자매 집단은 고유한 집단특성과 기능을 갖는다.

2. 형제자매 관계의 가족적 특성

1) 가족체계와의 관계

자녀가 두 명 이상이 되면 형제자매관계가 형성되고, 가족은 좀더 개방적이 된다. 형제자매는 가족의 상호작용 과정과 영역을 개방 · 확대시킴으로써 가족 내의 상호작용과 사회화에 영향을 준다. 그러므로 장자녀는 동생들보다는 덜 개방적인 상태의 가족상황에서 사회화되는 셈이다.

형제자매는 서로 개척자적 기능을 수행하는데, 보통 연장자가 동생들을 유도한다. 이와 같은 활동을 통해 서로 심각한 영향을 주기도 하고, 가족의 개방정도에도 영향을 끼친다. 장자녀는 보수적 경향을 지니기가 쉽다. 가족은 점점 개방되고, 부모는 경험을 쌓아감에 따라 허용적으로 되므로 막내자녀는 장자녀보다 개방된 일상생활을 할 수 있다. 그러므로 가족 내 자녀의 출생은 가족의 체계를 개방화시키며 이러한 개방경향은 자녀가 많아질수록 커진다.

전체가족 체계는 그것이 개방적이건 폐쇄적이건 두 개의 하위구조로 구성된다. 즉, 자녀/형제자매 하위구조와 부모/부부 하위구조가 그것이다. 이 구조들은 반개방적인 형태로서, 자녀는 부모 하위구조에는 접근할 수 있지만, 부부 하위구조에는 참여할 수 없다. 또한 부모와 자녀간에는 연결이 가능하지만 부모가 형제자매간에 나누는 비밀스런 행위에는 접근하기 어렵다.

2) 형제자매간의 연합

가족 내에서는 경쟁이나 투쟁의 목적으로 때로 끼리끼리 연합한다. 또한 연합은 참여인원에 대한 보상을 극대화하고 결속을 강화하기 위해서도 이루어진다. 부모의 행동이 때로 자녀들의 결속을 유발하기도 한다. 장자녀는 동생들과 한편이 되어 연합하거나 그들을 반대하기도 한다. 동성간의 형제자매 연합이 보편적이고 대개는 비슷한 연령끼리 연합한다. 이것은 성장하여 부모 곁을 떠난 다음에도 지속된다.

형제자매간의 연합은 가족체계 내의 큰 연령차이 때문에 일어날 수 있다. 부모는 그들의 자녀보다 훨씬 나이가 많고 집단을 지배하는 경험, 자원, 힘을 많이 가지고 있다. 형제자매의 결속은 부모에 대항하기도 하고 다른 형제자매 연합과 대항하기도 한다. 부모연합이 견고할 때는 자녀들간의 연합도 이에 대항하기 위해 자연 견고해져 이 연합에 모든 자녀가 참여하기 쉽다. 부모 중 한쪽만이 지배적일 때, 연합은 약한 부모와 자녀간에 형성되는 경향이 있다. 또한 부모의 권력이 비슷하지만 부모연합이 굳건하지 않을 때는 형제자매간의 경쟁이 심해진다.

형제자매 중 나이 어린 구성원은 흔히 이 연합에 포로가 될 수 있다. 이들은 형제자매 사이에 발생하는 문제의 해결에 도움이 될 수 있고, 어리기 때문에 쉽게 부모의 도움도 받을 수 있다. 이 연합에서 장자녀가 지도자로서 부모에 대항하지만 이것은 형이기 때문이 아니라 부모와 가장 잘 접근할 수 있고 힘이 있기 때문이다.

형제자매 연합에서 비밀폭로나 밀고는 정당화된다. 이들의 내분은 부모가 조정하기도 하지만 대부분 그들끼리 조정한다. 형제자매 연합은 부모에 대해 경찰관의 역할을 하고 그들 자신의 감정적·신체적 안녕을 위해서도 그러한 역할을 한다. 그들은 부모와는 절대 연합하지 않는 것을 성공적인 것으로 생각한다.

형제자매간 연합은 통합 또는 분열의 기능을 한다. 가족은 연합간의 긴장을 해결하려 하고 때로는 이것이 경쟁적인 연합체의 구성원들을 궁지에 몰아 넣는 결과를 초래하기도 한다. 만약, 이러한 불화가 해소되지 않는다면 그들의 적개심을 가족 밖의 다른 사람에게 돌리거나 갈등이 없는 것처럼 위장하기도 한다.

3) 형제자매의 위치관계

형제자매는 앞에서 말한대로 그 순위적 위치를 가지고 출생하나 자녀가 여러 명 출생함에 따라 그 지위나 위치에 변화를 맞게 된다. 예를 들어, 장자녀는 그가 혼자일 때는 외동자녀로서 취급받고, 동생이 태어나면 그 위치를 장자녀로 바꾸어야 한다. 차자녀의 경우도 동생이 없을 때는 막내자녀의 위치를 가지나 동생이 출생하면 중간자녀로 옮겨진다.

이처럼, 한 개인의 가족 내 지위나 위치의 상실, 획득과정은 그 자리를 옮기거나 물러나는 경우에 해당한다. 차자녀가 태어나기 이전의 장자녀는 오직 어른에게만 의지하게 된다. 그래서 그는 오직 나이 많은 사람에게 동화하는 법만 배우게 된다. 이때 외동자녀에 대한 어른들의 태도는 관대하다. 첫아이는 부모들이 갖는 부모로서의 최초의 경험이므로 장자녀는 일종의 실험대상이 된다. 둘째 자녀가 태어나면 장자녀의 위치변화가 요구되고, 특히 부모가 다음의 아기를 위한 적절한 대비를 하지 않았을 경우 이 경향은 심화된다. 위치변화로 인해서 장자녀는 더 이상 혼자만이 사랑받고 보호받고 도움받을 수 없다. 장자녀는 이러한 외동자녀라는 위치의 상실에 대항하기 위해 퇴행행동을 한다든가 또는 기타 어른의 주의를 집중시키려는 행동기술을 개발하므로 이러한 위치변화는 아동의 형제자매 관계에서 매우 중요하다. 다만, 이들간의 터울이 커서 장자녀가 이미 부모의 애정에만 집중하지 않아도 될 때는 별문제가 생기지 않을 수도 있다. 그러므로 자녀의 위치변화에 따른 결과를 조절할 수 있는 요인은 그 자녀의 연령과 또한 동생을 받아들이게 하려는 부모의 노력여부에 따라 달라질 수 있다.

형이나 언니는 부모대리자로서 때때로 동생을 훈육하는 역할을 맡는데 이것이 흔히 동생을 강제로 명령하고 업신여기는 역할로 되기 쉽다. 그러므로 형제자매

집단 내에서 장자녀는 주로 도구적 지도자로서, 막내는 표현적 또는 정서적 지도자로서 행동하는 경향이 많다. 또한 맏아이는 언어능력이 높고 지배적이며 지능면에서 보다 종합력·추상력·판단력·내적 집중력이 강하고, 동생은 분석적이고 분화적이며 판단력이 적고 외향적이며 동조현상이 많은 성향을 띤다.

장자녀는 동생이 출생함으로써 맞는 위치변화의 충격으로 인해 좀더 성취지향적인 아동이 되곤 한다. 심리학적으로 장자녀는 활동적·성공적이 되도록 동기화되고 부모의 기대를 좇는 경향이 많다. 장자녀는 형제 중 나이가 제일 많고 힘도 세고 경험도 풍부하며 무슨 일이든 제일 먼저 하도록 되어 있다. 그러므로 개척자이자 안내자, 선동자가 된다. 장자녀는 다른 형제들보다 권리상의 우월감을 느끼고 이에 따라 성취율·성공률도 높아진다.

막내자녀는 다른 손위의 형제가 독립해 나간 후, 몇 년 동안 독자의 위치를 차지하게 된다. 부모의 입장으로서는 자녀양육 역할의 종말을 막내자녀를 통해 느끼게 되므로 막내에 대한 애착을 새로이 강화시키기도 한다. 성격·태도면에서 볼 때 막내는 보다 감정적이고 사교적이며 친구들과 잘 어울린다. 막내는 항상 가족구성원들이 도와주므로 일반적으로 의존심이 많다.

독자는 형제가 없기 때문에 사회성 등의 발달이 느리고 가정에서 무엇이든지 마음대로 이루어 보았으므로 자기 중심적이 되기 쉽지만, 반면에 형제간의 경쟁심이나 질투에 의하여 성격이 비뚤어질 가능성이 없다는 것이 학자들간의 공통된 견해이다.

이와 같이, 자녀의 출생순위가 가정생활에 있어서 부모 자녀간의 관계나 형제자매간의 관계에 영향을 미치므로 그들의 성격형성에도 많은 차이가 나타난다.

3. 형제자매간의 역할

1) 놀이·공부친구

형제자매의 가장 큰 이점은 함께 지낼 수 있고 놀 수 있는 시간이 많다는 것이다. 혼자 노는 것보다 여럿이 함께 노는 것이 더 창조적이고 재미있다. 형제자매는 특별히 어떤 일을 하지 않아도 함께 있는 친구로서 중요하고 고독감에서 벗어날 수 있게 해 준다. 어린이는 어린이를 좋아하므로 싸우고 나서도 쉽게 관계를 유지한다.

이처럼 같이 놀고 서로의 필요를 인식하면서 형제자매는 강한 애착을 느끼고, 미래의 사회적 상호작용에 대한 준비를 하게 된다. 아동은 놀이를 통해 각자의 경험을 반영하고 해석하며 의미 있는 나름대로의 관계를 형성하기도 하고, 협동심과 지적 기술을 개발하는데, 형제간의 놀이는 이러한 학습에 매우 효과적이다.

형제자매간의 놀이는 그들의 성(性)과도 관계되는데 일반적으로 동성의 형제를 선택하는 경향이 많다. 그러나 이성형제끼리 자란 경우는 동성형제끼리 자란 경우보다 이성놀이친구를 선택하는 경향이 높다.

형제자매의 영향력을 살펴보기 위해서는 이들 상호간에 행동을 어떻게 조장하고 방해하는가를 알아보는 것이 필요하다. 이 경우 윗형제는 방해자로서보다 행동조장자로서 더 많이 작용한다.

이러한 형제자매간의 우애는 얼마동안 지속될 것인가가 역시 관심의 대상이 된다. 인도의 확대가족에서는 성인이 된 남자형제들이 같이 살고 같이 일하는 경우가 있다. 또한 형제자매가 성장한 후에는 같이 살지 않는 경우도 많다. 그러나 이 경우도 우정과 애정은 여전히 남아 있다. 대도시 지역에서는 형제자매들이 항상 상호접촉을 하지는 못하지만 결혼 등에 실패했을 때에 서로 의지하곤 한다. 특히, 자매간에는 이 경향이 강하고 이때는 어린 시절의 우애가 되살아 난다. 그러므로 형제자매 관계도 보상관계에 있다고 할 수 있다.

2) 교육 · 학습자

형제자매는 의식적 또는 무의식적으로 서로를 가르친다. 일반적으로 형이 동생을 가르치는 입장이 되고, 행동으로 시범을 보이며, 여러 가지 강화행동을 통해 동생의 행동을 조정한다.

어느 사회에서나 장자녀는 어린 동생들의 가장 좋은 교사가 된다. 장자녀는 형제 중 가장 권위있고 능숙하며 어린 동생들을 가르치는 것을 가장 큰 임무로 삼는다. 학습과정 중에는 행동촉진이라는 것이 있는데, 좋은 교사는 학생들이 자유롭게 학습하도록 그들의 주위상황과 임무를 잘 배당하는 것이다. 동생에게는 형이나 언니가 이런 촉진자역할을 한다. 마치 교사의 역할을 하는 것과 같다.

장자녀는 동생들보다 어른스럽고 보호적이며 성취지향적이며 사려가 깊고 보수적이며 지도력이 있고, 동생을 도와주려는 노력이 다른 형제들보다 탁월하기 때문에 교사역할에 적절한 자질을 갖게 된다.

성역할 학습은 형제자매의 영향을 매우 크게 받는다. 실제로 장자녀는 동생의 성행동유형을 발달시키는 직접적 노력을 크게 하진 않지만, 차자녀의 행동유형은 장자녀의 행동유형을 매우 닮게 된다.

아버지가 없는 경우는 형이 남자동생들에게 특히 중요한 역할을 한다. 아버지가 없는 4~6세의 흑인아동의 경우 공격적이고 의존적인 행동을 하게 되는데, 형이 있는 소년들은 형이 없는 소년들보다 더 공격적이고 덜 의존적인 경향을 보인다.

3) 보호자 · 의존자

언니는 동생에게 교사의 역할을 하게 되므로 옷정리하는 법이라든가 글읽는 법 등을 가르쳐 주고 함께 놀며 가끔은 욕구가 충돌할 때 싸우기도 한다. 그러나 장난치는 다른 소년들로부터 동생을 보호하게 되는데 이때 동생은 언니에게 의지하게 된다. 이처럼 윗형제는 집에서는 어떠할지라도 외부의 공격이나 위협으로부터 동생을 보호한다.

비서구 문화영역에서는 윗형제가 동생을 보살피고 책임을 지기도 한다. 언니의 나이가 어려도 동생을 업어서 키우기도 한다. 아프리카에서는 6~10세 정도의 소년 · 소녀들이 간호사역할을 한다. 이들은 아기가 1개월 정도 되면 돌보기 시작하여 아기엄마가 일을 나가면 따라가기도 한다. 가족수가 많을수록 이러한 경향은 높아져 형제간의 양육현상이 나타난다. 이러한 형제 양육현상은 3가지로 나타나는데 첫째, 부모가 무기력하다거나 건강이 나쁠 때 형제자매가 온통 양육을 떠맡는 경우, 둘째, 부모가 어린 아기의 감독과 보호를 윗자녀에게 위임할 경우, 셋째, 1~2명 정도의 윗형제가 부모의 보조자로서 역할하는 경우 등이 있다.

동생이 형이나 언니에게 복종하는 정도는 매우 호의적인데, 너무 과중하게 의무를 진 장자녀는 성장 후 결혼하여 자녀를 갖는 것을 싫어하기도 한다. 한편, 막내와 같이 의존적 입장에만 있어 온 아동은 성장 후 많은 자녀를 갖기를 원한다.

자신이 돌보고 있는 동생이 불리한 조건에 있을 때, 즉 장애자 등일 때 그 형의 책임은 더욱 무거워진다. 지적인 지체아가 있을 경우, 건강한 형제자매는 특별한 인성발달 현상을 보여 준다. 지체아인 형제자매를 둔 건강한 아동은 개인적 성공보다도 헌신, 희생, 봉사 등에 더 많은 관심을 기울이게 된다.

4) 적이나 경쟁자

형제자매간의 경쟁의식과 질투는 당연한 것이다. 남자형제들끼리의 갈등이 더 심각하나 여자형제들 역시 그 형식은 다를지라도 심각하게 싸우는 경우가 많다.

동생이 없는 장자녀는 다른 형제자매와 부모의 사랑을 나누어 가질 필요가 없다. 때로 엄마의 사랑을 아빠에게 빼앗겨서 아빠를 경쟁자로 의식하기는 해도 다른 경쟁적 형제가 그를 괴롭히진 않는다. 그러나 차자녀의 출생은 매우 중요한 변화의 계기가 되어, 대부분의 장자녀는 동생을 방해자로 느낀다. 이것은 장자녀에게는 유아시절의 종말을 의미하는 것으로 어머니는 새로운 아기인 동생에게 관심을 집중하게 된다. 어머니들이 동생을 가지게 되는 장자녀의 정서적 충격을 덜어 주기 위해 많은 노력을 하지만 아무래도 새로 태어난 아기는 연약하기 때문에 시간이나 주의를 많이 기울이게 된다. 그러므로 장자녀는 그가 혼자일 때 받은 애정을 모두 빼앗기는 것 같아서 질투심을 느끼게 된다. 나중에 태어난 자녀에게는 누구나 적어도 한 명 이상의 윗형제가 있게 마련인데 이들이 더 크고 힘도 세며 능력도 있게 마련이다. 그러므로 나중에 태어난 자녀의 입장에서 보면 부모의 관심이 자신에게 쏠린다는 것을 느끼기는 어렵고 다만 언니나 형이 자기보다 힘이 세고 영향력이 크다는 것을 곧 느끼게 된다. 여기서 형만 못하다는 열등의식이 싹트게 된다. 이러한 인식을 통하여 아동들은 형제자매간 상호작용에서 어떻게 자신의 힘이나 영향이 작용하는가를 학습하기도 한다. 동생은 형을 큰 힘을 행사하는 우두머리로 생각하며, 형도 자신을 그와 같이 인식한다. 형은 명령하고 꾸짖고 벌을 주며, 지배하고 신체적으로 구속하며 공격하고 상을 주기도 한다. 또한 동생의 권리를 박탈하기도 한다. 반면, 동생은 항변하고 울기도 하며, 토라지기도 하고, 성가시게 굴거나 괴롭히고 당황하게 만든다. 또한 도움이나 동정을 구하고 화를 내기도 하며 고집을 부리기도 한다.

신체적인 힘을 행사할 때는 성별에 따라서도 달라지는데, 일반적으로 남아는 공격적이고, 여아는 이성적이며 방어적 · 설득적이다. 그러므로 남아는 신체적 방법으로 행동하고, 여아는 상징적으로 행동한다. 동성의 형제자매간에는 공격하거나 토라지거나 집적거리는 일이 더 빈번하다.

4. 형제자매 관계의 기능

1) 자아감 형성

형제자매간 상호관계는 일상생활을 지켜봄으로써 알 수 있다. 이들은 동일시와 차별화의 기능을 반복한다. 아동은 형제자매를 통해 자기 자신을 알아 가며 그들과의 행동을 통해 경험을 쌓고, 그들의 경험을 학습함으로써 자신의 가능성을 확장시킨다. 동일시와 반대개념인 차별화는 주체의식의 과정으로서, 다른 형제와의 연합이 아닌 고유의 위치확보를 의미한다. 그러므로 형제자매로서의 자아감은 다른 형제자매 구성원들과 일정한 영역 내에서 동일시하고, 또 다른 영역에서는 차별감을 가지거나 거부하는 이원적인 과정에 의해 발달된다.

2) 상호규제

상호규제란 형제자매가 서로를 거울이요, 반사판이요, 시험장으로서 이용하는 과정이다. 이러한 과정은 공정성과 정직성을 근거로 발전한다. 이들은 서로 개방적이고 보복에 대해 크게 두려워하지 않는다. 그러므로 상호규제의 의미에서 형제자매간 상호작용은 보상을 극대화하고 손실을 극소화하기 위해 구체적 행동과 지도를 하는 것을 말하며, 이것은 형제자매간 단합을 증강시킨다.

3) 직접적 봉사

일상적 생활에서 형제자매는 직접적인 영향을 주어 서로의 생활을 편리하게 또는 어렵게 만들어 준다. 때로는 침착하거나 능숙하고, 때로는 난잡하거나 방해가 되고, 때로는 협동적이 된다. 그들은 서로 기술을 가르치고, 강한 유대감을 조성하고, 자원의 조정자역할을 한다. 또한 새로운 친구집단에 참여하는 데 필요한 원조를 하고, 가족과 가족 밖의 세상 사이에 자신들을 중재하는 완충적 역할을 하기도 한다.

이러한 직접적 봉사는 형제자매간의 일상적 업무의 하나이다. 그러므로 형제자매간 재화나 용역의 교환은 집단 내의 상호작용을 용이하게 하고, 이것은 형제자매간 단결을 증진시킨다.

4) 중재와 교섭

형제자매는 서로를 위해 연합체를 형성하여 부모와 협상한다. 이 연합의 목적은 조화로서, 형제자매는 부모 또는 다른 형제자매와 힘의 균형을 유지하고, 갈등을 없애기 위해 공모한다. 형제자매가 연합하는 또 다른 목적은 부모의 거대한 권력을 상쇄하기 위한 것일 수도 있다. 형제자매는 혼자서 행동하는 것보다 연합하여 부모의 권위에 대항한다. 이때는 설령 누가 나쁜 짓을 했을 경우라도 형제자매 중 어느 누구의 단독행동이라고 할 수 없다. 그러므로 이들은 "뭉치면 살고 흩어지면 죽는다" 는 원칙에 따른다.

또한 형제자매는 중개자 · 대변자역할을 하게 되는데 이때의 중개는 부모자녀 간, 또는 부모와 가족 밖의 일과의 중재과정이다. 아동은 가끔 어린 동생의 언어를 부모에게 이해시키는 숙련된 해설자노릇도 한다. 이 중개는 광역사회로부터 가족 내로 여러 가지 문제를 전해 주고 여과시킴으로써 가족의 개방성을 증대시킨다. 그러므로 형제자매가 서로를, 그리고 자신들과 부모를 연결시키는 교량으로서 작용할 때 서로의 단합이 증강된다.

5) 개척과 지도

형제자매 중 한 사람은 어떤 일을 시작하여 다른 형제로 하여금 그것을 따라 하도록 하는 학습의 과정을 행하고 있다. 이때 선도하는 아동은 일을 시작함으로써 보상을 얻는 반면, 추종자는 모방의 이득을 얻으며, 이 모방과정 중에서 책임을 면제받는다. 이러한 개척행동은 가족규율의 파괴, 새로운 행동방법의 도입 등 여러 형태로 나타난다. 윗형제가 주로 이러한 선도적 역할을 행하게 되는데, 이 과정을 통해 지위나 권력을 즐길 수 있다.

이 개척자적 행동은 부모와 직접 교섭하는 방법이 될 수도 있는데, 부모에게 이러한 개척행동이 긍정적으로 보일 때는 부모가 그런 행동에 감화되고 가족 내 조화를 위해 그것을 받아들인다. 반면에, 부모가 이를 부정적으로 보는 경우는 부모와 선도적 자녀간에 갈등이 있는 경우이다. 이때 부모는 자녀의 행동을 정당한 것으로 보지 않고 선도적 자녀 한 사람의 모함이나 반항으로 보는 경우가 많다.

6) 가사분담

아동의 가사분담 정도는 크지 않지만 일단 가사를 맡게 되면 형제자매간에 책임의 분담이 이루어진다. 특히, 어머니가 직장생활을 할 때 자녀들이 일을 분담하는 경우가 많은데, 이때 아버지가 이를 잘 분담해 주면 자녀들은 조금 분담한다. 일반적으로 중간자녀가 좀더 분담수행을 잘하고, 막내는 대체로 잘 하지 않는다. 여아가 남아보다 가사일을 잘 하고 윗형제는 동생을 돌보는 일을 잘 한다.

가족 내 어린 형제수가 많을수록 윗형제는 일상의 가사노동을 해야 하는 경우가 많아진다. 이러한 다수가족에서 자녀가 해야 할 역할은 여러 가지가 요구되는데, 특히 장자녀는 정신적으로 많은 책임을 진다. 가족규모가 클수록 역할의 수가 많아지고 이에 따른 전문화가 더 잘 이루어진다. 윗자녀에게 적극적인 역할이 많이 주어지고, 이를 잘 수행할 때 아래 자녀는 소극적 역할을 선택하게 된다. 그러므로 가족크기는 역할의 수와 다양성에 영향을 준다. 가족크기가 증가하면 형제자매 하위구조의 중요성도 증가한다. 가족 내 형제자매의 수와 이들에 대한 부모의 영향은 서로 반비례하여 자녀수가 증가하면 부모의 영향은 감소한다.

가사분담뿐만 아니라 일반적인 과업은 부모에 의해 배당되는데 이때는 성과 연령에 따라 그 배당의 양과 성격이 달라진다. 그러나 자녀들의 가족 내에서의 개인적 고유성에 따른 독특한 역할은 변화하거나 분담되지 않고 지속된다. 자녀들은 일반적으로 성, 연령 등의 지위특성이나 인성특성이 변하더라도 가족 내에서 독특한 나름대로의 주체성을 유지하고자 한다.

7) 성역할의 개발

형제자매는 서로간의 성역할특성에 중요한 영향을 준다. 그러므로 이들간의 성역할학습과 동일시는 매우 중요하다. 형제자매간 상호작용의 지속성과 강도는 성역할학습의 중요 요소인데, 가족 내에서 권위를 많이 지닌 자녀는 성역할취득 과정에서 가장 영향력이 크다.

이성의 형제자매를 가진 아동은 이성의 형제자매가 없는 아동보다 이성적 특성을 나타내는 경향이 강하고, 이성의 형제자매가 연장자인 경우에는 더 큰 영향을 받는다. 즉, 누나를 가진 남아들이 더 여성적이고, 오빠를 가진 여아들이 더 남성적이다. 이성의 형제자매간 상호작용은 성역할 특성이 서로 교차하여 변화·보완될 때 잘 일어난다.

8) 규범학습

형제자매간에도 행동의 규범적 기대가 있다. 자라나는 아동들은 부모보다 서로를 더 공정하게 판단하며 형제간 비행에 더 완고하다.

이들은 특별한 규율을 세우고 이에 따라 생활하는데, 흔히 충성과 경쟁으로 뭉쳐져서 협상과 계약을 효과적으로 하는 법을 배우며, 서로를 조정하거나 반대하는 것으로 거리를 유지하기도 한다.

아동은 평등개념과 분배규범을 매우 일찍부터 부모로부터 학습한다. 그리고 이것이 아동들에게 언어로써 명확히 의사소통이 되었을 때 비로소 가장 잘 학습되는 것이다. 이러한 규범은 아동의 형제자매간 상호작용을 통해 채택·보완되는데 이것은 부모가 얼마만큼 일관성 있게 교육하였는가에 의해서도 많은 영향을 받는다.

9) 권력관계 형성

형제자매는 그들 상호관계에 영향을 주는 지도영역 또는 권력관계를 형성한다. 권력이란 타인에게 자신의 의지를 실현시키는 것으로 이러한 권력의 영향은 아동의 연령이나 성에 따라 달라진다.

형제자매간 권력의 종류는 5가지로 나눌 수 있는데 첫째, 보상적 권력으로서 이는 형제자매 중 어느 누군가 보상해 줄 능력이 있을 때 그가 갖게 되는 권력이다. 보상의 종류로는 장난감, 금전, 기구 등 여러 가지가 있다. 둘째, 강압적 권력으로서 형제자매 중 어느 누가 벌을 줄 힘이 있을 때 그가 갖는 권력을 말한다. 셋째, 합법적 권력으로서 행동을 명령할 합법적 권리가 주어졌을 때 갖게 되는 권력인데 이 권리는 주로 부모로부터 주어진다. 넷째, 준거적 권력으로서 동일시의 대상이 될 수 있는 형제자매가 갖는 권력이다. 다섯째, 전문적 권력으로서 특별한 지식이나 숙달된 기술이 있을 때 가지게 되는 권력을 말한다.

권력에 영향을 주는 가장 큰 요인은 부모로부터 받은 합법적인 것인데 이 때의 권력은 부모가 연령이나 성에 따라 자녀에게 책임을 분담할 때 생긴다. 윗형제는 동생을 돌보는 책임을 부여받는데 이것이 권력을 갖게 해 준다. 또한 다른 형제자매가 할 수 없는 특별한 심부름 등을 명령받고 수행했을 때도 이러한 권력이 발생한다.

이러한 합법적 권력의 근거는 부모로부터 배당받을 뿐만 아니라 사회적 구조의 수용여부에도 그 원인이 있다. 만약, 한 아동이 그의 집단, 기구 혹은 사회 등의 사회조직의 권리를 수용할 때, 특히 그 조직 내에 계급이 형성되어 있을 때 그는 합법적 권력을 갖게 된다. 마찬가지로, 가족집단 내에서 그는 그의 계급적 위치에 순종하게 된다. 예를 들면, 아래 형제자매일 경우에는 가족집단구조를 일찍부터 수용하여 하위권력을 받아들이게 된다. 그러나 아동이 성장하여 가족 밖의 환경에 접하게 되면 이러한 가족의 합법적 계급지위를 조금씩 거부하게 된다.

문화적 가치는 합법적 권력의 또 다른 근거가 될 수 있는데, 이러한 가치는 연령·성·지능·미·건강 등의 개인특성과 관련되어 있다. 이러한 특성은 문화에 따라 달라지는 것으로, 개인이 그러한 특성을 가지고 있는가 아닌가에 따라 권력이 달라진다. 이에 따라, 가족 내 한 아동은 그의 형제자매가 요구하는 능력이나 자원을 가지고 있을 때 권력을 더 얻게 된다.

연구문제

1. 출생순위에 따른 개인의 인성 및 행동특성에 대한 연구들을 고찰하여 그 내용을 정리해 보시오.
2. 동성 형제자매와 이성 형제자매에 의하여 받는 영향을 비교하시오.
3. 부부관계 특성에 따라 형제자매 관계는 어떻게 다른지 조사·연구하시오.

chapter **11**

고부관계

고부관계란 결혼에 의하여 시작되는 가족 내 인간관계로서 기존세대로서의 고
(姑), 즉 시어머니와 혼입세대로서의 부(婦), 즉 며느리와의 새로운 상호작용 관
계를 의미한다. 이러한 고부관계는 혈연의 관계가 없는 타인끼리 한 남성을 매개
로 하여 법적, 인위적 관계를 맺은 것이므로 가장 문제가 많이 나타나고 있다. 더
구나 이들이 일생 동안 서로 밀접한 유대관계를 유지하면서 그 가족의 발달을 이
루어 나가므로 고부관계는 실로 중요하고 복잡하다.

1. 고부관계의 특성

1) 전통가족의 고부관계 특성

우리나라의 전통가족은 부계직계가족이다. 부계직계가족에서의 고부관계 문제
는 그 구조상의 필연성에서 오는 결과라 해도 과언이 아니다. 부계가족에서는 가
부장을 구심점으로 하여 부자(父子)로 이어지는 지속성을 가졌으며, 서열의식이
투철하다. 이러한 부계가족에서 여성은 매우 낮은 지위에 있게 되고, 특히 혼입한
며느리는 최하의 지위에 놓이게 된다. 그러므로 권리보다는 의무가 많고 순종성,

노동의 공헌정도, 가계를 계승할 아들의 출산여부에 따라 성취지위가 주어진다. 며느리가 아무리 시가에 잘 봉사하고 시부모를 잘 봉양한다 하여도 가계를 이을 아들을 출산하지 못하면 며느리의 지위는 안정되지 못한다. 첩을 맞든가 이혼을 당하여도 할 말이 없다. 따라서, 부계가족만큼 득남욕구가 강한 곳도 없다. 이것이 아들에 대한 어머니의 애착을 강화시켜 특수한 모자관계를 형성시키고 있다.

며느리가 아들을 출산하면 며느리는 일차적인 의무를 다하는 것이 되고, 지위도 확고해지며, 심리적 고충도 줄어들게 된다. 그 아들은 어머니의 심리적 방패가 되고 장래의 희망이 된다. 그러므로 며느리는 다른 모든 고충을 참고 견딜 수 있게 된다. 또한 부계사회에서는 여자의 자기 표현과 실현이 금지되어 있기 때문에 아들은 어머니의 자기 표현의 수단이 되기도 한다. 이로써 모자관계는 매우 밀접하고 특수한 인간관계의 일면을 이루게 된다.

그러나 아들이 성년이 되어 결혼을 하게 되면, 어머니의 입장에서는 며느리가 자신과 아들간의 애정의 줄을 끊어 놓는 것처럼 생각하기 쉽고, 자신이 이룩한 가족 내 지위가 위협받는 것처럼 느끼기 쉽다. 따라서, 고부관계는 원천적인 갈등과 불균형상태에서 출발하게 되는 것이다.

고부간의 갈등은 며느리에 대한 시집살이로 표현된다. 시어머니는 그 동안 쌓아올린 지위와 어머니 또는 연장자로서의 위치 때문에 며느리보다 유리한 위치에 서게 되고, 며느리에 대한 불만을 시집살이를 통하여 해소하려고 한다. 며느리는 시어머니로부터 학대를 받더라도 부덕을 강조하는 엄격한 가족제도 아래에서는 인내를 통해 극복할 수밖에 없다.

며느리의 입장에서 시집살이의 고통을 토로할 수 있는 대상은 가족 내에서 남편뿐이라고 할 수 있다. 친정에서는 출가외인(出嫁外人)이라 하여 딸의 입장을 동정은 할지라도 받아들이지는 못하게 되어 있다. 이처럼 남편만이 유일한 의지의 대상이지만 남녀유별의 윤리로 인해 부부는 직접적인 애정표현도 할 수 없고, 타인처럼 행동해야 했으므로 남편은 부인편을 들어 어머니를 이해시킬 수는 없는 경우가 대부분이었다. 더욱이, 모자관계가 부부관계보다 중시됨으로써 남편이 어머니의 의견을 따르는 경우가 대부분이다. 그러므로 대부분의 경우 남편은 곤란한 입장을 회피하여 무관심하기 쉽다.

고부간의 갈등과 관련시켜 생각할 수 있는 사람은 또한 시아버지로서 시아버지는 며느리에게 가장 어려운 존재이기는 하나, 며느리를 감싸 주고 아껴 주는 입장에 있기 쉬우므로 고부간의 갈등을 조정할 수 있는 실력자가 될 수 있다. 반면, 시누이는 고부관계를 악화시키는 역할을 하기 쉬운데, 고부간 갈등이 있을 때 시누이는 자기 어머니의 입장만을 이해하기가 쉽기 때문이다.

2) 현대가족의 고부관계 특성

현대사회에서의 주요 특징인 산업화와 도시화는 가족의 형태면에서 핵가족화를 촉진시켰으며, 이것이 가족의 의식면에도 변화를 가져오고 있다. 그러나 이러한 가족의 내·외적 변화가 균형 있게 이루어지고 있다는 증거는 보이지 않으며, 오히려 과도기적 혼란에서 연유되는 여러 가지 가족문제를 낳고 있다. 즉, 서구적 핵가족이념과 전통적 가족의식간의 충돌 및 혼돈은 가족의 인간관계에도 반영되어 기대와 행동의 차이나 갈등으로 나타난다. 이러한 양상은 고부관계에서도 예외일 수 없어, 전통적 가족규범 내에서 고된 시집살이를 경험한 시어머니와 현대교육을 받고 서구적 가치관의 영향을 받은 며느리간에 가족의식이 불일치되어 전통적 고부관계의 성격을 변화시킴으로써 갈등의 양상을 달리하고 있다.

또한 형제서열에 별로 구애됨이 없이 분가가 행해지고 있기는 하나, 서구의 핵가족과 같이 부모로부터 완전히 독립한 것은 아니며, 상호밀접한 유대와 왕래를 계속하고 있어 시부모의 영향력 및 간섭은 여전하다고 할 수 있다. 따라서, 고부간의 문제를 낳는 구조적 요인은 그대로 존재한다고 보아야 할 것이며, 오히려 원래의 요인이 변화함에 따라 야기되는 몇 가지 요인이 더 부가되어 갈등을 표면화시키는 현상으로 나타나고 있다.

현대가족에서 나타나고 있는 고부관계의 변화를 살펴보면 다음과 같다.

첫째, 부세대(父世代)로부터 자세대(子世代)의 경제적 독립으로서, 농경사회에서는 상속된 토지를 중심으로 경제활동을 하였으나 산업사회에서는 가족 밖에서 소득활동을 하므로 자세대의 주거단위 및 경제적 독립이 용이해졌고, 특히 도시에서는 며느리가 주부권을 행사하는 경우가 많아졌다. 분가한 경우는 물론 동거하는 경우에도 부세대가 경제활동을 하는 경우를 제외하고는 결혼 초기부터 가계관리권을 며느리가 갖는 경향이 있다.

둘째, 가치관의 변화로 인한 전통적 가족규범의 붕괴로서, 세대별·성별·연령별 상하관계를 중시하던 유교적 가족윤리가 그 힘을 잃어 감에 따라 시어머니의 절대적 권위가 약화되고 있다. 반면에, 며느리의 교육수준은 높아져서 무조건 순종하고 인내하던 며느리의 지위에 반발하기도 하고, 불만을 공공연히 표현하고 권리를 주장하게 되었다. 또한 급격한 사회변화와 기술혁신으로 전통사회에서 존경받던 노인의 지식이나 생활경험은 그 필요성이 약화되어 시어머니의 권위를 저하시키는 요인이 되기도 한다.

셋째, 며느리의 불만이 공공연하게 표현되지 못했던 전통가족에 비해 현대가족에서는 불만의 표현이 다양한 형태로 나타나는 경향이 있다. 민주적인 가치관의 영향으로 며느리가 시어머니에게 자신의 의사를 표현하고 부당한 점에 항의하는 등 공공연한 언쟁을 할 가능성이 높아졌고, 친정과의 접촉이 보다 자유롭게 됨으로써 친정식구에게 불만을 털어놓는 일이 많아졌으며, 부부간에 애정적 유대가 강조되는 것과 함께 남편에게 불만을 토로하고 조정의 역할을 기대하는 정도가 높아졌다. 또한 개방적인 현대사회는 여자에게도 사회활동과 취업의 기회를 허용함에 따라 가정에서의 고부간의 접촉시간을 축소시키고 있다. 즉, 외출이나 직장생활을 통해 시어머니와 마주치는 기회를 줄임으로써 시어머니와의 불만을 감소시키는 회피의 방법도 사용되고 있다. 시어머니와 동거하는 경우 여성이 직장을 가지면 결혼만족도가 높고 시부모와의 동거에 대해서도 긍정적이라는 사실이 여러 연구에서 입증되고 있다.

2. 고부간의 스트레스

고부간의 스트레스는 며느리로 인한 시어머니의 스트레스도 있지만 일반적으로 더욱 문제가 되는 것은 시부모로 인한 며느리의 스트레스일 것이다. 고부간에서 느끼는 며느리의 스트레스는 고부간의 역할이나 권력관계, 남편/아들과의 애정적 구조 등에서 발생할 수 있겠으나 이러한 주제에 대해서는 고부간의 갈등에서 다루었기 때문에 여기에서는 며느리의 시부모 부양으로 인한 스트레스에 대하여 서술하고자 한다.

부양스트레스는 노부모를 부양하는 과정에서 나타나는 어려움으로 정서적 긴장이나 부정적 감정, 신체적 고통, 경제적 곤란, 여가활동이나 사회활동의 제한 등을 수반하게 된다. 부양자의 이러한 어려움 때문에 노부모 부양은 자녀에 의한 부양만이 아니라 노부모 자신의 준비에 의한 부양과 사회복지적 차원에서의 부양 등이 제시되고 있지만, 현실적으로는 아직 자녀에 의한 부양에 많이 의지하고 있는 실정이다. 필요에 따라 자녀부양의 형태가 다양해지고 있는데, 동거 부양 또는 비동거 부양하기도 하고, 생활요소(경제, 심리, 가사) 중 전부를 부양하거나 또는 일부만을 부양하기도 한다. 또한 부양자와 피부양자와의 관계도 다양해지고 있다. 즉, 전통적으로는 장남과 그 며느리가 주부양자였지만, 현재는 주부양자의 개념보다는 공동부양한다거나 장, 차남이나 아들, 딸을 구분하지 않으려는 경향이 있다. 그러나 많은 경우 부양의식에 있어서는 아들, 딸 그리고 장남, 차남의 구분 없이 노부모를 부양해야 한다고 생각하지만, 부양행동에 있어서는 아직도 며느리의 비중이 크다 하겠다.

며느리의 시부모 부양스트레스와 관련되는 요인은 여러 가지가 있는데, 부양자인 며느리의 특성, 며느리와 시부모간의 관계 특성, 가족과 사회의 지원 등을 들 수 있겠다. 연구결과(송현애ㆍ이정덕, 1995)에 의하면 며느리가 연령이 높고 전업주부이면서 시부모와 동거하는 외며느리이거나 맏며느리일 경우 부양스트레스를 높게 인지하고, 며느리의 자기통제력이 높고 부모부양태도가 긍정적이고, 시부모와 호혜적으로 원조가 이루어지거나 시부모로부터 원조를 더 받으며, 시부모와 애정이나 친밀감이 많을수록, 그리고 남편이나 시형제자매의 도구적 지원과 친구나 이웃의 정서적 지원이 많을수록 부양스트레스를 덜 느끼는 것으로 나타났다.

현대사회에서 노부모 부양이 더욱더 스트레스로 작용하는 이유로는 노인의 수명 연장에 비하여 자녀수는 감소하여 결과적으로 피부양자 수에 대한 부양자 수가 감소한 점, 노부모를 부양해야 할 중년세대가 계속되고 있는 자녀양육과 사회적 역할까지 수행해야 하는 다중역할의 세대라는 점, 중년세대 자신이 중년기 위기감을 겪을 수 있다는 점 그리고 부모에 대한 자녀의 무조건적인 부양 개념에서 부모자녀관계에도 교환론적인 관점이 적용되는 부양 개념으로 변화된 점 등을 들수 있다.

3. 고부간의 갈등

1) 고부갈등의 요인

'두 명의 주부가 함께 살아 나갈 만큼의 큰 집은 없다.(Leslie, 1967)'고 할 정도로 시어머니와 며느리 사이는 매우 어려운 관계라 볼 수 있다.

급격한 사회변화와 더불어 서구의 개인주의·평등주의가 유입되고, 가족관계가 부부관계 중심으로 변화하는 오늘날에 와서는 과거에 며느리의 일방적인 인내로 노출되지 않았던 고부간의 여러 문제가 표면화됨으로써 고부갈등은 실제적으로 더욱 해결하기 어려운 가족문제가 되고 있다.

현대의 가족구조에서 고부갈등이 발생되는 원인은 상당히 광범위하지만 크게고부간의 권력구조면, 역할구조면, 애정구조면, 고부간의 세대차이 및 이해관계측면에서의 갈등요인으로 나누어 살펴볼 수 있다.

(1) 권력구조면에서의 갈등요인

고부간에는 경제권, 가사처리권, 제사를 비롯한 대소사주도권, 자녀양육권 등을 내포하는 주부권을 둘러싸고 갈등이 일어날 수 있다.

전통사회에서는 모든 살림살이의 권리가 시어머니에게 있고 며느리는 무조건순종해야 하는 시모지배 자부복종의 상황이었음에도 불구하고 강자와 약자가 사회적으로 규범화되고, 시모와 자부 모두가 이 규범을 수용했으므로 고부간의 갈등이 표면화되지 않았다.

현대의 젊은 여성들은 결혼 후 시어머니와 동거하더라도 주부권은 자기가 소유하고 싶다는 태도를 보이는 반면, 시어머니의 입장에서는 자기가 소유해 온 권한을 며느리에게 내 주지 않고 활동이 가능한 한 계속 행사하고자 함에 따라 다 같이 주부의 입장에 있게 되어 고부간의 갈등이 야기된다.

이것을 도시와 농촌별로 보면 전통적 사고가 아직 잔존하고 있는 농촌의 경우에는 도시보다 시어머니가 여전히 지배적인 영향력을 행사하고 있으나, 도시가계에서는 가사주도권 및 경제주도권이 이미 시어머니에게서 며느리에게로 이양되어(고정자, 1989) 며느리의 주부권 행사비율이 높다. 따라서, 절대적 권력을 행사하던 시어머니의 권한이 현저히 쇠퇴해 며느리에 대한 의존적·협력적인 관계로 전환되고 있는 것으로 나타나고 있고, 경우에 따라서는 오히려 고부의 세력관계에서 역전현상(逆轉現象)마저 일어나고 있어 시어머니가 '시집살이'를 하는 경우가 늘어나고 있는 형편이다. 이처럼 시어머니의 권위가 약화되고 가계의 주도권이 시어머니 우위형에서 며느리 우위형으로 변화되고 있는 것이 현대 고부갈등의 일반적인 양상이라 하겠다.

(2) 역할구조면에서의 갈등요인

역할구조는 역할기대와 역할수행으로 나누어 볼 수 있는데, 고부간에는 상호 역할기대의 불일치와 역할수행의 불일치 그리고 역할기대와 역할수행간의 불일치로 인한 갈등이 있을 수 있다.

여자에게는 결혼과 더불어 아내의 역할 그리고 자녀출산과 더불어 어머니의 역할이 부여된다. 전통가족에서는 며느리의 가장 큰 의무가 시부모 봉양과 자손의 출산이었으며, 이러한 역할을 충분히 다함으로써 시부모의 신임과 사랑을 받아 결혼생활을 성공적으로 이끌 수 있었다. 그러나 오늘날 젊은 세대는 며느리로서의 시부모 봉양의 역할보다 아내로서의 역할이나 어머니로서의 역할에 더 큰 비중을 두는 경향이 있다. 따라서, 과거에 자신이 며느리로서 행했던 역할을 며느리를 통해 그대로 받기를 원하는 시어머니는 며느리가 이러한 기대와는 어긋난 생각과 행동을 하게 되므로 불만을 느끼게 된다.

또한 역할수행의 면에서도 시어머니는 의·식·주 생활 및 자녀양육, 가내의 대소사에 이르기까지 전통적·경험주의적 방법으로 처리하려 하나, 며느리는 새롭고 편리한 기계문명적 방식을 택하려는 것에서도 고부갈등이 유발되고 있다.

고부갈등 연구에서 흔히 지적되는 갈등의 원인으로 양가의 관습차이를 들고 있는데 갈등상황에서 해석해 보면, 며느리의 가정관리상의 역할수행에 대해 시어머니가 못마땅해 함을 뜻하는 것으로 이는 곧 시어머니의 며느리에 대한 역할기대와 며느리의 실제 역할수행간에 차이가 있음을 의미한다.

(3) 애정구조면에서의 갈등요인

전통 부계가족 사회에서 고부간의 갈등을 초래하는 근본적인 요인이던 밀착된 모자관계가 현대사회에서도 고부갈등의 원인이 되고 있다.

전통사회에서 집안의 가계계승과 자신의 존재가치 및 지위를 확고히 해 준 아들에 대한 어머니의 정성과 애정은 특별히 깊었다. 따라서, 모자관계는 밀착되고 강한 것이 그 특징이다.

그러나 아들이 결혼하여 며느리를 맞이하게 되면 어머니에게 주어지던 관심이 줄어들게 되는데, 인생의 목적을 거의 자식에게만 둔 채 자신의 자아정체감을 재정립하지 못한 상태에 있는 시어머니는 그 애정을 며느리에게 빼앗겼다고 생각하면서 며느리를 자신의 아성에 도전하는 경쟁자·침략자·공격자로서 인식하게 된다(이광규, 1975).

젊은 시절 심한 시집살이를 경험했거나, 남편의 애정을 충분히 받지 못한 경우 그리고 아들이 독자인 경우에는 이러한 감정에 더욱 사로잡히게 되고 모자관계가 다른 경우보다 더욱 밀착·강화되기 때문에 고부간의 심리적 갈등이 심화된다.

시어머니는 근대화 과정을 거치면서 전통적 가치관을 지닌 채 사회적 격변의 시대에 어려움을 무릅쓰고 자식을 키우고 교육시켜 왔으므로 아들에 대한 기대가 남달리 큰 데 비해 새로운 서구사상에 입각한 교육을 받고 자유로운 핵가족화 및 부부중심의 애정적 결합을 이상으로 하는 젊은 며느리들은 시어머니를 이해할 수 없는 존재로 보게 된다.

(4) 세대차이 측면에서의 갈등요인

고부간의 갈등은 애정이나 권력 측면에서 발생하기도 하지만 고부간의 연령차와 세대차이가 빚어 내는 불가피한 생활경험과 가치관의 차이에서 비롯되기도 한다(김경희, 1976).

시어머니와 며느리는 각기 다른 시대에 태어났으므로 생리적·심리적·사회적 특성이 다르고, 생활환경과 경험이 다르므로 의식이나 가치관에도 차이가 있게 된다. 이로 인해 자녀양육, 가정관리와 같은 다양한 가정문제에 대하여 보다 빈번하고 다양하게 고부간의 갈등이 표출되고 있다. 또한 급변하는 현대사회에서 새로운 가치체계를 받아들이는 수용도 역시 달라서 시어머니는 전통적인 유교윤리를 간직하고 있으면서 자기가 경험한 가치를 표준으로 하는 효를 며느리에게 기대하지만, 서구적 가치관이 도입된 사회에서 교육을 받고 생활해 온 며느리는 부모와 자녀의 관계도 무조건적인 상하의 관계가 아니라 인격을 가진 두 인간의 관계로 대등화함으로써 고부간의 갈등이 보다 표면화되고 있는 실정이다.

(5) 이해관계 측면에서의 갈등요인

나이들어 노쇠한 부모는 아들부부에게 의존하게 되고 이것이 고부갈등의 새로운 원인이 되고 있다.

대인관계를 설명하는 교환이론에서는 대인간의 상호작용을 보상과 비용의 측면에서 분석한다. 상호교환적인 기대가 충족되지 않을 때 인간관계는 지속되지 않으며, 일단 형성된 관계일지라도 그 관계에는 갈등이 발생한다는 것이다.

가족전체의 이익보다는 개인의 행복을 우위에 두는 오늘날에는 며느리 쪽에서 어느 정도의 대가를 받을 수 있다고 생각할 때에 시어머니를 모시려는 마음을 갖는 경향이 나타나 젊은이들의 교환적 사고방식이 증가하는 현상을 볼 수 있다. 이는 노인의 권력자원의 감소현상과 맞물려 며느리의 통제적 지위확보와 시어머니의 소외라는 유형으로 고부간의 갈등에 변화를 가져오고 있다.

우리나라 며느리를 대상으로 조사한 연구에 의하면(박현옥, 1989), 시어머니에게 경제적으로 도움을 주고 있을 때 갈등의 정도가 높게 나타나고 있어 고부간의 이해관계면에서 며느리가 피해를 느끼고 있고, 따라서 시어머니에 대해 불만이 생길 수 있는 소지가 큼을 암시한다고 볼 수 있다. 이와 같이, 고부간의 이해상충이 고부갈등의 요인이 될 수 있다.

2) 고부갈등의 표출방식

갈등상황에 직면한 개인은 여러 유형의 태도와 행동을 보이는데, 그 표출 자체가 갈등해소의 기능을 하기도 한다. 갈등은 구타·폭력 등의 신체적 공격(physical aggression), 욕설·비난·항의 등의 공공연한 언쟁(public verbal dispute), 험담·불만토로 등의 은밀한 언어적 공격(cover verbal aggression), 고의로 상대방의 기대를 배반하는 것(breach of expection), 상대방과 접촉을 피하는 것(avoidance) 등 5가지 유형으로 표출되며(LeVin, 1961), 이러한 갈등표출 방법은 고부갈등시에도 똑같이 나타날 수 있다.

우리나라 전통사회에서는 사회윤리인 장유유서(長幼有序)를 강조한 한편, 며느리에게 자신의 억압된 심정을 해소하고 누적된 감정을 발산할 기회를 주었다. 일하면서 잡담이나 민요로 시어머니를 욕하거나 무당을 찾아가서 울분을 해소할 수 있도록 한 것은 바로 그러한 심리적 탈출의 장치가 되어 준 것이라 보여진다. 그러나 현대사회에서는 과거의 이와 같은 심리적 탈출구가 없어지고, 사회적 도덕률도 약화되어 고부간의 갈등이 더욱 표면화되고 있다.

고부갈등 해소를 위한 사회적 지원체계가 없는 현대사회에서 고부간에 갈등이 야기되었을 때 개인적 차원에서 다양한 갈등표출 방식이 시도되고 있다. 이에 대한 연구들이 몇 편 되지 않아 구체적으로 유형화할 수는 없으나, 선행연구를 바탕으로 굳이 고부갈등의 표출방식을 범주화한다면 직접·간접으로 불만을 이야기하거나(유가효, 1976), 마주치거나·이야기하는 것을 피하거나(김양희, 1986), 혼자 속으로 생각하며 참는다(고정자, 1988) 등으로 나누어 볼 수 있는데, 고부 모두 혼자서 참는 경우가 가장 많아 대화의 단절로 인해 고부 사이가 더욱 가까워지지 못하고 있음을 알 수 있다. 또한 갈등을 호소하는 대상은 모두 아들/남편을 지적하고 있어 그의 역할이 중요함을 알 수 있으나 중간에서 효과적으로 조정해 주지 못하는 경우가 많다.

앞으로, 고부간의 갈등을 감소시키는 데 보다 효율적인 표출 및 대처방식이 규명될 필요가 있으며, 이에 대한 실질적인 교육이 뒤따라야 할 것이다.

3) 고부갈등의 변화

구미 여러 나라에서는 결혼하면 새로운 가족을 형성하여 남편이 부모와 별거하게 되는 부부가족 제도를 취하고 있어서 고부간의 갈등이 크게 문제시되지 않고, 고부관계에 대한 엄격한 규율도 없지만, 이들 역시 고부관계를 가장 어려운 가족 내 인간관계로 인식하고 있다.

특히, 우리나라를 비롯한 중국, 일본 등 동아시아 지역의 가족은 전형적인 부계가족으로서 고부관계가 부정적인 측면으로 이해되고 있다. 우리나라의 현행 가족법에 의하면 장자도 분가할 수 있고 호주승계를 안할 수도 있다. 그러나 일반적으로는 장자가 가계를 계승하여 호주로서 가(家)를 대표하는 직계가족 제도를 관습적으로 유지하고 있기 때문에 장남이 분가하지 않고 가계를 계승하고 부모와 동거하는 경우가 많다. 그리고 차남 이하의 아들은, 비록 결혼과 동시에 분가한다고 하더라도 가부장적인 가족제도의 규범에 의하여 그 부모의 영향권에서 벗어나지 못한다. 따라서, 결혼을 하면 남편의 출생순위와 관계없이 며느리와 시어머니의 관계는 문제시된다.

이러한 고부관계에서 나타나는 시간적 변화를 갈등을 중심으로 살펴보기로 한다. 먼저, 결혼 전 단계부터 살펴볼 필요가 있다. 결혼 전 단계의 전형적인 형식은 약혼으로서 약혼에 의해서 비로소 고부관계가 시작된다. 시어머니는 이때부터 장차 혼입될 며느리에 대한 교육을 시작하게 된다. 그러므로 신부의 입장에서는 약혼기간이 부계가족의 관습 및 가치지향성과 혈족관계를 알아야 하는 시간이다. 이때의 고부관계는 서로를 확실히 모르기 때문에 탐색의 기간에 지나지 않고 조금씩 노력을 통해 서로를 알아 간다. 이때는 활발한 의사소통을 통해 서로간의 조화를 이루도록 하는 것이 미래의 갈등을 감소시킬 수 있는 지름길이 된다.

결혼 초기는 고부관계의 지속적인 형태를 결정짓는다는 의미에서 매우 중요한 시기이다. 며느리는 부부관계를 가장 중요시하고, 시어머니는 아들과의 관계를 결혼 전과 같이 지속하려고 하기 때문에 고부간의 갈등이 발생하게 된다. 특히, 며느리의 연령은 고부갈등의 정도와 깊이 관련된다 할 수 있는데 조혼인 경우 고부간 갈등의 발생률이 높다. 일반적으로 어린 사람들은 재정적, 감정적으로 독립하기 위하여 결혼한 것이므로 이러한 독립에 관계되는 문제들이 새로운 부모와 마찰을 빚게 된다. 젊은이들은 어른의 영향력에 저항하는 것이 일반적이다. 시어머니는 어린 며느리에게 집안의 관습과 분위기를 가르치고 가사와 일상사를 교육한다. 이때 경험이 없는 며느리는 시어머니와의 경쟁에 약하기 마련이다. 신부가 어릴수록 경쟁력은 더 약하고 시어머니의 충고나 감독을 더 필요로 하게 된다. 이때 며느리는 가사나 남편을 대상으로 시어머니와 경쟁력을 느끼게 된다.

결혼중반기에 접어들면 부부는 부모가 되고, 자신들의 부모와 자녀 관계는 조부모손자녀 관계로 발전된다. 부부는 조부모와 손자녀가 서로 관계하는 방법에 따라 영향을 받기도 한다. 부부는 자신의 부모세대와 자녀세대가 갖는 갈등을 해결하기도 하고 서로를 중재한다. 고부간에 아직 갈등이 있다면 며느리는 그녀의 자녀에 대해 조부모 교육을 달리 할 수도 있다. 즉, 조부모를 싫어하도록 조정할 수도 있다. 다행히, 이 단계에서 며느리는 시부모가 제공하는 사랑과 협조를 받아들이고 함께 보조를 맞춰 나가려는 경향이 증가한다. 또 며느리는 이때쯤이면 가사에 익숙해지고 그녀 나름의 생활방식을 개발하게 된다. 그러므로 초기의 많은 어려움은 사라지고 고부간의 갈등도 감소하게 된다. 자녀가 성인이 되면 부부는 자신의 부모와 자녀 사이의 요구에 갈등을 겪게 된다. 즉, 자녀에 대한 재정적 비용이 증가하고 자신의 부모 역시 부양을 원하게 된다. 그러므로 선택의 문제가 생긴다. 조부모 세대의 권위가 강한 문화권에서는 이 상황이 달라진다. 부부는 부모 세대에 복종하고, 며느리가 어머니가 되어도 시어머니 세력은 당당하다. 중년이 된 아들은 그의 어머니에게 여전히 존경심을 나타내야 한다. 이와 같이, 결혼년수 가 거듭됨에 따라 고부관계는 갈등의 관계에서 상호협력의 관계로 변화되어 간다.

4. 고부갈등의 해결

1) 고부간의 적응을 위한 결혼 전 요건

고부간에 원활한 적응이 이루어지기 위해서는 결혼 전에 고려되어야 할 상황이 있다.

첫째, 부모의 결혼승인으로서, 부모가 반대하지 않고 기꺼이 받아들인 며느리 는 아무래도 시어머니의 사전 탐색과정에 통과한 것이므로 거슬리는 점이적고 다 소 불만이 있더라도 그것을 아들이나 며느리에게 터뜨릴 명분이 적어진다. 그러 나 큰 기대를 건 아들이 기대에 충족되지 못하는 며느리와 임의로 결혼했을 때 고 부관계는 처음부터 매우 원만하지 못한 채 시작될 수 있다.

둘째, 결혼 전에 장래 가족이 될 사람과의 긴밀한 접촉으로서, 약혼 등의 기간 동안 시댁의 가풍과 시댁 식구들의 개성 및 시부모의 취향 등을 면밀히 살펴보아 이에 대응하도록 마음의 준비를 갖춘다든가, 또는 서로 남남인 시집식구들과 어 색한 관계를 해소하기 위해 간접적인 탐색과 교류과정을 가진다면 훨씬 부드럽게 고부관계가 시작될 수 있을 것이다.

셋째, 부모의 자녀세대에 대한 독립된 생활보장으로서, 분가나 경제적 독립 등 과 같은 외면적인 독립뿐만 아니라 두 세대간의 정서적 측면에서의 상호독립이 이루어질 때 고부관계가 화목하게 시작될 수 있다.

넷째, 부모의 행복한 결혼생활로서, 부모자신의 부부관계가 친밀하면 자녀부부 의 결혼생활에 그다지 큰 간섭을 하지 않게 된다. 시어머니도 자신의 부부간 애정 에 만족하고 있기 때문에 자녀세대도 그러하기를 바란다. 홀로 된 시어머니의 경 우 고부관계가 보다 어려운 것도 시어머니가 남편과의 관계를 가질 기회가 없어 무조건 아들에게 애정을 구하기 때문이다.

다섯째, 결혼에 대한 혼전 지식으로서, 아무런 준비도 없이 결혼생활을 시작하면 곧바로 시집살이의 어려움에 부딪치기 쉬우므로 혼전에 가사나 생활에 대한 지식을 습득하여 시어머니의 잦은 책망에서 벗어날 수 있어야 한다. 또한 인간관계에 대한 사려도 깊게 하여 여러 문제에 대응할 수 있어야 한다. 그러나 지나치게 자기의 지식을 내세워 시어머니가 이미 수립해 놓은 생활방식을 무너뜨리려 한다면, 오히려 더 큰 갈등을 초래할 수도 있다.

여섯째, 유사한 사회문화적 배경으로서, 고부간에 교육수준, 경제적 계층, 문화적 특성이 비슷한 경우에는 화목할 가능성이 높다. 예를 들면, 시어머니의 연령층이면 종교에 대한 믿음이 확고해져 모든 가정생활에서도 종교의 이념을 실현시키려 하는데 며느리가 다른 종교를 가질 경우에는 많은 문제가 생길 수 있다.

2) 고부갈등의 해결방안

고부간의 갈등을 해결하고 그 관계를 개선시키기 위해서는 개인적·가족적·사회적으로 다양한 접근이 이루어져야 한다.

(1) 개인적 해결방안

원만한 고부관계를 위해서는 시어머니와 며느리가 서로 애정과 신뢰를 바탕으로 존중하는 태도를 갖고, 항상 대화하려는 분위기를 만들어 상대방의 입장에서 서로 이해하려는 자세를 갖추는 것이 무엇보다 중요하다. 고부갈등의 문제는 어느 한 편만의 불만을 제거함으로써 해결될 수 있는 문제가 아니기 때문에 양쪽에서 조화점을 찾는 것이 바람직하다고 볼 수 있으며, 이와 아울러 아들/남편이 고부관계의 조정자이며 중재인으로서의 역할을 얼마나 잘 수행하느냐에 따라서 그 양상이 달라진다고 할 수 있다.

1 시어머니 입장

첫째, 자신이 과거에 수행했던 며느리의 역할을 기대하지 말고 노인대학이나 기타 평생교육 프로그램 등에 참여하여 변화해 가는 가치변화를 인식하고 스스로 재사회화하려는 자세가 필요하다.

둘째, 세속적인 가치로부터 벗어나 종교 등에 귀의하여 마음의 평화와 안정을 도모하여 성숙한 노인이 되도록 자신을 개발한다.

셋째, 칭찬에 인색하지 않은 시어머니가 되도록 한다.

넷째, 오늘날의 젊은 세대는 교환적인 대인관계에 큰 비중을 두고 있음을 고려하여 현재 자기가 처해 있는 상황에서 자녀세대를 위해서 자신이 해 줄 수 있는 일이 무엇인지를 모색한다. 삶의 지혜나 가사일, 손자녀 양육 등을 도움으로써 되도록이면 부담을 주는 사람이 되지 않도록 한다.

다섯째, 특히 동거가족의 경우에는 자녀세대에 대한 지나친 간섭이나 구속을 하지 말고, 아들 며느리의 독립된 생활영역을 인정해 주며, 권위보다는 상황과 편의에 따라 역할을 분담하는 자세를 갖는다. 또한 가정생활의 중요한 계획을 수립할 때에는 참여하여 경험적 측면에서 의견을 제시하되 일반적인 가정운영의 주도권은 며느리에게 이양한다.

2 며느리 입장

첫째, 시어머니는 며느리를 시집살이시키고 괴롭히는 사람이라는 부정적인 선입관을 버리고 보다 긍정적인 인식과 태도를 갖도록 한다. 이와 아울러 시가의 형제자매 등 시가족과의 유대와 화합에도 관심을 기울인다.

둘째, 자신의 생활 방식에 따라 시어머니를 조정하기보다는 시어머니의 입장을 이해하고 우선적으로 고려한다. 노년기의 발달적 특성과 전통사회의 가치관으로 고정되어 있는 시어머니에게 이해를 요구하기보다는 아직 유연성이 있으며 장기간의 교육으로 훈련된 며느리가 수용, 설득, 타협하려고 노력한다.

셋째, 시어머니의 경험을 존중하여 집안의 중요한 행사는 물론 일상생활에서도 의논하여 조언을 구한다.

넷째, 의무와 책임만 다하면 된다는 식의 형식적인 관계에서 벗어나 자발적이고 기쁜 마음으로 관계를 맺는다.

다섯째, 손자녀를 매개로 고부 사이가 가까워질 수 있으므로 시어머니가 조부모의 역할에 보람을 느낄 수 있도록 조부모손자녀 관계가 원만하게 이루어지도록 유도한다.

여섯째, 작으나마 즐거움을 줄 수 있는 선물이나 용돈을 드려 사회적인 교류에 도움이 되도록 한다.

일곱째, 동거시에는 시어머니의 생활습관 존중 및 적절한 역할마련에 유의하고, 분거시에는 전화 · 방문 등 문안인사를 소홀히 하지 않도록 한다.

❸ 아들/남편 입장

첫째, 아내와 어머니 각각의 불만에 대해 동정하고 위로해 주면서 동시에 그들의 특성, 과거의 배경 등을 이해시켜 서로에 대한 오해와 마찰을 없애는 등 융통성을 지니고, 중립적인 입장을 견지함으로써 고부관계를 원만하게 유도한다.

둘째, 평소에 아내에게는 신뢰와 애정으로 결합된 동반자로서의 역할을, 어머니에게는 부모에 대한 존경심을 표함으로써 섭섭한 마음이 들지 않도록 배려한다.

셋째, 가족여행, 외식 등 가족구성원 전체가 모일 수 있는 기회를 마련하여 가족구성원간의 화목을 도모한다.

(2) 가족적 해결방안

고부간의 갈등을 최소화하기 위해서는 당사자의 개별적인 노력뿐만 아니라 가족 전체로서의 측면에서 해결방안들이 모색될 필요가 있다.

① 거주형태에 대한 새로운 고안이 요망된다.

첫째, 고부갈등은 동거시에 더욱 심각한 것으로 나타나므로 며느리가 어느 정도의 자유로운 생활을 영위하면서 시부모를 모실 수 있는 준동거형태를 채택할 수 있다. 즉, 부모와 자녀세대가 가까운 곳에 떨어져 살면서 빈번한 접촉과 왕래를 하는 등 거리를 둔 친밀감을 유지하면서 사는 수정확대가족이나 한 집에 같이 살더라도 부모세대와 자녀세대가 각각 프라이버시를 유지할 수 있도록 위층과 아래층으로 분리한다든지 각기 원하는 때에 식사를 따로 할 수 있도록 생활의 구분을 가능하게 하는 수정핵가족의 유형이 제안될 수 있다.

둘째, 최근 점차 증가하고 있고 앞으로 더욱 증가할 것으로 예상되고 있는 딸과의 동거도 고려해 볼 수 있다. 서구에서는 이미 보편화되어 있으나 우리나라에서는 관습상의 체면이나 사고방식 때문에 아직은 이를 주저하는 사람이 적지 않지만 피차 생소한 고부간의 동거보다는 보다 친밀한 관계가 유지되고 있고(최신덕, 1985) 갈등이 더 적은 딸과의 동거문제에 대한 연구가 심도 있게 이루어져야 할 것이다.

셋째, 근래에는 경제적 여유를 가진 층에서 잘 시설된 유료양로원의 필요성을 호소하는 사람들이 많이 증가하고 있다. 이는 최근 정부에서도 실버산업의 일환으로 관심을 기울이고 있는 분야로 어차피 아들이나 딸과의 동거가 정서적으로 서로 부담이 된다면 쾌적한 유료양로원에서 나름대로 노후를 설계하며 정서적으로 편안한 상태에서 자녀와의 교류를 유지하며 여생을 보낼 수도 있을 것이다.

② 융통성 있는 가족역할 배분이 이루어지도록 한다.

동거하는 고부간에는 무엇보다도 가사분담이 중요하므로 시간과 능력, 경험, 상황에 따라 적절하게 서로의 역할을 배분한다. 친인척과의 교제와 제사를 비롯한 대소사 등 가풍과 경험이 요구되는 영역은 시어머니가 주도하며, 일상적인 소비생활과 가사운영은 며느리가 하고, 자녀교육권은 며느리가 갖되 아이는 시어머니와 같이 돌보는 등 각자의 독자적 영역에 대하여 책임과 권한을 갖도록 한다. 역할을 수행함에 있어서는 서로 관심은 가지되 간섭하지 않도록 하면서 상호협조의 관계로 나아갈 때 화목할 수 있다.

③ 고부갈등은 가족전체 문제에서 비롯되는 경우도 많고, 고부에게만이 아니라 아들/남편, 손자녀 등 모든 가족 구성원에게 영향을 끼치므로 전 가족구성원 모두가 서로 이해하고 도우려는 의식이 필요하고, 가족구성원간의 협동과 의사소통 과정을 통하여 해결하도록 해야 할 것이다.

④ 독립과 의존의 적당한 조화야말로 현대의 가족관계에서 성인자녀와 노부모가 성취해야 할 가장 중요한 과업이라 할 수 있으므로 부모세대와 자녀세대는 서로의 생활에 경계를 적절하게 유지하여 독립적이면서 유대감을 갖는 가족생활을 영위하도록 해야 할 것이다.

(3) 사회적 해결방안

고부갈등의 문제는 가족 내에 한정된 문제가 아니라 더 나아가 많은 여성들이 당면한 문제이기도 하므로 사회적으로도 다양한 지원이 주어져야 한다.

첫째, 시부모를 부양하는, 특히 서민층 며느리의 경제적 부담을 줄이기 위해서 우선 노인자신의 노후소득을 보장하는 제도가 확립되어야 한다. 즉, 국민연금 제도의 활성화와 퇴직연령의 연장 및 노인에게 적합한 직종을 개발하여 재취업을 보장해 주는 방안이 강구되어야 하며, 이와 동시에 노부모를 부양하는 자녀가족에 대해서도 주택상의 혜택 및 다양한 면세조치 등이 확대·실시될 때 고부관계의 개선이 이루어질 수 있을 것이다.

둘째, 노후의 여가생활과 친목 및 평생교육적 차원에서 가장 시급한 것이 노인정, 노인대학의 활성화 문제이다. 효율적인 교육 프로그램을 통해 노인 자신의 독자적인 생활세계를 갖도록 도와 주고, 현대사회의 가치관이나 세대차이에 대한 이해 등을 지도함으로써 고부 사이를 원만히 하는 데 도움이 될 수 있도록 한다.

셋째, 지역사회 복지관이나 상담소 등에서 고부관계 개선을 위한 구체적이고 실질적인 의사소통의 기술과 방법 등을 교육하여 역기능적인 요소들을 제거하고 성숙된 인간관계가 될 수 있도록 한다.

넷째, 경로효친 사상을 현대적 의미에서 교육시키고, 대중매체 등에서도 건강한 고부관계의 모습을 제시하도록 한다.

연구문제

1. 현대가족에서 나타나는 고부갈등의 원인과 양상을 조사하시오.
2. 고부갈등의 해결방안을 핵가족과 확대가족으로 구분하여 모색하시오.
3. 고부관계 향상을 위한 사회적 지원대책을 제시하시오.

PART 4
가족의 변화와 적응

가족이 끊임없이 환경과 상호작용하면서 문화적 · 시간적 맥락 속에서 살고 있다는 점에서, 또한 최근의 사회변화가 매우 가속화되고 있다는 점에서, 가족을 역동적 체계로 보고 환경과 가족이 어떻게 교류하며 생존해 나가는가 혹은 나름대로 그 사회문화 체계 속에서 어떻게 적응해 나가는가를 살펴보는 것은 가족의 발전적 미래를 위해서 매우 필요한 일이다.

현대사회는 이제 가족 구성원에게 가족의 존재 의의를 자문해 보도록 만들고 있으며, 어떠한 태도로 가족을 이해하고 수용하며 다루어 나가야 할지 매우 어려운 학문적 선택을 요구하고 있다. 또한 가족을 둘러싼 다양한 환경을 포괄적으로 이해하여야만 가족의 미래에 대한 진정한 대안이 제시될 수 있으리라는 점에서, 가족관계 연구는 좀 더 다양한 관점과 폭넓은 지식을 필요로 하고 있고 또 이를 시험하고 평가하는 과정을 요구하고 있다.

따라서, 가족관계학을 구성하는 마지막 부분인 본 IV편에서는 현대사회의 일반적 특성이 가족의 변화와 문제발생에 미치는 영향을 분석하고, 가족에게 중요과제로 등장하고 있는 몇 가지 주제들, 즉 맞벌이문제, 이혼문제, 노인문제 등의 특성별 접근을 행하여, 이를 토대로 가족의 향상을 위한 결론적 대안을 제시하고자 한다.

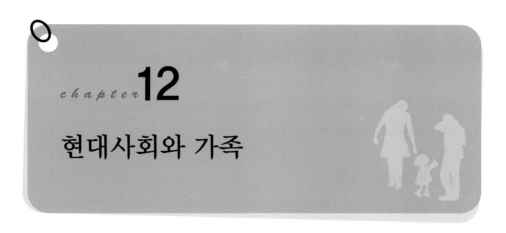

chapter 12
현대사회와 가족

현대라는 시대적 배경을 가진 오늘날의 가족은 복잡한 사회문제의 영향을 받아 가족의 위기라고 할 만큼 심각한 문제에 부딪치고 있다. 더욱이 현대사회는 그 어느 때보다도 빠르게 변화하고 있으므로, 사회적 변화와 위기에 민감하게 영향을 받고 반응하는 가족 또한 그 어느 때보다도 신속한 적응능력이 필요하게 되었다. 따라서, 현대화의 특징들을 살펴보고 그러한 사회적 특성에 따라 현대가족의 문제를 검토해 보고자 한다.

1. 현대사회의 특성

현대사회의 특성을 파악하기 위하여 먼저 사회변동에 대한 개념과 근대화의 문제를 논의하고, 현대화의 특징과 문제를 살펴보고자 한다.

1) 사회변동

사회는 잠시라도 정지된 상태에 있는 것이 아니라 항상 변동하고 있다. 사회는 고정적인 구조나 질서에 머물러 있거나 동일한 규칙적인 과정을 반복하는 것이 아니라 여러 가지 사회적 구성요소간의 모순과 대립, 부조화의 갈등 속에서 부단히 변동과정을 밟고 있다. 따라서, 사회의 어느 한 부분이나 요소에서 일어난 변화는 직접·간접으로 다른 부분이나 요소에 영향을 끼치고 있는 바, 사회의 변동이 가정·가족에게 미치는 영향을 규명하기 위하여 사회변동에 대한 개념·원인·과정을 간단히 살펴보기로 하겠다.

(1) 사회변동의 개념

사회는 항상 동적이다. 인류의 역사가 시작된 후 사회는 계속해서 변화하고 발전해 왔다. 이러한 사회의 진화를 오그번(Ogburn)은 '문화의 진화'라고 말한다. 그리하여 그는 문화변동을 사회변동이라 하고, 사회변동을 인간이 만든 생활조건의 변화, 인간의 태도 및 신앙의 변화, 인간의 손이 닿지 못하는 영역에 있는 생물학적·물리학적 성질의 변화에 대응하는 과정이라고 하였다. 그러나 매키버(MacIver)는 사회변동을 문화적 또는 문명적 변화와는 다르다고 하면서 사회변동을 사회관계의 변동으로 보아야 한다고 지적하고 있다. 사실, 사회변동은 문화변동과는 다르다. 사회변동을 문화변동의 일부로 간주하는 사람도 있으며, 사회변동을 문화변동보다 더 넓은 개념으로 생각하는 사람도 있다.

이와 같이, 사회변동은 사회에 현존하는 질서, 체제, 개념, 가치의 내용이 전체 또는 일부가 변화하는 과정이다. 다시 말해서, 사회변동이란 사회조직, 즉 사회의 구조와 기능에서 발생하는 변모라 하겠다. 한 사회의 구조, 질서, 구성요소가 어떤 내부적·외부적 요인에 의하여 부분적·전체적 또는 단기적·장기적으로 변화하고 있는 과정을 의미한다.

일반적으로, 사회는 자기를 조정하고 통제하는 제도를 만들어 이에 의하여 균형적 질서를 유지하고, 사회과정은 항상 자기 내부에 새로운 요소를 만들어 이에 의하여 기존의 사회질서 및 기능과의 모순을 일으키고 파괴하는 작용을 한다. 그리하여 사회는 끊임없이 변동하고 있다. 이러한 사회변화는 눈에 보이지 않게 계속 진행되고 있으므로 눈에 보이지 않는 혁명(invisible revolution)이라고도 말하고 있다(김영모, 1972 : 295).

(2) 사회변동의 원인

사회변동을 일으키는 궁극적인 원인은 무엇일까? 무엇을 중요시하는가에 따라 여러 가지 이론이 나오게 된다.

■ 지리적 환경과 인구

사회형성의 기초적 조건의 하나인 기후, 풍토, 천연자원 등의 자연적 조건이 사회변동의 궁극적 요인이라는 지리적 환경론을 들 수 있다. 자연적 조건은 개인이나 사회생활을 전개시키고 제약하고 있다는 점에서 확실히 사회변동의 불가결한 요인이라 할 수 있지만, 자연적 조건 그 자체가 스스로 원인이 된다고 보기보다는 인간과의 상호작용 여하에 따라 비로소 의미를 가지게 되는 것이므로 적극적 요인이라고는 말할 수 없다.

지리적 환경론과는 대조적으로 인구의 증가가 사회적 변동을 야기시키는 궁극적 원인이라고 주장하는 견해가 있다. 그러나 이것 역시 같은 인구조건을 가진 사회가 똑같이 변화하고 있지 않다는 사실로 미루어 인구문제도 지리적 환경요인과 마찬가지로 궁극적 요인이라고는 생각할 수 없다.

■ 사회적 · 경제적 요인

사회적 · 문화적 조건에 따라 사회변동이 일어난다는 것이 보다 보편타당한 이론이나, 여기에 여러 가지 견해가 대립되고 있다.

① 관념적 요인은 '지식발전의 3단계 법칙'을 논한 프랑스의 콩트(Comte)에 의하여 강조되고 있다. 인류사회의 발전은 인간의 지성과 밀접한 관계를 지니고 있으며, 지성의 진보가 곧 사회의 진보를 의미하고 인류의 역사를 지배하고 있다는 것이다.

지성 · 관념 등이 역사에서 수행해 온 역할은 무시할 수 없지만, 인간이 사회적 존재임으로 인하여 의식이나 지식이 규정됨을 생각할 때, 사회변동의 원인으로서의 관념은 종속변수로서의 의미도 지니게 된다.

② 오그번에 의한 문화변동의 요인을 들 수 있다. 오그번에 의하면 문화변동의 원인—발명, 축적, 전파, 적응—중에서 가장 중요한 것이 발명이라 하고, 발명에 의한 변동속도는 비물질문화(제도, 이데올로기, 가치체계)보다도 빠르게 나타나므로, 여기에서 두 문화형태의 발전속도간의 격차를 낳게 된다고 하였다. 이를 오그번의 '문화형태설'이라 하며, 이러한 차이의 조정과정에서 사회변동을 일으킨다고 보고 있다. 그러나 기술의 진보, 발명, 발견이 아무리 중요한 의의를 지니고 있더라도 진공 속에서 이루어지는 것이 아니라, 일정한 사회적 · 문화적 조건을

전제로 해야 하므로 오그번의 이론에도 한계성이 있음을 부인할 수 없다.

③ 생산력과 생산과정의 모순에서 사회변동의 원인을 찾으려는 경제적 요인, 사적유물론의 입장이다.

생산력의 주요한 요소는 생산수단(기술)과 노동력(인간)이며, 생산력의 전개는 기술을 발명하고 그것을 노동관계에서 사용하는 인간 및 사회관계 또는 생산관계를 전제로 하여 가능하게 되는데, 생산력이 일정한 발전단계에 도달하면 생산관계와의 모순이 발생하게 되므로 종전의 생산관계를 타파하고 정치적, 법률적, 관념적 상부구조도 서서히 또는 급속하게 변화되어야 하므로 필연적으로 사회변동이 야기된다는 이론이다.

그러나 상부구조가 반드시 생산관계의 영향만을 받아 움직이는 것이 아니고 생산력의 발전이 항상 일정한 것이 아니므로, 이 이론 역시 한계성을 지니게 된다.

3 사회적 기구분석과 인간의 행동분석

이상에서 본 자연적·지리적 요인이나 인구증가, 사회적·경제적 요인에 모두 한계성이 있음을 볼 때, 사회적 기구분석과 아울러 인간적, 구체적으로는 개인적인 요소에 대한 분석이 필요함을 알 수 있다.

요컨대, 사회변동의 원인은 경제적·사회적 요소도 중요시되지만 그와 더불어 다양한 욕구에 입각해서 행동하는 현실적인 인간에 관한 분석을 중요시해야 하겠다. 즉, 현실적인 인간이 그 자체의 독특한 인성을 가지고 행동하고 있다는 사실을 전체 사회구조, 사회집단, 사회관계와 관련시켜 파악하지 않으면 안 될 것이다.

(3) 사회변동의 과정

그러면 사회변동은 어떠한 요인, 양상, 과정에 의해 이루어지고 있는가? 사회변동의 원인은 외부에서 오는 경우도 있고 내부에서 일어나는 경우도 있다. 또한 사회변동은 부분적·국부적일 수도 있고, 전체적·전면적일 수도 있다. 그러나 이러한 사실들은 서로 밀접하게 작용하면서 사회생활 전 부분에 침투하여 사회변동의 조류를 이루게 한다. 따라서, 여러 과정 하나하나를 독립적·단일적으로 파악할 것이 아니라, 사회의 전체기구와 관련시켜 통일적으로 파악해야 한다.

변동과정에서 사회해체 현상이 나타난다. 사회해체란 사회를 구성하고 있는 여러 요소 중에서 어느 한 요소가 급격하게 발전하고 다른 요소가 뒤떨어지는 불균등한 발전으로, 균형이 깨지고 혼란상태에 빠지게 되며, 사회 병리적 현상이 나타나는 것을 말한다. 그러나 이러한 사회해체뿐만 아니라 어떠한 사회변동에 있어서도 크든 작든 간에 여러 요소간의 모순과 대립, 긴장, 불균형이 복잡하게 얽히면서 진행된다. 그러므로 사회변동은 사회의 조직화 → 사회의 해체(부적응, 부조리) → 사회의 재조직화의 과정을 되풀이하게 된다. 따라서, 사회변동은 끊임없는 과정이라 할 수 있다.

2) 근대화

(1) 근대화의 개념

근대화란 개념은 여러 가지 의미로 사용되고 있다. 예컨대, 어떤 때는 도시화란 뜻으로 또는 산업화·공업화란 뜻으로 또는 기계화·서구화란 뜻으로 다양하게 사용되고 있다.

근대화란 넓은 의미에서 보면 봉건적 전근대사회로부터 근대사회로 변동해 나가는 과정을 의미하고 있다. 원래 이 개념은 마르크시즘(Marxism)에 의해서 봉건사회로부터 근대자본주의로 옮겨 가는 과정, 즉 자본주의화의 의미로 사용되던 것이 미국의 사회학자들이 후진국의 사회변동을 포괄적으로 파악하기 위한 일반적인 개념으로 사용함으로써 다양한 문제성을 지닌 새로운 개념으로 등장하게 되었다. 일반적으로 근대화를 측정할 수 있는 척도를 포괄적으로 들어 본다면,

① 봉건적인 토지소유 관계의 일소 및 신분적인 공동체 의식의 해소 정도
② 산업에 있어서의 기계화와 공장에서의 모든 산업해체의 발달 정도
③ 민중의 생활수준 향상 정도
④ 교육수준의 향상과 의무교육 제도의 진급 정도
⑤ 매스미디어(mass media)의 확대·발전 정도
⑥ 시민적 자유의 확립과 대중의 정치참여의 정도
⑦ 도시화의 정도
⑧ 산업조직의 복잡화, 관료제화의 정도
⑨ 사회의식에 있어서 자아의 각성과 성숙 정도

등의 요소를 들 수 있다. 이러한 기본적인 여러 요소가 어느 정도로 달성되고 있느냐에 따라 그 사회의 근대화 정도를 측정할 수 있다.

(2) 사회적 근대화와 정신적 근대화

1 사회적 근대화

앞에서 근대화란 개념이 제1차적으로 경제적 근대화를 의미한다고 지적하였으나 근대사회일수록 사회구성원의 상호작용의 범위가 넓어지고 사회조직이 고도로 복잡해지고 있다는 의미에서 사회적 근대화를 또 하나의 특징으로 지적할 수 있다. 근대사회는 많은 기능집단을 가지고 있다. 이것은 개인적 차원에서 본다면 자기를 여러 집단에 동시에 참여시키고 있다는 것을 의미한다. 기능집단이 우월한 사회는 관습이나 전통에 구속되는 제도지향적인 과거의 사회와는 달리 개인의 욕구와 행동의 자유선택이 허용되는 개인지향적인 사회인 것이다.

그러나 기술의 발달, 산업의 고도화, 기업조직의 대규모화는 관료제화를 촉진시키고, 그 여건 안에서 생활하는 개인과 집단과의 관계를 한층 더 복잡하게 만들고 있는 사실 역시 사회적 근대화의 중요한 특성인 것이다.

2 정신적 근대화

물질적·경제적인 면에서의 서구의 근대화가 18세기 영국의 산업혁명을 계기로 하여 출발한 것이라면, 의식면에서의 근대화, 즉 정신적 근대화는 물질적 근대화를 훨씬 앞선 르네상스 시대부터 시작된 것이다. 즉, 개인의 자각, 개성의 신장, 자유·인권존중 의식을 내세운 새로운 인간상의 창조를 이념으로 한 것이 르네상스의 정신이다. 일체의 비합리적 지배와의 오랜 투쟁을 거쳐 시민정신, 시민적 자유를 확립시켰던 것이다. 르네상스와 종교개혁을 비롯하여 사회생활 전반에 걸쳐 개인주의·합리주의 정신은 서구의 근대화를 성숙하게 만든 것이다.

여기에서 정신적 근대화를 내면적 근대화라 하고 물질적·경제적 근대화를 외형적 근대화라 한다면, 내면적 근대화가 없는 외형적 근대화는 여러 가지 사회발전의 저해요소를 지니고 있으며, 모순과 갈등에서 심한 불균형을 초래하고 있다. 외형적으로는 각종 조직의 거대한 발전을 보이고 있지만, 내면적으로는 자아의 각성, 합리주의·개인주의의 성숙 등과 같은 정신적 근대화가 매우 뒤떨어져 있는 사회와 국가를 볼 수 있어, 근대화 문제에는 물질적·기술적 발전을 능가하는 정신적·인간적 발달이 수반되어야 함을 인식하여야 한다.

(3) 우리나라 사회의 근대화 문제

우리나라 사회의 사회적 성격은 외형적으로 볼 때는 경제적인 면에서 자본주의 사회를 지향하고 있고, 가치적인 면에서는 근대사회·시민사회라고 말할 수 있다. 그러나 내면적인 면에서는 전근대적·봉건적 요소가 농후하다. 즉, 근대사회이어야 하면서도 비근대적 사회라고 말할 수 있다. 우리나라 사회의 전근대적 성격을 규정짓고 있는 기본원리는 가족주의 사상이다. 가족주의 사상의 기본적인 관념은 온정주의와 권위주의를 들 수 있다(김태길, 1973 : 20~28).

가족주의란 가족에 대한 애착 내지 관심이 다른 의욕과 동기를 압도하고 주도권을 잡는 생활태도를 가리키는 말이다. 온정주의로 감정의 지배에 좌우되어 공과 사를 혼동하고, 인간관계에 있어서는 가부장적 기계주의 사상에 깊이 뿌리박혀 종적 상하관계를 유지하고 있다.

이러한 원리는 경제적 집단뿐만 아니라 정치, 문화 등 사회 전반에 걸쳐 구석구석에서 발견된다. 이러한 강한 가족주의 사상은 정신적 근대화의 발전을 저해하고 있는 것이다.

내면적 근대화 없이 들어온 외형적 근대화는 개인주의와 이기주의를 혼동하고 있다. 이기적 근대화는 관료제도, 계급대립 문제를 초래하고 사회의 부조리를 빚고 있다. 우리는 내면의 전근대성의 극복 없이 근대화를 이룩할 수 없고, 근대화의 실현 없이 근대사회, 합리적 사회를 이룩할 수 없음을 인식하고 부단한 노력을 기울여야 하겠다.

3) 현대화

현대사회를 흔히 '문제의 사회'라고 일컫고 있다. 실존주의 철학자들은 현대화의 결과로 허무·고독·절망·불안·위기를 강조하고, 사회학자들은 고독한 군중, 병적 사회, 자기소외라는 개념으로 분석하며, 여기에 불안·초조·노이로제·절망·자살 등 각종 문제가 야기되고 있음을 지적하고 있다. 실로 현대사회는 격심한 변화를 겪고 있으며, 가까이 가족으로부터 정치·경제·문화의 다양한 영역에 있어서, 크게는 국가나 국제사회에 이르기까지 모두 크나큰 변동과정에 있으며, 여러 가지 문제를 야기시키고 있는 것이다. 그러면 이러한 현대사회의 특징적 요소를 살펴보고, 아울러 우리나라 현대사회의 특징을 알아보도록 하겠다.

(1) 현대사회의 특징

현대사회는 끊임없이 변동하고 있기 때문에 현대사회의 특징을 한마디로 요약하기는 힘들다. 여기서는 주로 자본주의와 기계주의, 정보화라는 큰 테두리로 한정지어 생각해 보겠다.

1 자본주의 사회로서의 특징

① 계급성

자본주의 제도는 낡은 봉건적 지배자에 대한 신흥 시민계급의 투쟁과정 속에서 성립하였으므로 시민계급의 이해를 대변하고, 그들의 욕구를 옹호하고, 또 그들의 취미에 알맞는 문화를 산출해 냈던 것이다. 이들은 인간의 현세적 욕구를 긍정하고 개인주의적인 도덕을 지지하며, 자연 및 인간에 대한 객관적인 태도를 가지고 있었다. 즉, 봉건적인 속박에서 해방되기 위해 투쟁한 부르주아 계급이 실권을 잡게 되자 부르주아적 계급성이 나타나게 되었다.

② 영리성

계급성과 더불어 자본주의 사회의 두 번째 특성으로 영리성을 들 수 있다. 자본주의 사회에서는 비단 생산물뿐만 아니라 학문, 예술, 도덕까지도 제품으로 평가되며 영리적인 색채를 띠게 된다. 그러나 이러한 영리주의적 성격은 초기 자본주의 시대에서 시민계급에 자유·독립의 정신을 부여하였던 것이다.

이러한 본질에서 변화되어 자본주의가 고도로 발달한 현대에 있어서는 이미 영리는 시민적 정신과 윤리와는 무관한 상업주의·황금만능주의로 현대인을 지배하고 있다. 자본주의 사회의 영리성은 대중의 욕구에 대하여 민감할 뿐만 아니라 대중의 욕구를 부단히 자극시켜 유행과 밀접한 관계를 맺게 한다. 오히려, 지나치게 유행을 쫓으려는 태도를 길러줌으로써 개인의 자발적인 선택능력을 상실시키고 있다.

2 기계주의 사회로서의 특징

① 획일성

기계적으로 생산된 상품을 사용하는 현대사회는 획일성과 규격화의 특징을 가지고 있다.

② 합리성

일반적으로 합리성이란 목적에 대한 수단을 치밀하게 평가하고 고려하여 이에 따라 행동하는 태도를 말한다. 따라서, 합리성은 능률주의로 나타난다. 이러한 능률주의는 비단 물질적인 생산에서 뿐만이 아니라, 사회통제 방법으로도 적용되며 여기에 필연적으로 관료제도가 나타나게 된다. 따라서, 관료제도는 거대한 업무처리를 합리적·능률적으로 하기 위해서 불가피하게 발달한 조직이라 할 수 있다.

3 정보화 사회로서의 특징

① 대중성

현대사회는 새롭고 강력한 통신수단의 발명으로 인하여 정보화의 시대가 전개되고 있다. 디지털기기, 멀티미디어, 인터넷 등 정보통신공학을 이용한 정보의 창출과 유통이 사회의 주요 기능이 되고 있으며, 따라서 정보는 가장 중요한 사회자본이 되고 있다. 라디오, 텔레비전 등의 대중매체의 사용에서부터 시작된 정보의 대중화는 컴퓨터를 중심으로 통합된 커뮤니케이션이 가능해지면서 복합 다중매체를 탄생시키고 있으며, 인터넷으로 연결되어 전 세계가 하나의 시장으로 기능하고 있다.

이에 따라 대중성이 현대사회의 주요 특징으로 등장하였다. 대중사회로서의 대중문화는 대중의 생활이 반영되고 대중 스스로가 그것을 만든 것이 아니라, 기업체들이나 대중문화의 제작가들이 만들고, 또 그것을 대중에게 강요하고 있다. 그러므로 내용은 자연히 현실생활로부터 유리되기 쉽고, 이러한 의미에서 비인간적인 문화라고 말할 수 있다. 따라서, 대중문화의 저속성과 비합리성은 대중의 합리적인 판단이나 비판성을 마비시키는 작용을 하고 있다. 그러므로 대중은 현대사회의 문화로부터 만족하지도 못하고, 그렇다고 적극적으로 대결하지도 못하는 현실 도피적 경향을 짙게 풍기고 있는 것이다(주낙원, 1972 : 250).

② 개별성

정보화는 우리사회 전반에 변화를 가져오고 있는데, 그 중에서도 특히 두드러진 것은 사람들간의 대면적 접촉보다는 정보매체를 이용한 상호교류에 의존하기 시작하였다는 것이다. 따라서, 집단적 만남이나 역할분담에 의한 협응행위보다는 개별적 행위가 보다 더 빈번해지고, 이에 따라 고립과 소외가 심화되게 되었다.

사회구성원 각자는 다양한 정보에 기초하여 개별적 의사결정을 내리게 되며, 이러한 정보매체와의 잦은 접촉은 집단적 공유시간을 감소시키게 된다. 또한 집단적 경험의 감소는 사회성을 약화시키며, 점차적으로 불편한 인간관계를 회피하고 개별적 영역으로 도피하려는 경향을 증가시키게 된다.

(2) 우리나라 현대사회의 특징

이상에서 살펴 본 현대사회의 특징은 정도의 차이는 있을지라도 우리의 현대사회에도 적용될 수 있을 것이다. 그러나 우리나라 사회가 직면하고 있는 몇 가지 특수한 문제가 있다.

1 가치관의 대립

우리나라의 경우 근대화의 역사가 짧은 관계로, 가치관의 융합과 조정이 이루어지지 못하고 낡은 가치관이 큰 저항 없이 그대로 현대사회에 계승되어 왔다. 다시 말해서, 새로운 문화의 창조·통합이 아니라 고대로부터 현대에 이르는 각종 문화의 동시적인 존재가 기묘하게 지속되어 왔으며, 이것이 결국 우리나라 사회의 진보를 저해하는 요인이 되고 있는 것이다.

따라서, 전통적 가치관과 서구적 가치관이 대립되고 있어 관념으로서의 가치관은 여전히 전통적 테두리를 지키고, 행동의 원동력으로서의 가치관은 서구적으로 변하고자 하는 일종의 혼란상태에 처해 있다.

2 계층과 열등감

지식층과 서민층, 도시와 농촌간에 이질적·불균형적인 문화의 계층을 만들고 있다. 지식층은 일반 민중의 무지각성과 전근대성을 경멸하고, 서민층은 지식층의 무력과 현실도피적인 경향을 비난한다. 이들은 서로 다른 두 세계에 살고 있으며, 상호간의 교류가 단절되고 있다.

그러나 우리나라에서도 새로운 전환점에 이르러 뚜렷한 주체의식이 밑받침된 새로운 지성계급이 확대되고, 그들의 세력이 커질 때 새로운 문화를 창조하게 될 것이다. 이러한 주인공이 바로 오늘날의 젊은 지성인들임을 생각할 때, 더욱 굳건한 마음가짐과 건전한 태도가 요구된다 하겠다.

2. 가족의 변화양상

1) 현대가족의 변화와 특징

앞에서 본 바와 같은 현대사회의 특징이 오늘날 우리 가족에게 미치고 있는 영향은 무엇이며, 또한 현대가족의 특징적 요소로는 어떠한 것이 있는가 살펴보도록 하겠다.

(1) 가족의 변화에 영향을 주는 현대사회의 요소

현대에 와서 모든 변화는 다방면으로 심한 소용돌이를 만들고 있으나, 그 많은 변화 중에서 가족에게 영향을 주는 것만을 들어 보면 다음과 같다.

① 현대인의 생활은 직업을 중심으로 영위되어 이동이 잦다. 이사를 쉽게 다니기 위해서는 가족구성원수가 적은 소가족, 핵가족이 훨씬 유리하다. 따라서, 현실적으로 핵가족이 가장 일반적인 가족형태를 이루게 되었다.

② 현대사회는 개인의 능력만을 요구하는 고도의 공업화된 사회이다. 개인은 그가 태어난 가정, 출신배경을 불문하고 능력에 의해 직업을 선택할 수 있고, 업적에 따라 직장에서 승진할 수 있다. 따라서, 친족조직의 붕괴를 용이하게 하고 있다.

③ 현대의 공업사회는 완전히 전문화된 사회이다. 직장생활이나 사회생활이 전문화·세분화되어서 인간관계가 직업적·부분적이 되고 전인격적인 접촉이 거의 불가능하다. 따라서, 가족의 기능 역시 전문화된 사회조직으로 분화되었다.

④ 현대의 공업사회는 자연스러운 배우자 선택의 기회를 갖게 한다. 직업·직장을 찾아 부모형제의 곁을 떠나 멀리 낯선 지역에서 생활하면서 자연스러운 배우자 선택의 기회를 가지게 됨에 따라 결혼의 형태가 자유연애 결혼으로 변화되어간다.

⑤ 철저한 개인주의의 발달은 개인을 가족의 일원으로서가 아니라 개인 그 자체의 능력으로 보게 되었으며, 남녀평등 사상으로 여성의 취업 기회가 늘게 되었다.

(2) 현대가족의 특징

1 가족의 형태적 측면

① 확대가족에서 핵가족, 소인수가족으로 변화되고 있다.

② 현대가족은 친척들과의 접촉이 감소되었으며, 상호부조의 정신이 약화되어 가고 있다. 즉, 가족이 불안정하다.

③ 배우자 선택에 있어서 결혼은 두 당사자 사이의 문제로 한정되고 이성이 만날 수 있는 기회가 많아짐에 따라 자유연애 결혼의 형태로 되어가고 있다.

④ 살림의 형태는 두 사람이 새로이 건설하는 단가살이인 독립생활의 경향으로 되어가고 있다. 그러나 우리나라에서는 표면적인 단가살이인 경우도 많아 이에 따른 갈등이 발생하고 있다.

⑤ 남녀평등 사상에 따라 가계계승에 있어서 부계 단일제도에서 양계제도로 변모되어가고 있다.

⑥ 가족의 안정면에서 핵가족은 고립된 단위인 만큼 인간관계의 범위가 부부와 자녀와의 관계로 좁아졌다. 따라서, 가족의 안정은 부부생활의 감정조절과 인간적 융합에 의존하게 되었다. 부부 사이의 강한 감정적 유대는 오히려 불만과 실망을 낳게 하여 애정의 냉각을 초래하기 쉽고, 인격적 성장이 이러한 위기를 극복하지 못하게 될 때 결혼생활은 이혼과 같은 파탄의 경지에 도달하게 된다.

2 가족의 기능적 측면

① 가족의 생산기능 소멸과 소비단위로서의 기능강화로 다양한 상품 중에서 어떻게 현명하게 물자구입을 해서 현명하게 소비하느냐가 가장 큰 문제가 되었다.

② 과학문명의 발달과 새로운 지식의 급격한 유입은 전문기술 교육의 필요성을 강화시켜 가정 이외의 교육기관에 의한 기술·직업교육이 중시된 반면, 자녀에 대한 인성·도덕교육의 주관자였던 가족의 교육기능은 감퇴되고 있다.

③ 현대사회의 과도한 경쟁성과 갈등적 요소들 속에서 애정적 양육을 통한 인성의 형성과 정서적 안정을 꾀할 수 있는 휴식처로서의 가족의 질적 기능이 강조되고 있다.

두볼(Duvall, 1977)은 가족의 기능 중 인간의 발달과 상호작용이 이루어지는 사회적 단위로서의 기능에 중점을 두고 현대가족의 기능으로 특히, ① 가족간의 애정, ② 가족의 안정과 수용(인정, 용납), ③ 가족의 만족감과 목표 달성, ④ 동료감과 협동감의 지속, ⑤ 사회적 역할수행과 사회화, ⑥ 올바른 가치관의 확립 등을 강조하고 있다.

2) 현대가족의 다양성

현대가족의 변화는 가족의 구조와 기능 측면에서 뚜렷이 나타나고 있으나, 이러한 요인들이 외형적으로 어떻게 발현되고 있는지 가족의 형태변화와 그 다양성에 주목할 필요가 있다. 그러므로 새롭게 출현하고 있는 다양한 가족의 형태를 몇 가지 제시하면 다음과 같다(단, 맞벌이가족이나 재혼가족 또는 노인가족 등 뒷장에서 제시될 내용은 생략하기로 한다).

(1) 동거가족(unmarried couple)

2000년 미국 센서스 자료에 의하면(표 12-1), 동거남녀 수는 전체 가구 수의 5.19%로 550만 쌍에 육박하고 있으며, 이 중 10.86%는 동성동거가족임을 알 수 있다. 이러한 숫자는 과거의 동거경험까지 고려할 경우 더욱 증가하는데, 스웨덴에서는 결혼하는 사람들의 99% 이상이 혼전동거 경험을 갖고 있고 45%의 아이들이 동거부부에게서 태어나며(Trost, 1981), 미국의 연구 사례에서는 47%(Newcomb & Bentler, 1980), 캐나다의 경우는 64%(Watson, 1983)의 동거경험을 보고하고 있다.

피터만(Peterman 등, 1974)은 동거의 이유로 독립에 따른 불안이나 결혼의 책임으로부터의 도피, 부모의 간섭으로부터의 탈피, 경제적 협력이나 역할분담 등의 편의 도모, 결혼의 가능성 탐색 등을 들고 있다.

라스웰(Lasswell 등, 1991)은 이들 동거가족의 형태를 4가지로 나누었는데, 비교적 젊은 계층에서 3개월 미만의 짧은 동거로 끝나는 경우, 결혼의 불확실성 때문에 비교적 오랜 기간 동거만 하는 경우, 결혼의 시험기간으로서의 동거, 자녀양육 등의 정상적인 결혼생활을 하면서 동거가 결혼 형식의 대안이라고 생각하는 경우 등이 있다고 하였다.

표 12-1 미국 동거가구 수 및 비율(2000년)

분 류	가구 수	비율(%)	
		가구전체 기준	동거가구전체기준
가구 전체	105,480,101	100	
동거가구 전체	5,475,268	5.19	100
남성가구주 +남성동거인	301,026	0.29	5.50
남성가구주 +여성동거인	2,615,119	2.48	47.76
여성가구주 +여성동거인	293,365	0.28	5.36
여성가구주 +남성동거인	2,266,258	2.15	41.39
동거가구 이외 가구	100,004,333	94.81	

* 자료 : US Census Bureau, Census 2000.

(2) 한부모가족(single-parent family)

이혼율 증가와 결혼율 감소는 한부모가족의 증가를 초래하였다. 대표적인 고이혼율 국가인 미국의 경우 1970년부터 1991년 사이에 전체 가족 중 한부모가족 비율이 11%에서 22%로 상승하였고, 2000년에는 전체 가구(비가족 포함)의 16.4%, 전체 가족의 24.1%, 18세 미만 자녀를 가진 가구의 28%가 한부모가족인 것으로 나타났다. 이들 중 전체 한부모가족의 74.6%, 18세 미만 자녀를 가진 한부모가족 중 77.6%는 여성한부모가족이다. 또한 종단적으로 보면 미국의 모든 아동의 반 수 정도가 18세 이전에 한 번 이상 한부모가족 시기를 경험할 것으로 추정하고 있다. 우리나라도 한부모가족 수가 1966년 39만 2천 가구에서 1995년 96만 가구로 증가하였고, 2020년에는 미혼자녀를 동반한 핵가족을 기준으로 전체 핵가족의 25%인 2,036,433가구가 한부모가족이다. 2000년 전후로 급속도로 상승한 이혼율은 한부모가족 증가의 주된 요인이라 할 수 있다.

한부모가족의 유형은 4가지로 구분할 수 있는데, 배우자선택에 소극적이어서 결혼이나 재혼을 미루는 데서 생기는 자발적이며 일시적인 유형, 결혼이나 재혼을 계속적으로 원하지 않는 자발적이며 장기적인 유형, 결혼을 원하여 배우자를 탐색하는 과정에 있는 비자발적이며 일시적인 유형, 나이가 들어 혼자된 후 재혼이 쉽게 이루어지지 않거나 결혼을 원하면서도 결혼경험이 없는 비자발적이며 장기적인 유형이 있다.

한부모가족에 있어서는 한부모가 자녀에게 부모 모두의 역할을 해 주어야 한다는 역할부담, 특히 편모가족에서 나타나기 쉬운 경제적인 어려움, 가족에 대한 자녀의 책임감 등의 정신적인 갈등을 극복해야 하는 문제, 미래에 대한 불안이나 결혼 또는 재혼의 의사결정 문제 등 제반 어려움이 발생하게 된다.

(3) 자발적 무자녀가족(voluntary childless family)

남녀가 결혼하면 자녀를 갖는 것이 당연시되던 시대는 지나가고 있다. 피임법의 보급, 여성의 역할변화, 개인주의적 사고의 증가 등은 점차 자발적인 무자녀가족을 증가시키고 있다. 여성의 사회활동이 증가하고 있지만 이중노동구조가 크게 변화하지 않고 있으므로, 여성으로 하여금 단기·장기적인 무자녀를 선택하게 하는 요인이 되고 있다.

자발적 무자녀가족은 신체적 문제 없이 의도적으로 자녀를 갖지 않는 형태를 일컫는 것으로 여성의 학력, 생활수준, 초혼연령 등이 높을수록 선택하는 경향이 높다. 또한 여성이 30세 이후 또는 결혼 후 10년 이상 무자녀인 경우 이러한 상태가 계속되기 쉬워 30~34세 무자녀 여성의 93%가 영원히 무자녀를 원하고 있는 것으로 나타났다. 저학력 여성에게는 자녀양육이 자아존중감에 중요한 영향을 주지만 성취지향적 여성의 경우 어머니 역할에 대한 부담을 느끼고 있으며, 과거에 동생 등의 양육경험이 많은 여성일수록 무자녀를 선택하는 경향이 높다(Ory, 1978).

그러나 이들 가족이 부부간에 얼마나 의견일치를 보고 있는가, 또 자녀출산에 대한 사회적 압력을 어떻게 극복하는가가 중요하며, 자녀 없이 부부의 결혼만족도를 유지하며 결속을 강화시킬 수 있는 방법을 모색해야 할 필요가 있다.

(4) 집합가족(commune)

독신자, 노인가족, 편부모가족 등 가족의 기능수행에 장애가 있는 가족형태가 증가함에 따라, 가족의 생활형태를 유지하면서 집단 속에서 경제적 문제, 육아문제 등을 극복하기 위한 대안으로서 집단가족 형태가 제시되었다.

이스라엘의 키부츠는 가장 널리 알려진 안정된 집합가족의 형태로서, 일부일처제를 지켜가면서 소득과 소비를 공유하는 형태이며, 일부 집합가족 중에는 오네이다 콜로니(Oneida colony)처럼 개방적인 성관계를 허용하는 경우도 있다. 대부분의 집합가족에서는 아동양육을 집단적으로 시행하고 그 책임도 공유하는 경향이 있으며, 이들의 집합가족 생활이 장기적인 경우도 있지만 2~3년 정도 참여 후 이탈하거나 다른 집합가족으로 이동하는 경우도 있다. 또한 농촌에서는 계절적인 집단가족이 발생하기도 한다.

이러한 집합생활은 장·단점을 지니게 되는데, 예를 들어 편모의 경우 양육에 관한 협조를 얻을 수 있지만 양육주권을 상실할 가능성도 있다. 또한 사생활 존중이나 가사노동 분담, 사유재산 범위 등에 있어 갈등이 나타날 수 있으나, 독신자들에게는 가족의 의미나 애정 등을 느낄 수 있는 기회가 되기도 한다.

(5) 동성애가족(homosexual family)

최근 에이즈(AIDS)와 같은 질병이 사회적으로 부각되면서 동성애에 대한 인식이 강조되고 있고 이것을 사회적으로 수용할 것이냐에 관한 논란과 더불어, 실제로 이들 역시 가족의 형태로 인정받기 위한 노력을 증가시키고 있다.

1990년 미국의 한 조사(Nation's Sex Life)에서는 조사 대상자의 5~6%가 양성애, 1%가 동성애 성향이 있음을 보고한 바 있다. 미국 인구센서스 상, 동성애가구가 전체 가구에서 차지하는 비율은 앞서 표 12-1에서 제시한 바 있다. 지금까지는 동성애를 비정상적인 애정형태로 보고 사회적으로 거부하는 경향이 강했지만, 성애에 대한 선택적 개념이 발달하고 생리적으로 이성애에 부적응적인 경우가 있음을 수용해 감에 따라, 동성 커플을 가족의 한 형태로 인식하는 경향이 증가하고 있다.

미국에서는 남자동성애자(gay)의 20%, 여자동성애자(lesbian)의 33%가 결혼의 형식을 거쳐 동거하고 있으며, 이성과의 이전 결혼에서 태어난 자녀를 동반하기도 한다. 그러나 동성애가족은 아직까지는 보험이나 상속, 세금제도 등에서 불이익을 받고 있는 경우가 많으므로 이들 동반자녀에게 피해를 줄 우려가 있다. 동성애가족은 일반적으로 역할분담에 있어 보다 평등지향적이어서 갈등의 소지가 적지만, 사회적인 거부 때문에 안정성이 적어 대개 2~3년 정도의 동거기간을 갖는 경우가 가장 많다.

3. 가족문제

가족은 개인과 사회의 중간에 위치하면서 일정한 범위와 한계를 가지고 하나의 단위를 구성하면서 외부사회의 영향에 민감하게 반응한다. 즉, 가족은 가정이 처한 사회에 적응하는 한편, 사회가 소유하는 문화를 받아들이며, 내적으로는 부부 또는 자녀, 형제자매라는 가족관계를 유지하여 심리적 통일체를 이룬다. 따라서, 가족의 문제도 그 내용과 범위가 다양하다. 여기에서는 가족문제의 개념을 정리하고 그 원인과 결과를 총괄적으로 검토해 보고자 한다.

1) 가족문제의 개념

가족문제란 가족생활에 관계되는 여러 가지 문제로 결혼문제, 보육문제, 교육문제, 의료문제, 주택문제, 빈곤문제, 맞벌이가족 문제, 노후문제 등과 같이 가족에 관련되는 사회문제와의 관계를 총망라한 광범위한 개념과, 가족 내의 가족관계적인 개별적 문제를 포함한다.

어떠한 문제를 가진 가족을 단위개념으로 지칭할 때 쓰는 문제가족이란 용어는, 집단으로서의 가족의 조직화가 약화되고 기능상의 장애를 일으키고 있는 가족을 일컫는 것으로 병리가족, 이상가족, 부적응가족, 일탈가족, 가족 아노미라고도 한다. 문제가족의 문제가 악화되어 해결되지 못할 때 가족의 붕괴가 일어나며 가족해체 현상이 나타난다.

문제가족 또는 부적응가족은 가족구성원의 의식, 태도, 가치관, 이해관계가 대립되어 상호관계가 결여된 상태의 가족이다. 즉, 가족의 제기능이 원만하게 이루어지지 않고, 일차적 집단으로서의 전인적 상호관계가 결여된 가족이다. 따라서, 가족구성원 서로간의 밀착성이나 연대성이 없이 가족구성원 상호간의 역할기대와 역할수행이 이루어지지 않음으로써 여러 종류의 역할갈등, 부적응, 부조화 등이 발생하는 가족이다.

2) 가족문제의 형태

힐(Hill, 1949)은 가족문제의 형태를 ① 문제의 원인이 가족 내적인 것과 가족

외적인 것, ② 문제의 원인이 가족구성에 변화를 가져오는 것, ③ 문제에 영향을 주는 사회적 사건의 종류 등 3가지로 구분하였다.

서스만(Sussman, 1974)은 ① 가족의 감원문제 : 부모, 부부 또는 자녀의 사망, 장기간의 질병으로 인한 입원 또는 별거, 정양, 전쟁으로 인한 실종, ② 가족의 증원문제 : 불원의 임신, 실종자의 귀가, 재혼으로 인한 계모, 계부, 이복형제의 입양, ③ 가족구성원의 문제행위 : 경제적 부양의 중단, 불구, 알코올·마약 중독, 범죄와 비행, ④ 문제행위에 의한 가족구성원의 증감 : 사생아, 가출, 유기, 이혼, 수감, 자살, 또는 타살 등으로 구분하였다.

버제스(Burgess 등, 1963)는 가족의 위기나 문제의 형태를 분류하는데 있어 가족의 사회적 지위가 갑자기 상승하거나 하강하는 현상을 고려해야 한다고 지적하고 가족의 사회·경제적 지위에 변화를 일으킬 수 있는 실제적 사태로 다음의 7가지를 들었다.

① 경제적 불경기, 사업의 실패
② 장기 실직
③ 속성재벌이나 집권으로 인한 출세
④ 전쟁으로 인한 가족상실
⑤ 정치적·종교적 망명
⑥ 정치범으로서의 신분상실
⑦ 정치, 천재지변에 의한 인명과 재산피해

3) 가족문제의 원인

(1) 가족 외적인 원인

가족 외적인 것으로 가족을 결과적으로 더욱 결속시키는 전쟁, 정치적 탄압, 경제적 불경기, 종교적 박해, 홍수, 폭풍 등 사회적·자연적 사건들이 있다. 이러한 원인에 대해서는 가족은 오히려 단결하여 그러한 위기를 극복하려고 노력한다.

또한 외적 사태의 원인으로 타격을 받지만 심각한 가족문제로 발전되지 않고 비교적 무난하게 극복할 수 있는 원인들이 있다. 즉, 전쟁 중 가족의 한 사람이 행방불명이 되거나 정치사건으로 가장이 장기간 감옥살이를 하거나 망명생활을 할 때 등이다. 이러한 경우는 부부간의 불화에서 오는 문제보다 용이하게 해결될 수 있다.

(2) 가족 내적인 원인

가족 내 사건으로 주로 인간관계의 비융합을 조장하며, 가족의 사기를 저하시키는 것으로 부부간의 불충실, 정신이상, 자살, 사생아, 마약·알코올 중독, 부양의 책임을 수행하지 않는 것 등이다.

또한 가족의 사회·경제적 지위의 갑작스런 변화로 권문세도를 누리던 가족이 집단자살을 하거나, 가족의 갑작스런 성공·출세 등으로 익숙하지 않은 사회와의 관계에서 심리적으로 과중한 부담이 생겨, 육체적·정신적으로 긴장이 생기고 심리적 갈등을 건설적으로 해소하지 못하면 개인뿐만 아니라 가족에게 미치는 영향이 크다.

4) 가족문제의 영향

가족문제가 가족에게 미치는 영향은 가족문제의 종류 및 그 심각성의 정도에 따라 다르다. 또한, 그러한 문제를 받아들이는 가족의 반응에 따라서 문제를 극복해 나가기도 하고 좌절하기도 한다. 그러면 가족문제가 어떠한 영향을 끼치며, 이것을 받아들이는 가족적 반응은 어떻게 다른가 살펴보도록 하겠다.

(1) 가족에게 미치는 영향

가족에게 미치는 영향은 크게 두 가지로 볼 수 있다. 하나는 가족자체가 존재하지 않는 가족해체의 현상이고, 또 하나는 가족자체는 존재하되 가족생활에 이상이 생겨 정상적인 생활을 하지 못하는 가족이다.

전자는 집단자살, 폐가, 파산 등의 경우처럼 가족이 사회집단을 형성할 수 없거나 기능을 수행할 수 없을 때를 말한다.

후자는 별거하거나 남자가 유기하여 자취를 감추는 경우로 부부간의 접촉을 피하고 실제로는 부부관계를 갖지 않는 경우이다.

이혼은 부부가 동거할 수 없게 되어 법적으로 부부관계를 취소하는 것으로 핵가족에서는 이혼이 곧 가족의 해체가 되지만, 확대가족에서는 이혼이 곧 가족의 해체는 아니다.

(2) 개인에게 미치는 영향

가족문제가 심화하여 부부의 이혼이나 가족의 해체가 생길 경우와는 달리 개인적인 결과만을 가져오는 경우가 있다. 즉, 가족문제를 개인의 희생으로 해결하려는 자살이나 도주의 행위이다. 가족구성원 중의 개인이란 결코 개인이 아님을 올바르게 인식하지 못한 어리석은 행동이다. 이러한 개인의 행동은 개인의 문제로 보이지만 결국 그 가족에게 끼치는 심리적 타격 등을 미루어 보면 다시 가족의 문제가 되는 것이다. 또한 자살까지는 하지 않더라도 심한 노이로제 현상이나 정신이상, 정신병이 생기는 경우 등도 개인에게 끼치는 치명적인 영향의 한 예라 할 수 있다.

이혼이나 가족의 해체와 같은 경우도 가족전체에게 영향을 줄 뿐만 아니라, 그 구성원인 개인에게 영향을 주게 되는데, 특히 자녀들의 경우 부모의 이혼이 주는 부정적 영향이 인성의 형성이나 삶의 방향에 변화를 가져오기도 한다.

(3) 사회에 미치는 영향

가족이 건전하지 못할 때 그 가족은 수행해야 할 기능을 충분히 수행하지 못할 것이고, 그것은 개인에게 충분한 안식을 주지 못할 것이며, 그러한 개인은 사회에서 건전하고 올바른 생활을 할 수 없다. 가족간의 관계가 원만하지 못하고 가정의 분위기가 좋지 않은 가정에서 자란 자녀가 결혼하여 이룩한 가정 또한 바람직하지 못할 것이며, 그들이 이룩할 사회에 미치는 영향은 지대할 것이다. 더욱 심각하게는 이것이 사회문제에까지 파생되어 가출자, 불량자, 각종 사회범죄 등을 증가시킬 수 있다.

이상으로 가족문제가 가족, 개인, 사회에 미치는 영향으로 구별해 보았지만, 이것은 어느 한계에서 금을 그어 따로 분리시킬 수 있는 문제는 아니다. 가족문제는 개인에게 영향을 주고 그것이 다시 사회에까지 영향을 미치는 순환작용을 한다. 결국, 인간은 개인 → 가족 → 사회가 연결된 사회에서 살고 있기 때문이다.

연구문제

1. 우리나라의 근대화 과정에서 나타난 문제점이 가족에게 미친 영향을 분석하시오.
2. 가족의 변화양상을 다양한 가족유형을 통하여 설명하시오.
3. 가족문제의 사례들을 조사하고 이의 해결방안에 관하여 토론하시오.

chapter 13
직업과 가족

　현대사회에서 직업과 가족의 관계는 더욱 밀접해지고 있다. 전통적 관점에서 직업과 가족은 분명히 구분되는 독립된 세계로 유지되어왔고 성역할 분화의 표상이 되어왔으므로, 가족은 안락과 평화의 상징으로서 여성의 영역이었고, 거칠고 경쟁적인 직업의 영역은 자연적으로 남성의 세계로 간주되어 왔다.

　그러나 산업혁명 이후 여성의 노동력이 사회로 진출하면서 현대사회는 성역할에 있어 더욱 유동적이고 가변적이 되었으며, 더 많은 취업의 기회가 여성에게 주어지게 되었다. 이제는 남편 혼자의 수입만으로 경제적인 욕구를 만족시킬 수 없게 되었고 사회 역시 여성의 역할변화를 수용하여 그 대안을 제시해 주기 시작하였으며, 고등교육을 받은 여성들이 점점 더 자신의 개인적 성취를 추구하고 있어, 맞벌이부부가 점차 증가하고 있다.

　이러한 변화가 좋은 일인가 아닌가는 단정적으로 말할 수 없다. 전체 환경 요인에 따라 자녀에게 미치는 영향도 달라지고 만족도에 따라 부부의 적응도 달라지기 때문이다. 이제 여성이 계속적으로 직업을 원한다면 결혼 전의 배우자 선택 과정에서부터 심사숙고하여야 하며, 남성 역시 결혼에 있어 부인의 취업문제를 신중히 다루어야 한다.

303
chapter 13 직업과 가족

1. 가족의 취업 실태 변화

1) 기혼여성 취업의 증가

산업화 이전 사회에서 가족은 생산의 기능을 가지고 있음으로 인하여 가족노동은 중요한 경제적 기능을 하였다. 산업화와 함께 생산활동과 가족생활은 점차 분리되기 시작하였다. 산업화 초기에는 가족구성원이 같이 고용되기도 하고 가족단위로 보수를 지급받기도 하였으나, 점차 직주의 공간적 분리가 이루어지면서 개별화되었다. 결국, 여성은 출산과 양육을 위해 가정에 머무를 수밖에 없었고, 가족과 떨어져 직장생활을 하는 시간이 증가함에 따라 남성 역시 가정생활에 참여할 수 없게 되었다.

20세기 이후 과학문명의 발달로 인해 가사노동을 대체하는 재화와 용역이 가정 밖에서 생산되었고 여성의 교육기회 증대, 자녀수 축소 등은 여성고용 증가를 가져왔다. 제2차 세계대전 이래 직업과 가족이라는 양 측면의 본성이 변화하게 되었는데 여성고용 형태의 변화, 가족구조의 변화, 성역할 태도의 변화, 노동력 구조의 변화 등이 이러한 현상을 심화시켜 왔다.

특히 기혼여성의 직업 참여가 증가하면서 점차 맞벌이가족은 일반적 추세로 자리잡아가고 있다. 이러한 이유는 개인적·사회적 측면에서 찾아볼 수 있지만, 가장 보편적으로 그 이점을 분석해 본다면 첫째는 경제적 이득이다. 생활수준의 상승이나 인플레이션은 과거보다 많은 지출을 요구하고 있으므로 맞벌이를 통한 소득증가는 저축이나 여가생활을 가능하게 하고 예상되는 재난에 대하여 경제적인 안정을 제공해 주며 사회적 관계도 원만하게 이끌어 갈 수 있다. 전통적인 관점에서 느끼기 쉬운 남편의 부양부담도 덜어 줄 수 있으며 이것이 가족 간의 만족감을 향상시킬 수도 있다.

또한 취업을 원하고 실제 행하는 여성은 자신들의 성취나 자아표출, 인식욕 등을 강하게 느끼는 경우가 많다. 특히, 전문인으로서 훈련된 여성은 자신의 기술과 능력을 생산적으로 사용함으로써 만족을 얻게 된다. 그리고 여성이 자신의 직업에 만족한다면 이것이 전체 가족구성원의 만족도에 크게 기여할 것이다. 자녀에게도 마찬가지로 단순히 어머니의 취업이 자녀에게 어떤 영향을 주느냐보다는 어머니 자신이 자신의 취업상황에 대해 어떻게 받아들이느냐에 따라 보다 긍정적인 영향을 줄 수 있다. 즉, 직업에 만족하는 어머니의 자녀는 독립성의 획득이 보다 용이하고 성취지향적이 될 수 있으며, 성역할에 있어서도 보다 다양한 모델을 제공받게 된다.

2) 기혼여성 취업 실태

1940년에는 서구여성의 1/4이 고용되었으나, 제2차 세계대전의 영향으로 여성의 사회적 노동참여 비율이 증가하면서 1950년 초까지 여성취업 비율은 두 배 이상 증가하였다. 이처럼 여성고용 비율의 증가와 더불어 인적 구성도 변화하였는데, 독신여성의 고용비율은 비교적 일정한 반면 기혼여성의 고용비율은 크게 증가하였다.

최근에는 취업여성 중 특히 어린 자녀가 있는 여성의 취업증가가 두드러지고 있는데, 미국의 경우 1940년에 취업한 여성의 대부분이 독신여성이거나 남편과 사별한 여성 또는 이혼한 여성이었다. 1950년에는 기혼여성이 취업여성 중 가장 큰 비율을 차지하게 되었으나, 어린 자녀가 있는 기혼여성은 1/8에 불과하였다. 그러나 이후 어린 자녀를 둔 여성의 취업이 괄목할 만한 증가세를 보여 1981년에는 미국에서 학령기 자녀를 가진 기혼여성의 60% 이상이 고용되었고, 미취학 자녀를 가진 경우는 47%가 고용상태였는데, 1988년에는 6세 이하의 자녀를 둔 여성의 노동참여 비율이 57%를 차지하게 되었다. 이 비율이 2000년에는 더욱 증가하여, 6세 미만 자녀를 둔 여성의 61.9%가, 17세 이하 자녀를 모두 포함할 경우 75%의 여성이 취업 상태이다. 그러므로 자녀의 성장이나 취학 후 재취업보다는 자녀 출산 직후에도 계속적으로 취업상태를 유지하고 있는 경우가 더 많음을 알 수 있다. 더욱이 세계적으로 확산된 인플레이션은 여성의 취업을 더욱 필요로 하게 되어 이제 맞벌이가족은 일상적인 가족의 생활유형으로 확고해져 가고 있다.

표 13-1과 표 13-2를 통해 우리나라 여성의 경제활동 참가율과 혼인상태별 여성 취업률 추이를 알 수 있는데, 2020년 현재 여성 경제활동 참가율은 52.8%로 이는 전체 경제활동 인구의 42.9%를 차지하는 수치이다. 또한 2020년 기준으로 볼 때 여성 취업자 중 기혼자율은 72.0%이고 유배우자율은 58.5%인데 이러한 비율은 이제 우리나라의 맞벌이가족의 문제가 일부 소수계층의 문제가 아닌 모든 가족과 사회의 문제임을 알 수 있게 한다.

표 13-1 15세 이상 인구 중 경제활동 참가율 추이 (단위 : %)

	1970	1980	1990	2000	2005	2010	2015	2020
남	75.1	73.6	74.0	74.4	74.6	73.0	73.7	72.6
여	38.5	41.6	47.0	48.8	50.1	49.4	52.2	52.8
계	55.9	57.1	60.0	61.2	62.0	61.0	62.7	62.5

＊자료 : 통계청. 『경제활동인구조사』. 각 연도.

표 13-2 혼인상태별 여성 근로자 비율 (단위 : 천 명(%))

		1980	1985	1990	1995	2000	2005	2010	2020
여성 취업자수		5,222	5,833	7,376	8,267	8,769	9,526	10,256	11,084
여성 구성비		38.2	39.0	40.7	40.5	41.4	41.7	41.4	42.9
미혼		28.0	25.2	24.5	25.8	23.5	25.0	25.6	28.0
기혼		72.0	74.8	75.5	74.2	76.5	75.1	74.4	72.0
	유배우자	59.0	61.7	62.8	62.2	64.8	62.0	61.7	58.5
	기타	13.0	13.1	12.7	12.0	11.7	13.1	12.7	13.5

＊자료 : 통계청. 『경제활동인구조사』. 각 연도.

　그러나 표 13-3에서와 같이 우리나라 여성의 취업구조는 전문 기술직과 같은 안정된 고소득의 직업유형보다는 근로직, 서비스직과 같은 저소득의 직업유형에 더욱 치중되고 있어, 많은 맞벌이가족이 육아나 가사노동을 유료 대리자를 통해 해결하기가 어려우리라는 점을 추정할 수 있다.

　이러한 경향은 표 13-4의 여성 취업자의 취업 사유를 보면 더욱 명확해진다. 경제적인 이유라 할 수 있는 수입과 생활안정성의 사유가 70% 가까이 차지하고 있고, 연령이 증가할수록, 학력이 낮을수록 이러한 경향이 증가하고 있다. 따라서 직업을 필수적인 생계 수단으로 삼아야 하는 반면, 취업에 따른 제 문제의 대응력이 약한 저학력 · 저소득 계층의 맞벌이가족 문제를 어떻게 해결해나갈 것인지에 대한 대응책을 적극적으로 모색할 필요가 있다.

표 13-3 여성의 직업 유형별 취업률 추이

(단위 : %)

직업분류	1993	1996	2001	2003	2005	2008	2012	2016	2019
입법공무원 고위임직원 및 관리자	0.4	0.3	0.3	0.4	0.5	0.5	0.5	0.3	0.5
전문가	4.1	4.3	7.0	8.5	9.0	10.1	21.1	23.1	23.3
기술공 및 준전문가	6.8	7.4	7.0	8.0	8.0	9.6			
사무직원	15.0	16.0	15.4	16.4	17.4	17.9	18.8	19.4	20.2
서비스근로자 및 상점과 시장판매근로자	29.6	33.1	38.8	37.2	36.9	34.5	30.9	30.6	30.9
농업 및 어업 숙련 근로자	13.7	12.4	10.4	9.1	8.0	7.0	5.6	4.5	4.4
기능원 및 관련기능 근로자	9.2	9.1	6.6	4.8	4.1	3.6	3.2	3.0	2.6
장치, 기계조작원 및 조립원	7.3	3.5	3.4	3.3	3.7	3.3	3.5	3.2	3.1
단순노무직 근로자	13.8	13.8	11.1	12.2	12.4	13.4	16.3	15.9	15.1

* 자료 : 통계청. 『경제활동인구조사』. 각 연도.

표 13-4 여성 취업자의 취업사유

(단위 : %)

		명예 명성	안정성	수입	적성 흥미	보람 자아실현	발전성 장래성	근무 환경	기타 모르겠음
연령별	15-19세	2.9	18.2	32.1	31.6	5.2	3.4	6.1	0.5
	20-29세	2.9	23.2	32.1	21.3	4.9	3.4	11.4	0.7
	30-39세	1.6	21.6	34.7	15.9	5.0	4.3	16.5	0.5
	40-49세	1.3	23.2	34.5	18.3	4.2	3.5	13.9	1.0
	50-59세	2.1	25.7	40.2	11.7	4.5	3.4	10.5	1.8
	60세 이상	3.0	27.7	39.5	8.0	3.2	3.9	6.1	8.6

* 자료 : 통계청(2021). 사회조사:노동.

2. 가족에게 미치는 직업의 영향

1) 취업의 영향

가족에게 있어 직업은 필수적인 것이다. 직업활동으로 얻어지는 이득은 무엇보다 경제적 소득이라 할 수 있는데, 소득은 가족구성원의 생활유지를 위해 필요하며 실제로 대부분의 가족소득이 직업생활을 통해 얻어지고 있다. 가족소득이 적절하지 못할 때 가족구성원은 압박을 받게 되며 가족관계를 해치기도 한다. 실제로 카플로비츠(Caplovitz, 1981)의 연구에서는 조사대상자의 1/3이 재정적 압력으로 결혼에 손상을 입었다고 응답하였다. 따라서 가족은 가족구성원의 욕구를 만족시키기 위해 소득을 확보해야만 한다.

가족원의 직업활동과 관련하여 최근 가장 큰 변화가 일어나고 있는 부분인 기혼여성의 취업 증가는 이러한 의미에서 부부관계뿐만 아니라 모든 가족관계에 영향을 미칠 수 있는데, 우선적으로 여성 취업은 저축이나 여가생활을 가능하게 하고 예상되는 재난에 대하여 경제적인 안정을 제공해 주며 사회적 관계도 원만하게 이끌어갈 수 있다. 전통적인 관점에서 느끼기 쉬운 남편의 부양부담도 덜어줄 수 있으며 이것이 가족원 전체의 만족감을 향상시킬 수도 있다. 또한 자발적으로 취업한 여성은 자아존중감이 높을 뿐만 아니라 결혼만족도나 부부만족도도 높게 나타나고 있다(김경신, 1996 ; Moen, 1982 ; Ross 등, 1983). 이러한 부인의 취업이 가족생활에 미치는 구체적인 영향을 열거하면 다음과 같다.

(1) 가족소득과 소비유형에 미치는 영향

부인취업의 가장 주요한 영향은 가족의 생활수준 향상과 재정적 안정의 형태로 나타나고 있다. 혼자서 버는 가족에 비해 40% 정도의 소득향상이 나타나지만(Foster, 1981) 전반적인 소비유형은 변화하지 않고 있다(Chadwick & Chappell, 1980).

(2) 노동분담에 미치는 영향

취업여성은 가족소득을 변화시킬 뿐만 아니라 노동분담의 형태도 변화시켜, 맞벌이 가족의 남성이 육아나 가사노동에 더 많이 참여한다는 연구결과들

(Coverman, 1985 ; Pleck, 1985)이 있다. 그러나 남편의 가사분담이 생산직 취업 여성의 스트레스에 영향을 주지 못한다는 연구결과(이명신, 1998)도 있어, 취업 에 대한 여성들 스스로의 자신감이나 노동분담에 대한 적극적 의식이 필요하다고 도 볼 수 있다.

(3) 성역할 태도에 미치는 영향

여성취업은 평등주의적 가치관과 밀접한 관계를 갖게 되므로 여성 스스로도 이 러한 성역할관을 갖게 되며, 남편 역시 남녀평등 개념을 좀 더 지지하는 경향이 있다(Smith, 1985). 여성취업과 성역할 태도는 양방향적인 상호영향을 주게 된다. 자녀의 성역할태도에는 부의 모의 취업에 대한 지지도가 영향을 미친다는 연구결 과(김경신, 1996)도 있다.

(4) 결혼만족에 미치는 영향

일반적으로 맞벌이부부는 공유하는 시간이 적어서 결혼만족에 부정적이라는 견해도 있지만 기타 관련 요인들이 다양하게 영향을 미치고 있어 단언적인 결론 을 내리기는 어렵다. 또, 몇몇 연구(Cherlin, 1979 ; Mott & Moore, 1979)에서는 취업여성의 이혼율이 더 높다고 하고 있으나 취업의 직접적인 영향이라고 보기는 어렵다. 만약, 여성취업과 낮은 결혼만족도가 동시요인으로 작용한다면 이혼을 초래할 수 있을 것이다(Booth et al., 1984). 다만, 불만족스런 결혼에 처해 이혼을 선택할 때 취업이 경제적인 대안을 제공해 줄 수는 있을 것이다.

(5) 정신·신체적 건강에 미치는 영향

단순히 취업자체가 건강에 미치는 영향보다는 여성의 역할기대와 수행간의 일 치가 더 중요하다. 그런 의미에서 직업상황과 자신의 기대가 일치될 때 건강에 이 로울 것이며(김혜신·김경신, 2003), 비취업여성이 직업생활을 선호한다면 건강 에 부정적일 것이다. 오히려, 취업을 원하지 않는 비취업여성의 만족도가 취업여 성보다 높게 나타나기도 한다(Townsend & Gurin, 1981).

(6) 자녀에게 미치는 영향

대부분의 연구들이 취업모와 비취업모 자녀 간에 큰 차이를 발견하지 못하고 있으나 딸의 경우 좀더 양성적이며 독립적이고 보다 여성역할에 긍정적이라는 연구결과(Crouter, 1984)도 있는 반면, 남아는 좀더 갈등을 느끼기도 하며 성취에 부정적인 영향을 주기도 한다고 보고되고 있다(Montemayor, 1984). 그러나 최근에는 맞벌이 가정의 아들이 더 만족도가 높은 것으로 나타난 연구(김민정, 2004)도 있으며, 특히 어머니의 직장 만족도가 자녀의 만족도에 영향을 미치는 것으로 나타나고 있다. 따라서 취업모는 비취업모보다 적은 시간을 자녀와 보내지만 이것이 반드시 자녀의 적응에 관련되지는 않는다고 할 수 있다. 특히 자녀의 가족관계 만족도는 단순한 모의 취업 여부보다는 부를 비롯한 전체 가족원의 상호작용에 의해 영향을 받는다(김경신, 1996).

2) 실업의 영향

직업이 가족생활에 주는 가장 명확한 영향은 가족구성원이 실직하였을 때 나타나게 된다. 그러므로 단기적이든 장기적이든 간에 실업과 같은 상황에서 가족이 어떻게 대응할 것인가는 가족의 지속성과 안정성을 위해 중요한 일이다.

실업은 가족구성원에게 매우 큰 압박을 주게 된다. 가족구성원의 상호작용에 미치는 영향은 크게 4가지로 나타난다.

① 심리적 디스트레스를 가중시킨다. 불안감, 적대감, 우울감 등이 증가하고 자아존중감, 생활만족도가 하락하게 된다. 또한 동기나 주의집중력도 감퇴한다.

② 부부 의사소통, 결혼만족도가 감소하며 갈등이 증가하여 이혼이나 별거의 가능성이 증가한다. 실업의 부정적 영향은 가족의 지지도가 높을 때 감소하게 된다. 린 등(Linn et al., 1985)은 가족과 친구의 지지가 실업상태인 사람의 자아존중감 유지에 중요한 영향을 준다고 하였다. 그러므로 실업 이전의 군건한 결혼관계가 가족의 지지를 강화시키고 적응도를 높여 준다고 할 수 있다.

③ 부모자녀 관계나 자녀에게 미치는 영향을 보면, 실업을 자녀양육에 대한 부모로서의 능력부족으로 보는 경향이 있어 부가 실업상태일 때 자녀거부나 학대의 위험이 증가하고 있다(Voydanoff, 1987). 자녀 역시 일을 해야 한다

는 압력을 받게 되어 10대 자녀의 자율감을 발달시키는 계기가 되기도 한다.

④ 실업이 가족 내 노동분담에 영향을 미치기도 하는데, 일반적으로 실업상태인 가족구성원의 가사노동 분담이 증가하게 된다. 실제로 실업 후 많은 남성들이 육아나 가사노동에 더 참여하는 경향이 있다(Warr와 Payne, 1983).

실업을 극복하기 위해서는 우선 소비수준을 조정하고, 외부도움 등의 가능한 자원을 활용하거나 다른 가족구성원이 취업하는 등 가족 모두의 일치된 노력과 의지가 필요하다.

3) 직업 관련 변수의 영향

(1) 고용시간의 영향

시간은 가족과업을 수행하고 가족단결을 유지하는 데 사용되는 기본자원이나, 직업활동에 소요되는 시간은 확실히 가족구성원 사이의 직접적 접촉을 제한하게 된다. 이때 직업에 쓰여지는 시간의 양과 일정 등이 가족관계에 영향을 미친다.

직업에 소요되는 시간은 역할기대와 수행간의 불일치에 의한 역할긴장을 초래하여 충분한 가족 역할수행을 방해하는 것으로 추정되어 왔다. 특히, 취업여성은 지나친 가족책임 때문에 역할긴장을 경험하기 쉽다.

장시간의 근무시간과 융통성이 적은 근무일정 등은 취업여성의 높은 갈등을 유발시킨다(임정빈·정혜정, 1986 ; Keith와 Schaefer, 1980).

가족생활에 미치는 직업조건의 영향은 그것이 가족역할을 얼마나 방해하느냐의 정도에 달려 있다. 직업에 몰두하면 가족과의 시간이 감소하여 역할갈등이나 역할과중을 초래한다. 비슷한 이치로 가족에 몰두해도 역할갈등은 발생한다. 남성이나 여성 모두에게 역할갈등이나 역할과중은 결혼만족도를 감소시킨다(김경신·김오남, 1996 ; Barling, 1986). 또한 고학력 여성 중에서 결혼에 실패하는 경우는 이러한 두 가지 역할 모두를 만족시키려는 긴장에서 연유된 경우가 많다(Houseknecht et al., 1984).

(2) 소득수준의 영향

소득과 삶의 만족도 간에는 비례적 관계보다는 소득이 높아짐에 따라서 삶의 만족도에 미치는 영향이 체감하는 곡선적 관계가 나타난다고 한다. 즉 생활에 필수적인 것들이 충족되면 소득의 증가는 주관적인 삶의 질에 그다지 큰 영향을 미치지 못하는 것으로 조사되고 있어서 소득은 어느 수준까지는 삶의 만족감에 영향을 미치나 그 수준이 넘으면 별다른 영향력이 없다는 것이다. 이러한 현상은 소득이 높을수록 욕구체계의 하위 단계에 있는 욕구는 충족될 가능성이 높지만 그만큼 상위 단계에 있는 욕구충족의 기대가 높아지기 때문에 소득이 반드시 모든 종류의 욕구충족을 보장하지는 않기 때문이라고 설명하고 있다(Veenhoven & Ehrhardt, 1995).

이현송의 연구(2001)에서는 실질 소득과 삶의 만족도와는 약한 상관관계를 보인 반면 소득에 대한 만족도와 삶의 만족도 간에는 비교적 강한 상관관계가 있는 것으로 나타났다. 이것은 객관적인 소득이 만족도에 미치는 영향은 상대적으로 미약하나, 일단 소득에 만족하면 전반적인 삶에 만족할 개연성이 높음을 시사하고 있다. 따라서 맞벌이에 의한 소득의 증가는 객관적인 정도보다는 가족원의 주관적인 만족도에 의해 영향을 받을 수 있다.

(3) 직업만족도와 스트레스의 영향

직업에 대한 만족도나 직업조건이 가족생활에 미치는 영향은 어떠할 것인가? 이에 관해서는 두 가지 상반된 이론적 모델이 있다. 첫 번째는 연결이론(spillover model)으로 직업에서 얻는 만족이나 스트레스가 가족 상호작용에 영향을 미친다는 이론이며, 두 번째는 분리이론(segmented model)으로 직업과 가족은 별개이며 직업에서 일어나는 일이 필연적으로 가족에게 영향을 주지는 않는다는 이론이다(Yogev & Brett, 1983).

발링(Barling, 1984)은 첫 번째 모델을 긍정하는 연구결과로 남편의 직업만족이 부인의 결혼만족도에 긍정적으로 영향을 미친다고 하였다. 직업환경이 불만족스럽거나 스트레스를 줄 때 결혼만족도도 감소하게 된다. 여러 연구들(김혜신 · 김경신, 2003 ; Bromet et al., 1988 ; Pavett, 1986 ; Pearlin & McCall, 1987)이 직업 스트레스가 부부관계를 방해하고 가족 간의 심리적 스트레스를 유발시킨다고 하고 있다. 그러나 직업스트레스가 가족에게 부정적인 영향을 주기는 하지만 일반적으로 그 정도가 그리 크지 않다고 한 연구(Pond & Green, 1983)도 있다.

마찬가지로 직업지위와 취업동기, 직업만족도 등 기타 직업에 관련된 변수들도 역할갈등에 영향을 준다. 즉, 직업지위가 낮거나 경제적인 이유로 취업하였을 때,

또는 직업 만족도가 낮은 경우에는 여성의 높은 역할갈등을 유발시킨다(구혜령, 1991 ; 임정빈·정혜정, 1986 ; Kelly & Vogdanott, 1985 ; Walter & McKenry, 1985). 짐머만 등(Zimmerman et al., 1980)은 직업 만족도와 결혼 만족도는 정적 상관이 있어 여성의 직업활동에 대한 태도는 가정생활의 태도와 깊은 관련성을 갖는다고 하였다.

(4) 가족의 지지 및 가사노동 참여

직업스트레스가 가족에게 미치는 영향은 가족의 지지여부에 따라 달라진다. 직업에 대한 배우자의 지지는 결혼만족도에 미치는 부부의 역할갈등의 정도를 감소시킬 수 있다(정영금, 2005 ; 정현숙, 1997 ; Suchet & Barling, 1986). 부부가 직업에 관해 대화하고 배우자에게 지지받고 있다고 느낄 때, 직업이 결혼의 질에 미치는 부정적 영향이 감소될 수 있다.

또한 어머니가 자신의 직업을 중시하고 그 일에 만족할 때 결혼생활과 그 자녀에게 미치는 영향 또한 긍정적이다. 특히, 취업을 원하나 실제적으로 취업하고 있지 않은 여성은 자신의 역할에 불만족하고 불행하다고 느끼면서 자녀와도 더 많은 갈등을 느끼는 것으로 보고되고 있다. 그러나 자신의 생활에 만족하고 있는 어머니는 취업유무와 상관없이 자녀양육 태도간에 별 차이가 없는 것으로 나타나, 자녀에게 영향을 미치는 것은 직업자체가 아니라 어머니의 태도나 만족도인 것으로 나타나고 있다(김혜신·김경신, 2003: 이정우, 1974 ; Moen, 1982). 그러한 의미에서 직업에 만족하는 어머니의 자녀는 독립성의 획득이 보다 용이하고 성취지향적이 될 수 있으며 성역할에 있어서도 보다 다양한 모델을 제공받게 된다(Hoffman,1987 ; Boldwin & Nord,1984).

한편으로, 맞벌이 가정에 있어 남편의 가사참여에 관한 실증적 연구들(김미하, 1990 ; 김양희 등, 1992 ; 이성희·김태현, 1989 ; Kamo, 1988 ; Pleck, 1985 ; Ross, 1987)에서는 대체로 남편이 근대적인 성역할 태도를 가진 경우, 부부간 소득차가 적은 경우, 남편의 근무시간이 많지 않거나 융통성이 있는 경우, 부인의 취업을 지지하는 경우에 남편의 가사 참여도가 높게 나타나고 있다.

(5) 자녀 변수

자녀에 대한 영향을 결정하는 또 다른 요인은 어머니의 취업 시 자녀의 연령이다. 자녀의 연령이 낮거나 자녀수가 많을수록 역할 갈등이 더 심화되며(임정빈 · 정혜정, 1986 ; 정영금, 2005) 결혼적응도 역시 낮다(Houseknecht & Macke, 1981 ; Voydanoff & Kelly, 1984). 일반적으로 생후 6개월 이전까지는 아이가 다른 어른에 대해서도 쉽게 적응하므로 부모의 부재에 따른 영향이 별로 크지 않다고 하나, 점차 자녀가 양육자에 대한 지향성을 갖게 될 때 반복적이며 동일한 양식의 모델이 있어야 한다. 자녀와 부모와의 관계가 친밀할수록 이 단계에 있어서 격리는 매우 어렵게 된다. 특히, 대리모의 불규칙적인 배치, 잦은 변동 등은 자녀에게 부정적인 영향을 준다. 그러나 자녀가 성장하여 갈수록 자율성, 독립성 등에 긍정적 영향을 주기도 하는데, 특히 딸의 경우 성역할 고정관념을 줄여 주고 성취지향적 특성을 심어 줄 수 있다(Albarez, 1985).

3. 맞벌이가족의 문제와 대안

　맞벌이가족은 실제적으로 수입이 충분히 보장되고 자신의 적성이나 능력을 살릴 수 있는 만족스러운 직장생활을 하고 있는 맞벌이가족보다는 생계수단으로서 취업하는 경우가 많으므로, 이들 가족이 당면하는 문제에 대한 분석이 보다 필요하며 이에 대한 대응책 역시 강구되어야 한다.

　개인은 많은 준비와 교육을 통하여 자신의 경력을 확장해 나가야 하므로 진정한 의미의 맞벌이는 직업과 가족 모두에게 상당한 희생과 긴장을 요구하게 된다. 그러므로 이러한 갈등관계를 원만히 해결해 나가려면 개인의 적응적인 자질뿐만 아니라 역동적인 가족생활의 기술이 요구된다. 사회적으로 여성의 취업에 대한 인식이 상당 부분 수용적으로 변화하였음에도 불구하고 아직도 남녀 간의 역할구도에 관한 전통적 사고방식은 크게 변화하지 않고 있어 사회적으로나 가정적으로 맞벌이에 의해 나타나는 문제점들이나 이에 대한 해결 방안이 끊임없이 탐색되고 있는 실정이다. 그러한 의미에서 맞벌이가족이 직면하는 문제들과 그 대안을 제시하면 다음과 같다.

1) 역할 분담

맞벌이가족의 문제는 그것의 본질적인 원인이 어디에 있든 간에 가족구성원간의 갈등으로 나타나기 쉽다. 특히, 남편의 태도는 이들 결혼을 원활히 유지시켜 나가는 데 매우 중요한 변수로 작용한다(구혜령, 1991 ; 최규련, 1993 ; Berkowitz & Perkins, 1984). 남편이 부인의 직업을 중시하고 부인의 성취를 격려하며 자신의 행동과 삶의 방식을 변화시키면서 능동적으로 역할변화에 참여해야 만이 맞벌이가족의 문제가 감소될 수 있다. 부인보다도 심리적인 우월성을 지닌다거나 강한 경쟁심을 느끼며 아내를 무시하거나 억압하는 경우 두 사람 모두의 적응이 매우 어려워진다. 또한 남편이 전통적인 남성역할을 고수하면서 가사역할의 공유를 거부하고 부인은 단지 남편에게 의존적이고 복종적이기를 바라는 경우의 적응도 물론 어려워진다.

맞벌이가족의 두 가지 역할에 대한 요구는 부부 모두에게 큰 부담이 되며 때로는 지나치게 된다. 가사노동에 있어서도 어떤 경우에는 남편이 아내의 가사일을 분담하기도 하지만 의무와 책임은 대부분 부인에게 주어지게 된다. 실제로도 소수의 경우만이 자녀가 어리거나 부인의 고용시간이 과중할 때 가사노동 분담을 시행하고 있는데, 이 경우도 부인의 고용시간이 감소하면 남편의 가사노동 참여도 즉각 감소되는 역동적 관계를 이루고 있다. 대체로, 부인들은 과로하게 되며 분노 등의 감정적인 손상을 입기도 한다. 가사조력자의 도움을 받지 못하는 경우에는 가족 구성원끼리 일을 분담하여 처리할 수밖에 없는데, 이를 위하여 편리한 가정기기를 구입·설치하거나 간편한 일상생활을 추구하기도 한다. 또한, 가사노동이나 생활수준의 기준점을 낮추어 잡는 것도 하나의 대안이 될 수 있다(McCubbin, 1979 ; Holmstrom, 1973).

맞벌이부부는 서로의 직업적 성취를 위해 각자 많은 것을 희생한다. 그러므로 한편이 다른 한편에게 더 많은 것을 희생하기를 요구할 때, 만약 기대되는 희생이 파생되는 이득보다 크다면 갈등이 있게 된다. 또한 대부분의 부부는 필수적인 일 때문에 다른 많은 것을 포기하게 된다. 여가라든가 특별한 시간을 갖는 것이 불가능하게 되며 서로의 사회적 관계나 직업적 성취를 도와주기도 힘들어진다. 이러한 것들을 얼마나 이해하고 격려하느냐도 성공적 적응을 위해 필요한 요소이다. 따라서 맞벌이 부부는 서로의 능력과 성취도를 이해해 줄 수 있고 역할교환을 통한 협조를 실천할 수 있는 성숙한 정체감을 지니고 있어야 한다. 이처럼 부부가 그들의 정체성을 확고히 지니며 상호 안정감을 지니고 있다면 서로에 대한 기대와 수용 간의 갈등을 조화롭게 극복해 나갈 것이다.

2) 합리적 시간 관리

맞벌이가족은 항상 시간과의 싸움을 계속하게 된다. 출퇴근 시간뿐만 아니라 자녀의 탁아에 관련된 시간, 가사노동 시간, 가족단란 시간 등 많은 일정을 어떻게 유효·적절하게 지정하느냐가 적응의 관건이 된다. 우선 시간이 갖고 있는 경제적인 특성이 충분히 고려되어야 한다. 특히, 출퇴근 시간의 조정이 가능하고 직장의 일이 융통적이라면 시간계획은 매우 유리해진다.

부부는 서로가 자녀양육에 유용할 수 있도록 각자의 시간계획표를 짜야 하고 또한 부부로서 시간을 공유할 수 있어야 한다. 이러한 과정에서 서로에게 불공평하거나 불만족스럽지 않아야 한다. 자녀수가 많거나 어린 경우 또는 취업상황에 따라 계획의 복잡성이 가중되며 더 많은 조정과 노력이 필요해진다.

또한 직업에 쓰여 지는 시간의 양과 일정 등이 가족관계에 영향을 미치게 되는데, 직업상황에의 참여가 크면 클수록 가족상황에의 참여는 적어질 수밖에 없다. 이때 직업에 소요되는 시간은 역할기대와 수행간의 불일치에 의한 역할긴장을 초래하여 충분한 가족 역할수행을 방해하는 것으로 추정되어 왔다. 특히, 취업여성은 지나친 가족책임 때문에 역할긴장을 경험하기 쉽다.

3) 자녀양육 대처

(1) 출산 조절

여성들이 취업했을 경우 원하는 자녀의 수나 출산시기 등이 직업에 의해 영향을 받고 있다. 직업적인 일정에 따라 임신기간을 결정하기도 하며 자녀의 수를 제한하기도 한다. 이러한 과정이 가족구성원 모두의 협조와 동의하에 이루어진다면 직업생활이 가족에게 미치는 부정적인 영향을 극소화할 수 있을 것이다. 이러한 자녀양육의 문제를 해결하기 위해서 일시적, 장기적 무자녀가족이 하나의 해결책으로 등장하고 있고 실제로 자발적인 무자녀가족이 증가하고 있는 실정이기도 하나, 이는 국가적으로 저출산의 문제를 야기 시킬 수 있다.

(2) 대리양육

자녀를 출산한 취업여성의 경우 특히 친척과의 유대 없이 핵가족으로만 생활하는 경우에는 자녀양육에 있어 실제적인 어려움에 봉착하게 된다. 따라서 많은 경우 대리양육을 선택하게 되는데, 대리양육에 있어서 가장 중요한 점은 질적인 문제이다. 어린이는 발달과정상으로 따뜻하고 애정적인 의존의 욕구를 가진다. 그러므로 자녀의 연령에 적합하게 다양한 요건을 고려하여 적절한 대리모를 확보해 주어야 한다. 조부모나 가까운 친척은 그러한 의미에서 가장 바람직한 대리모가 될 수 있는데, 이 경우 어머니의 양육방식과의 현저한 차이는 자녀에게 혼란과 갈등을 초래할 수 있으므로 이에 대한 적절한 조정과 타협이 필요하다.

이러한 양육의 문제를 해결하기 위하여 자녀를 탁아기관에 보내기도 하는데 경제적인 문제, 탁아가 가능한 시간적 제한, 거리상의 문제 등이 나타나기도 한다. 이에 대한 대안으로 직장 내 탁아가 확대되고 있음은 매우 바람직한 현상으로 볼 수 있는데, 다만 어린 자녀가 부모와 더불어 통근의 피곤함과 불편함을 극복해야 한다는 문제가 나타날 수 있다.

또한 탁아기관에 맡겨 대리양육하는 경우, 집단의 크기나 양육자 비율, 양육자의 전문적 훈련 정도가 고려되어야 한다. 그리고 이러한 물리적 환경 이외에 양육자의 일관성, 집단구성원의 안정성 등 정서적 환경이 중시되어야 한다. 특히, 가정환경이 안정적이지 못할 때 양육시설의 안정성이 더욱 요구된다.

그리고 경제적 여건이 허락한다면 대리모를 고용해서 가정에서 양육하는 방법도 유용하다. 똑같은 장소, 규칙적인 시간, 동일한 사람에 의해 양육이 이루어진다면 대리양육이 주는 부정적인 영향을 감소시킬 수 있다. 또한 직업적으로 부부의 근무시간을 조정할 수 있다거나 자유업인 경우 부모가 번갈아 자녀를 양육함으로써 이러한 문제를 쉽게 극복할 수 있으나, 가족이 다 함께 모이는 시간이 감소하는 결과가 초래되기 쉽다. 최근에 새로운 직업형태로 등장하기 시작한 재택(在宅) 근무제의 확대는 자녀와의 공존이 직업적 효율성에 미치는 영향이 고려되어야 하지만 어느 정도 자녀양육의 문제를 해결해 줄 수 있는 대안이 되기도 한다.

어떠한 이유로든 부모와 자녀의 격리기간은 길지 않아야 하며, 특히 학령 전 아동에게는 양성의 성인존재가 필수적으로 요구된다. 모성실조나 부성실조는 부정적인 영향을 끼치기 쉽다. 아동들은 유아보다 기억력이 상승하기 때문에 몇 달 정도의 부모와의 격리는 크게 해롭지 않을 수 있으며, 물론 이때에도 의지할 수 있는 대리모나 성인이 필요하다. 연령이 증가함에 따라 동년배와의 우정도 부모부재를 극복하는 데 도움을 줄 수 있다.

4) 부모자녀관계의 질적 향상

부모자녀 관계의 질적인 점 또한 중요하다. 취업모의 경우 자녀와 함께 있는 시간이 감소하여도 자녀와 좀 더 많은 시간을 같이 보내려고 노력하고 잘 놀아 주고 대화하며 더 많은 온화함과 관심을 보일 경우 모부재의 부정적 영향력을 감소시킬 수 있다. 그러나 지나친 죄의식이나 과잉보호는 오히려 자녀로 하여금 부모의 상황을 잘못 인식하고 부모의 취업에 대한 그릇된 개념을 형성하게 하여 자녀에게 자기 방어용 무기를 제공할 우려가 있다.

자녀도 성장함에 따라 부모의 직업생활에 공감하고 협조하는 태도가 필요하다. 특히, 어머니의 직업생활에 동의하지 않던 자녀들도 성장함에 따라 긍정적으로 변화하는 경우가 많으므로, 가족 내 역할분담에 적극적으로 참여하고 협조함으로써 성공적인 적응에 함께 기여할 수 있을 것이며, 차후 자신들의 결혼생활에 대한 개념이나 실제적인 적응에도 도움을 받을 수 있다.

5) 사회적 관계 조정

친척관계에 있어서도 교류의 시간이 감소하거나 소원해질 수 있다. 이에 대해 부부는 죄의식을 갖기 쉽고, 특히 시부모와의 관계에 있어 갈등이 발생하거나 부부간의 의견차이나 불화가 생길 수 있다. 또한 부인의 경우 직업환경으로부터 많은 친구를 가지게 되는데, 이에 대한 남편의 적응여부도 문제시될 수 있다. 친구들과의 교제는 사회적 지원의 하나로서 상호 서비스적 교환을 가능하게 하는데, 특히 사회규범적 측면에서 맞벌이 부부의 생활 유형을 확립해 나가는 데 도움이 되며 호혜적 지원 체계를 형성하게 한다(Rapoport & Rapoport, 1976).

연구문제 ●────────────────────────────

1. 맞벌이가족의 실태를 조사하고 이들이 제시한 문제점에 관하여 토론하시오.
2. 여성의 사회참여가 가족의 발전이라는 측면과 어떻게 병행될 수 있는지 그 방안을 제시하시오.

chapter 14

이혼과 재혼

결혼이 인간의 삶에 있어서 필수적인 부분이고 통과의례이며, 동시에 존재가치를 인정받기 위한 수단이 되어왔던 전통사회와는 달리, 현대사회에서의 결혼은 개인의 선택적 행위이며 더불어 이의 해체도 사회적 구속을 떠나 좀더 융통적으로 수용되어 가고 있다. 따라서, 형식적인 가족의 형태를 유지하기보다는 가족관계의 질을 중시하고 부부간의 문제를 해결하기 위한 현대인의 노력의 과정으로 이혼을 이해하는 인식의 전환이 이루어지고 있으며, 이러한 관점은 이혼을 결혼의 실패로 보는 전통적 관점보다는 부부 문제의 극복과 해결에 좀더 적극적인 결과를 얻게 할 수 있다. 그러나 이혼이 야기하는 부수적인 문제들을 고려해 볼 때 가족해체의 비율이 급속도로 증가하는 것에 대응하는 예방적 대안이 요구되고 있는 것 또한 사실이고, 재혼과 같이 가족이 재조직화될 때 발생하는 가족구조상의 혼란을 어떻게 극복할 것인가도 가족을 연구하는 데 있어 새로이 제기되고 있는 중요한 과제의 하나가 되고 있다.

1. 이 혼

산업화 이후 가족이 분산되어 핵가족화되면서 가족의 수단적 측면의 기능은 전문기관에 의해 대행되어가고 있지만, 표현적인 측면의 기능은 더욱 강화되고 있다. 이에 따라, 현대의 부부관계는 제도적 특징보다 우애적 특징이 더 강조되고 있어서, 부부관계는 애정에 의해 형성되고 정서적 결합에 의해 유지되며 위안자로서의 상호작용이 더 중요하게 되었다. 부부관계에 대한 이러한 개념은 부부생활의 낭만성을 충족시켜 주는 한편 불안정성이라는 취약성을 초래하고 있어 현대 가족의 이혼이 증가하고 있는 것이다.

이혼은 부부 두 사람이 자신들의 관계를 해소하는 것이지만 이혼으로 인한 문제는 부부에게만으로 그치는 것이 아니라 가족전체의 문제로 파급되며, 나아가 사회적 문제가 된다. 그럼에도 불구하고 현재 우리나라에서는 이혼으로 인하여 발생하는 문제에 대한 해결이 대부분 개별 가족구성원의 적응차원에서 이루어지고 있을 뿐, 사회나 국가의 개입은 적극적으로 이루어지지 않고 있으므로 이에 대한 분석과 대응이 필요하다.

1) 이혼의 개념과 유형

이혼이란 법률상으로 유효하게 성립한 혼인을 생존해 있는 결혼 당사자들이 협의 또는 재판상 절차를 거쳐서 그 결합관계를 소멸시키는 것을 말한다. 이혼은 인위적으로 혼인관계를 소멸시킨다는 점에서 부부 중 어느 일방의 사망에 의한 혼인관계 해소와 달리, 부부관계에서 일어나는 여러 가지 문제로부터 탈피하기 위한 하나의 방법이며 동시에 부부관계를 해소시킬 방법을 법률상으로 인정하는 제도이다.

이혼에 관한 이론적 개념들을 살펴보면 먼저 기능주의적 관점에서의 이혼은, 가정 내 가족구성원의 변화를 초래하여 안정되고 균형된 가정기능을 파괴하는 사회문제로 간주되며, 갈등주의적 관점에서는 이혼을 갈등해결의 더 나은 대안을 찾기 위한 과정으로 보고 있다. 또한 상호작용적 관점에서는 이혼에 대한 상호작용적 인식이 변화하여 점차 이혼을 사회문제로 보는 관점의 변화가 초래되고 있다고 하고, 교환론적 관점에서는 결혼비용이 보상보다 크면 부부관계에 부정적인 영향을 끼쳐 이혼에 이르게 되며 이때에 다른 자원이나 장애요인들이 영향을 끼치게 된다고 보았다.

이러한 이혼의 유형에는 당사자의 자유로운 합의에 의한 협의이혼과 법원에 심판을 청구해서 이루어지는 재판이혼 그리고 가정법원의 조정에 의해 이루어지는 조정이혼이 있다. 그러나 합의이혼의 경우에도 압력에 의한 이혼, 일시적인 감정에 의한 이혼 등의 가능성을 배제할 수 없다. 또한 객관적으로 자녀의 문제 등을 충분히 고려하지 못할 수도 있고 어떠한 목적을 위한 수단으로서 위장이혼이 행해질 수도 있다. 근래에 들어서 이혼에 대한 합의가 이루어지지 않아 재판이혼의 비율이 점차 늘어나고 있는 실정이다.

2) 이혼의 실태

(1) 이혼수 및 이혼율

이혼율의 산출방법에는 여러 가지가 있다. 오늘날 많이 사용되고 있는 방법으로는 혼인수에 대한 이혼수의 비율(divorce-marriage rate), 인구 1,000명에 대한 이혼수의 비율(crude divorce rate : 粗離婚率), 15세 이상의 기혼 여성의 수에 대한 이혼수의 비율(refined divorce rate) 등을 들 수 있다.

1955년 이후 현재까지 우리나라 이혼율의 전체적인 경향은 증가 추세로, 특히 1970년대에 이르러 인구수에 대한 이혼수의 비율이 증가하기 시작하여 1998년 IMF 외환위기로 인하여 실직 등 경제적인 위기를 겪으면서 이혼율이 큰 폭으로 상승하였다. 최근 들어 가장 이혼율이 높았던 2003년의 경우 혼인수에 대한 이혼수의 비율은 54.7%에 달하며, 인구 1,000명에 대한 조이혼율은 3.49이고, 15세 이상 여성인구 1,000명에 대한 이혼수의 비율은 8.69에 달하였다. 2003년 이후 이혼율은 다소 감소 추세를 보여 왔다. 다만 최근 들어 혼인 건수가 급감하면서 이혼 건수 자체는 다소 감소하였으나, 혼인 수 대비 이혼 수 비율은 크게 증가하고 있다.

그리고 재판이혼에 비하여 협의이혼의 비율이 절대적으로 높은데, 이 협의이혼의 비율은 꾸준히 높아지고 있다(표 14-2). 또한 최근에는 이혼 연령이 점차 높아지고 있어, 2020년 현재 남성의 평균 이혼 연령은 49.4세, 여성은 46.0세이다(표 14-3). 연령대별로 보면 남성은 45~49세(16.6%), 50~54세(15.8%), 40~44세(14.3%)의 순이고, 여성은 45~49세(16.9%), 40~44세(15.3%), 35~39세(14.3%)의 순으로 나타나고 있다.

표 14-1 이혼수 및 이혼율 추이

(단위 : 명(%))

연도	총인구수(15세 이상 여성수)	혼인수	이혼수	혼인수에 대한 이혼수의 비율	인구 1,000명에 대한 이혼수의 비율	15세 이상 여성 1,000명에 대한 이혼수의 비율
1980	37,406,815(12,541,896)	402,281	23,431	5.82	0.63	1.87
1985	40,419,652(14,355,879)	375,827	38,224	10.00	0.89	2.49
1990	43,390,374(16,265,598)	393,010	41,543	10.57	0.96	2.55
1995	44,608,726(17,322,927)	395,964	64,292	16.23	1.44	3.71
1998	46,286,503(18,233,015)	375,616	116,727	31.08	2.52	6.40
2001	47,354,000(18,868,000)	320,063	135,014	42.18	2.85	7.16
2003	47,849,227(19,233,000)	304,962	167,096	54.79	3.49	8.69
2005	47,041,434(19,297,503)	316,375	128,468	40.61	2.73	6.66
2007	48,456,369(19,961,033)	343,559	124,072	36.11	2.56	6.22
2009	48,746,693(20,358,845)	309,759	123,999	40.03	2.54	6.09
2012	50,004,441(21,327,687)	327,073	114,316	34.95	2.29	5.36
2015	51,069,375(22,098,111)	302,828	109,153	36.04	2.14	5.12
2020	51,829,136(21,696,304)	213,502	106,500	49.88	2.05	4.91

* 자료 : 통계청(1980~1999). 『한국통계연보』.
　　　통계청. KOSIS(국가통계포털).

표 14-2 이혼종류별 이혼건수 및 구성비

(단위 : 천 건, %)

	1996	2000	2004	2008	2012	2014	2015	2016	2018	2020
계*	79.9	119.5	138.9	116.5	114.3	115.5	109.2	107.3	108.7	106.5
협의이혼	64.4	99.8	117.3	90.8	86.9	89.7	84.6	87.0	85.6	83.7
재판이혼	14.8	19.2	21.0	25.7	87.4	25.8	24.5	23.3	23.0	22.8
구 성 비										
계*	100.0	100.0	100.0	100.0	100.0	100.0	100.0	100.0	100.0	100.0
협의이혼	80.6	83.5	84.4	77.9	76.0	77.7	77.5	78.3	78.8	78.6
재판이혼	18.5	16.1	15.1	22.1	23.9	22.3	22.4	21.7	21.2	21.4

* 미상 포함
* 자료 : 통계청. 혼인이혼통계. 각 연도.

표 14-3 평균 이혼 연령

(단위: 세)

	2005	2007	2010	2012	2015	2017	2019	2020
남자	42.1	43.2	45.0	45.9	46.9	47.6	48.7	49.4
여자	38.6	39.5	41.1	42.0	43.3	44.0	45.3	46.0

* 자료 : 통계청. 혼인이혼통계. 각 연도.

국가별 조이혼율을 비교해보면, 우리나라의 이혼율은 미국보다는 낮지만 유럽, 아시아 국가 대부분보다 높게 나타나고 있다(표 14-4). IMF 외환이기 이전인 1997년(2.0)에는 호주(2.9), 독일(2.1) 보다 낮고 프랑스(1.9)와는 비슷한 수준이었다.

표 14-4 국가별 조이혼율

(단위 : %)

	2000	2003	2005	2007	2009	2012	2014
한국	2.5	3.5	2.6	2.5	2.5	2.3	2.3
미국	4.1	3.8	3.6	3.6	3.4	3.4	3.2
일본	2.1	2.2	2.1	2.0	2.0	1.8	1.8
대만	2.4	2.9	2.8	2.6	2.5	-	-
프랑스	1.9	2.1	2.5	2.1	-	-	2.1
독일	2.4	2.6	2.4	2.3	2.3	2.2	2.1
이탈리아	0.7	0.7	0.8	0.9	0.9	0.9	0.9
호주	2.6	2.7	2.6	2.3	2.3	2.2	2.0

* 자료 : 통계청. KOSIS(국가통계포털).
　　USA Census Bureau.

(2) 이혼 증가의 배경

앞에서 나타난 바와 같이 이혼은 그 수에 있어서나 비율에 있어서 증가하는 추세이다. 이와 같은 이혼 증가의 원인이 되는 배경을 개인적, 관계적, 사회적 측면에서 종합요약해 보면 다음과 같다.

먼저, 개인적 측면의 배경으로는 결혼관 및 가족이념의 변화와 개인의 의식 변화를 들 수 있다. 결혼관 및 가족이념은 개인과 사회에 대한 가족의 기능적, 제도적 역할을 중요시하던 견해에서 부부간의 우애성이나 상호성장 기회로서의 견해로 바뀌어 가고 있으며, 개인의 의식은 집단주의 의식에서 개인주의 의식으로 변화되고 있기 때문이다.

다음으로, 관계적 측면의 배경으로는 부부상호간 의존의 필요성이 약화되었음을 들 수 있다. 산업화 이후 여성은 사회진출의 기회가 확대되어 경제적 독립능력만이 아니라 심리적으로도 홀로서기가 가능해졌으며, 남성은 안식처로서의 가정에 대한 회의와 함께 가사노동의 사회화로 부부상호간의 도구적 필요성이 감소되었기 때문이다.

마지막으로, 사회적 측면의 배경으로는 가문이나 제도적 규제의 약화를 들 수 있다. 현대에는 결혼이 성립될 때에 가족이나 친족보다는 개인의 의견이 더 중요시되며 지리적 이동이 잦아 가문의 구속력이 더 감소되었다. 그리고 무책이혼이나 협의이혼이 가능하도록 되어 있는 이혼법 역시 이혼의 가능성을 높이고 있다.

(3) 이혼의 사유

현행 민법 840조에는 법률적 이혼의 사유로, 1호 ; 배우자의 부정한 행위, 2호 ; 배우자의 악의의 유기, 3호 ; 배우자 또는 그 직계존속에 의한 심히 부당한 대우, 4호 ; 자기의 직계존속에 대한 배우자의 심히 부당한 대우, 5호 ; 배우자의 3년 이상의 생사불명, 6호 ; 기타 혼인을 계속하기 어려운 중대한 사유를 열거하고 있다.

법률적 이혼의 사유가 실제로는 어떻게 나타나고 있는지를 표 14-5 상에서 보면, 재판상 이혼의 원인으로는 배우자의 부정행위가 가장 많은 비율을 차지하며 다음이 본인에 대한 부당한 대우인 것으로 나타나고 있는데, 1990년대 후반 들어 배우자의 부정 사유는 약간 줄다가 최근 다시 증가하는 추세이며, 악의의 유기 사유는 지속적으로 감소하고 있다. 반면에 본인에 대한 부당한 대우가 이혼의 원인

표 14-5 재판상 이혼의 사유

청구인	연 도	부정 행위	악의의 유기	본인에 대한 부당한 대우	존속에 의한 부당한 대우	3년이상 생사불명	기 타	계
남자	1995	5,175 (50.1)	1,882 (18.2)	1,214 (11.7)	628 (6.1)	871 (8.4)	547 (5.3)	10,317 (100.0)
	1997	5,034 (37.8)	2,472 (18.6)	3,184 (23.9)	704 (5.2)	756 (5.6)	1,163 (8.7)	13,313 (100.0)
	1999	6,729 (40.8)	2,665 (16.1)	4,046 (24.5)	770 (4.6)	1,182 (7.2)	1,107 (6.7)	16,499 (100.0)
	2001	7,376 (41.2)	2,899 (16.1)	4,776 (26.6)	739 (4.1)	1,084 (6.0)	1,028 (5.7)	17,902 (100.0)
	2003	8,596 (46.6)	1,680 (9.1)	5,444 (29.5)	905 (4.9)	721 (3.9)	1,113 (6.0)	18,459 (100.0)
	2005	6,995 (46.7)	1,407 (9.4)	4,291 (28.7)	775 (5.2)	719 (4.8)	787 (5.3)	14,974 (100.0)
여자	1995	5,626 (41.0)	2,229 (16.7)	3,348 (24.4)	580 (4.2)	824 (6.0)	1,043 (7.6)	13,720 (100.0)
	1997	4,353 (44.6)	2,013 (20.6)	1,196 (12.2)	784 (8.0)	931 (9.5)	490 (5.0)	9,767 (100.0)
	1999	5,039 (48.8)	1,091 (18.4)	1,335 (12.9)	691 (6.7)	852 (8.3)	498 (4.8)	10,316 (100.0)
	2001	4,747 (43.4)	2,091 (19.1)	1,897 (17.3)	838 (7.6)	797 (7.2)	555 (5.0)	10,925 (100.0)
	2003	5,550 (47.0)	1,038 (8.8)	2,751 (23.3)	972 (8.2)	693 (5.9)	815 (6.9)	11,819 (100.0)
	2005	4,474 (49.8)	644 (7.2)	2,069 (23.1)	822 (9.2)	503 (5.6)	457 (5.1)	8,969 (100.0)
전체	1995	10,801 (44.9)	4,181 (17.4)	4,562 (18.9)	1,208 (6.4)	1,695 (7.1)	1,590 (6.6)	24,037 (100.0)
	1997	9,384 (40.7)	4,485 (19.4)	4,380 (18.9)	1,488 (6.4)	1,687 (7.3)	1,653 (7.2)	23,080 (100.0)
	1999	11,768 (43.9)	4,566 (17.0)	5,381 (20.0)	1,461 (5.4)	2,034 (7.6)	1,605 (5.9)	26,815 (100.0)
	2001	12,123 (42.0)	4,990 (17.3)	6,673 (23.1)	1,577 (5.4)	1,881 (6.5)	1,583 (5.4)	28,827 (100.0)
	2003	14,146 (46.7)	2,718 (9.0)	8,195 (27.1)	1,877 (6.2)	1,414 (4.7)	1,928 (6.3)	30,278 (100.0)
	2005	11,469 (47.9)	2,051 (8.6)	6,360 (26.6)	1,597 (6.7)	1,222 (5.1)	1,244 (5.2)	23,943 (100.0)

* 자료: 법원행정처. 『사법연감』. 각년도.

표 14-6 이혼사유별 이혼 구성비 (단위 : (%))

연 도	2000	2004	2008	2010	2012	2015	2017
계	100.0	100.0	100.0	100.0	100.0	100.0	100.0
배우자 부정	8.1	7.0	8.1	8.6	7.5	7.3	7.1
정신·육체적 학대	4.3	4.2	5.0	4.8	4.2	3.8	3.6
가족간 불화	21.9	10.0	7.7	7.3	6.5	7.3	7.1
경제 문제	10.7	14.7	14.2	12.0	12.7	11.1	10.1
성격 차이	40.1	49.4	47.8	45.4	46.6	46.2	43.1
건강 문제	0.9	0.6	0.6	0.7	0.7	0.6	0.6
기타*	14.0	14.1	16.5	21.3	21.9	23.6	28.4

* 미상 포함.
* 자료 : 통계청. 혼인이혼통계. 각 연도.

이 되는 사례가 현저히 증가하고 있다. 성별 차이를 보면, 배우자의 부정으로 인한 여성의 청구 비율은 꾸준히 늘고 있으며, 남성의 경우 본인에 대한 부당한 대우로 청구하는 경우가 두드러지게 많아지고 있다.

한편, 협의이혼 시를 포함하여 자신이 작성하는 일반적인 이혼신고서 양식을 기준으로 이혼사유를 분류해보면 표 14-6과 같다. 이 경우에는 성격 차이를 이혼사유로 든 경우가 가장 많으며, 그 다음으로 경제문제, 배우자 부정, 가족 간 불화 등의 순으로 들고 있다. 가족 간 불화는 현저히 감소하고 성격 차이는 다소 증가하며 다양한 이유를 포함하는 기타 사유가 증가하고 있다.

김정옥 등의 공동조사연구(한국가족학연구회 편, 1993)에서 이혼한 남녀의 응답을 통해 얻어진 이혼의 원인을 보면, 남녀 모두에 있어서 이혼의 원인은 첫 번째가 성격적 문제이고(남 32.2%, 여 41.3%), 두 번째가 배우자의 부정행위인 이성관계이며(남 21.5%, 여 29.8%), 그 비율은 여성이 남성보다 많은 것으로 나타났다. 그리고 순위에 관계없이 지적한 이혼의 원인은 남자의 경우에는 성격적 문제, 부부상호간의 불일치, 경제적 문제 등이며, 여자의 경우에는 성격적 문제, 이성관계, 경제적 문제 등으로 나타났다. 2,30대의 젊은 이혼자들을 대상으로 조사한 옥선화·성미애(2004)의 연구에서는, 이혼의 사유가 성격차(53%), 애정상실(21.7%), 인척갈등(15.7%)의 순으로 나타났다. 이러한 이혼의 사유는 갈등의 기간이 길어질수록 복합적으로 나타날 수 있다.

3) 이혼의 영향

이혼의 긍정적 측면에 관한 논의도 있으나(Price-Bonham & Balswick, 1980), 대부분의 사람들에게 이혼은 가장 고통스러운 인생사건 중의 하나이며, 많은 문제를 유발시키는 것이다.

이혼 후 남녀 모두 자존감의 저하, 극심한 분노감, 상실감, 무력감, 우울증, 사기 저하 등의 심리적·정서적 문제를 겪는 것으로 밝혀졌다(변화순, 1996 ; 성정현, 1998 ; Holmes & Rhae, 1976 ; Hetherington, Cox & Cox, 1978 ; Raschke, 1987 ; Price & McKenry, 1988). 이러한 심리적 혼란은 불면증, 음주, 흡연 등의 행동적 반응으로 나타나기도 하고, 높은 자살률이나 질병 등과 같은 신체적 건강의 악화로 나타나기도 한다(Berman & Turk, 1981). 또한 경제적 지위의 하락, 사회관계의 변화, 그에 따른 역할의 재조정 문제, 친척 및 친구와의 관계 변화 등이 사회적 갈등요인으로 작용하며(김혜련, 1993 ; Berman & Turk, 1981), 이들 요인들은 이혼 후의 적응을 특히 어렵게 하는 요소들인 것으로 지적되고 있다(Price와 McKenry, 1988). 가까운 친구들도 이혼 후 초기에는 많은 도움을 주지만 급속도로 멀어진다는 연구결과가 있으며(Berman & Turk, 1981), 이혼한 부부는 전반적인 사회관계망의 축소를 경험하게 된다. 또한 이러한 사회심리적 문제 외에 가정관리, 시간관리, 재정 등의 현실적인 어려움이 있는 것으로 나타났다(성정현, 1998 ; Bohannon, 1970 ; Fisher, 1994). 그리고 자녀와 관련된 문제들도 발생하게 되는데, 자녀(특히 남자 아이들)가 반항적이 되며 일상적 대화의 어려움 등이 나타난다(주소희, 2003 ; Amato, 2000 ; Hetherington et al., 1979). 이혼으로 인하여 겪게 되는 이와 같은 문제들은 심리적·정서적 영역의 문제, 대인관계 영역의 문제, 생활영역의 문제, 자녀영역의 문제 등으로 대별할 수 있다.

한편, 이혼으로 인한 부정적 영향을 여자가 더 받는다는 연구결과(Albrecht, 1980)가 있는가 하면 남자가 더 많이 받는다는 연구결과(Keith, 1985)도 있다. 또한 이혼 전까지는 여자가, 이혼 후에는 남자가 더 어려움을 겪는다고도 한다(Bloom & Caldwell, 1981).

우리나라의 경우 김정옥 등의 연구(한국가족학연구회 편, 1993)에 의하면 여자는 심리정서적 문제가 가장 어렵고 다음이 자녀문제, 생활문제, 대인관계 문제의 순이며, 남자는 자녀문제가 가장 어렵고 심리정서적 문제, 생활문제, 대인관계 문제의 순으로 나타나 남녀의 차이가 있음을 알 수 있고, 모든 영역의 문제에 있어서 남자보다 여자가 더 큰 어려움을 겪고 있는 것으로 나타났다. 옥선화·성미애(2004)의 연구에서는 이혼에 따른 현실적인 어려움은 여성이 더 많이 겪지만 이혼에 대한 수용력은 여성이 더 큰 것으로 나타나고 있다.

자녀 역시 부모의 이혼으로 인하여 영향을 받게 되는데 학업성적 수준의 하락(Hetherington, 1979 ; Zill, 1988)과 분노, 공격성, 후회, 억압, 죄의식의 감정유발, 동료와 대인관계에서의 문제(이삼연, 2002 ; Hetherington, Cox & Cox, 1982 ; Zill, 1988)뿐만 아니라 부정적 자아개념, 인지능력 저하, 비사회적 행동(정지연·한유진, 2007 ; 주소희, 2007 ; Demo와 Acock, 1988) 등의 문제까지 수반하게 된다고 하였다.

그러나 앞서의 김정옥 등의 연구(한국가족학연구회 편, 1993)에서는 부모의 이혼이 자녀에게 부정적인 영향을 크게 미치지 않는 것으로 나타났다. 자녀의 생활의 질은 중간을 약간 웃도는 수준이며, 신체적 무기력 및 외로움이나 자기비난은 낮은 편이다. 이혼한 부모의 자녀들 스스로보다는 사회에서 더 부정적 견해를 가지고 있다는 것이고, 따라서 사회의 부정적 시각에 의한 편견이 오히려 자녀들에게 문제를 배가시키고 있다고 하였다. 부모의 이혼으로 인해 부정적 영향을 크게 받는 자녀도 있지만 시간이 흐름에 따라 이를 극복해 가고 있음을 조사를 통해 알 수 있다. 또한 이러한 자녀의 적응은 부모자녀관계의 수준에 의하여 영향을 받는 만큼(주소희, 2007 ; Sandler, 2001), 부모의 지지와 배려가 특별히 중요시된다 하겠다.

4) 이혼에 대한 대책

(1) 이혼예방 대책

첫째, 부부관계나 가족생활을 원만하게 유지하고 있는 부부를 대상으로 부부관계의 질적 향상을 위한 교육 프로그램을 실시한다.

교육 프로그램은 결혼불만 요인을 약화시키고 나아가 보다 나은 부부관계로 강화시키기 위하여 그 내용을 대인관계의 역동성, 가족 내 인간관계, 이성간의 관계 · 특성, 의사소통 방법, 갈등해결 방법 등으로 한다. 실시방법은 대학부설 평생교육원이나 사회단체에서 일정기간의 프로그램으로 진행할 수도 있고, 일간지의 가정란에서 정기적 컬럼으로 보도하거나 텔레비전, 라디오 등에서 공익차원의 프로그램으로 진행할 수도 있다. 미국에서는 Minnesota Couples Communication Program, Marriage Encounter, Marriage Enrichment Program, Fair Fight Training 등이 실시되고 있는데 우리나라에서도 일부 도입되어 실시되고 있다.

둘째, 위기상태인 부부를 대상으로 이혼예방을 위한 부부상담 및 치료 프로그램과 아울러 이혼 후의 생활에 대한 통찰력을 위한 교육 프로그램을 실시한다.

위기의 원인이나 상태에 따라 상담 및 치료방법이 달리 적용되어야 한다. 개인의 내적 경험에 의하여 인지되는 사고나 감정으로 인하여 부부상호 관계에 문제가 있을 때는 실존적 상담 및 치료방법을, 현재의 문제가 개인의 무의식적 경험이나 과거 부모의 부부생활 또는 부모와의 심리적 관계 등에 의한 영향 때문에 문제가 있다고 판단되면 정신역동적 상담 및 치료방법을, 부부상호간의 행동에 문제가 있을 때는 행동적 상담 및 치료방법을, 가족전체 상황에 의하여 발생된 문제라면 구조적 상담 및 치료방법이나 체계적 상담 및 치료방법을, 부부 의사소통상에 문제가 있을 때는 의사소통론적 상담 및 치료방법을 적용하는 것이 보다 효율적이다. 그리고 음주, 도박, 거짓, 낭비, 불성실, 폭력 등의 개인적 행동문제와 관련해서는 개인상담 및 치료를 병행하도록 한다. 또한 상담과는 별도로 이혼했을 때자신과 자녀의 생활 변화, 자녀와 부모와의 관계 변화 등에 대하여 통찰할 수 있도록 개인적인 교육을 실시한다.

(2) 이혼과정상의 대책

이혼을 결심한 부부를 대상으로 부부관계 회복을 위한 화해, 만족스런 이혼을위한 조정 및 중재, 부부당사자의 판단을 돕기 위한 이혼관련 법률상담의 기회를 제공한다. 화해, 조정, 중재가 성립되지 않을 때는 법률적 재판이 있도록 한다. 이혼을 결심한 부부라 할지라도 신중을 기하여 재고하되, 그래도 이혼을 해야 할 때는 이혼하는 당사자와 자녀들 모두가 상처를 덜 받고 상호협조적인 이혼협상이이루어져야 하며, 이 과정에서 이혼과 관련된 법률적 상담이 있어야 한다.

American Arbitration Association의 Family Dispute Services는 화해, 조정, 중재의 좋은 예가 될 수 있다(L' Abate & McHenry, 1983).

우리나라에서도 가정법원에 가사조정 제도가 있어 부부가 이혼에 이르는 것을 방지하거나, 분쟁이 있을 때 평화적이고 원만한 해결을 하기 위한 절차가 있으므로 이를 보다 활성화하고 홍보하여 조정위원회로 하여금 화해, 조정, 중재의 기능을 적극적으로 수행하도록 한다. 특히, 우리나라는 재판이혼보다 협의이혼이 훨씬 많으므로 협의이혼의 경우에도 조정과정을 거치도록 하여 화해 또는 보다 공정한 조정이 이루어지도록 해야 한다.

그리고 재판에 있어서는 재산분할, 위자료, 자녀에 대한 양육권 및 양육비, 면접교섭권 등에 대해서도 남녀가 공평하게 이루어져야 하며, 이혼 후 불리해지는 배우자를 고려하여야 한다.

혼인 중에 형성한 재산은 그 형성원인이 소득활동보다는 협조적인 부부공동 생활에 있기 때문에 재산분할은 공평하게 이루어져야 한다. 또한 재산분할에 있어서는 청산적 재산분할 외에 부양적 재산분할도 고려되어야 한다. 즉, 이혼 후에 소득이 없어지는 배우자를 위한 부양적 재산분할이 보장되어야 한다.

그리고 자녀양육자 지정 및 양육비 지급과 면접교섭권은 부부의 감정적 차원을 떠나서 자녀의 심리적 안정을 도모하고 성장발달을 위하는 차원에서 이루어져야 한다.

한편, 자녀들에게는 부모의 이혼이 그 자체만으로도 충격이 되는데 갑작스럽게 이혼을 받아들여야 할 때는 마음의 준비까지 없어 더욱 큰 충격이 되는 것이다. 따라서, 자녀가 이해할 수 있고 마음의 준비를 하여 자녀 스스로도 나름대로 대처할 수 있는 기회를 주어야 한다. 그리고 부모자신이 평정상태가 아니라 할지라도 희생당하고 있는 자녀에게 세심한 주의를 기울여 자녀에게 이성적인 대안을 제시해 주어야 한다.

(3) 이혼 후의 대책

이혼 후의 남녀에게는 보다 다양한 대책이 필요하다. 이혼 후의 남녀는 일시적으로 또는 계속적으로 한부모가족이 되므로 결국 한부모가족을 위한 대책을 필요로 하며, 아울러 이혼 후의 문제와 적응에 영향을 미치는 요인들이 고려된 대책이 필요하다. 이혼 후의 남녀를 위한 대책을 다음과 같이 제안한다.

첫째, 정부차원에서 경제적 지원제도를 마련한다.

① 자녀양육비 및 교육비를 보조한다.

② 의료비를 보조한다.

③ 한부모수당을 지급한다.

④ 경제적으로 곤란하거나 배우자가 없는 여성에게는 생계비를 보조한다.

⑤ 직업훈련의 기회를 제공하고 취업을 알선한다.

둘째, 정부나 정부의 지원에 의한 사회단체에서 자녀양육 및 교육을 위한 시설이나 프로그램을 운영·실시한다.

① 취학 전 자녀의 양육을 위하여 주간탁아·종일탁아 등이나, 시설탁아·가정탁아 그리고 며칠간의 위탁탁아 등 다양한 형태의 탁아 프로그램을 실시한다.

② 취학자녀의 양육 및 교육을 위하여 방과 후 자녀생활지도 프로그램이나 이용시설을 제공한다.

③ 자녀문제 상담이나 부모역할 프로그램을 실시한다. 미국에서 실시하고 있는 GRASP, PACT, PEACE 등 다양한 이혼 후 부모교육 프로그램들(Braver 등, 1996)이 그 예이다.

셋째, 사회단체 차원에서 심리적 지지 프로그램을 실시한다.

① 독립의식을 고취하기 위한 프로그램을 실시한다.

② 이혼 후의 심리적 적응 및 성장을 위한 상담 및 치료 프로그램을 실시한다.

③ 사회적으로 이혼에 대한 부정적 편견을 버리고 긍정적 인식을 갖도록 하기 위하여 필요한 경우에 이혼 타당성을 지지한다.

④ 정서적 지지를 위한 이혼자 모임을 주선한다.

⑤ 재혼의 기회를 마련한다.

부부를 대상으로 하는 이상의 제도나 프로그램은 정부와 사회단체에서 협동적으로 실시하며, 이혼한 사람들이 자신의 형편에 따라 선택하여 지원받을 수 있도록 그 기회를 제공한다.

그리고 자녀를 위한 대책도 필요하므로 다음과 같이 제안한다.

첫째, 이혼과 관련해서 발생가능한 일반적인 가족문제나 자녀문제를 예측하고 통찰하여 대처할 수 있도록 하는 교육을 실시한다. 실시방법은 학교의 특정교과목에서 현대사회의 가족문제 및 다양한 가족형태를 교육하거나, 교육방송이나 아동 또는 청소년 대상 신문 등에서 하나의 주제로 다루거나, 사회단체의 청소년 대상 프로그램에서 취급할 수 있다.

둘째, 부모의 이혼으로 인한 자녀자신의 특수한 문제를 상담할 수 있는 상담기구를 운영한다. 상담기구는 정부의 지원하에 사회단체에서 운영하되 전화상담이나 대면상담 등 다양한 접근방법을 개발한다.

셋째, 사회의 모든 사람들은 부모가 이혼한 자녀들에 대한 편견을 버리고 여느 아이들과 똑같이 대하는 자세가 무엇보다도 필요하다.

2. 재 혼

최근 들어 이혼이 증가하면서 과거에 비해 재혼 가족은 훨씬 일반적인 가족의 형태로 되어가고 있으며 이러한 경향은 앞으로도 지속되리라 보여 진다. 따라서 재혼의 문제는 중요한 사회적 이슈가 되고 있으며, 특히 재혼의 실패율이 초혼의 실패율보다 높아지면서 재혼가족의 적응을 위한 노력이 요구되고 있다.

재혼가족의 가장 큰 문제는 아직 이러한 재혼가족이 정확하게 제도적으로 보호되지 못한다는 데에 있다. 재혼가족의 형성과정부터가 규범화되어 있지 못하고 호칭도 제각각일 뿐만 아니라, 관련법이나 제도 역시 재혼을 혼인의 범주 안에 포괄시킬 뿐 정확하게 개별화하여 제시해 주지 못하고 있다. 더욱이 우리나라에서는 아직 이혼에 대한 사회적 대응력이 발달하지 못하고 있는 상태이므로 재혼 역시 사회적으로나 개인적으로 체계적인 탐색과 수용이 이루어지지 못하고 있어 이에 대한 적응을 더욱 어렵게 하고 있는 실정이다.

1) 재혼의 실태

이혼율이 꾸준히 증가함에 따라, 이혼에 따른 재혼율은 감소함에도 불구하고 전체 혼인에서 재혼이 차지하는 비율이 점차 증가하고 있다.

재혼을 선택하게 하는 변수는 연령과 자녀유무, 소득, 학력 등인 것으로 알려지고 있다. 미국에서는 이혼한 사람들 중 70% 가까이가 결국에는 다시 재혼을 하는데, 연령이 적을수록 재혼율이 높으며, 40세 이후의 이혼여성의 재혼율은 매우 낮게 나타나고 있다. 25세 이전에 이혼한 여성 중 자녀가 없는 여성은 자녀가 있는 여성보다 재혼율이 높으나, 35세 이상 여성 중 자녀 없는 여성의 재혼율이 자녀가 있는 여성보다 낮게 나타나고 있다. 소득의 경우 남성은 소득이 높을수록 재혼율

표 14-7 연도별·혼인종류별 혼인

(단위: 천 건, %)

		1972	1981	1990	2000	2005	2010	2015	2017	2020
계*		244.8	402.6	362.7	332.1	314.3	326.	302.8	264.5	213.5
남자	초혼	231.5	365.7	315.2	288.2	2252.5	273.0	256.4	222.5	180.1
	재혼	13.2	35.8	46.5	43.4	59.7	53.0	46.4	41.7	33.3
여자	초혼	237.7	366.9	311.0	283.4	245.2	268.5	250.0	216.8	175.0
	재혼	7.1	34.6	50.6	48.1	66.6	57.5	52.7	47.4	38.1
구성비										
계*		100.0	100.0	100.0	100.0	100.0	100.0	100.0	100.0	100.0
남자	초혼	94.6	90.8	86.9	86.8	80.3	83.7	84.7	84.1	84.3
	재혼	5.4	8.9	12.8	13.1	19.0	16.3	15.3	15.8	15.6
여자	초혼	97.1	91.1	85.8	85.3	78.0	82.3	82.5	82.0	82.0
	재혼	2.9	8.6	14.0	14.5	21.2	17.7	17.4	17.9	17.8

* 미상 포함
* 자료 : 통계청. 혼인이혼통계. 각 연도.

이 높은 반면, 여성은 반대의 경향이 나타나고 있고 학력의 경우도 마찬가지이다. 특히, 자녀가 있는 약간 나이 든 여성의 경우 경제적 안정성을 확보하려는 욕구에 의해 재혼을 결정하는 경향이 높다(Glick, 1980). 따라서 부부 중 한사람 혹은 두 사람이 이전의 결혼에서 출생한 자녀를 데리고 재혼함으로써 형성되는 계부모가 족의 수 또한 증가하고 있다(Olson 외 2인, 2002).

표 14-7에서와 같이 우리나라의 재혼 건수는 전체 결혼 건수와 비교해 볼 때 증가하는 추세에 있으며, 특히 과거에는 재혼 남성과 초혼 여성의 결혼 비율이 높았으나 최근 들어 초혼 남성과 재혼 여성의 결혼 비율이 점차 증가하고 있다. 또한 재혼 남성과 재혼 여성의 결혼 비율도 꾸준히 증가하고 있다(표 14-8).

재혼 연령에 있어서는(표 14-9), 평균 재혼 연령이 최근 들어 꾸준히 상승하는 경향을 보이고 있으며, 남녀 연령 차이는 약간씩 줄어들고 있는데, 초혼의 연령 차이가 보통 3세 정도인 것에 비추어 볼 때 재혼의 연령차가 조금 많은 것으로 나타나고 있다.

표 14-8 부부의 혼인형태별 혼인건수 및 구성비

(단위 : 천 건, %)

	2000	2004	2008	2010	2012	2015	2017	2020
계*	332.1	308.6	327.7	326.1	327.1	302.8	264.5	213.5
남(초)+여(초)	271.8	231.3	249.4	254.6	257.0	283.3	206.1	167.0
남(재)+여(초)	11.4	12.1	15.0	13.9	13.5	11.7	10.5	7.9
남(초)+여(재)	16.2	19.0	20.6	18.3	18.9	18.0	16.2	12.8
남(재)+여(재)	31.9	44.3	42.1	39.1	37.6	34.7	31.1	25.2
구 성 비								
계	100.0	100.0	100.0	100.0	100.0	100.0	100.0	100.0
남(초)+여(초)	81.9	74.9	76.1	78.1	78.6	78.7	77.9	78.2
남(재)+여(초)	3.4	3.9	4.6	4.3	4.1	3.9	4.0	3.7
남(초)+여(재)	4.9	6.2	6.3	5.6	5.8	6.0	6.1	6.0
남(재)+여(재)	9.6	14.4	12.8	12.0	11.5	11.5	11.8	11.8

* 미상 포함, 남(초) : 남자초혼, 남(재) : 남자재혼, 여(초) : 여자초혼, 여(재) : 여자재혼
* 자료 : 통계청. 혼인이혼통계. 각 연도.

표 14-9 평균 재혼 연령

(단위: 세)

	1975	1981	1990	1995	2000	2005	2010	2015	2020
남자	39.9	38.9	38.9	40.4	42.0	44.1	46.1	47.6	50.0
여자	34.7	33.9	34.0	35.6	37.4	39.6	41.6	43.5	45.7
차이	5.2	5.0	4.9	4.8	4.6	4.5	4.5	4.1	4.3

* 자료 : 통계청. 혼인이혼통계. 각 연도.

2) 재혼가족의 유형

미국에서는 이혼 후 약 90%의 어머니가 자녀의 양육권을 가지게 되어 계부와 친모, 그리고 의붓자녀로 구성된 재혼가족이 많은 비중을 차지하였다(Pasley과 Ihinger-Tallman, 1988). 즉, 재혼가족에서의 전혼 자녀의 존재와 관련된 양육권의 형태와 동거여부를 살펴볼 때, 미국의 경우는 자녀양육권이 주로 여성에게 있으므로 82%가 계부가족을 이룬다(Glick, 1989). 우리나라는 재혼여성이 전혼 자녀를 데리고 결혼한 경우가 7.5%, 계자녀와 사는 경우가 24.1%로 나타났는데(한

표 14-10 재혼가족의 9가지 구조적 유형

(단위 : 세)

남편의 전혼 자녀 유무	부인의 전혼 자녀 유무		전혼 자녀 없음	전혼 자녀 있음	
				양육권 없음	양육권 있음
남편의 전혼 자녀 유무	전혼 자녀 없음		무자녀 재혼가족	비동거 계부가족	동거계부가족
	전혼 자녀 있음	양육권 없음	비동거 계모가족	비동거 계부모가족	혼합계부형 계부모가족
		양육권 있음	동거 계모가족	혼합계모형 계부모가족	동거 계부모가족

* 자료 : Clingempeel, Brand & Segal(1987). A Multilevel - multivariable developmental perspective for future research on stepfamilies, In Pasley, K. & Ihinger-allman, M.(Eds.). *Remarriage and stepparenting today : Current research and theory*. Guilford, p.68.

국가정법률상담소, 1996), 또 다른 연구(김연옥, 1999)에서는 재혼여성의 68.8% 가 전혼 자녀와 동거하고 있다고 하고 있어, 앞으로 우리나라에서도 재혼여성이 자신의 전혼 자녀를 계자녀와 함께 키우는 경우가 증가할 것으로 예상된다.

이처럼 재혼가족의 유형은 재혼부부의 결혼지위(미혼, 이혼, 사별), 자녀유무, 자녀양육 유무 및 재혼자의 연령에 따라 매우 다양하다. 표 14-10은 재혼부부 각 각의 전혼 자녀의 유무와 양육권 유무를 기준으로 재혼가족을 분류한 것이다.

3) 재혼가족의 적응

(1) 재혼가족의 적응단계

일반적으로 재혼에 의한 가족은 가족체계가 분열되고 때로는 확대되어 이질적 인 가족구성원이 뒤엉킨 가족관계를 형성한다. 따라서 재혼가족은 이러한 혼합된 형태를 나름대로 정리해가면서 새로운 구조로의 적응을 원만하게 이루어야 하는 데, 이에는 일정한 적응단계가 있게 된다.

맥골드릭과 카터(McGoldrick & Carter,1989)가 제시한 발달적 단계모델은 재혼 가족의 발달과정을, 새로운 관계형성→ 새로운 가족에 대한 계획→ 재혼, 그리고 새로운 가족의 형성이라는 3단계로 구분하고 있다. 이 모델에서 강조하는 목표는 융통적이면서 기능적인 경계를 지닌 개방체계를 확립하는 것이며, 이를 달성하기 위해서는 특히 재혼가족의 문제를 다루기에 앞서서 우선 이전의 결혼이나 이혼에 관련된 문제부터 해결해야 함을 강조하고 있다.

페이퍼나우(Papernow,1993)는 재혼가족의 주기를 크게 초기, 중기, 후기 3단계로 나누고, 이를 다시 환상기 → 몰입기 → 인식기 → 변동기 → 행동기 → 접촉기 → 해결기의 7단계로 구분하였다. 초기의 단계들은 끝마치는데 각각 2~3년이 걸리고, 중기와 후기의 단계들은 각각 1~3년이 걸린다고 하였다. 각 단계에서 재혼가족이 수행해야 할 과제로는 우선 재혼가족이 형성되는 초기에는, 재혼가족이 당면한 문제와 딜레마를 정확히 인식하고 주변에 자신을 이해해주는 사람을 확보하여야 하며, 가족원과 신뢰로운 일 대 일의 시간을 가지면서 친부모를 도와주는 계부모로서의 역할이나 친부모와 계부모, 전혼 자녀 모두의 욕구를 파악하는 일을 하여야 한다고 하였다. 그리고 둘째로 가족의 재구성과 조화를 시도하는 중기에서는, 공평하고 건설적으로 싸우는 법 배우기를 비롯하여 새로운 가족의 규칙과 전통 세우기, 가족행사 계획하기 등이 필요하다고 하였고, 셋째로 재혼가족 체계를 공고히 하는 후기에서는, 성숙한 계부로서의 역할 확인, 충성심에 의해 등장할 수 있는 갈등의 축소, 가족원들의 '우리' 의식 강화를 위한 가족시간 가지기 등을 하여야 한다고 하였다.

(2) 재혼가족의 부적응 요인

초혼보다는 재혼에서의 이혼율이 더 높게 나타나고 있는데(Bumpass 등, 1990 ; Glick, 1989 ; Stuart & Jacobson, 1985), 퍼스텐버그와 스패니어(Furstenberg & Spanier, 1984)는 재혼이 깨지기 쉬운 이유 중의 하나가 재혼 당사자들이 이혼을 갈등의 해결책으로 쉽게 생각하기 때문이라고 하였고, 브로디 등(Brody et al., 1988)은 재혼자들이 심리적이며 행동적인 문제를 가지고 있을 가능성이 크기 때문이라고 하였다. 재혼만족도 역시 초혼에서의 결혼만족도와 마찬가지로 결혼기간이 지남에 따라 감소하는 경향이 있고, 일반적으로 노년기의 재혼은 생활만족도를 증가시키는 것으로 나타나고 있다.

재혼의 과정이 초혼과는 달리 복잡하고 상이하다고 보는 특징적인 차이에 대하여, 스패니어와 퍼스텐버그(Spanier & Furstenberg, 1987)는 다음의 4가지 이유를 들고 있다.

첫째, 초혼에서의 경험을 바탕으로 재혼자는 현재 상황을 비교함으로써 불만이나 만족을 느끼기 쉽다. 둘째, 자녀가 있는 경우의 재혼은 이전 배우자와의 관계가 지속될 가능성이 있다. 셋째, 초혼과 재혼은 개인의 생애에서 상이한 시점에서 발생하므로, 각 시기의 개인적 성숙, 기대수명, 사회경제적 지위 상의 변화로 인해 초혼과 다르다. 넷째, 재혼자는 두 가지 상이한 결혼연령 집단의 성원으로 결혼생활에 대한 문화적 기준에 노출, 재노출 된다.

또한 재혼가족으로서 겪는 문제를 해결하려고 하기 이전에 전혼과 관련된 문제들을 우선적으로 해결하여야 한다는 재혼가족의 발달적 측면을 강조한 맥골드릭과 카터(1989)는 재혼가족의 적응에 장애가 되는 9가지 요인을 다음과 같이 제시하였다. 즉, '그'의 가족과 '그녀'의 가족이 발달주기상 격차가 클 때, 이혼에서 재혼까지의 기간이 짧을 때, 전배우자에 대한 강렬하고 해결되지 않은 감정이 남아 있을 때, 재혼에 대한 자녀들의 정서적 반응을 이해하지 못할 때, 초혼가족의 이상을 포기하지 못할 때, 재혼가족의 경계를 확고히 하려고 노력하면서 성급하게 가족응집력을 기대할 때, 계자녀의 비동거 친부모 및 조부모를 배제하려고 할 때, 어려움을 부인할 때, 재혼에 즈음하여 자녀양육권이 이전될 때 등이다.

재혼가족은 문제해결력이나 대화체계에 있어 약간 비효과적이고 응집력이 약화되어 있는 것이 사실이다. 그러나 재혼에 대한 긍정적 관점이 형성되지 못한 사회적 분위기가 전반적으로 편견과 고정관념을 양산시켜, 재혼가족의 긍정적 발전을 저해하기도 한다. 핵가족적 원리를 재혼가족의 복잡성에 그대로 적용시킨다든지 또는 문제중심적으로만 접근하는 경우, 그리고 동거하지 않는 친부모를 포함한 광범위한 역동성을 파악하지 못할 때, 재혼가족에 대한 진정한 접근은 이루어지지 못할 것이다.

4) 재혼가족의 가족관계

과거에는 재혼 후의 계부모자녀 관계를 문제중심적으로 접근하였으나, 최근에는 수용적이고 긍정적으로 이해하려는 경향이 증가하고 있다. 예를 들어 과거 손상된 가족관계로 인해 저하된 자신감을 회복하여 새롭고 특유한 방식으로 가족생활을 영위할 수 있게 된다면 초혼가족의 부모역할이 갖지 못하는 긍정적이고 고유한 측면도 가질 수 있다는 것이다(정현숙 등, 1999). 따라서 재혼가족이 갖는 장애 요소들을 어떻게 현명하게 풀어나가느냐에 따라 재혼가족의 가족관계는 달라질 수 있다.

계부모자녀관계는 친부모자녀관계보다 소원하며 갈등이 크고 스트레스의 원천이 될 가능성이 크다. 더욱이 계부모자녀관계에서는 서로간의 긍정적인 접촉의 정도가 매우 중요한데도, 계부모를 단순한 양육자로 인식하는 경향이 높고 실제로 양육결정에 참여하는 비율도 그다지 높지 않은 것으로 나타나고 있다. 그러나 자녀가 친부모와의 접촉이 없을 때 충분히 친부모의 대리자 역할을 할 수 있으며, 자녀의 성별에 따라 상반된 연구결과가 나오기는 하지만 계부가 계모에 비해 양육과정상 실제 개입 정도가 적어 갈등을 적게 일으키므로, 계모보다 계부가 자녀와 더 좋은 관계를 가질 가능성이 있다는 연구결과(Ambert, 1986)도 있다.

브레이(Bray, 1988)는 재혼가정의 자녀에게 약간의 우울, 불안 등 내면적 행동장애나 동료관계 또는 학업에서의 외형적 행동장애가 나타난다고 하였고 청소년의 음주율이 다소 높게 나타남을 보고하였다. 학업성적은 편부모가족의 경우와 비슷하고 일반 핵가족의 경우보다는 다소 낮은 것으로 나타나고 있다(Zill, 1988). 또한 혼전 성관계 비율이 더 높고(Kinnaird와 Gerrard, 1986), 친구지향적이며 반사회적이라는 연구결과(Steinberg, 1987)도 있다. 그러나 이들 재혼가정 자녀들이 이혼에 대해 더 긍정적인 태도를 보이고 있다는 연구결과(Colman와 Ganong, 1984)도 있다.

계부모자녀관계는 여러 요인 즉 재혼 당시 자녀의 연령, 재혼 지속연수, 자녀수, 동거하지 않는 친부모와의 접촉정도 등의 변수에 의해 영향을 받는다. 재혼한 여성의 경우 계자녀 중 특히 남아의 수에 따라 자아존중감에 반비례적 영향을 받고 있다는 연구 결과(Guisinger 등, 1989)가 있다. 또한 친부모와의 애매한 감정적 관계도 계부모관계를 위협하는 요인이 되고 있는데, 친부모의 지나친 개입이 자녀의 스트레스나 갈등을 증가시킬 수 있다는 점도 고려되어야 한다. 대부분 동거하지 않는 친부모와의 관계는 어머니가 아버지보다 친자녀와 더 접촉하는 경향이 있으나 시간이 지나면서 감소하게 되고, 이러한 감소현상이 자녀에게 유해하지 않다는 연구결과들이 대부분이다. 그러나 질(Zill, 1988)은 동거하지 않는 친모와의 접촉이 자녀의 행동문제를 감소시킨다고 하였다.

또한 부모 모두가 자녀를 동반하여 재혼했을 때 계부모자녀관계가 더 소원해질 가능성이 있으므로, 특히 이러한 경우에 부모자녀간 또는 형제자매간에 새로운 상호관계 수립이 더욱 요구되며, 재혼만족도가 높을 때 계부모자녀관계도 양호하므로(Coleman & Ganong, 1987) 재혼 당사자들의 관계를 강화시키는 노력이 선행되어야 한다.

연구문제 •————————————————————

1. 가족위기에 관한 이론적 모델을 조사해 보시오.
2. 이혼증가의 추세를 조사하고 그 원인을 분석하시오.
3. 이혼과 재혼가족에 대한 사회적 지원책이 있다면 무엇인지 조사해 보고, 지원책의 확대방안에 관하여 논하시오.

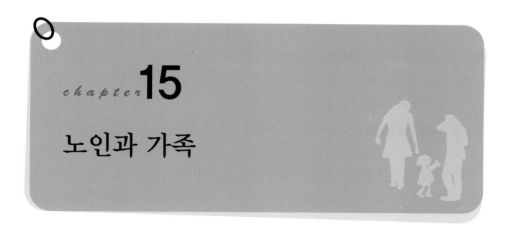

chapter **15**

노인과 가족

　의학의 발달과 공중환경 위생의 개선 및 생활조건의 향상은 인간의 평균수명을 연장시켰고 인구를 고령화시키는 이른바 '제2의 인구혁명'을 몰고와, 선진공업국에 있어서는 65세 이상의 노령자들이 전체인구의 15~20%에 이르고 있다. 우리나라의 경우에도 노인들의 절대수는 증가 일로에 있고, 노령인구층이 차지하는 비율도 차츰 높아 가고 있다.

　특히, 가족구조의 변화와 더불어 전통적인 '효(孝)' 개념이 쇠퇴해 가는 우리나라의 현실에서 볼 때 이제는 노인의 문제를 어떻게 해결해 나가야 할 것인가를 분명히 결정해야 하는 시점에 와 있다. 가족 내에서 노인세대를 보는 관점을 정립하고 보다 구체적이며 실천적인 해결방안을 제시하는 것이 개인과 가족 그리고 사회의 당면과제라 하겠다. 이를 위하여 가족적 관점에서 노인의 개별적, 집단적 문제를 검토하고 분석하는 과정이 선행되어야 한다.

1. 노인인구 변화

　출생률의 장기적인 감소는 전체인구에 대한 노인비율을 증가시키고 있으며, 성인 사망률의 감소 역시 노인인구의 통계학적 변화를 초래하고 있다. 그리고 점차 확대되고 있는 핵가족화는 노인만이 사는 가족수를 증가시키고 있다. 이러한 전반적인 노년기가족의 변화는 부양이나 노년기 적응 등 개인적·사회적 측면에서 다양한 노인문제를 야기시키게 된다.

1) 노령인구의 증가

노인문제는 노년세대에 속한 사람들이나 그의 가족이 재생산을 할 수 없거나 그 능력이 불충분할 때 시작된다고 할 수 있다. 즉, 노인과 그의 가족이 건강과 문화적인 최저한도의 생활을 영위할 수 없는 상태에서 노인 문제가 발생하며, 이러한 상태가 발생하는 계기는 다음의 두 가지로 구분할 수 있다.

첫째는 노인쪽의 문제로서, 노동 능력의 상실과 이에 수반하여 발생하는 소득의 감소와 단절, 일상 생활에서의 활동 능력 쇠퇴, 자주적인 인성의 상실 등이고, 둘째는 가족이나 사회쪽에서 발생하는 문제로서, 노인에 대하여 경제적 부양이나 가사적 부양, 신체적 부양, 정서적 부양이 각각 불충분하거나 완전 결여되어 있을 경우에 발생한다고 할 수 있다(서병숙, 1991).

현대사회에서는 이러한 노인문제의 발생비율이 양적으로 확대되어가고 있는데, 우선적인 원인으로서 노령인구의 증가 현상을 지적할 수 있다. 앞서 제시한대로 일부 선진국에서는 65세 이상의 노령자들이 전체 인구의 20% 내외에 이르고

표 15-1 국가별 부양비

국가	총인구	0~14세	15~64세	65세 이상	총 부양비	유년 부양비	노년 부양비	노령화 지수
한국	100.0	12.2	72.1	15.7	38.6	16.9	21.7	129.0
중국	100.0	17.7	70.3	12.0	42.2	25.2	17.0	67.6
일본	100.0	12.4	59.2	28.4	69.0	21.0	48.0	228.1
프랑스	100.0	17.7	61.6	20.8	62.4	28.7	33.7	117.6
독일	100.0	14.0	64.4	21.7	55.4	21.7	33.7	155.4
스웨덴	100.0	17.6	62.0	20.3	61.2	28.4	32.8	115.4
호주	100.0	19.3	64.5	16.2	55.1	29.9	25.1	84.0

* 자료 : 통계청(2020). 『국제통계연감』.

표 15-2 OECD 국가의 노인인구 비율 추이(2005-2050), 2004

연도	아시아			서유럽			남유럽		북유럽		미주/오세아니아		
	한국	일본	중국[2]	프랑스	독일	영국	이태리	스페인	스웨덴	노르웨이	미국	멕시코	호주
2005	9.1	19.7	7.5	16.3	18.6	15.9	19.6	17.2	17.7	15.1	12.3	5.3	12.8
2020	15.7	28.1	11.7	20.3	22.1	18.6	23.7	20.5	22.7	19.7	15.9	8.0	17.3
2030	24.1	30.4	16.0	23.6	26.4	21.1	28.2	25.4	25.2	23.3	19.2	11.2	20.7
2040	32.0	34.4	21.8	25.9	28.7	23.0	33.7	31.5	27.2	26.2	19.8	15.5	22.9
2050	37.3	36.5	22.9	26.4	27.9	23.3	34.4	35.0	27.1	26.1	20.0	20.0	23.9

주 : 1) 합계출산율은 한국과 일본 2004년, 중국 2000-2005 평균, 프랑스, 독일, 이태리, 미국 2003년, 멕시코 2000년, 나머지 국가 2002년 기준임.
　　2) 중국은 OECD 非회원국가
* 자료 : UN(2004). 『Population Prospects』.

있다. 우리나라에서도 노인들의 절대수는 증가 일로에 있고, 노령 인구층이 차지하는 비율이 최근 매우 높아져 노령화지수가 일부 유럽 국가들을 추월하고 있다(표 15-1 참조). 2050년이 되면 세계 1위 국가에 이르게 된다(표 15-2 참조). 2000년에 이미 노인인구 비율이 7.2%로 고령화사회에 진입하였으며, 2018년에는 14.3%로 고령사회, 2025년에는 20.3%로 초(超)고령사회에 도달할 것으로 전망되고 있다.

2) 노년기 가족의 형태변화

65세 이상 고령자 실태를 분석해 보면, 노인인구는 1980년의 145만에서 2020년에는 829만 명으로 불과 40년 사이에 5.7배 이상 증가하였는데, 표 15-3에서와 같이 1인가구나 1세대가구가 차지하는 비율이 60.2%에 이르고 있다. 노인부부만 사는 1세대가구의 비율은 1995년 23.3%였던 것이 2020년에는 39.1%로 증가하였고, 노인 1인 단독가구 역시 13.3%에서 21.2%로 증가하였다. 반면에 자녀, 손자녀와 더불어 사는 3세대 이상 가구 비율은 39.6%에서 10.0%로 감소하였다. 따라서 노인 단독가구와 부부가구를 포함시켜 볼 때, 노인 5명 중 3명은 자녀가 미혼이든 기혼이든 자녀와 동거하지 않음을 보여주고 있다.

표 15-3 65세 이상 고령자의 실태분석(2020)　　　　　　　　　　　　　　　　　　(단위 : %)

인구비율		65~69세	70~79세	80세 이상	계
		5.3	7.0	3.7	16.0
성별	남	48.1	44.9	36.3	43.3
	여	51.9	55.1	63.7	56.7
혼인상태	유배우	75.3	66.3	39.6	63.0
	사별	13.7	27.7	57.7	30.1
	이혼	8.7	4.7	1.5	5.2
	미혼	2.4	1.3	1.2	1.6
세대구성	1세대가구	44.8	41.8	24.4	39.1
	2세대가구	29.7	25.9	29.4	27.9
	3세대가구	6.4	9.8	16.0	9.9
	4세대이상가구	0.1	0.1	0.3	0.1
	1인가구	17.2	20.8	30.0	21.1
	비혈연가구	1.8	1.7	1.9	1.8

* 자료 : 통계청(2020). 인구총조사 자료를 재분석한 것임.

2. 노인의 발달적 변화

1) 노화와 적응

노화는 신체의 구조와 기능의 퇴화를 강조하는 생물학적 입장과 주어진 환경에 대한 적응능력의 상실을 강조하는 심리학적 입장의 두 가지로 접근해 왔다. 대부분 신체의 퇴화는 15세에서 25세 사이에 신체적 성숙이 이루어진 후 곧 시작되지만 점진적으로 이루어지다가 노년기에 이르면 그동안 누적되었던 노화의 증상이 밖으로 두드러지게 나타나게 된다.

(1) 신체적 변화

노년기의 신체적 조건은 개인의 유전요소, 생활양식 및 환경요인 등의 복합적인 요소에 의해 좌우된다. 신체의 구조는 서로 의존적이므로 노화기의 증상도 대단히 복잡하다. 신체부분 중에서 가장 쉽게 노화의 증상을 짐작할 수 있는 부분은 얼굴로서, 표피는 점차 얇아지고 주름이 지며, 제2차 성징이 점차 위축되어 성별 특징이 사라지게 된다. 골격은 뼈의 경화, 철분의 퇴적, 뼈대구조의 변경이 이루어지고 키가 줄며, 근육은 탄력성을 잃고 섬유소가 증가한다. 또한 감각기관의 능력이 감퇴하고 자극에 대한 민감성이 감소하며, 뇌의 무게가 줄고 뇌공은 팽창하며 피질조직은 좁아진다.

신체구조의 퇴화와 더불어 기능상의 변화가 뒤따르는데, 자율적 조정능력이 감퇴하여 동작이 느려지고 동작 사이의 조정이 잘 이루어지지 않아 행동이 서툴고 어색해진다. 또한 지능이나 기억력 등 정신능력의 감퇴가 일어난다.

퇴화가 일어나는 속도는 개인차가 있는데, 일반적으로 지각수준이 높은 사람이 정신적 퇴화속도가 느리며 퇴화의 양도 적다. 건강한 노인일수록 퇴화는 느리게 오며 환경에서 오는 자극의 결핍도 정신적인 퇴화의 속도를 촉진시키는 요인으로 작용한다.

(2) 사회적 행동변화

노인은 근육·골격·감각기관 및 신경계통의 신체구조와 소화·호흡·내분비 및 동질정체 등의 신체기능에 점진적인 퇴화가 일어나면서 가정 및 사회에서의 위치변화와 직업생활에서의 은퇴 등 사회적인 생활변화가 오게 된다.

노년기가 되면 자녀들이 성장하여 독립해 감에 따라 가족부양에 대한 의무와 책임도 줄어들게 된다. 가족의 크기 감소, 은퇴에 따른 수입의 변동에 따라 생활조건도 변화하게 되는데, 배우자가 사망하게 되면 이러한 변화가 더욱 심화된다.

사회적 기술이나 능력이 떨어질 뿐만 아니라 동기도 위축되게 되며 기회 역시 감소하게 된다. 연령에 따르는 생산력의 감퇴는 45세부터 나타나서 60세 후반에 이르면 아주 떨어지게 된다.

일반적으로 사회는 노인에게 새로운 일자리를 제공해 주지 않고 있다. 연령이 증가할수록 취업의 기회가 감소하고 대우가 나빠지게 됨에 따라 성격이나 동기도 변질되게 된다. 실직한 노인은 취업한 노인보다 지적으로 열등해지고 의욕상실이 나타나며 훨씬 일찍 노화하는 경향이 있다.

(3) 성격 변화

젊었을 때 가졌던 성격의 질적인 면은 노년기에도 그대로 나타나지만 양적인 면에서는 크게 달라진다. 이와 같은 성격변화의 원인은 첫째, 신체적 원인에서 온다고 할 수 있다. 노인은 신체적인 노쇠를 경험하면서 생의 종말감과 건강을 되찾을 수 없으리라는 절망감을 느낀다. 따라서, 성격에 영향을 주는 욕구불만이나 정서적 혼란을 경험한다. 둘째, 사회적인 역할 박탈에서 성격변화의 원인을 찾을 수 있다. 무능력감과 무료함은 사람을 불안하게 하고 조급하게 한다. 셋째, 노인에 대한 사회적 태도가 성격에 영향을 준다. 사회에서 노인을 어떻게 보느냐에 따라 자신의 연령에 대한 태도가 달라지며, 자아에 대한 개념변화, 성격변화가 초래된다. 노인의 대표적인 성격 특성은 보수성, 자아경시, 내향성, 무감각, 불안, 순교적 정신, 과잉의존성 등으로 나타난다.

이러한 노화의 과정에 잘 적응하기 위해서는 자신과 자신을 둘러싼 다양한 변화에 안정적이고 융통성 있게 대처해야 하는데, 첫째는 자신의 신체적·물리적 한계를 받아들이고 수용하면서 나름대로 적합한 생활유형을 재수립해야 하며, 둘째는 타인에 대한 의존성을 탈피하고 작은 것에서부터 자립적 능력을 고취시켜야 한다. 셋째는 가정 외에서 사회관계를 모색함으로써 새로운 성취감을 맛보고 인생 경험의 폭을 확대시켜야 하며, 넷째는 성취하고자 하는 목표를 낮게 조정하고 철저한 계획과 준비를 통하여 좌절의 경험을 축소시켜야 한다. 그리고 다섯째로 다양한 교육의 기회에 참여함으로써 새로운 세대와의 간격을 좁히고 의사소통의 기회를 촉진시켜야 한다.

(4) 은퇴와 적응

은퇴는 신체적 쇠약과 사회적 능력감퇴를 실감나게 해 주며 현실적으로도 생활수준 감소를 초래한다는 의미에서 노년기 시작의 상징이며 가장 뚜렷한 위기라 할 수 있다. 그러므로 은퇴에 대해 얼마나 잘 적응하느냐가 노년기 적응의 성공도를 판단해 주는 기준이 될 수 있다.

은퇴는 궁극적으로 재정적인 상실을 가져오며 자아존중감의 저하를 초래하기도 하고, 직업에 관련하여 유지되어 왔던 다양한 사회적 접촉을 감소시킴과 동시에 과업수행의 감각을 상실하게 하며 관련된 인적관계를 축소시킨다(Leslie &

Leslie, 1980).

스트레입(Streib, 1972)은 은퇴의 적응유형을 신체적·정신적인 건강과 재정적 안정, 가족 등의 사회적 지지를 어느 정도 획득할 수 있느냐에 따라, 이를 모두 획득한 경우(golden sunset family)에서부터 모두 부재한 경우(totally deprived family)에 이르기까지 5가지 유형으로 나누었다. 이처럼 은퇴에 관련된 여러 자원의 변화는 다양한 측면에서 발생하므로, 장기적인 대비와 적절한 대체자원의 개발이 이루어졌을 때 은퇴에 따른 적절한 적응이 이루어질 수 있다.

또한 은퇴 후 성공적인 적응은 가정 내 역할에 어느 정도 참여하며 부부간의 동료관계를 얼마나 잘 유지하느냐에도 달려 있으므로, 남편의 은퇴에 부부 모두의 새로운 적응이 필요하며, 여성의 은퇴 후 적응이 남편보다 더 어렵다는 연구결과도 있으므로, 맞벌이가족의 경우 부부 모두의 은퇴에 대한 적응과정에서 상호 협조적인 태도가 더욱 요구된다 할 수 있다.

3. 노년기 가족관계의 특성과 변화

1) 부부관계

대부분 중년을 넘어선 사람들에게 배우자는 동반자로서 매우 중요한 의미를 가지며, 남은 여생 동안 서로를 지지해 줄 수 있는 중요한 역할을 하게 된다. 말년에 활력 있고 보람 있는 관계를 갖는 사람들은 대부분 결혼생활의 긍정적인 상호작용을 경험하는 사람들이며, 서로 지지해 주는 부부관계를 갖는 경우에 은퇴에 대한 적응도도 높은 것으로 나타나고 있다.

자녀가 독립해 나가면서 빈둥우리 시기가 되면, 부부는 부모로서의 역할에 몰두하면서 소원해졌던 부부관계를 회복해야 하므로 친밀감을 회복하는 방법을 각자가 개발하고 학습하여야만 한다. 따라서, 부부간에 역할과 취미를 공유하면서 적절한 상호작용 방식을 재수립하는 것이 필요하다.

결혼만족도는 가족의 확대기에는 감소하다가 후기에 가서 증가하는 경향이 일반적이므로, 노부부는 은퇴 후 다시 신혼단계를 경험한다고 할 수 있다. 그러나 노년기 역할 재배치에 따른 변화는 긴장을 유발시키기도 하는데, 특히 남성의 경우 가사노동에의 급작스런 전환은 부적응을 야기시키기도 한다. 실제로 은퇴 후 가사작업 분담에 큰 변화가 일어나지 않는다는 연구결과(Brubaker & Hennon, 1982)도 있다. 또한 노년기 건강상태의 변화도 부부만족도나 상호작용에 영향을 미치게 되는데(김경신·이선미, 2003), 노년기의 건강악화에 있어서 부부는 서로 보호자이며 간병인이 될 수 있다. 그러나 배우자를 돌봐야 하는 경우 여성이 남성에 비해 더 많은 우울과 부담감을 경험하는 것으로 알려져 있다(Johnson, 1985).

노년기의 부부관계는 다른 시기와는 달리 언젠가 배우자 일방이 먼저 죽음을 맞이하면 이에 대해 남아 있는 사람이 적응해 나가야 한다는 또 다른 특성을 안고 있다. 통계적으로 여성의 수명이 남성보다 더 길기 때문에 대략 70%의 여성이 남편을 먼저 사별하게 되는데, 배우자 사망에 대한 적응은 3단계로 이루어진다. 첫 번째는 상실감의 시기로, 우울감과 비탄에 빠지는 시간이 계속되다가, 두 번째 변화시기가 오게 되면 배우자 없는 생활을 받아들이게 되면서 혼자된 사람으로서의 정체감을 새로이 수립하기 시작한다. 마지막으로 새로운 생활유형의 발달시기에 오면 적극적으로 혼자 사는 삶을 개척하게 되는데, 이때 재혼과 같은 새로운 선택이 일어나기도 한다. 이러한 노년기의 혼자됨을 극복하는 데는 가족이나 자녀와의 접촉정도, 자아존중감 등이 중요한 영향을 미치게 된다.

노년기의 이혼율은 아직은 낮은 편이나 계속 증가하고 있는데, 우리나라의 경우 2020년 65세 이상 인구의 이혼 건수는 남자는 8,867건, 여자는 4,647건이고, 1996년과 비교하여 남자는 11.5배, 여자는 23.5배 증가(전체 이혼 건수는 1.3배

표 15-4 고령자 이혼·재혼 건수

(단위 : 건)

	남자					여자				
	1996	2004	2011	2015	2020	1996	2004	2011	2015	2020
총 이혼 건수	79,895	139,365	114,284	109,153	106,500	79,895	139,365	114,284	109,153	106,500
65세 이상	773	2,373	4,484	5,852	8,867	198	837	1,789	2,655	4,647
%	1.0	1.7	3.9	5.4	9.3	0.2	0.6	1.6	2.4	5.0
총 재혼 건수	44,400	56,671	51,637	46,388	33,261	45,171	63,555	56,430	52,747	38,064
65세 이상	922	1,417	2,234	2,672	2,966	170	338	799	1,069	1,621
%	2.1	2.5	4.3	5.8	8.9	0.4	0.5	1.4	2.0	4.3

* 자료 : 통계청. 인구동향조사. 각 연도.

증가)한 수치이다. 65세 이상 인구의 재혼 건수도 계속 증가 추세인데, 2020년 남자의 재혼 건수는 2,966건, 여자는 1,621건으로 1996년에 비해 각각 3.2배, 9.5배 증가한 것이다. 전체 이혼, 재혼수 대비 고령자 비율은 표 15-4와 같다. 미국의 경우 1,000명의 65세 이상 이혼여성 중 5명 정도가 매년 재혼하는 것으로 나타나고 있고, 남성은 다소 높아 1,000명 중 24명 정도가 재혼하며 배우자 사망의 경우에는 1,000명의 여성 중 2명, 남성은 16명이 재혼하고 있다. 인생말기에 이혼하게 되면 제한된 접촉으로 인해 사회적으로 고립하게 될 가능성이 있는데, 이혼한 노인의 36%가 친구와 접촉하지 않는 것으로 나타나고 있으며 남자가 더 고립되는 경향이 있다(Keith, 1985).

2) 성인부모자녀 관계

자녀는 양육기 동안 많은 희생과 투자를 요구하지만 부모의 말년에 사회적 고립을 막아 주는 울타리가 되기도 한다. 자녀들은 부모와의 관계가 친밀하든 아니든, 근원적인 부모자녀관계의 친밀성 때문에 어떠한 형태로든 부모를 만족시켜줄 수 있는 것으로 지각하고 있는데(Cicirelli, 1983), 실제로 부양의 의식에 있어서는 많은 변화가 오고 있다.

표 15-5에 나타난 바와 같이 노부모 부양에 대한 일반적 견해를 보면, 가족, 정부, 사회가 함께 해결해야 한다고 응답한 경우가 48.3%로 가장 많고 그 다음 가족이 해결해야 한다고 응답한 경우가 26.7%에 이르고 있으며, 다만 그 부담은 자녀 모두가 같이하여야 한다고 응답한 경우가 가장 많다. 그러나 도시 지역과 농어촌 지역의 차이가 나타나는데, 노인 인구가 많은 농어촌 지역의 경우 스스로 해결해야 한

표 15-5 노부모 부양에 대한 견해

(단위 : %)

	스스로 해결	가 족						가족, 정부, 사회	정부, 사회	기타
		계 (100)	장남	아들	딸	모든 자녀	능력 있는 자녀			
전국(100)	19.4	26.7	(5.0)	(2.7)	(1.0)	(72.0)	(18.3)	48.3	5.7	0.0
도시	18.8	25.9	(4.4)	(3.6)	(1.0)	(72.5)	(18.5)	49.6	5.7	0.0
농어촌	22.3	30.3	(7.9)	(4.6)	(1.0)	(69.1)	(17.4)	41.9	5.4	0.1

* 자료 : 통계청(2018). 사회조사.

다고 응답한 경우가 많아 노인층의 의식 변화를 엿볼 수 있는데, 다만 가족의 책임이라는 응답이 다소 더 높고 가족, 정부, 사회의 공동 책임이라는 견해는 그 비율이 낮은 편이라 아직은 전통적인 의식의 영향을 더 받고 있음을 알 수 있다. 가족이 부양해야 한다는 의견에 있어서도 장남이나 아들의 책임이라고 응답한 비율이 다소 높게 나타났다.

또한 표 15-6을 보면 노인들의 자녀세대와의 동거 여부 및 그 이유를 알 수 있는데, 노인의 69.2%가 현재 자녀와 동거하지 않고 있음을 알 수 있다. 같이 살지 않는 이유로는 '따로 사는 것이 편해서'라고 응답한 비율이 32.8%로 가장 높고, '독립생활 가능', '자녀에게 부담될까 봐' 등의 순이다. 농어촌지역 노인들의 경우에는 '독립생활이 가능해서'라고 응답한 비율이 31.0%로 가장 높다. 이를 보면 최근의 노인들은 과거와 달리 본인들 스스로의 자유와 편안함을 찾는 경향이 높음을 알 수 있다.

이러한 결과는, 이상적인 가족형태에 대한 가치관의 변화를 나타내 주고 있는 것으로, 처음에는 직장을 따라 이동해야 하는 산업사회의 여건변화에서 시작되었지만, 점차 간섭을 싫어하고 독립성을 중시하는 현대의 개인주의적 가치관과 맞물려 더욱 그 변화가 증폭되는 현상을 보여 주고 있다.

또한 정신적으로 효에 대한 가치개념이 변화함과 동시에 실제적인 생활에 있어서도 부모부양이 어려워지고 있는데, 전반적인 생활수준의 향상은 생활비 지출 증가를 초래하여 자녀세대의 수입만으로 대가족을 부양하기 어렵게 만들고 있다. 또한 노인들의 독립적인 사고방식의 증가 역시 자녀와 부모세대와의 별거를 부추기는 요인이 되고 있다.

표 15-6 65세 이상 노인의 자녀와 동거 여부 및 이유

(단위 : %)

	계	같이 살고 있지 않음	현재 자녀와 같이 살고 있지 않은 이유					
			소계	독립 생활 가능	자녀에게 부담이 될까 봐	따로 사는 것이 편해서	자녀의 직장, 학업 때문에	기타
전국	100.0	69.2	100.0	31.8	20.1	32.8	14.3	1.0
도시	100.0	65.5	100.0	32.2	20.2	34.9	11.6	1.1
농어촌	100.0	79.9	100.0	31.0	19.8	27.8	20.6	0.8

* 자료 : 통계청(2020). 사회조사.

그러나 부모가 자녀에게 갖는 '효에 대한 기대감'은 갈등의 소지가 되어 부모의 요구가 높으면 세대 간의 갈등과 긴장을 유발하고 가족의 전체적인 만족도를 떨어뜨린다. 특히, 아들에 대한 기대감은 며느리와의 갈등을 불러일으킴으로써 고부갈등의 심각성을 증가시킨다. 세대관계에서 발생할 수 있는 구체적인 가족갈등의 요인은 다음과 같다.

첫째, 정서적 관계가 밀접한 자녀와의 분리를 제대로 감당할 수 없을 때 갈등이 발생한다. 자녀가 성장함에 따라 독립성과 의존성의 상반된 욕구가 공존하여 갈등을 불러일으킨다.

둘째, 급격한 사회변동 속에서 부모가 지닌 전통적 가치관과 자녀세대의 미래지향적인 사고는 일치될 수 없고 갈등의 원인이 된다. 노인세대는 일반적으로 보수적이어서 자신의 의견과 행위를 절대시하고 새로운 것에는 폐쇄적인 경향을 나타내기 때문이다.

셋째, 부모자녀 간에 상호부조의 개념이 형성되지 못할 때 갈등이 발생한다. 효의 개념도 여기서 시작되는 것으로, 부모는 오랜 기간 동안 자식에게 투자하고 자식은 성장 후 이에 대한 적절한 보상을 하게 된다. 그러므로 성인자녀가 노부모를 위해 수행하는 여러 서비스들은 자발적으로 행해져야 한다. 이러한 상호교환 의식이 적절한 수준에서 서로 절충되지 못할 때 갈등이 발생한다.

따라서 자녀의 직접적인 부양행위가 노년기의 부모에게 실질적인 도움이 되기도 하지만 이보다는 부모자녀관계의 질적인 강화가 더 필요하다 하겠다. 실제로 노년기 부모자녀관계에서 노인의 생활만족도에 영향을 미치는 요인은 경제적 부양보다 정서적 부양과 동반의식이며(Brody, 1981), 노부모 성인자녀간의 상호작용에 긍정적인 영향을 주는 요인도 이들 간의 정서적 유대감인 것으로 나타나고 있다(Atkinson et al., 1986 ; Krause, 1987 ; Mercier et al., 1988). 따라서 노인은 자녀세대와의 동거여부를 떠나 자녀와의 관계가 원만할수록, 자녀와의 교류가 많으면 많을수록 만족도가 증가하는 것으로 나타난 많은 연구결과들(김은경, 2002; 김종숙, 1987 ; 성규탁, 1990 ; 원영희, 1995; 조병은, 1990 ; 최혜경, 1984 ; Bengston & Schrader, 1982 ; Sussman, 1985)이 있다. 그리고 자녀와의 동거 시, 딸과 동거하는 경우에 아들과 동거하는 경우보다 갈등이 더 적고 정서적으로 만족한다는 연구결과(서병숙·장선주, 1990; 최정혜, 1992)도 있다.

그러나 원해서든 그렇지 않든 자녀가 없는 부부, 자녀 없이 이혼했거나 사별한 경우, 결혼하지 않은 독신으로 자녀가 없는 경우, 자녀가 있었으나 먼저 사망한 경우 등이 무자녀 노인가족을 낳게 된다. 자녀가 없는 노인의 경우 사회적 접촉이 더 축소될 가능성이 있으나, 자신의 건강이나 사회계층 등도 이에 영향을 미친다. 즉, 건강이 좋은 안정된 계층의 노인은 외로움이나 친구관계에서 상대적인 결핍을 크게 느끼지 않는데, 그들 나름대로 무자녀의 장점을 최대화시키고 단점을 최소화하는 생활유형을 유지해 나가기 때문이다.

무자녀노인 중에서도 배우자가 있는 경우에는 대부분의 상호작용이 배우자 중심으로 이루어지며, 배우자가 없는 경우에는 형제자매나 조카 등 기타 친지에게 의존하는 경향이 있다. 그러나 무자녀노인에게 나타나는 가장 큰 어려움은 건강이 나쁠 때에 배우자의 도움마저 받을 수 없는 경우라고 할 수 있기 때문에, 무자녀이며 배우자가 없는 노인의 결혼은 노인문제의 해결책이 되기도 한다.

3) 조부모손자녀 관계

조부모가 되는 것은 자발적으로 선택하는 역할변화는 아니지만, 대부분의 조부모는 손자녀와의 관계에 만족하며 부모노릇을 할 때보다 더 쉽게 적응하는 것으로 나타나고 있다(Brubaker, 1985). 이것은 조부모는 부모에 비해 손자녀에 대해 책임이 없고 비교적 순수하게 애정으로만 감싸 줄 수 있기 때문이며, 특히 조모의 경우 조부보다 더 손자녀관계에 적응적인 것으로 나타나고 있다. 또한 비교적 나이가 젊은 조부모가 손자녀에 대한 책임을 더 느끼는 것으로 알려지고 있는데(Thomas, 1986), 나이가 들면서 심신이 쇠약해지면 손자녀를 상대하는 것이 귀찮아지는 등 부담을 느끼게 되기 때문이다.

조부모는 가족의 관습과 가치를 안정적, 영속적으로 지켜 나가는 역할을 하게 된다. 또한 자녀세대의 육아를 돕고 가족의 비상시나 위기시, 정서적 지지와 격려를 통해 가족을 선도해 나가는 필수적인 구성원이 된다. 좋은 조부모란 일반적으로 사랑을 표현해 주고 좋은 모델이 되어 주며, 친절히 질문에 응해 주고, 부모의 양육을 방해하거나 응석만을 받아 주지 않는 역할자가 되어야 한다. 그런 의미에서 조부모의 역할이 너무 지나친 것도 바람직하지 않다. 간혹 조부모로서의 지나친 책임감이 주어졌을 때나 조부모 역할이 너무 빨리 주어졌을 때 스트레스를 받거나 거부하는 경우도 발생하게 된다.

또한 노년기부모가 조부모가 되면 부모됨에 대한 활동과 관심을 공유하기 때문에 성인자녀와의 관계가 강화되기도 한다(Fisher, 1981). 그러나 성인부모자녀간의 갈등에 손자녀를 끌어들임으로써 손자녀들의 성격형성에 장애를 가져오는 경우도 있다. 서동인(1989), 트롤(Troll, 1983) 등의 연구에 의하면 적어도 1/4의 조부모가 일주일에 한 번 이상 손자녀를 접하는 것으로 보고하고 있는데, 조부모손자녀 관계에서는 지리적 근접성이 친밀감 형성에 중요한 역할을 한다(Vira & Kivett, 1985). 또한 동거 유무보다는 부모와 조부모의 관계, 방문횟수 등이 더 영향을 미치는 것으로 나타났다(한정란·김귀자, 2003). 또한 재혼의 증가로 계조부모손자녀 관계도 발생하는데, 손자녀의 연령이 어릴수록 그 관계 형성이 더 용이한 것으로 알려지고 있다.

키브닉(Kivnick, 1983)은 조부모유형을 5가지로 나누었는데, ① 조부모역할이 완전히 생활의 중심이 되어 부모역할을 대리하는 유형, ② 조언을 하거나 자원을 제공하는 등 가치 있는 어른으로서의 도덕적 모델의 역할을 하는 유형, ③ 가족문화의 전달자로서 상징적 역할을 하는 유형, ④ 손자녀와 더불어 자신의 생활을 즐겨 나가는 유형, ⑤ 손자녀를 통해 이루지 못한 꿈을 실현하려고 하는 유형이 있다고 하였다.

4) 형제자매 관계

형제자매는 성장기뿐만 아니라 성인기에도 친구이며 협조자로서 매우 중요한 영향을 미치지만, 특히 노년기에는 여가시간이 증가하므로 신체적, 심리적으로 상호의존적인 존재로서 큰 도움을 줄 수 있다. 또한 은퇴나 노년기 생활에 대한 정보를 주고받을 수 있고, 상호 역할모델이 되어 줄 수도 있다.

일반적으로 노년기에 이르면 과거에 존재했던 형제간의 경쟁심이나 갈등 등이 손쉽게 수용되고, 상호 이해와 동조성이 강화되는 경향을 보인다. 또한 장기 기억이 발달하는 노년기의 특성상 어린 시절의 생활경험을 공유하고 가족으로서의 유대를 확인할 수 있는 형제간의 대화는 매우 큰 심리적 안정감을 제공해 줄 수 있다. 특히, 배우자나 자녀 등에 의한 지원이 충분하지 못할 때, 형제자매는 중요한 사회적 지지 자원이 되어 줄 수 있다.

그러나 노년기는 활동성이 약화되는 시기이므로, 형제자매간에 근거리에 거주하지 않는 한 서로 간에 잦은 접촉이 불가능할 수 있다. 따라서 노인들은 직접적인 대면보다 전화나 자녀들을 통한 간접적 접촉을 활발히 하는 것으로 나타나고 있다(임선영, 1993). 또한 형제자매관계가 돈독하여 이에 과도하게 의지하게 되면, 형제들이 한둘씩 먼저 사망하였을 때의 상실감이나 충격도 노인의 심리적 건강에 큰 부정적 영향을 미칠 수 있다. 따라서 주변 가족들이 이에 대해 충분한 정신적 배려를 하여야만 한다.

4. 노인문제의 대처 방법

1) 개인적 대처

인구고령화 현상은 사회적으로 볼 때 부양과 보호가 요구되는 인구의 수가 증가됨을 의미하는데, 앞서 설명한 바와 같이 우리나라의 경우 노인부양의 일차적 책임이 가족 내에 있다고 보아 왔기 때문에, 인구고령화 현상은 부양기간을 증가시켜 가족 내에서의 노인부양의 부담을 가중시키고 있다.

특히, 우리나라에서는 근대화 과정을 통해 가족구조가 변화하면서 전통적인 효 개념이 쇠퇴해 가고 있기 때문에, 날로 증가하는 노인의 부양문제를 어떻게 해결할 것인가 하는 문제가 심각한 사회적 과제의 하나로 등장하고 있다. 우리나라 사회는 전통적 관념상 지금까지 가족주의 속에서 노인부양을 해결해야 한다는 논리가 지배적이었음이 사실이다(김송애, 1990).

그러나 오늘날 가족의 형태와 기능이 변화하고 있고 가족구성원의 생활방식이나 가치관이 달라지고 있으며 노인인구가 증가함에 따라, 노인부양이나 노인문제에 대한 시각은 변화할 수밖에 없는 시점에 와 있다. 이제 노인부양의 문제는 전통사회로의 회귀를 강요하여 해결될 수 있는 것은 아니라 할 수 있다. 인간의 정신적 관념의 변화를 강제적으로 차단하는 것은 어디까지나 한계를 가지며, 또 그러한 방법으로 노인부양이 이루어진다 하여도 부모자녀 관계의 정신적 갈등은 근본적으로 해결될 수 없다. 그리고 혈연에 근거한 관계인 경우 상호간의 호혜성이 실현되지 않을 때는 관계의 질이 낮아진다고 보는 관점(Johnson, 1988) 역시 대두되고 있어, 보다 실질적인 측면에서 가족부양의 문제에 접근해야 하는 필요성에 직면하고 있다. 특히 최근 들어 기혼여성의 취업률 증가와 같이 특히 신체적 서비스가 필요한 노인의 부양을 불가능하게 하는 요인이 증가하고 있으므로, 부양방법에 관한 적절한 대안이 모색되어져야 한다.

표 15-7 노후준비방법(복수응답): 19세 이상 인구

(단위 : %)

	계	준비하고 있음	국민연금	직역연금	사적연금	주택연금	퇴직급여	예금적금	부동산	주식채권	기타	준비하고 있지 않음
전 국	100.0	67.4	71.3	9.8	17.9	4.3	13.2	40.6	9.7	6.7	0.2	32.6
도시	100.0	67.8	71.4	10.1	18.3	4.6	13.7	39.2	9.7	7.2	0.1	32.2
농어촌	100.0	65.3	70.6	8.5	16.1	2.8	11.1	47.4	9.7	4.7	0.4	34.7
65세 이상	100.0	56.7	60.6	12.0	11.5	6.6	6.9	48.1	17.2	1.7	0.3	43.3

* 자료 : 통계청(2021). 사회조사.

표 15-7은 노후준비방법에 대해 응답한 결과를 제시한 것으로, 전체적으로 노후준비를 하고 있다는 응답자는 67.4%이었으나 노인 인구가 많은 농어촌 지역의 경우 65.3%로 이에 비해 낮게 나타났다. 또한 65세 이상 노인들의 경우 56.7%로 나타나, 실제로 노령기에 진입하였으나 노후준비도는 낮은 것으로 나타났다. 노후준비방법은 전체적으로는 국민연금에 의지하는 경우가 71.3%로 가장 높으나, 65세 이상 노인들의 경우에는 60.6%로 낮고 그 다음이 예금이나 적금에 의지하는 비율이 48.1%로 다른 연령층보다 높게 나타났다.

노인부양은 크게 공적 부양과 사적 부양으로 나뉜다. 사적 부양은 다시 자기부양과 가족부양의 두 가지 형태로 분류되는데(서병숙, 1991), 가족부양은 자녀와 동거하면서 부양받는 형태와 독립세대 또는 시설에 수용되어 자녀로부터 지원을 받는 형태로 나타나게 된다.

최근의 구미 여러 나라에서는 노인의 건강을 돌보는 데 있어 가족의 역할을 중시하여 주간에는 시설에서 노인을 보살피며 야간에는 가정으로 돌아가게 하는 방법을 취하고 있는데, 이러한 탁노방법은 가족이 함께 공동체의식을 유지하게 하면서 동시에 가족구성원의 부담을 덜어 줄 수 있는 방법이 될 것이다.

또한 부모와의 동거가 실질적으로 어려워지면서 수정확대가족(modified extended family)의 형태가 선호되고 있는데, 이것은 노인부모들이 근거리에 살면서 자녀의 부양을 받는 준동거형태로, 공간적으로는 부모와 분리되어 있으나 빈번한 접촉과 상호작용을 유지하면서 각자 사생활을 지킬 수 있다는 장점을 가지고 있다. 이를 위하여 부모가 건강할 때는 각자 멀리 떨어져 살다가, 노쇠하여 자녀의 보호를 받아야 하는 경우 자녀들 주택 인근에 조립식 주택을 지어 주는 실

버 주택산업도 발달하고 있다.

일찍부터 개인주의적 가치관이 발달한 서구사회와 달리 한국인의 의식구조는 아직까지 전통적인 가족주의, 또 이것이 확대된 집단주의 속에서 개인의 존재가치를 추구하여 왔기 때문에 노년기의 독립적인 삶에 대한 가치관도 확고히 수립되지 못하고 있다. 그러므로 아직까지 유료양로원이나 노인 집단주거시설 등이 일반화되지 못하고 있으며, 이에 대한 노인정책도 일관성을 갖지 못하고 있다. 그러나 21세기 이후에 노년기에 진입하는 세대의 경우 자신의 삶을 자신이 책임져야 하는 일은 피할 수 없는 현실이 되고 있다. 앞에서 지적한 대로 노년인구의 획기적인 증가는 기정사실이므로 노인부양 비율의 급격한 증가는 자녀의 부모부양을 물리적으로도 불가능하게 할 것이다. 한 가지 예로, 독자인 자녀가 결혼하여 부모세대와 조부모세대를 동시에 부양해야 하는 사례가 드물지 않게 발생할 것이다.

이러한 문제점을 해결하기 위한 방안으로 특히 사회복지 정책이 취약한 우리나라의 경우 노인연금 제도, 보험제도 등을 통하여 노후생활을 스스로 준비할 수 있도록 권장하는 경향이 증가하고 있고, 실제로 호응도도 높아지고 있다. 최근에 노인부양의 대안으로 등장한 역모기지는, 주택은 있으나 특별한 소득원이 없는 경우 고령자가 주택을 담보로 사망할 때까지 자택에 거주하면서 노후 생활자금을 연금 형태로 지급받고 사망하면 금융기관이 주택을 처분하여 그동안의 대출금과 이자를 상환 받는 방식으로, 자발적인 노인부양문제를 해결하는 대안으로 등장하고 있다.

편안한 노후생활을 보장해 줄 수 있는 일차적인 조건이 경제적인 안정이라고 볼 때, 노후를 위해 장기적인 경제적 전략을 수립하는 일은 필수적인 일이 되고 있다. 동시에 전반적인 생활설계를 통하여 주거문제나 일상생활의 형태 역시 노후를 예상하여 준비하고 서서히 변화시키는 자세도 필요하다. 그리고 무엇보다도 노화에 따른 자신감의 상실과 우울을 견딜 수 있는 정신적인 무장과 훈련이 필요하다. 요즈음 많이 실시되고 있는 각종 사회교육 프로그램을 통한 노인재교육의 기회를 이용하는 것도 바람직한 자세이다.

2) 사회적 대처

우리나라 노인복지 정책은 1981년 노인복지법이 제정·시행되면서 촉발되었으며, 경로우대 제도의 실시, 노부모부양자 세제금융 지원, 노인무료 건강진단 등 일련의 노인복지 사업이 실시되고 있다. 그러나 우리나라의 노인복지 재정규모는 국가전체 예산의 약 0.1%에 불과하고, 이중 반수 가량은 노령수당 지급, 즉 70세 이상 생활보호대상의 노인에 대한 지원금에 소요되고 있으며, 나머지도 노인복지 시설운영 등에 대부분 지원되고 있어 다양한 복지사업을 충실히 진행하지 못하고 있는 실정이다.

더욱이 우리나라 노인복지 정책의 기본골격은 경로효친 사상의 전통적 배경과 문화적 규범에 근거해서 '선가정보호 후사회복지'의 원칙을 고수하고 있는 형편이다. 물론, 가족중심의 노인복지 개념은 개인주의 사상이 뿌리깊은 서구사회에서도 최근 들어 정책의 가장 중요한 변수로 등장하고 있다(김동일, 1991). 1960년대 후반부터 구미 각국은 노인정책의 일환으로 가족정책을 강화하고 가족단위로 각종 복지사업과 서비스를 제공하기 시작하였다. 그러나 우리나라의 '선가정보호 후사회복지' 원칙은 가족의 지원을 통한 노인복지를 꾀하는 것이 아니고 노인복지를 가족의 책임으로 전가하려는 측면이 있다(김태현, 1989 ; 최성재, 1989).

실제로 가족부양 기능을 강화하려면 정부가 적극적으로 가족에 대해 부양 조건을 지원해 줌으로써 가급적 노인이 가정으로부터 이탈하지 않도록 제반 여건을 조성해 주어야 한다. 따라서, 이의 실천적 방법으로는 우선 노부모부양 수당을 현실화하고 면세혜택을 강화하는 등의 소득재분배 정책이 이루어져야 한다. 또한 가족간의 정서적 기능강화를 위해 노인부양가족을 대상으로 하는 상담활동과 교육활동을 실시해야 한다. 그리고 지역사회를 중심으로 노인부양가족의 집단적 조직을 구성하도록 지원하여 이들이 서로 정보를 교환하고 경험을 공유하면서 정서적 지지를 받을 수 있는 기회를 확대해야 한다.

미래사회가 고령화사회가 되리라는 것은 자명한 사실인만큼 국가에서는 장기적인 관점에서 노인복지 정책을 개발하고 재정을 확립하는 한편, 앞에서 제시한 가족부양 기능강화를 위한 노력과 노인인력 활용 등의 방안을 유관기관의 협응 아래 모색함으로써 고령화사회로의 진입에 대비하여야 한다.

가족이 어떻게 변화하든 그것은 가족이 사회 속에서 생존하기 위한 과정인 것이다. 가족과 사회는 상호영향을 주고 받는 순환과정 속에 있다. 따라서, 가족 내에서 발생하는 문제는 사회문제의 반영이라고 할 수 있고, 가족에서 해결되지 못한 문제는 결국 사회문제화된다. 그러므로 가족구성원은 먼저 가족 내에서 문제의 일차적인 원인을 찾아야 하지만, 이것을 사회와의 공동노력에 의해 해결하여야 한다. 노인문제 역시 가족만의 노력에 의하여 해결할 수 있는 시점은 이미 지나갔으므로, 노인 개인을 비롯하여 가족 및 사회가 노인문제의 해결을 위해 공조적 노력을 기울여야 한다.

연구문제

1. 노인인구 증가가 가족문제에 어떻게 연관되고 있는지 구체적인 예를 들어 설명하시오.
2. 노년기의 바람직한 가족관계의 방향을 모색해 보시오.
3. 노인부양 문제를 해결하기 위한 방안을 개인과 가족, 사회적 측면에서 제시하시오.

chapter 16

가족의 향상을 위한 대안

가족은 사회의 축소판이며 기본단위로서 끊임없이 사회환경의 영향을 받아 왔다. 특히, 현대사회의 급격한 변화 속에서 가족은 그 구조와 기능의 수정이 불가피해 왔으며, 미래의 가족이 어떠한 모습으로 변화하여 갈 것인가 역시 급격한 사회변화의 속도만큼이나 예측불허인 상태이다.

이러한 시점에서 가족생활을 영위하는 우리 모두는 가족의 미래에 대한 뚜렷한 지표를 수립해야 할 필요성을 느끼게 되었다. 전통적 관념과 도전적이며 진보적인 사고가 부딪쳐서 발생하는 갈등은 궁극적으로 가족구성원의 혼란과 가족문제를 파생시키므로, 가족이 어떻게, 그리고 얼마나 변화하고 있으며 변화할 것인가, 그리고 이들 변화가 얼마나 중요한가, 얼마나 유익한가, 그렇지 않은가에 대해 정의하여야 한다. 또한 그 대답은 우리가 우리 질문에 스스로 대답하고 우리의 용어를 정의하는 방법에 따라 크게 달라질 것이다.

분명한 것은 가족이 인간의 하나의 생활양식으로서 그 존재가치를 인정받는 한, 그것은 끊임없이 자기성찰과 교정의 과정을 거치며 적응적으로 변화할 것이라는 것이다. 이러한 의미에서 가족의 바람직한 미래지향적 대안을 검토하고 제시하는 것 또한 필요하다고 할 수 있다. 그러므로 본 장에서는 가족의 상호관계를 발전시켜 질적인 삶을 개선시킬 잠재력을 개발하고 확장시킬 수 있는 가족복지,

가족생활교육 및 상담측면의 고찰을 중시하고 이를 검토하고자 하며, 이를 통해 미래가족을 위한 제언을 결론적으로 제시하고자 한다.

1. 가족복지 정책

지금까지 가족의 복지개념은 다분히 가족 안에서의 행복도와 연결되는 것이므로 개개의 가정이 책임져야 할 성질의 것으로 인식되어 왔다. 따라서, 사회적 개념으로 이에 관련된 정책의 수립과 추진이 이루어지지 못하였고, 개인의 복지가 가족의 복지와 어떻게 연결되어야 하는지에 대한 통찰 역시 분석적으로 이루어지지 못하였다. 다만, 개인이 행복하면 가족이 행복하리라는 추상적인 가정만이 가능하였다.

그러나 개개인이 모여 상호영향을 주고받으며 독특한 문화적 환경을 형성해 나가는 가족의 특성으로 볼 때, 가족복지란 가족전체를 체계적이며 유기적으로 다루어 나감으로써 사회전체의 행복도를 증진시키는 연결효과를 볼 수 있으리라는 가능성을 간과하지 않아야 한다. 그런 의미에서 특히 가족적 관점에서 해결해 나가야 할 사회적 과제를 분석해 보고 그 대안을 생각해 봄이 필요하다.

1) 가족복지의 개념과 필요성

사회복지 분야에 있어 가족체계를 대상으로 한 접근은 최근에 와서 새로이 주목받고 있는 방법이다. 물론, 최근까지 가족에 대해 무관심했다는 의미가 아니고, 오히려 가족을 지원하기 위하여 많은 노력을 기울여 왔지만, 그 초점과 대상은 주로 개인에게 집중되었다는 것이다. 가족구성원 중 누군가가 도움을 필요로 할 때면 일반적으로 각 개인을 대상으로 한 지원이 이루어졌다.

1950년대 초에 사회과학 또는 행동과학의 발달과 더불어 일반체계 이론, 의사소통 이론, 역할이론 등 다양한 사회학적 이론이 제시됨에 따라, 스스로의 권리를 가진 중요한 체계로서 가족의 중요성이 부각되기 시작하였다. 또한 가족상담이나 가족치료도 같은 맥락에서 제기되기 시작하였다.

그러므로 가족복지란 전체로서의 가족(family as a whole)을 중시하고 가족의 역동적 체계 속에서 가족구성원 모두의 복지를 증진하도록 하는 궁극적 목표를 가지게 된다. 미국 사회사업가 협회(National Association of Social Workers : NASW)에서는 가족복지사업(family social work)이란 가족생활을 보호·강화하고, 가족구성원의 사회적응상의 문제를 원조하는 것을 목적으로 하여 공적·사적 기관이 제공하는 일련의 서비스를 말한다고 하였다. 또한 미국 가족복지사업 협회(Family Socal Service Association of America)에서는, 가족복지 기관(family service agency)의 목적을 조화적인 가족관계에 기여하고, 가족생활이 지닌 적극적인 가치를 강화하며, 가족구성원의 건전한 인격발달과 사회인으로서의 기능을 촉진하는 것이라고 하였다. 그러므로 가족복지사업은 가족전체를 문제로 삼고 가족전체를 지향하며 조사나 진단도 가족을 단위로 시행하는 것이다.

사회가 변화하면서 가족의 기능이 쇠퇴하고 많은 사회적 문제가 발생함에 따라, 가족의 기능을 회복시킴으로써 제반문제를 극복해 나가야 한다는 필요성이 최근 들어 증가하고 있는 실정이다. 따라서, 체계적이고 기술적인 가족복지의 방법들이 개발되고 응용됨으로써, 사회의 핵으로서의 가족의 안녕감을 증진시키고 이것이 사회전체의 복지수준을 고양시킬 수 있는 수단이 되어야 한다.

2) 가족복지의 대상과 방법

미국 사회사업사전에서는 가족복지의 대상영역을 ① 가족이 스트레스 상황에 빠졌을 때, ② 경제적 곤궁 및 사회자원의 사용이 곤란할 때, ③ 가족관계나 가족구성원의 개인적 기능이 장애를 초래했을 때 등으로 규정하였다. 야마자키(山崎美貴子)는 ① 가족전체에 영향을 주는 외생적 장해—가계유지, 직업, 주택, 기타 사회적 제도나 시책상의 문제, ② 가족전체에 영향을 주는 내생적 장해—가족관계의 부적응과 긴장, 가족기능수행상의 장애, 가족구성원 결손, 가족구성원의 심신장애, ③ 위 두 가지 장해의 중복(다문제가족) 등으로 구분하였다.

이러한 대상가족이 선정되면 가족복지 사업가들은 가족전체를 파악하기 위하여 가족구성원끼리의 상호작용, 의사소통 등의 특성을 분석해야 한다. 가족의 하위체계, 즉 부부관계·부모자녀 관계·형제관계 등의 유형을 파악하고 필요할 때마다 이러한 하위체계를 대상으로 한 지원이 이루어져야 한다. 가족기능의 역동성에 관한 이해가 선행되어야 하고 가족을 변화하고 발달하는 유기체로 다루어야 한다. 이러한 과정을 거쳐 당면한 가족갈등의 실체를 파악하고 가족구성원간에 어떠한 파괴적인 행동유형이 일어나며, 의사소통상의 문제는 무엇인가 등을 파악하여야 한다.

이러한 가족에 대한 접근과정에서, 가족이 그 기능을 충분히 발휘하는 데 방해요인이 되고 있는 문제적 측면들을 수정해 주고 취약한 부분을 지원해 주며 긴장과 유해요소들을 제거하기 위해 가족과 사업가가 협응하여야 한다. 그리하여 가족이 변화하고 개선되며 향상할 수 있도록 도와 주고, 가족구성원을 둘러싼 다른 지원기관들을 활용하여야 한다. 또한 사업의 실시방법에 있어, 최근에는 사업가 및 가족의 일 대 일 접근뿐만 아니라 복수의 사업가 또는 집단모임과 같은 다수의 가족을 대상으로 한 방법들이 다양하게 모색되고 있다(Friedlander & Apte, 1980).

최근에는 가족구성원간의 관계를 강화시키기 위한 과정으로서 가족구성원을 대상으로 한 가족생활교육이 실시되기도 하는데, 성인교육기관, 학부모교사 연합, 종교단체나 각종 모임들을 활용하기도 한다. 또한 부부상담, 미혼자교육, 아동상담 등도 필수적인 과정으로 진행되며, 의사나 심리학자 등의 전문적인 도움도 의뢰하고 있다.

가족복지는 궁극적으로 사업가들로 하여금 가족구성원의 인성, 동기, 행동, 환경 등의 제반요소를 모두 파악하기를 원하게 된다. 그리고 이러한 정보에 기초하여 그들에게 필요한 지원내용을 설명하고 제공하면서, 결국 최종선택과 결정은 스스로 하도록 유도하여야 한다. 실제로 가족복지 대상자에 대한 지원은 가족의 특성상 물적인 것뿐만 아니라 서로 맞물리는 정신적인 문제에까지 이르고 있고, 가족구성원 모두의 행복도를 증진시켜야만 한다는 이유 때문에 매우 복잡하고 어려운 과업이 되고 있다.

3) 가족복지 정책의 내용과 과제

지금까지 가족을 사회정책과 관련시켜 고찰하는 것은, 인간존재의 사적 측면과 공적 측면의 연결이라는 점에서 흔히 시도되었던 방법은 아니었다. 그러나 사회의 변화가 급격하게 이루어지면서 가정은 더 이상 사회와 분리된 성역이 아니라 오히려 밀접한 상호영향을 주고받는 관계를 이루게 됨으로써, 이 둘은 인간의 궁극적 행복에 관련된 순환관계의 중요한 두 주체자가 되었다.

그러한 의미에서 가족복지 정책은 사회복지의 실현을 위해 매우 중요한 정책적 대안을 제시할 수 있는 방법이라 할 수 있는데, 칸과 카머만(Kahn & Kamerman, 1976)은 현대의 가족병리 현상의 급증에 직면하여 가족이라는 것을 재발견하기 위해서는, 가족에 대하여 통합되고 체계화된 사회복지적 접근이 필요하다고 하였다.

이들은 가족정책의 정의를 '정부가 가족에 대해서 가족을 위해 시행하는 모든 활동을 의미한다'라고 규정하고, 초기에는 가족정책이 유럽에서 가족에 관련된 소득재분배 의미로 시작하였고, 다음에는 인구정책과 관련하여, 또 이후에는 부적응가족을 중심으로 전개되었으나 최근에는 모자복지나 여성의 사회진출에 관련되어 진행되고 있다고 하였다.

가족정책의 내용에는 명시적인 가족정책과 묵시적인 가족정책이 모두 포함되는데, 명시적인 가족정책은 탁아, 아동복지, 가족상담, 세제혜택, 주택정책 등 가족에 대해 의도적으로 실시하는 정책을 의미하고, 묵시적인 가족정책은 가족주거환경의 조성, 이민정책 등 가족에 간접적인 영향을 미치는 정책내용을 포함한다. 또한 가족정책의 수단을 주로 경제적 수단의 지원체계 영역과 비경제적 지원체계 영역으로 나누어 볼 때, 경제복지는 가족수당, 자녀보조 급여, 출산급여, 대여금 제도, 주택수당, 빈곤가족이나 의존적 가족구성원에 대한 사회보장 프로그램 등 직접적인 물적 자원제공이 이루어지는 경우가 해당되며, 비경제적인 것으로는 가족상담 및 치료, 가족생활교육, 가족활동 지원, 가족구성원의 보호(탁아, 탁노 등), 가정봉사 제도, 보건유지 프로그램 등 물적 자원이 전혀 배제될 수는 없으나 주로 인적, 심리적 서비스에 관련된 영역으로 구분할 수 있다.

최근 들어 사회복지 실천방법에 있어 대인복지 서비스 분야에서의 요구가 증가하고 있는 점에서 본다면, 가족복지 정책의 방향도 좀더 비금전적인 서비스, 즉 상담 · 가정원조 서비스 · 급식 · 보육 서비스 등에 관한 내용을 확대시킬 필요가 있다.

특히, 이혼가족, 편부모가족, 노인가족 등 전통적인 관점에서 볼 때의 가족의 불안정성이 점차 증가하는 실정이므로, 이러한 가족변화의 특성을 파악하고 효과적으로 사용될 수 있는 정책적 방향을 설정하는 일이 매우 중요하며, 경제적 지원과 심리적 서비스의 적절한 배분, 관련조직간의 상호협조 체제 등이 필요하다. 이런 의미에서 자조(自助, self-help)운동, 즉 같은 문제를 지닌 복지대상자들 스스로

서로 협력하고 지원하는 활동을 정책적으로 보조하고 격려하는 방법 역시 꾸준히 모색되어져야 할 것이다.

우리나라의 가족복지 정책은 명시적으로 가족복지 영역으로 한정하여 제시된 내용도 없고 그 한계도 매우 모호하지만, 일반적으로 가족복지 내용에 포함될 수 있다고 보는 공적부조 제도나 아동 · 부녀자 · 노인복지 제도 등이 사회복지 정책의 일부 분야로 시행되고 있어 결과적으로 가족에게 영향을 미치는 비의도적 정책이라고 할 수 있다. 그러나 가족복지의 기본개념에 들어맞는, 즉 가족전체를 지향하고 목적으로 하는 제도적이고 정책적인 대안수립이 이루어지지 않고 있고, 실제적으로도 가족의 기능강화를 꾀할 수 있는 체계적이고 포괄적인 실천적 사업들이 이루어지지 못하고 있는 실정이다. 더구나 행정적으로 아동 · 부녀 · 노인 등 대상자의 특성에 따라 분리되는 체제를 유지하고 있어, 가족복지의 목적에 접근하기 어려운 문제를 안고 있다.

따라서, 앞으로 우리나라에서 가족복지 이념이 충실히 수행되기 위해서는 가족복지 요원의 확충 등을 통해 전체로서의 가족을 다룰 수 있는 조직을 강화시켜야 하고, 가족생활교육, 가족상담 등을 통해 가족의 변화 양상에 탄력적으로 적용될 수 있는 정책의 예방적 · 치료적 기능이 강화되어야 할 것이다.

2. 가족생활교육 및 치료

급격한 사회적 변화가 가족에게 미치는 영향을 고려해 볼 때, 건강한 가족을 유지하기 위해서는 가족구성원이 끊임없이 적응의 노력을 기울여야 한다. 가족구성원은 재사회화 과정을 거쳐야 하며, 이를 통하여 새로운 변화에 어떻게 대응하여야 하는지 파악하고 동시에 새로운 가족생활 기술을 발달시켜야만 한다.

따라서, 가족을 새롭게 만들어 나가는 과정은 가족구성원 스스로의 자발적인 노력과 가족을 둘러싼 주변환경으로부터의 자극이 협응되어야 한다. 그런 의미에서 우선 예방적인 차원에서 광범위한 가족구성원을 대상으로 한 조직적인 가족생활교육이 필요하며, 가족문제의 치료적인 측면에서의 노력도 병행되어야 한다.

1) 가족생활교육

(1) 가족생활교육의 개념과 목적

가족생활교육이란 가족생활의 질적 극대화를 실현하는 데 도움을 주기 위하여 가족구성원에게 필요한 자원·정보·기술 등을 제공하고 지도하는 과정을 말하며, 가족생활에 관련된 개념이나 원리에 대한 지식을 습득하고 개인적인 태도나 가치를 개발하며, 타인의 가치와 태도를 이해·수용하면서 가족복지에 기여하도록 하는 대인기술을 학습하는 과정을 말한다(Arcus, 1987).

National Commission of Family Life Education에서는 가족생활교육의 목적에 대해서, 개인과 가족의 상호관계를 발전시키고 그들의 질적인 삶을 개선시킬 잠재력을 일깨워 주도록 인도하는 것이라고 하였다. 그러므로 관련 학자들의 연구에 기초한 가족생활교육 자료뿐만 아니라 학교나 교회, 기타 사회제도 기관에서의 가족생활교육 프로그램의 발달이 시급하다고 하였다. 또한 National Council on Family Relations에서는 학령기 이전부터 대학까지의 정규 교과과정에 가족생활교육 프로그램이 들어가야 한다고 제언하며 이것의 중요성을 강조하였다.

라베트(L'Abate, 1977)는 가족생활교육이란 가족이 어떻게 학습해야 하며, 가족생활교육에 대한 현학적인 측면들을 어떤 방법으로 강조할 것인가에 관한 정보를 실행하는 것을 목적으로 한다고 하였고, 아쿠스(Arcus, 1990)는 가족생활교육의 목적을, 개인과 가족으로 하여금 현재와 미래의 가족구성원으로서의 능력을 개발하게 하여 가족생활에 대한 그들의 욕구를 충족시키도록 도와 주는 것이라고 하였다.

가족생활교육의 목적은 근본적으로는 가족생활을 풍부하게 하고 강화하게 하기 위한 것이지만 사회문제가 계속 주목을 끌면서 교육 이상의 것으로 확대되고 있는 실정이다. 그러므로 가족은 가족생활교육을 통하여 가족생활을 향상시킴과 더불어 가족과 관련된 사회문제 역시 감소시키는 데 주력하여야 한다.

미혼여성을 대상으로 하는 가족생활교육만 하더라도 미국 등에서는 일찍이 결혼준비교육 및 상담이 시작·발전되어, 오늘날에는 그 효과여부에 대한 객관적인 평가와 학습자들의 요구도 분석 및 그에 기초한 효과적인 프로그램의 재구성 등이 시도되고 있으며 많은 연구들이 이를 뒷받침하고 있다.

(2) 가족생활교육의 필요성

사회교육법에서는 사회교육을 정규학교교육을 제외한 국민의 평생교육을 위한 모든 형태의 조직적인 교육활동이라 정의하고 있다. 인간의 무한한 능력은 계속적인 자극과 개발의 과정을 통하여 끊임없이 재생산될 수 있고, 또한 변화하는 환경 속에서 적절한 적응의 기재를 갖추기 위해서도 사회교육은 절대적으로 필요한 과정이다. 이를 추진하기 위하여 우리나라에서도 1982년 12월 31일자로 사회교육법이 제정·공포(법률 제 3648호)되기에 이르렀다.

우리나라에서 가정생활에 관련된 교육의 개념은 사회교육법 제2조에서 사회교육 및 평생교육에 대한 정의가 내려지고, 이어서 동법 시행령(대통령령 1,1230호, 1983. 9. 10. 공포)에서 가족생활교육 영역이 사회교육의 영역 10개 중 네 번째로 명시되면서 제도적으로 국가적인 관심을 나타내기 시작했다고 할 수 있다. 사회교육 10개 영역은 국민생활에 필요한 기초교육과 교양교육, 직업기술 및 전문교육, 건강 및 보건교육, 가족생활교육, 지역사회교육 및 새마을교육, 여가교육, 국제이해 교육, 국민독서교육, 전통문화이해 교육, 기타 학교교육 등으로 분류되어 있으나, 가정생활에 관련된 교육내용은 가족생활교육에만 한정되지 않고 여타의 교육분야에도 적용된다는 점에서 중시될 수 있다.

오늘날의 사회는 교육받은 사람만이 사회의 중심적 자원이 되는 교육화된 사회(educated society)이며, 모든 사람에게 학습이 요구되는 학습사회(learning society)로 변모하였다. 이러한 경향은 우리 사회가 급속한 산업화·도시화 과정에 있음을 감안할 때 더욱 강화될 것이다. 교육은 하나의 사회 현상이며, 따라서 그 사회의 문화적 특성을 반영하는 것이다. 교육의 주요 기능이 인간으로 하여금 그가 처한 사회적·문화적 환경의 적응, 생활에 필요한 생활 양식이나 기술의 습득, 나아가서는 개개인의 자아실현과 사회적 발전을 도모하는 데 궁극적인 목적을 둔다면, 교육을 일정기간의 학교교육에만 의지하는 데는 한계가 있게 된다. 특히, 현대 산업사회의 도래 이후에는 물질주의, 인간의 획일화, 인간성 상실이라는 문제에 봉착하게 되어 새로운 가치체계 확립의 필요성이 강력하게 요청되고 있다(최진복, 1987).

또한 사회의 변동은 가족에 대한 규범과 가치관을 변화시키므로 가족구성원의 역할도 과거의 위치나 자세에서 크게 전환되어야 한다. 우리는 오랫동안 가정이 산업화와 도시화가 초래한 사회 내의 빠른 변화에 대처할 수 있으며 대처하게 될 것이라고 가정해 왔다. 그러나 오늘날 급속하게 변모하는 사회에 대처할 수 없게 된 수많은 가족의 긴장과 불안정의 증거를 무시할 수 없게 되었다.

부부갈등 문제, 자녀에 대한 가정교육 기능의 약화, 노인문제, 문화전달의 단절 등 무수한 가정문제가 돌출되고 있으며, 이혼율도 세계 상위 수준을 유지하고 있어 가족기능 결손의 문제를 초래하고 있다. 이러한 가정의 제문제를 해결하고 현명하게 대처하며 예방하기 위해서는 끊임없는 재사회화 교육이 시행되어야 하며, 가족생활에 대한 교육도 평생교육의 차원에서 계획적이고 실천적으로 수행되어야 한다.

(3) 가족생활교육의 내용

가족생활교육의 영역 및 그 내용은 시대적 흐름에 따라 변화하여 왔는데, 전통적인 주제영역으로는 대인관계 기술, 의사결정 기술, 가족 상호작용, 자녀양육 및 지도, 가족자원 관리, 결혼, 가족구성원의 역할 및 책임 등에 치중하여 왔다. 최근에는 부모됨과 성교육, 가족의 변화양식에 관련된 내용이 중요하게 부각되고 있으며, 가족의 위기와 관련된 내용도 증가하고 있어 전체적으로 성교육, 부모교육, 부부교육, 소비자교육 등이 일반적인 내용으로 중시되고 있다(Harriman, 1986).

전반적으로 가족생활 교육내용에 포함될 수 있는 영역들을 제시하면 다음과 같다.

① 인간발달 : 인간발달(태내~노인) 각 단계의 발달과정 및 문제, 사회화 및 재사회화, 복지정책, 인간성에 대한 이해 등

② 가족과 사회 : 가족의 중요성과 기능, 가족의 변화와 미래, 가족과 환경, 가족 복지 및 정책, 가족과 법, 가족문제, 가족과 직업, 매스컴과 가족, 가족상담 등

③ 결혼과 성 : 성역할, 성특성 및 성행동, 성문제, 이성교제, 배우자선택, 결혼의례 등

④ 부부관계 : 성공적 결혼, 부부갈등, 부부의사소통, 부부역할과 권력, 부부폭력, 이혼과 재혼 등

⑤ 부모됨 : 가족계획, 부모의 책임과 의무, 자녀양육 방법, 올바른 교육열, 부모자녀간의 갈등, 아동학대, 자녀의 독립, 부모자녀간의 의사소통, 자녀의 사회화, 매스컴과 자녀 등

⑥ 노인과 가족 : 노화의 특성, 성인부모자녀 관계, 조부모손자녀 관계, 노인부

양, 노인복지, 세대간 문화전달 등

⑦ 특수가족 : 미혼모, 저소득계층, 편부모세대, 장애아가족, 치매노인가족 등

⑧ 가족자원 관리 : 시간과 에너지관리, 가계관리, 소비행동, 소득증대, 의사결
정, 주거관리, 환경문제 등

⑨ 여성문제 : 여성의 역할변화, 맞벌이가족 문제, 여성의 사회활동 등

2) 가족치료

(1) 가족치료의 개념

가족상담 및 치료는 개인상담을 중시하던 환경 속에서 정신분석 이론을 바탕으
로 한 개인상담자(정신의학자)들에 의해 1950년대에 시작하여 1960년대 후반에
이르러서야 비로소 인정받기 시작한 새로운 접근방법이다. 가족치료는 개인을 하
나의 독립된 존재로 인식하기보다는 환경과 상호작용하는 연대적 맥락 안에서 이
해하기 위한 방법이며, 이를 뒷받침해 주는 이론으로는 일반체계 이론, 구조이론,
상호작용 이론, 발달이론, 의사소통 이론, 역할이론 등이 있다. 가족치료는 개인
보다는 가족체계에 초점을 두는 모든 상담방법이라고 정의되고 있으므로 개인상
담에 비해 인간의 문제를 좀더 포괄적으로 이해할 수 있으며, 관계와 상황을 중시
함으로써 다양한 접근법이 가능하다.

(2) 가족치료의 발달

미국에서는 1940년대 후반에서 1950년대 사이에 가족상담이 시작되었는데, 초
기에는 정신분열증 환자와 그 가족에게 관심을 가졌으나, 그 이후로는 다양한 정
신질환에까지 확대하여 적용하였으며, 결혼상담과 아동상담 분야에서도 개인보
다는 가족관계를 중시하기 시작하였다.

1950년대에는 정서적인 역기능의 단위로 가족을 보는 견해가 가족치료의 기본
적인 관점이었을 뿐, 각 연구자들은 상호연락 없이 연구를 하였고 모임도 없었으
며, 다만 정신분열증 환자가족에 대한 연구에서 기반을 구축하였다. 초창기에는
학파간의 구분이 뚜렷했고 대표적인 학자들의 관점도 대조적이었다. 1950년대의
가족상담에 대한 연구는 배트슨(Bateson), 리츠(Lidz), 보웬(Bowen), 윈(Wynne)
을 중심으로 한 네 집단으로 크게 나누어 볼 수 있다.

1960년대에는 연구자들의 연합이 활발해졌고 개인에게 초점을 두던 연구자들도 점차 전체가족을 다루기 위한 새로운 개입전략과 기법을 발전시켰다. 이 때부터 정신장애의 원인을 설명할 수 있는 새로운 방법으로 가족상담이 인정받기 시작했다. 동시에 좀더 다양한 가족과 새로운 상황도 가족상담 프로그램에 포함되어 병원에 입원한 정신분열증 환자와 그 가족이라는 테두리를 벗어나기 시작했다. 가족상담이 여러 종류의 가정에까지 확대될 수 있게 된 것은 미누친(Minuchin)과 그 동료들의 역할에 힘입은 바가 크다. 그들은 빈민가족, 흑인가족에게 적용할 수 있는 프로그램을 개발했으며, 의사소통과 체계요인을 연구하고 정신신체적 증상에 관심을 가졌다. 또한 이 시기에 대학과 가족상담 기관들의 교육과 훈련도 증가하였다.

1960년대 후반과 1970년대 초에 정신분석학적 접근과 체계론적 접근 사이에 이론적 논쟁이 대두되었다. 무의식과 전이개념의 필요성이 쟁점이 되었으나, 독창적이고 개인중심적인 가족상담을 주장하던 애커맨(Ackerman)이 사망하자 체계이론이 계속 발달하게 되었다. 1970년대에 들어와서는 미누친을 비롯한 여러 연구자들이 체계론적 접근법을 발전시켜 의사소통 이론과 보웬 이론, 전략적 이론과 구조적 이론 등이 등장하였으며, 가족상담의 이론과 실제의 발전에 큰 공헌을 하였고, 현재까지 중요한 이론이 되고 있다. 또한 가족상담 실무분야가 급속하게 발전하게 됨에 따라 미국 부부 및 가족상담자 협회가 결성되었고, 미국 가족치료협회(American Family Therapy Association : AFTA)가 조직되어 정부로부터 훈련 프로그램의 자격기준에 부합된 공식적인 기관으로 인정받게 되었다. 대학교와 기관에도 많은 프로그램이 개발되어 부부상담, 가족상담, 성문제상담 등의 영역이 발달하였다.

1980년대에 이르러 부부상담이 하나의 통합된 분야가 되었고, 가족치료자의 전문직으로서의 정체감이 확고해지고 있다. 가족치료의 선구자들은 독자적인 관점을 가진 카리스마적인 특징을 가지고 있었고 모든 상담자들이 수용할 수 있는 체계적인 지식도 적었으나, 1980년대에는 실무편에서 많은 성장을 하였고, 가족치료와 관련된 전문잡지와 연구센터가 급격히 증가하였다. 이제 가족치료는 전세계적으로 응용되고 있고, 대학이나 대학원에서 대부분 정규과목으로 이수되고 있으며, 많은 가족치료 연수가 개최되고 있다.

우리나라에 가족치료의 개념이 도입된 것은 1970년대 초반부터이며, 점차적으로 실무분야와 대학교육 과정에 반영되기 시작하였다. 대학교육 과정에 가족치료가 소개된 것은 1979년부터이며, 1980년 이후 대학원 논문에서 가족치료를 주제로 하는 사례가 증가하여 왔다. 그러나 아직 우리나라 실정에 맞는 독특한 가족치료의 기법이 응용되지는 못하고 있는 실정이다.

(3) 가족치료의 주요이론

1 보웬(Murray Bowen)의 체계이론

보웬은 정신분열증 가족에 대한 연구결과, 한 가족구성원의 정신분열증은 병리적 가족체계의 증상이라는 것과, 개인의 증상은 그가 속한 정서적 체계와 관련지어서만 설명이 가능하다는 것을 발견하였다. 그리고 중요한 것은 기능장애를 유발하는 역기능적인 역동성이 정신분열증 환자가족에게만 있는 것이 아니라, 정도는 약하지만 정상가족에게도 존재한다는 것이다.

보웬은 불안과 정서적 긴장의 강도, 정도와 기간, 어머니와 환자의 공생관계에 특별한 관심을 가지고 있으며, 자기분화를 결정하는 데 있어 가장 중요한 것은 계속적이거나 만성적인 긴장이라고 믿었다. 그의 심리역동적 이론은 가족의 습관적인 삼각관계의 정서적 구조를 수정하기 위해 만들어진 것이다. 따라서, 정서적인 것과 지적인 것을 분화하는 것, 즉 미분화된 가족자아 집합체(undifferentiated family ego mass)로부터 벗어나도록 하는 것이 목표이다.

2 애커맨(Nathan Ackerman)의 정신역동이론

애커맨은 부모가 자기갈등을 자녀에게 전가시키며 자녀의 희생을 통해 조화관계를 유지하므로 자녀는 자기자신을 희생시키며 가족손상을 막기 위해 투쟁한다는 '속죄양'의 개념을 발전시켰다. 또한 가족은 현실에 대한 왜곡과 부정, 상호위장을 통해 그들만의 신화를 구성한다고 하였고, 신화의 포기는 자기가족, 자신들의 장애를 노출하는 것이므로 집착하게 된다고 하였다.

그리고 고무울타리(rubber fence)의 개념을 통해 가족은 상호간의 견해, 흥미, 태도 등의 유사성과 결합력을 고수하려고 하기 때문에, 이것이 다르면 가족관계가 파괴된다고 믿으므로 개인적 정체감 수립이 불가능하다고 하였다.

3 사티어(Virginia Satir)의 감정중시 의사소통이론

사티어는 직관적이며 이론중심적이기보다는 경험중심적인 접근법을 추구하였다. 따라서, 가족생활에서 자기존중감, 의사소통, 가족규칙, 사회와의 연결성은 가족의 기능에 있어 가장 기본적인 것으로 보았다. 그리하여 의사소통 속의 진정한 감정을 아는 것이 중요하며, 이를 통하여 자아존중감을 획득하는 것이 중요하다고 하였다.

사티어는 의사소통의 정보를 주고받는 과정과 의사소통의 언어적 그리고 비언어적 과정을 중요시하였다. 그리고 역기능적 의사소통 유형을 회유, 비난, 평가, 주의산만의 개념으로 구성하고 이들의 개념을 발전시켰다. 그리고 현재의 행동과 감정을 개인의 생활경험의 결과로 보았고, 자기가치, 의사소통, 가족규칙 등은 변화할 수 있다고 보았다.

4 잭슨(Don Jackson)의 인지중시 의사소통이론

잭슨은 가족을 내적 균형에 의해 유지되는 체계로 보고 가족항상성의 개념을 중시하였다. 그리하여 긴장이 고조되면 항상성 유지를 위해 가족구성원 중 1인이 문제를 일으킨다는 것이다. 또한 불안정한 의사소통 형태로 이중속박(double bind) 개념을 제시하였는데, 장기적으로 언어적·비언어적 메시지가 매우 복잡하고 모순되게 전달되는 경우 가족구성원의 정신적 혼란이 유발된다고 하였다. 그리고 가족은 나름대로의 가족규칙에 의해 지배되는 체계이므로 이러한 가족의 규칙이 융통성을 상실하면 역기능적 장애를 초래한다고 하였다.

5 해일리(Jay Haley)의 세력중시 의사소통이론

해일리는 가족간, 특히 부부간에 서로 규칙이나 주도권에 대한 의견이 다를 때 세력싸움이 발생하며, 서로 세력전술을 통하여 이를 획득하려고 노력하게 되므로 갈등이 증폭된다고 하였고, 이를 해결하기 위해서는 적극적인 조정이 필요하게 된다고 하였다. 그러므로 특히 해일리는 관계규정과 조정을 위해 전략적 기법, 즉 지시적 기법, 역설적 개입, 고된 체험기법 등을 도입하여 치료자가 가족에게 적극적으로 개입하여야 한다고 하였다.

6 미누친(Salvador Minuchin)의 구조적 가족치료이론

미누친은 정상가족의 기능에 대한 관심의 초점을 명확하고 안정된 경계선, 강한 부모 하위체계의 위계질서, 체계의 융통성에 두고 있다. 체계의 융통성은 자율성과 상호의존, 개인성장과 체계유지, 변화하는 내적 발전과 환경적 요구에 반응하기 위한 연속적이고 적절한 재구조화 측면에서의 융통성을 의미한다.

반면, 문제가족은 가족구조 내에 질병이 존재하는 것으로 보고, 어떤 구조는 기능적이고 어떤 구조는 역기능적인가를 진단함으로써 가족문제를 해결하고자 하였다. 그리고 역기능적인 가족구조와 문제의 증상은 가족구조 내의 경계선, 제휴, 세력의 유형과 관련이 있다고 보았다. 따라서, 치료의 궁극적인 목표는 가족구조를 재구조화하는 것이다.

3. 미래가족을 위한 제언

가족은 오랜 세월 동안 인간과 동반하여 온 제도의 하나이므로, 마치 인간의 피부와 같아서 객관적으로 이를 직시하고 분석할 능력이 부재하는지도 모른다. 비관론적 가족학자들은 가족이 인간의 본질보다는 문화와 사회적 전통 또는 도덕적 강압에 의해 정서적으로 지탱되어 왔으므로 현대의 급변하는 사회구조 속에서 생존하기 어렵게 되리라고 하였다. 확실히, 인간은 전통적으로 일단 형성된 집단적 특성을 고수하려 하고 이것이 관례화된 상태에서 특별히 수용할 만한 선택적 대안이 제공되지 않는 한 보편적 가치와 생활모습을 지속하려고 노력한다. 가족 역시 이러한 과정을 통해 많은 사람들에게 많은 가치를 제공한 것 또한 사실이다.

그러나 이제 가족은 패밀리아(familia)라는 라틴어 어원이 갖는 수백수천의 구성원, 일부는 혈연이며 대부분 하인과 노예, 친지 등으로 구성된 '가계공동체'로서의 거대한 축소사회의 의미가 아닌, 한 성인과 한 어린이가 결합되어 나타나는 극소단위로 변화하고 있다.

그러므로 전통적으로 고수되어 온 하나의 유형이 가장 합법적이며 도덕적으로 수용적인 제도로서 우리를 억압할 수 있는 시대는 지나가고 있다. 아직도 혈연으로 맺어진 핵가족 속에서 남편은 가장으로 주된 소득원을 제공하며, 아내는 가사작업을 하면서 정서적으로 가족구성원을 결합시키는 기능을 하는 보편적인 가족의 모습이 존중받고 있기도 하다. 그러나 무시할 수 없는 속도로 한부모가족이나 자발적 무자녀가족, 계부모가족들이 증가하고 있어 가족의 이상적 정의는 수정이 불가피한 시점에 와 있다.

오늘날 가족은 결혼의 누적된 실패의 경험과 성역할관계의 변화, 직업 및 교육

가치의 상승, 생물학적 기술의 발달 등으로 전통적인 틀을 위협받고 있다. 우리의 전통적인 개념과 달리 이들 가족은 이제 더 이상 비정상적이거나 일탈된 가족형태가 될 수 없다.

이러한 논란 속에서 우리는 다시 한 번 가족의 미래가 지향해야 할 방향을 검토할 수밖에 없다. 분명히 다른 중요한 사회집단에 비교하여 가족은 변화할 것이며, 어쩌면 그 사회적 중요성은 감소할 것이다. 오늘날 가족이 여전히 강한 정서적·감정적 영향력이 있을지라도 가족의 사회적 무게는 가족이 한 때 가졌던 것 같지는 않다. 우리 모두 가족에서 태어나나 우리 모두가 살아남기 위해 가족을 형성해야 하는 것은 아니다. 결혼과 자녀는 최상의 사회적·개인적 목표로 계속해서 칭송되지만, 그들이 더 이상 의미심장한 존재로 절대 필요한 것만은 아니다.

가장적 권위나 남성우위의 쇠퇴는 많은 남성들에게 결혼을 고무시키는 심리적 보상을 제거할 것이며, 사회적·계급적 질서의 대들보였던 혈통의 소멸은 가족의 사회적 부권의 합법화를 박탈할 것이다. 여성은 가계가 그들의 야심과 관련된 욕구의 만족을 위해서는 너무 작다는 것을 알게 되었다. 자녀에 대한 부모의 영향이 감소함에 따라, 도전과 창조성에 있어 중요한 원천이었던 가족의 중요성은 감소하였다. 인구와 출산조절의 움직임 역시 남성과 여성 모두의 부모로서의 특성에 영향을 미친다. 아마도 머지않은 장래에 모성은 의무와는 거리가 멀고 권리조차 아닌 것으로 보는 선택적인 특권이 되어, 소수만이 다수를 위해 아이를 낳을 것이다.

생물학의 급격한 발달은 다른 과학과 마찬가지로 인간의 생활에 막대한 영향을 주고 있다. 수명이 두 배, 세 배까지도 늘어날 가능성이 있어 보이며, 여성이 60대가 되어도 출산할 가능성이 있으며, 복제인간과 같은 공상과학 소설에나 나옴직한 인간의 새로운 생식방법이 실제로 실험실에서 이루어지고 있다. 생물학적 생식이 결국 비인간적인 생식형태에 의해 대치될 때 과연 어떤 일이 일어날 것인가?

이미 수많은 기존의 변화가 우리에게 더 큰 변화를 예고해 주고 있다. 예를 들어, 대리모의 출현은 모성을 분화시킬 수 있으며, 그래서 어떤 선택된 여성은 많은 아이를 받아서 양육하게 되고, 다른 여성은 양육하지 않고 낳기만 할 수도 있다. 냉동정자 은행으로부터 장래의 어머니들은 그들 아이의 아버지를, 특히 바람직한 질에 기초하여 선택할 수 있으며, 결혼하지 않고 아이를 갖게됨으로써 결혼에 대한 근본적인 동기를 약화시킬 것이다. 또한 이성끼리 맺어진 전통적인 부부의 모습도 변화할 것이며, 이들 모두는 무수한 법적·사회적문제를 야기시킬 것이다. 누가 아이의 진정한 부모인가? 정자나 난자를 제공한 사람인가? 임신하여 출산한 사람인가? 양육한 사람인가? 또한 누가 성비를 결정할 것인가?

해부학 하나만으로 인류를 여성과 남성으로 분류하기는 충분하지 않다. 오랜 연구들은 양성간의 차이점에 대해 우리가 말하고자 하는 대부분의 것이 문화적 신화와 사회적 필요의 혼합이라는 것을 의심 없이 보여 주었다. 그것은 태어나면서부터 힘들여 학습되는 것이고 일단 획득되면 이러한 성적 정체감은 고정되는 것이 아니라 우리가 무의식적으로 하는 수많은 방법에 의해 강화되고 지지된다.

과거에 이 복잡한 학습과정은 우리가 제한해 온 범주적 생식행위에 의해 좌우되어 왔으며, 사회적 목표로서의 출산에 기초하여 남성과 여성의 성적 능력과 욕구를 조절하여 왔다. 그러나 이러한 생식적 명령이 절대적 가치를 상실하게 되면 미래에 상호배타적인 이성의 양극을 영속시키기 위한 합리적인 근거는 무엇이 될 것인가? 이성애가 이미 몇 가지 성애 중에 단지 하나가 될 것이라는 추측도 있으며, 공상과학 소설에서는 6개의 하위 성(性)이 출현할 것이라고도 하였다. 미드 (Mead) 역시 개인의 능력과 사회적 필요간의 더 좋은 조절을 위해서는 전통적 성개념을 종적이 아니라 횡적으로 하여 인간정체감을 재조직화하고 재범주화할 것을 제안하였다. 우리 시대에 이미 유니섹스의 출현과 성구별의 소멸로부터 다양한 합성이 가능하리라는 예측을 목격하고 있다.

우리의 최초의 질문으로 돌아가서 가족의 미래는 과연 있을 것인가? 분명히 몇십 년 안에 어떤 기본적이고 역행할 수 없는 변화가 있을 것이며, 인간의 새로운 공존형태가 출현할 것이다. 모든 문화는 그만의 적법성과 정당성을 갖고 있고, 자신들의 방법이 본질적으로 탁월함을 입증하기 위해서 어떤 새로운 변화나 일탈의 중요함을 지적하는 것을 무시하곤 하였다. 그러나 금기의 완화는 무서운 속도로 진행되고 있으며, 일부는 급격히, 일부는 서서히 용인되고 있다.

이처럼 사회의 변화 속도가 급격한 만큼 미래사회를 예견하기는 매우 어렵지만, 우리가 가족의 미래를 연구하고자 한다면 다음의 예측을 토대로 해야 할 것이다. 첫째 성행위나 결혼의 경험이 합법적으로 다양화되는 추세, 둘째 이들과 관련된 부정적 감정의 감소, 셋째 인간관계의 종류, 내용, 기간에 있어서 개인적 선택의 가능성 증가, 넷째 전체적으로 새로운 형태의 공동체나 공공생활 제도의 확대, 다섯째 변화하는 생활주기와 다단계 결혼 등이 그것이다.

만일, 우리가 아무런 가족의 변화를 고려하지 않고 대비하지 않는다면 결국 미래를 예측하고 대응할 수 없게 된다. 궁극적으로 모든 사회적 변화는 인간의 행복을 달성하기 위한 과정이지만 모든 인간의 보편적 질서와 삶의 안정성을 보장하기 위한 재평가를 수반하게 된다. 따라서, 가족의 미래는 불확실하지만 인간존재의 궁극적인 의미를 부여해 줄 수 있는 기능을 하는 한 가족은 존속할 것이며 또한 존속되어야 할 것이다. 그러므로 변화하는 시대 속에서 가족의 의미와 기능을 재발견하려는 노력이 꾸준히 이루어져야 한다.

특히, 한국가족의 변화는 근대화의 속도만큼이나 급진적이어서 미처 지금까지의 변화내용에 적응하지도 못하는 가운데 새로운 변화를 맞이하고 있다. 전통적인 가족의식 속에서 전수되어야 할 바람직한 가치는 무엇인지 그 내용이 시급히 정립되어야 할 것이며, 새로운 가치와 어떻게 조화를 이루어야 할 것인지도 제시되어야 한다. 또한 이러한 내용이 가족 내외에서 어떻게 전수되어야 할 것인지 그 실천방법이 효과적으로 개발되어야 할 것이며, 가족문제와 같은 일탈된 결과 역시 통합적 시각에서 충분히 검토, 치료되어야 한다. 이러한 모든 과업은 가족 연구자들의 사명이며 동시에 우리 사회 개개인 모두의 의무라 할 수 있다.

연구문제 ●─────────────────────────

1. 우리나라 가족복지 정책의 실태를 조사하고 개선점을 제시하시오.
2. 가족생활교육 프로그램의 실례를 구성하여 보시오.
3. 가족의 미래를 위하여 가장 역점을 두고 해결해야 할 것은 무엇인지에 관하여 토론하시오.

참고문헌
r·e·f·e·r·e·n·c·e

고성혜(1994). 어머니가 지각한 양육스트레스에 관한 연구. **한국청소년연구 18**, 21~37.

고정자(1989). **한국 도시주부의 고부갈등에 관한 연구.** 한양대학교 박사학위 논문.

고황경 · 이효재 · 이만갑 · 이해영(1963). **한국농촌가족의 연구.** 서울대학교 출판부.

구혜령(1990). **전문직 취업주부의 역할갈등과 갈등대처 전략.** 서울대학교 석사학위 논문.

김경신(1996). 기혼여성의 취업여부 및 관련변인이 가족원의 만족도 및 태도에 미치는 영향. **대한가정학회지 34(3),** 157-171

김경신 · 김오남(1996). 맞벌이부부의 역할기대 및 역할갈등과 결혼만족도. **한국가정관리학회지 14(2),** 1-18.

김동일(1991). 고령화 사회에 대비한 노인복지정책. **「한국 가정복지정책과 노인문제」.** 한국 가정복지정책 연구소 세미나 자료집.

김두헌(1969). **한국가족제도연구.** 서울대학교 출판부.

김두헌(1975). **현대의 가족.** 을유문화사.

김명자(1991). 중년기 부부의 가족 스트레스에 대한 대처양식과 위기감. **대한가정학회지 29(1),** 203~216.

김명자(1993). 가족의 성립과 적응. 한국가족학연구회 편, **가족학.** 하우.

김미하(1990). 노동자 가족의 성별 분업. 여성한국사회연구회 편, **한국가족론,** 207~246. 까치.

김민녀 · 채규만(2006). 가족생활주기에 따른 기혼자의 결혼만족도. **한국심리학회지:건강 11(4),** 655-671.

김민정(2004). 맞벌이가정 관련 변인에 따른 맞벌이 가정 아동의 복지감 측정. **한국가족관계학회지 9(3),** 127-159.

김송애(1990). **가족주의 가치관과 노부모 부양에 관한 연구—기혼여성의 시가와 친가에 대한 연구—.** 이화여자대학교 석사학위 논문.

김순옥(1990). **10대 자녀의 부모에 대한 의사소통 개방성과 그 귀인 연구.** 동국대학교 박사학위 논문.

김순옥(1993). 가족의 의사소통. 한국가족학연구회 편, **가족학.** 하우.

김양희(1986). **한국 도시노인의 가족갈등에 관한 연구.** 중앙대학교 박사학위 논문.

김양희 · 박충선 · 서동인 · 신화용 · 조병은 · 최규련(1992). 학동기 자녀를 둔 맞벌이 가족의 가족관계와 정책적 제언. **대한가정학회지 30(3),** 285～306.

김연옥(1999). 재혼가정내 모의 역할기능에 관한 연구. **한국가족복지학회지 3,** 42-61.

김영모(1972). **한국사회학.** 법문사.

김은경(2002). 농촌여성노인과 남성노인의 생화만족도에 영향을 미치는 성인자녀 관련 변인에 관한 연구. **한국가정관리학회지 20(4),** 26,27-36.

김은정(1992). **결혼 초기 부부의 역할갈등 및 갈등해결방법과 결혼만족도.** 이화여대 석사학위논문.

김인숙(1988). **부부간의 의사소통 유형 제 차원에 따른 결혼만족도와의 관계에 관한 연구.** 서울대 석사학위논문.

김재은(1974). **한국가족의 심리.** 이화여자대학교 출판부.

김종명(1981). **한국의 혼속 연구.** 대성문화사.

김종숙(1987). **한국노인의 생활만족에 관한 연구.** 이화여자대학교 박사학위 논문.

김주수(1990). **친족 · 상속법.** 법문사.

김주수 · 김희배(1986). **가족관계학.** 학연사.

김진숙 · 연미희 · 이인수 역(Samalin, N. & Jablow, M. 지음)(1990). **바람직한 자녀와의 대화방법.** 학문사.

김태길(1973). **인간회복의 성장.** 삼성문고.

김태현(1989). 노인가족 부양정책. 「**노인문제 종합방안 수립을 위한 분야별 연구」.** 정무장관 제2실 정책자료집.

김태현(1994). 노인정책과 가족. 한국가족학회 편, **현대사회와 가족.** 교육과학사.

김혜련(1993). **여성의 이혼경험을 통해 본 가부장적 결혼 연구.** 이화여대 석사학위논문.

김혜신 · 김경신(2003). 맞벌이부부의 부모역할 갈등과 심리적 복지. **한국가정관리학회지 21(4),** 117-131.

문화공보부 문화재관리국(1969～1979). **한국민속종합조사보고서.**

박미령(1993). 가족의 권력. 한국가족학연구회 편, **가족학.** 하우.

박성연 · 이숙(1990). 「어머니의 양육행동 척도」 표준화를 위한 예비연구. **대한가정학회지 28(1),** 141～156.

박태온(1983). 성역할 태도와 결혼만족도간의 관계. **한국가정관리학회지 1(2),** 139～150.

변화순(1996). **이혼가족을 위한 대책 연구.** 한국여성개발원.

서동인(1989). 손자녀가 지각한 조모와 손자녀와의 접촉과 조모의 역할수행. **한국가정관리**

학회지 7(2), 45~60.

서병숙(1991). **노인연구.** (주) 교문사.

서병숙 · 장선주(1990). 노부모와 기혼자녀간의 생활교류연구. **대한가정학회지 28(3),** 171 ~186.

성규탁(1990). 한국노인의 가족중심적 상호부조망. **한국노년학 10,** 163~181.

성미애(1991). **부모세대의 피부양만족도와 기혼자녀세대의 부모부양 부담도.** 서울대학교 석사학위 논문.

성정현(1998). 이혼여성들이 경험하는 심리사회적 문제와 대처전략. **사회복지연구 11 여름,** 53-78.

송성자(1985). **한국 부부간의 의사소통 유형과 가족문제에 관한 연구.** 숭실대학교 박사학위 논문.

송현애 · 이정덕(1995). 시부모 부양스트레스에 관한 연구. **한국가정관리학회지 13(3),** 115 ~123.

안희순(1988). **맞벌이 부부의 역할수행과 역할기대에 관한 연구－서울 시내 탁아소를 이용하는 맞벌이 부부를 중심으로－.** 이화여자대학교 대학원 석사학위 논문.

옥선화 · 성미애(2004). 2,30대 이혼남녀의 이혼과 이혼 후 적응실태에 관한 조사연구. **대한가정학회지 42(12).** 141-160.

옥선화(1993). 가족의 역할. 한국가족학연구회 편, **가족학.** 하우.

원영희(1995). 동 · 별거 형태가 한국노인의 심리적 행복감에 미치는 영향. **한국노년학 15(2),** 97~116.

유안진 · 신양재(1993). 대학생의 부모됨 동기와 부모역할 개념에 관한 연구. **대한가정학회지 31(4),** 141~155.

유영주(1990). **신가족관계학.** (주) 교문사.

유영주 · 서동인 · 홍숙자 · 전영자 · 이정연 · 오윤자 · 이인수(1997). **결혼과 가족.** 경희대학교 출판국.

윤서석 · 우영희 · 지영숙 · 김양희 · 채옥희(1986). **현대사회와 가정문화.** 수학사.

이관용 · 김기중 · 김순화(1984). 효과적인 스트레스 대응에 관한 고찰. **서울대학교 생활과학연구 19(2),** 65~75.

이광규(1975). 부계가족에서의 고부관계. **인류학논집 제1집,** 119~134.

이광규(1975). **한국가족의 구조분석.** 일지사.

이광규(1976). **한국가족의 사적 고찰.** 일지사.

이광규(1981). **한국가족의 심리문제.** 일지사.

이광규(1991). **가족과 친족.** 일조각.

이동원(1976). 직업여성의 이중역할에 관한 연구. **한국문화연구원논총 27.**

이명신(1998). 맞벌이부인의 스트레스 결정요인:전문직 부인과 생산직 부인의 비교. **한국 가족복지학 2,** 116-148.

이삼연(2002). 이혼가정 청소년 자녀의 적응에 관한 연구. **한국가족복지학 10,** 37-65.

이선정 · 신효식(2000). 기혼여성의 배우자 선택 요인과 결혼만족도. **한국가정과학회지 3(2),** 13-26.

이선주(1988). **기혼여성의 결혼관과 그에 관련된 결혼만족도.** 이화여대 석사학위논문.

이성희 · 김태현(1989). 성역할 태도에 따른 부부간 가족역할구조 분석. **한국가정관리학회 지 7(2),** 109~125.

이연주(1984). 주부의 취업에 따른 가정내 역할수행에 관한 연구. **대한가정학회지 22(4),** 131~145.

이용숙 · 김영화 · 최상근(1988). **어머니의 취업과 학교교육 및 자녀의 성취에 관한 연구.** 한국교육개발원.

이은희(2002). 가족생활주기에 따른 맞벌이 남녀의 성역할태도와 결혼만족도 연구. **한국가 족사회복지학 10,** 100-119.

이정덕 · 김경신 · 문혜숙 · 송현애 · 김일명(1998). **결혼과 가족의 이해.** 학지사.

이정순 · 박성연(1991). 부부간 커뮤니케이션 유형에 관한 연구. **대한가정학회지 29(3),** 175 ~190.

이정연(1992). **도시남편이 지각한 권력관계에 관한 연구―권력자원, 권력과정, 권력결과를 중심으로.** 경희대학교 박사학위 논문.

이정우(1974). 전문직 여성의 가족관계관. **아세아 여성연구 13.** 숙명여자대학교 출판부.

이정우 · 김규원(1986). 저소득층 취업주부 가정의 의사결정에 관한 연구―서울시 · 성남시 취업주부를 중심으로―. **대한가정학회지 24(4),** 163~177.

이창숙 · 유영주(1988). 한국 남편과 부인들의 커뮤니케이션 유형분류에 대한 연구. **한국가 정관리학회지 6(1),** 1~25.

이현송(2001). **소득과 전반적 삶의 만족 간의 관계** : 욕구이론과 비교이론의 대비, 노동경제 논집, 제 24권, 231-251.

이효재(1983). **가족과 사회.** 경문사.

임선영(1993). **노년기 형제관계에 관한 연구.** 성신여자대학교 석사학위 논문.

임정빈 · 정혜정(1986). 취업주부의 역할갈등과 결혼만족도에 관한 연구. **한국가정관리학 회지 4(1),** 71~93.

임춘희(1996). **재혼가족내 계모의 스트레스와 적응에 관한 질적 연구.** 고려대학교 박사학 위 논문.

전영자(1991). 전문직 취업주부의 스트레스와 대처방안 및 심리적 복지에 관한 연구. **한국**

가정관리학회지 9(2), 323~343.

정영금(2005). 기혼 취업여성의 일-가족 갈등과 여파에 관한 연구. **한국가정관리학회지 23(4)**. 113-122.

정용재(1985). **부부간의 의사소통과 결혼만족도와의 상관연구.** 성신여대 석사학위논문.

정지연 · 한유진(2007). 저소득층 이혼가정 아동의 심리적지지 및 문제해결력이 문제해결에 미치는 영향. **생활과학회지 16(3)**, 491-504.

정현숙(1997). 맞벌이가족의 부모역할긴장과 부부관계. **대한가정학회지 35(5)**, 151-162.

정현숙 · 유계숙 · 임춘희 · 전춘애 · 천혜정(1999). **준비된 재혼, 또 다른 행복 : 성공적인 재혼을 위한 준비교육.** 동인.

조병은(1990). 부모자녀간의 결속도와 노부모 인생만족도. **한국노년학 10**, 105~124.

조유리 · 김경신(2000). 부부의 갈등대처행동과 결혼만족도. **한국가족관계학회지 5(2)**, 1-21.

주낙원(1972). **사회학 개론.** 예문관.

주소희(2003). **부모 이혼 후 아동의 적응에 영향을 미치는 변인에 관한 연구.** 성균관대 박사학위논문.

주소희(2007). 부모의 이혼과 자녀의 적응: 부모자녀관계와 자아효능감 매개효과를 중심으로. **한국가족복지학 20**, 107-136.

차배근(1976). **커뮤니케이션학 개론(상).** 세영사.

최규련(1988). **한국 도시부부의 결혼만족도 요인에 관한 연구.** 고려대 박사학위 논문.

최규련(1993). 맞벌이 부부의 결혼만족도와 우울증에 관한 연구. **대한가정학회지 31(1)**, 61~84.

최규련(1993). 맞벌이부부의 결혼만족도와 우울증에 관한 연구. **대한가정학회지 31(1)**, 61-84.

최성재(1989). 노인복지정책 방향의 재정립. **「노인문제 종합방안 수립을 위한 분야별 연구」.** 정무장관 제2실 정책자료집.

최신덕(1985). 오늘의 고부관계-입장을 바꿔 생각하라-가정에서의 바람직한 세대관계. **노장 3호**, 노장사.

최의선 · 손현숙(1991). 도시주부의 자아긍정감과 가정생활만족도. **대한가정학회지 29(4)**, 99-114.

최재석(1966). **한국가족연구.** 민중서관.

최재석(1981). **현대가족연구.** 일지사.

최정혜(1992). **노부모가 지각하는 성인자녀와의 결속도 및 갈등에 관한 연구.** 성신여자대학교 대학원 박사학위 논문.

최진복(1988). **가정생활 내용을 중심으로 한 평생교육에 관한 연구.** 이화여자대학교 교육 대학원 석사학위 논문.

최현역(1987). **융 심리학 입문.** 범우사.

최혜경(1985). **노인의 생활만족도 향상을 위한 기초연구.** 이화여자대학교 석사학위 논문.

통계청(1970~1995). **인구 및 주택센서스 보고.**

통계청(1980~1998). **경제활동인구조사.**

통계청(1990~1998). **한국의 사회지표.**

통계청(1995). **한국의 고령자 실태분석.**

한국가정법률상담소 편(1996). **재혼 그 또 다른 시작.** 창립 40주년 기념 심포지움 자료집.

한국가족학연구회 편(1991). **가족학 연구의 이론적 접근—미시이론을 중심으로.** (주) 교문사.

한국가족학연구회 편(1993). **이혼과 가족문제.** 하우.

한정란·김귀자(2003). 부모의 노인 및 조부모에 대한 태도와 자녀의 조부모에 대한 친밀 감. 노인복지연구 19, 61-82.

허영옥(1993). **주말에 남편을 만나는 맞벌이 여교사의 역할갈등과 결혼만족도.** 한국교원대 석사학위논문.

홍경자(1995). **현대의 적극적 부모역할 훈련(지도자용지침서/부모용 지침서).** 중앙적성출 판사.

岡堂哲雄(1976). **心理學的 家族關係學.** 光生館.

高橋種昭(1975). **家族の發達.** 同文書院.

副田緘地(1980). **老後問題論.** 垣內出版.

湯澤雍彦(1976). **家族關係學.** 光生館.

牛島義友(1975). **家族關係の心理.** 金子書房.

伊藤富美(1966). **家族學.** 福村出版.

Adams, B. N. (1980). *The family.* Rand McNally College Pub., Co.

Albrecht, S. L. (1980). Reactions and adjustment to divorce : Differences in the experiences of males and females. *Family Relations 29*, 59~68.

Alvarez, W. F. (1985). The meaning of maternal employment for mothers and their perceptions of their three-year-old children. *Child Development 56(2)*, 350~360.

Amato, P.R. (2000). The consequences of divorce for adults and children. *Journal of Marriage and the Family 62*(Nov.), 1269-1287.

Ambert, A. (1986). Being a stepparent : Living and visiting stepchildren. *Journal of Marriage and the Family 48*, 795~804.

Arcus, M. (1987). A framework for life-span family education. *Family Relations 36(1)*, 5~10.

Arcus, M. (1990). *Family life education curriculum guidelines*. The National Council on Family Relations.

Atkinson, M. P., Kivett, V. R., & Campbell, R. T. (1986). Intergenerational solidarity : An examination of a theoretical model. *Journal of Gerontology 41(5)*, 408~416.

Bahr, S. J., Chappell, C. B., & Leigh, G. K. (1983). Age at marriage, role enactment, role consensus, and marital satisfaction. *Journal of Marriage and the Family 45*, 795~803.

Bakan, D. (1966). *The duality of human existence*. Chicago : Rand McNally Pub., Co.

Balakrishnan, T. R., Rao, K. V., Lapierre-Adamcyk, E., & Krotki, K. (1987). A hazard model analysis of the covariates of marriage dissolution in Canada. *Demography 24*, 395~406.

Barling, J. (1984). Effects of husband's work experiences on wives' marital satisfaction. *The Journal of Social Psychology 124*, 219~225.

Bean, F. D., Curtis, Jr., R. L., & Marcum, J. P. (1977). Familism and marital satisfaction among Mexican Americans : The effects of family size, wife's labor force participation and conjugal power. *Journal of Marriage and the Family 39*, 759~765.

Becker, W. (1964). Consequences of different kinds of parental discipline. In M. Hoffman & L. Hoffman (eds.), *Review of child development research 1*, 169~208.

Bell, R. A., Daly, J. A., & Gonzales, M. C. (1987). Affinity-maintenance in marriage and its relationship to woman's marital satisfaction. *Journal of Marriage and the Family 39*, 759~765.

Bem, S. L. (1975). Sex role adaptability : One consequence of psychological androgyny. *Journal of Personality and Social Psychology 31*, 634~643.

Bengston, V. L. & Schrader, S. S. (1982). Parent-child relations. In D. J. Mangen & W. A. Peterson(eds.), *Handbook of research instruments in social gerontology 2*. Minneapolis : University of Minnesota Press.

Berkowitz, A. D. & Perkins, H. W. (1984). Stress among farm women : Work and family as interacting system. *Journal of Marriage and the Family 46(1)*, 161~166.

Berman, W. H. & Turk, D. C. (1981). Adaptation to divorce : Problems and coping strategies. *Journal of Marriage and the Family 43*, 179~189.

Bigelow, H. F. (1936). *Family finance*. Philadelphia : Lippincott.

Bigner, J. J. (1979). *Parent-child relations : An introduction to parenting*. New York : Macmillan Pub., Co., Inc.

Bird, G. W., Bird, G. A., & Scruggs, M. (1984). Determinants of family task sharing : A study of husbands and wives. *Journal of Marriage and the Family 46*, 345~355.

Bird, G. W. & Ford, R. (1985). Sources of role strain among dual-career couples. *Home Economics Research Journal 14*, 187~194.

Blood, R. O. & Wolfe, D. M. (1960). *Husbands and wives : The dynamics of married living*. New York : Free Press.

Bloom, B. L. & Caldwell, R. A. (1981). Sex differences in adjustment during the process of marital separation. *Journal of Marriage and the Family 43*, 693~701.

Bohanon, P. (1970). The six station of divorce. In Bohanon, P.(ed.). *Divorce and after*. New York : Doubleday.

Booth, A. & Johnson, D. R. (1988). Premarital cohabitation and marital success. *Journal of Family Issues 9*, 255~272.

Booth, A., Johnson, D. R., White, L., & Edwards, J. N. (1984). Women, outside employment and marital instability. *American Journal of Sociology 90(3)*, 567~582.

Boss, P. (1988). *Family stress management*. California : SAGE Pub., Inc.

Bowman, H. A. (1970). *Marriage for moderners*. McGrow-Hill Company.

Braver, S.L., Salem, P., Pearson, J. & DeLuse S. R.(1996). The content of divorce education programs: Results of a survey. *Family and Conciliation Court Review 34(1)*, 41-59.

Bray, J. (1988). Children's development during early remarriage. In M. Hetherington & J. Arasteh(eds.), *Impact of divorce, single parenting and stepparenting on children*, 279~298. Hillsdale, N. J. : Lawrence Erlbaum.

Brody, E. M. (1981). Women in the middle and family help to older people. *The Gerontologist 21*, 471~480.

Brody, G., Neubaum, E., & Forehand, R. (1988). Serial marriage : A heuristic analysis of an emerging family form. *Psychological Bulletin 103*, 211~222.

Bromet, E. J., Dew, M. A., Parkinson, D. K., & Schulberg, H. (1988). Predictive effects of occupational and marital stress on the mental health of a male workforce. *Journal of Organizational Behavior 9*, 1~13.

Broverman, I. K., Broverman, D. M., Clarkson, F. E., Rosenkrantz, P. S., & Vogel, S. R. (1970). Sex-role stereotypes and clinical judgements of mental health. *Journal of Consulting and Clinical Psychology 34*, 1~7.

Brubaker, T. H. & Hennon, C. B. (1982). Responsibility for household tasks : Comparing dual-earner and dual-retired marriages. In M. E. Szinovacz(ed.), *Women's retirement :*

Policy implications of recent research. Beverly Hills, CA : Sage.

Brubaker, T. H. (1985). *Later life families.* Beverly Hills, CA : Sage.

Buhler, C. (1933). *Der menschliche lebenslauf als psychologisches problem.* Leipzig : Hirzel.

Bumpass, L.L., Sweet,J.A. & Castro-Martin, T. (1990). Changing patterns of remarriage. *Journal of Marriage and the Family 52,* 742-757.

Burchinal, L. G. (1965). Trends and prospects for young marriages in the United States. *Journal of Marriage and the Family 27,* 243~254.

Burgess, E. W. & Cottrell, L. S. (1939). *Predicting success or failure in a marriage.* Englewood Cliffs, N. J. : Prentice Hall.

Burgess, E. & Wallins, P. (1953). *Engagement and marriage.* Philadelphia : Lippincott.

Burgess, E. W. & Locke, H. J., & Magaret, M. (1963). *The family.* N. Y. : Litton Educational Publishing.

Burke, R. & Weir, T. (1976). Relationships of wives, employment status to husband, wife pair satisfaction and performance. *Journal of Marriage and the Family 38,* 279~287.

Caplovitz, D. (1981). Making ends meets : How families cope with inflation and recession. *The Annals of the American Academy for Political and Social Science 456,* 88 ~98.

Chadwick, B. A. & Chappell, C. B. (1980). The low-income family in middletown, 1924 ~1978. In S. J. Bahr(ed.), *Economics and the family,* 27~41. Lexington, MA : Lexington Books.

Chambers, V. J., Christensen, J. R., & Kunz, P. R. (1983). Physiognomic homogamy : A test of physical similarity as a factor in the mate selection process. *Social Biology 30,* 151~157.

Cherlin, A. (1979). Work life and marital dissolution. In G. Levinger & O. C. Moles(eds.), *Divorce and seperation.* New York : Basic Books.

Cicirelli, V. G. (1983). Adult children's attatchment and helping behavior to elderly parents : A path model. *Journal of Marriage and the Family 45,* 815~825.

Coleman, M. & Ganong, L. (1984). Effects of family structure on family attitudes and expectations. *Family Relations 33,* 425~432.

Coverman, S. (1985). Explaining husband's participation in domestic labor. *The Sociological Quarterly 26,* 81~97.

Crouter, A. C. (1984). Spillover from family to work : The neglected side of the work-family interface. *Human Relations 37(6),* 425~442.

Cuber, J. F. & Harroff, P. B. (1980). Five types of marriage. In Skolnick, A. & J. H. Skolnick (eds.), *Family in transition*, 321~332. Toronto : Little Brown and Co.

Cutright, P. (1971). Income and family events, marital stability. *Journal of Marriage and the Family 33*, 291~305.

DeFrain, J. & Stinnett, N(2002). Family Strengths. In J. J. Ponzetti et al.(eds), International encyclopedia of Marriage & Family(2nd ed.) New York: Macmillan Reference Group.

DeMaris, A. & Leslie, G. R. (1984). Cohabitation with the future spouse : It's influence upon marital satisfaction and communication. *Journal of Marriage and the Family 46*, 77 ~84.

Demo, D. & Acock, A. (1988). The impact of divorce on children. *Journal of Marriage and the Family 50*, 619~645.

Duvall, E. M. (1977). *Marriage and family development*. New York : J. B. Lippincott Co.

Fisher, L. R. (1981). Transitions in the mother-daughter relationship. *Journal of Marriage and the Family 43*, 613~622.

Fisher, N.B.(1994). Exploratory study of how women changing during seperation/divorce process. PhD Dissertation. University of Pennsylvania.

Floyd, K., Mikkelson, A. C. & Judd, J. (2006). Defining the family through relationships. In L. H. Turner, & R. West (eds.), *The Family Commniaction Sourcebook*, 21~39. California: Sage.

Foley, V. D. (1974). *An introduction to family therapy*. New York : Grune & Stratton.

Folkman, S. & Lazarus, R. S. (1980). An analysis of coping in a middle-aged community sample. *Journal of Health and Social Behavior 21*.

Foster, A. C. (1981). Wives' earning as a factor in family net worth accumulation. *Monthly Labor Review*(January), 53~57.

Fowers, B. J. & Olson, D. H. (1986). Predicting marital success with PREPARE : A predictive validity study. *Journal of Marital and Family Therapy 12*, 403~413.

Freidlander, W. A. & Apte, R. Z. (1980). *Introduction to social welfare*. Prentice-Hall, Inc.

Furstenberg, F. F. Jr. & Spanier, G. (1984). *Recycling the family* : *Remarriage after divorce*. Beverly Hills, CA : Sage.

Gibb, J. R. (1965). Defense level and influence potential in small groups. In Petrullo, L. & B. M. Bass.(eds.), *Leadership and interpersonal behavior*. New York : Holt.

Glick, P. (1980). Remarriage : Some recent changes and variations. *Journal of Family Issues 1*, 455~478.

Glick, P. C. (1957). *American families*. New York : John Wiley & Sons.

Glick, P. C. (1989). Remarried families, stepfamilies, and stepchildren: A brief demographic profile. Family Relations 38, 24-27.

Gordon, T. (1975). *PET : Parent effectiveness training*. New York : New American Library Inc.

Gore, S. and Mangione, T. (1983). Social roles and psychological distress : Additive and interactive models of sex differences. *Journal of Health and Social Behavior 24*.

Guisinger, S., Cowan, P., & Schuldberg, D. (1989). Changing parent and spouse relations in the first years of remarriage of divorced fathers. *Journal of Marriage and the Family 51*, 445~456.

Harriman, L. C. (1986). Teaching traditional vs. emerging concepts in family life education. *Family Relations 35(4)*, 581~586.

Hawkins, J., Weisberg, C., & Ray, D. (1980). Spouse differences in communication style preference, perception, behavior. *Journal of Marriage and the Family 42(3)*, 585~593.

Hetherington, E. M. (1979). Divorce : A child perspectives. *Developmental Psychology 34*, 851~858.

Hetherington, E. M., Cox, M., & Cox, R. (1978). Divorced fathers. *Psychology Today 10*, 42~46.

Hetherington, E. M., Cox, M., & Cox, R. (1979). The development of children in mother headed families. In H. Hoffman & D. Reiss(eds.), *The American family : Dying or developing*. New York : Plenum Press.

Hetherington, E. M., Cox, M., & Cox, R. (1982). Effects of divorce on parents and young children. In M. Lamb(ed.), *Nontraditional families*. Hillsdale : Erlbaum.

Hill, C. T., Rubin, Z., & Peplau, L. A. (1976). Breakups before marriage : The end of 103 affairs. *Journal of Social Issues 32*, 147~168.

Hill, R. (1949). *Families under stress*. New York : Harper & Row.

Holmes, T. & Rhae R. (1976). The social readjustment rating scale. *Journal of Psychosomatic Research 11*, 213~218.

Holmstrom, L. L. (1973). *The two-career family*. Cambridge, MA : Schenkman.

Houseknecht, S. K. & Macke, A. S. (1981). Combining marriage and career : The marital adjustment of professional women. *Journal of Marriage and the Family 43(3)*, 651~661.

Houseknecht, S. K., Vaughan, S., & Macke, A. S. (1984). Marital disruption among professional women : The timing of career and family events. *Social Problems 31*, 273~295.

Hsu, F. L. K. (1959). The family in China : The classical form. In R. N. Anshen(ed.), *The family : Its function and destiny.* New York : Harper and Brothers.

Hurley, J. R. & Palonen, D. P. (1967). Marrital satisfaction and child depensity among university student parents. *Journal of Marriage and the Family 29*, 483~484.

Hurlock, E. B. (1949). *Adolescent Development.* New York : McGraw-Hill.

Ivancevich, J. M. & Matteson, M. T. (1980). *Stress and work : A managerial perspective.* Scott, Foresman and Company.

Johnson, C. L. (1985). The impact of illness on late-life marriage. *Journal of Marriage and the Family 47*, 165~172.

Johnson, C. L. (1988). Interdependence, reciprocity and indebtedness : An analysis of Japanese American kinship relations. *Journal of Gerontology 43*, 114~120.

Kahn, A. J. & Kamerman, S. B. (1976). Exploration in family policy. *Social Work 21(3)*, 181.

Kamo, Y. (1988). Determinants of the household division of labor : Resourses, power, and ideology. *Journal of Family Issues 9*, 177~200.

Kasl, S. V. (1978). Epidemiological contributions to the study of work stress. In Cooper, C. L. & Payne, R.(eds.) *Stress at work.* England : John Wiley and Sons.

Keith, P. M. & Schafer, R. (1980). Role strain and depression in two-job families. *Family Relations 29*, 483~488.

Keith, P. M. (1985). Financial well-being of older divorced/seperated men and women : Findings from a panal study. *Journal of Divorce 9*, 61~72.

Kelly, R. F. & Voydanoff, P. (1985). Work/family strain among employed parents. *Family Relations 34(3)*, 367~374.

Kephart, W. M. (1966). *The family, society, and the individual.* Boston : Houghton Mifflin Company.

Kerckhoff, A. C. & Davis, K. E. (1962). Value consensus and need complementarity in mate selection. *American Socioligical Review 27*, 295~303.

Kinnaird, K. & Gerrard, M. (1986). Premarital sexual behavior and attitudes toward marriage and divorce among young women as a function of their mother's marital status. *Journal of Marriage and the Family 48*, 757~765.

Kirkpatrick, E. L., Cowles, M., & Tough, R. (1934). The life cycle of the farm family. *Research Bulletin 121.* Madison : University of Wisconsin Agricultural Experiment Station.

Kivett, V. R. (1985). Grandfathers and grandchildren : Patterns of association, helping, and psychological closeness. *Family Relations 34(4)*, 565~571.

Kivnick, H. (1983). Dimensions of grandparenthood meaning : Deductive conceptualization and empirical deviation. *Journal of Personality and Social Psychology 44*, 1056~1058.

Knapp, M. L. & Miller, G. R. (1985). *Handbook of interpersonal communication*. California : SAGE Publications.

Krause, N. (1987). Chronic strain, locus of control and distress in older adults. *Psychology and Aging 2*, 375~382.

L'Abate, L. & McHenry, S. (1983). *Handbook of marital intervention*. New York : Grune & Stratton.

L'Abate L. & O'Callaghan, J. B. (1977). Implications of the enrichment model for research and training. *The Family Coordinator 26(1)*, 61~64.

Lamanna, M. A. & Riedman, A. (1991). *Marriages and families*. California : Wadsworth Publishing Co.

Landis, J. T. & Landis, M. G. (1963). *Building a successful marriage*. Englewood Cliffs, N. J. : Prentice-Hall, Inc.

Landis, J. T. & Landis, M. G. (1970). *Personal adjustment, marriage and family living*. Prentice-Hall, Inc.

Langman, L. (1987). Social stratification. In M. B. Sussman & S. K. Steinmetz(eds.), *Handbook of marriage and the family*. New York : Plenum.

Lasswell, M. & Lasswell, T. (1991). *Marriage and the family*. Wadsworth, Inc.

Lee, G. R. (1977). Age at marriage and marital satisfaction : A multivariated analysis with implications for marital stability. *Journal of Marriage and the Family 39*, 493~504.

Leslie, G. R. (1967). *The family in social context*. New York : Oxford University Press.

LeVine, R. A. (1961). Anthropology and the study of conflict. : Introduction. *Journal of Conflict Resolution 5*, 3~15.

Lewis, R. A. (1972). A development framework for the analysis premarital dyadic formation. *Family Process 11*, 17~48.

Linn, M. W., Sandifer, R., & Stein, S. (1985). Effects of unemployment on mental and physical health. *American Journal of Physical Health 75*, 502~506.

Locke, H. (1951). *Predicting adjustment in marriage : A comparition of divorced and happily married group*. N. Y. : Holt, Rinehart and Winston.

McClintock, E. (1983). Interaction. In H. H. Kelley, E. Berscheid, A. Christensen, J. H.

Harvey, T. L. Huston, G. Levinger, E. McClintock, L. A. Peplau, & D. R. Peterson(eds.), *Close Relationships*. W. H. Freeman and Company.

McCubbin, H. I., Joy, C. B., Cauble, A. E., Comeau, J. K., Patterson, J. M. & Needle, R. H. (1980). Family stress and coping ; A decade review. *Journal of Marriage and the Family 42(4)*, 855~871.

McCubbin, H. I. & Patterson, J. M. (1983). Family stress and adaptation to crisis : A double ABCX model of family behavior. In H. McCubbin, M. Sussman, & J. Patterson(eds.), *Advances in family stress theory and research*. New York : Haworth Press.

McCubbin, H. I. (1979). Intergrating coping behavior in family stress theory. *Journal of Marriage and the Family 41(2)*, 237~244.

McCubbin, M. A. & McCubbin, H. I. (1987). Family stress theory and assessment. In H. McCubbin & A. Tompson(eds.), *Family assessment inventories for research and practice*. University of Wisconsin Press.

McGoldrick, M. & Carter, E. A.(1989). Forming a remarried family. In E. A. Carter & M. McGoldrick (Eds.). *The family cycle : A framework for family therapy*(399-429). New York : Gardner.

McLoyd, V. C. (1990). The impact of economic hardship on black families and children : Psychological distress, parenting, and socioemotional development. *Child Development 61*, 311~346.

Mercier, J. M., Paulson, L., & Morris, E. D. (1988). Rural and urban elderly : Differences in the quality of the parent-child relationships. *Family Relations 37*, 68~72.

Miller, B. C. (1976). A multivariate developmental model of marital satisfaction. *Journal of Marriage and the Family 38*, 643~657.

Moen, P(1982). The two-provider family : Problems and potentials. In M. E. Lamb(ed.), *Non-traditional families : Parenting and child development*. Hillsdale, N. J. : Erlbaum

Montemayor, R. (1984). Maternal employment and adolescents' relations with parents, siblings, and peers. *Journal of Youth and Adolescence 13(6)*, 543~557.

Mott, F. L. & Moore, S. F. (1979). The causes of marital disruption among young American women : An interdisciplinary perspective. *Journal of Marriage and the Family 41(2)*, 355~365.

Murdock, G. P. (1957). World ethnographic sample. *American Anthropologist 59*, 686.

Murstein, B. I. (1980). Mate selection in the 1970's. *Journal of Marriage and the Family 42*,

777~792.

Newcomb, M. B. & Bentler, P. M. (1980). Cohabitation before marriage : A comparison of the married couples who did and did not cohabit. *Alternative Lifestyles 3*, 65~85.

Olson, D. H. & Cromwell, R. E. (1975). *Power in families*. New York : Halsted Press.

Ory, M. G. (1978). The decision to parent or not : Normative and structural component. *Journal of Marriage and the Family 40*, 531~539.

Parsons T. & Bales, R. F. (1955). *Family : Socializations and interaction process*. New York : The Free Press.

Papernow, P. L. (1993). *Becoming a stepfamily : Patterns of development in remarried families*. New York : Gardner.

Pasley, K. & Ihinger-tallman, M. (1988). Stress in remarried families. *Family Perspectives 16*, 81-86.

Pavett, C. M. (1986). High stress professions : satisfaction, stress, and well-being of spouses of professionals. *Human Relations 39*, 1141~1154.

Pearlin, L. I. & McCall, M. E. (1987). *Occupational stress and marital support : A description of microprocesses*. Paper presented at the annual meeting of the Pacific Sociological Association, Eugene, OR, April.

Pearlin, L. & Schooler, C. (1978). The structure of coping. *Journal of Health and Social Behavior 19*, 2~21.

Peterman, D. J., Ridley, C. A., & Anderson, S. M. (1974). A comparison of cohabitating and non-cohabitating college students. *Journal of Marriage and the Family 36*, 344~354.

Pleck, J. H. (1985). *Working wives/Working husband*. Sage Publications.

Pond, S. B. & Green, S. B. (1983). The relationship between job and marriage satisfaction within and between spouses. *Journal of Occupational Behavior 4*, 145~155.

Price, S. J. & Mckenry, P. C. (1988). *Divorce*. Beverly Hills : Sage.

Price-Bonham, S. & Balswick, J. O. (1980). The noninstitutions : Divorce, desertion and remarriage. *Journal of Marriage and the Family 42*, 959~972.

Rapoport, R. & Rapoport, R. N. (1976). *Dual-career families re-examined*. New York : Harper Colophon.

Raschke, H. (1987). Divorce. In M. Sussman & S. Steinmetz(eds.), *Handbook of marriage and the family*. New York : Plenum.

Reik, T. (1944). *A psychologist looks at love*. New York : Farrar & Rinehart.

Reiss, I. L. (1980). *Family system in American.* N. Y. : Holt, Rinehart & Winston.

Renne, K. (1970). Correlates of dissatisfation in marriage. *Journal of Marriage and the Family 50(3),* 595~618.

Rice, F. P. (1979). *Marriage and parenthood.* Boston : Allyn and Bacon, Inc.

Rodgers, R. H. (1964). Toward a theory of family development. *Journal of Marriage and the Family 26,* 262~270.

Rollins, B. C. & Cannon, E. L. (1974). Marital satisfaction over the family life cycle : A reevaluation. *Journal of Marriage and the Family 36,* 271~282.

Rollins, B. C. & Feldman, M. (1970). Marital satisfaction over the family life cycle. *Journal of Marriage and the Family 32,* 20~28.

Ross, C. E. (1987). The division of labor at home. *Social Forces 65,* 816~833.

Safilios-Rothschild, C. (1976). A macro-and micro-examination of family power and love : An exchange model. *Journal of Marriage and the Family 38(2),* 355~362.

Sandler, I.(2001). Quality and ecology of adversity as common mechanism of risk and resilience. *American Journal of Community Psychology* Feb. 29, 19-61.

Satir, V. (1972). *People-making.* Palo Alto, California : Science and Behavior Books, Inc.

Saxton, L. (1968). *The individual, marriage and the family.* Wadworth Publishing Co.

Schneider, D. (1968). *American kinship.* Englewood Cliffs, N. J. : Prentice-Hall.

Schoen, R. (1975). California divorce rates by age at first marriage and duration of first marriage. *Journal of Marriage and the Family 37,* 548~555.

Selye, H. (1956). *Stress without distress.* New York : J. B. Lippincott.

Selye, H. (1974). *The stress of life.* New York : McGraw-Hill.

Skinner, D. A. (1980). Dual-career family stress and coping : A literature review. *Family Relations 29(4),* 473~482.

Sorokin, P. A., Zimmerman, C. C., & Galpin, C. J. A. (1931). *A systematic sourcebook in rural sociology, Vol. 2,* Minneapolis : University of Minnesota Press.

South, S. J. & Spitze, G. (1986). Diterminants of divorce over the marital life course. *American Sociological Review 51,* 583~590.

Spanier, G. B. & Furstenberg, F. F.(1987). Remarriage and reconstituted families. In M. B. Sussman & S. K. Steinmetz (Eds.). *Handbook of Marriage and the Family.* New York : Plenum Press. 419-432.

Spitze (1988). Womens' employment and family relations : A review. *Journal of Marriage and the Family 50(3),* 595~618.

Steinberg, L. (1987). Single parents, stepparents, and the susceptability of adolescents to antisocial peer pressure. *Child Development 58*, 269~275.

Sternberg, R. J. (1986). A triangular theory of love. *Psychological Review 93*, 119~135.

Stephenbs, W. N. (1963). *The family in cross-cultural perspective*. New York : Holt, Rinehart and Winston, Inc.

Stinnett, N., Walters, J., & Kaye, E. (1984). *Relationships in marriage and the family*. New York : MacMillan Publishing Co.

Straus, M. A. (1964). Power and support structure of the family in relation to socialization. *Journal of Marriage and the Family 26(3)*, 318~326.

Streib, G. F. (1972). Older families and their troubles : Families and social response. *Family Coordinator 21*, 5~19.

Suchet, M. & Barling, J. (1986). Employed mothers : Interrole conflict, spouse support and marital functioning. *Journal of Occupational Behavior 7*, 167~178.

Sussman, M. B. (1974). *Sourcebook in marriage and the family*. Houghton Mifflin Co.

Sussman, M. B.(1985). The family life of old people. In R. Binstock & E. Shanas(eds.), *Handbook of aging and social sciences*. New York : Van Nostrand Reinhold, 415~444.

Szinovacz, M. E. (1980). Female retirement : effects on spousal roles and marital adjustment. *Journal of Family Issues 1*, 423~440.

Terman, L. M. (1938). *Psychological factors in marital happiness*. N. Y. : McGraw-Hill Book Company.

Thomas, J. L. (1986). Age and sex differences in perceptions of grandparenting. *Journal of Gerontology 41*, 417~425.

Thompson, L. & Walker, A. J. (1991). Gender in families : Women and men in marriage, work, and parenthood. In A. Booth(ed.). *Contemporary families : Looking forward looking back*. NCFR.

Thornton, A. & Rodgers, W. (1987). The influence of individual and historical time on marital dissolution. *Demography 24*, 1~22.

Townsend, A. & Guerin, P. (1981). Re-examining the frustrated homemaker hypothesis : Role fit, personal dissatisfaction, and collective discontent. *Sociology of Work and Occupations 8(4)*, 464~488.

Troll, L. E. (1983). Grandparents : The family watchdogs. In T. H. Brubaker(ed.), *Family relationships in later life*. Beverly Hills, CA : Sage.

Veenhoven, R. & Ehrhardt J. (1994). The cross-national pattern of happiness: Test of predictions implied in three theories of happiness. *Social Indicators Research 34*, 33-68.

Vemer, E., Coleman, M., Ganong, L. H., & Cooper, H. (1989). Marital satisfaction in remarriage : A meta-analysis. *Journal of Marriage and the Family 51*, 713~725.

Voydanoff, P. & Kelly, R. F. (1984). Determinants of work-related family problems among employed parents. *Journal of Marriage and the Family 46*, 881~892.

Voydanoff, P. (1987). *Work and family life*. Beverly Hills, CA : Sage.

Walter, C. M. & McKenry, P. C. (1985). Predictors of life satisfaction among rural and urban employed mothers : A research note. *Journal of Marriage and the Family 47*, 1067 ~1071.

Warr, P. & Payne, R. (1983). Social class and reported changes in behavior after job loss. *Journal of Applied Social Psychology 13*, 206~222.

Watson, R. (1983). Premarital cohabitation vs. traditional courtship : Their effects on subsequent marital adjustment. *Family Relations 32*, 139~147.

Watzlawick, P., Beavin, J. H., & Jackson, D. D. (1967). *Pragmatics of human communication*. New York : W. W. Norton & Co.

White, L. K. & Booth, A. (1985). The equality and stability of remarriage : The role of stepchildren. *American Sociological Review 50*, 689~698.

Williamson, R. C. (1972). *Marriage and family relations*. John Wiley & Sons.

Winch, R. (1958). *Mate selection : A study of complementary needs*. N.Y. : Harper and Brothers.

Yogev, S. & Brett, J. (1983). *Perceptions of the division of housework and child care and marital satisfaction*. Evanston, IL : Center for Urban Affairs and Policy Research, Northwestern University.

Zill, N. (1988). Behavior, achievement, and health problems among children in stepfamilies. In E. Hatherington & J. Arasteh(eds.), *Impact of divorce, single parenting and stepparenting on children*. Hillsdale : Erlbaum.

Zimmerman, K. W., Skinner, D. A., & Birner, R. (1980). Career involvement and job satisfaction as related job strain and marital satisfaction of teachers and their spouses. *Home Economics Research Journal 8(6)*, 421~427.

찾아보기

i · n · d · e · x

저자소개

유 영 주

서울대학교 사범대학 가정교육학과 졸업
서울대학교 대학원 가정관리학과(가정학 석사)
동국대학교 대학원 가족학 전공(이학 박사)
한국가족관계학회 회장, 한국가족학회 회장,
가족관련학술단체협의회 회장 역임
현재 경희대학교 명예교수(가족학)
　　　한국건강가족연구소 소장
　　　사단법인 한국가족상담교육단체협의회명예이사장
저서 신가족관계학, 가족발달학(공저), 가족학(공저),
　　　가족학연구의 이론적 접근(공저), 한국가족의 기능연구,
　　　가정학의 새로운 접근(공저), 결혼과 가족(공저),
　　　건강가족연구, 가족생활교육의 이론과 실제(공저),
　　　새로운 가족학(공저), 변화하는 사회의 가족학(공저)

김 순 옥

이화여자대학교 가정대학 가정관리학과 졸업
이화여자대학교 대학원 가정관리학과(가정학 석사)
동국대학교 대학원 가족학 전공(이학 박사)
한국가족관계학회 회장 역임
현재 성균관대학교 소비자가족학과 명예교수
　　　서울남부지방법원 협의이혼상담위원 역임
저서 가족상담(공저), 가족생활교육(공저),
　　　이혼위기부부교육(공저), 이혼후적응교육(공저),
　　　이혼과 가족문제(공저), 가족학(공저)

김 경 신

서울대학교 가정대학 가정관리학과 졸업
서울대학교 대학원 가정관리학과(가정학 석사)
동국대학교 대학원 가족학 전공(이학 박사)
한국가족관계학회 회장 역임
현재 전남대학교 생활과학대학 생활복지학과 교수
저서 가족학(공저), 자녀교육열과 대학입시(공저),
　　　결혼과 가족의 이해(공저), 자치시대 지방의 발견(공저),
　　　건강가정론(공저), 청소년복지론(공저), 사회문제론(공저),
　　　건강한 성, 행복한 성(공저), 가족복지학(공저),
　　　여성복지학(공저) 등

—— 4판 ——

가족
관계학

1996년 7월 20일 초판 발행
2000년 3월 10일 개정판 발행
2008년 2월 25일 2개정판 발행
2010년 8월 13일 3개정판 3쇄 발행
2013년 8월 19일 3판 발행
2022년 2월 28일 4판 발행

지은이 유영주 · 김순옥 · 김경신 ■ 펴낸이 류원식 ■ 펴낸곳 **교문사**

편집팀장 김경수 ■ 책임진행 권혜지 ■ 본문디자인 우은영 ■ 표지디자인 신나리

주소 (10881)경기도 파주시 문발로 116
전화 031-955-6111 ■ 팩스 031-955-0955
등록 1968. 10. 28. 제406-2006-000035호

홈페이지 www.gyomoon.com ■ 이메일 genie@gyomoon.com
ISBN 978-89-363-2312-7(93590)
값 21,000원